鸡病诊断
与防治实用技术

律祥君　张林　张正军　等　主编

中国农业科学技术出版社

图书在版编目（CIP）数据

鸡病诊断与防治实用技术／律祥君，张林，张正军
等主编 . —北京：中国农业科学技术出版社，2013.4
　ISBN 978 – 7 – 5116 – 1235 – 9

　Ⅰ.①鸡…　　Ⅱ.①律…②张…③张…　Ⅲ.①鸡病 –
诊疗　Ⅳ.①S858.31

中国版本图书馆 CIP 数据核字（2013）第 047501 号

责任编辑　徐　毅
责任校对　贾晓红

出 版 者　中国农业科学技术出版社
　　　　　北京市中关村南大街 12 号　邮编：100081
电　　话　（010）82106631（编辑室）　（010）82109704（发行部）
　　　　　（010）82109709（读者服务部）
传　　真　（010）82106631
网　　址　http://www.castp.cn
经 销 者　各地新华书店
印 刷 者　北京富泰印刷有限责任公司
开　　本　880mm×1 230mm　1/32
印　　张　13.625
字　　数　370 千字
版　　次　2013 年 4 月第 1 版　2014 年 3 月第 2 次印刷
定　　价　41.80 元

《鸡病诊断与防治实用技术》
编 委 会

参编人员及工作单位
（以姓氏笔画为序）

石太亮　河南省淮阳县畜禽改良站
李振宇　河南省太康县动物疫病防控中心
李　永　河南省淮阳县动物卫生监督所
李　梅　河南省淮阳县动物疫病防控中心
李汝良　河南省淮阳县动物疫病防控中心
孙立志　河南省淮阳县动物卫生监督所
朱　斌　新乡医学院
刘从林　河南省淮阳县畜禽改良站
刘　辉　河南省淮阳县动物卫生监督所
齐居善　河南省淮阳县动物疫病防控中心
齐　峰　河南省淮阳县动物卫生监督所
张　林　河南省淮阳县动物疫病防控中心
张正军　河南省郸城县动物疫病防控中心
张文凯　河南省淮阳县动物卫生监督所
邱成勋　河南省周口市动物疫病防控中心
邵　坤　河南省淮阳县动物疫病防控中心
周思德　河南省淮阳县动物卫生监督所
杨俊中　河南省淮阳县动物卫生监督所
赵高峰　河南省周口市动物疫病防控中心
赵宪斌　河南省淮阳县动物疫病防控中心
姜卫峰　黄泛区鑫欣牧业有限公司

律祥君　河南省淮阳县动物疫病防控中心
律海峡　新乡医学院
律海杰　河南省淮阳县动物疫病防控中心
党春丽　河南省淮阳县动物卫生监督所
阎金龙　河南省扶沟县畜牧工作站
崔金良　河南省淮阳县动物疫病防控中心
葛峥嵘　河南省太康县杨庙乡兽医院
焦进峰　河南省周口市动物疫病防控中心
谭俊杰　黄泛区鑫欣牧业有限公司
潘　伟　河南省淮阳县动物疫病防控中心
潘瑞华　河南省淮阳县动物卫生监督所

前 言

我国规模化、工厂化养鸡业的迅速发展，给鸡病防治工作者带来了新的机遇和挑战，如何在新的养殖条件下搞好鸡病防治工作，减少养鸡业的经济损失，提高鸡病标准化诊断和规范化防治水平也是广大动物医学工作人员的中心任务，笔者根据近年来在规模化、工厂化养鸡条件下鸡病发生的规律和发展趋势编写了《鸡病诊断与防治实用技术》。

本书从鸡病的发生现状、综合防控措施、临床与实验室诊断、鸡常见病和新发病的防控方面进行了叙述，在编写过程中主编总结了自己30余年禽病临床防治经验，在防控方面注重了实用性，在诊断方面考虑到单靠临床经验治疗鸡病的技术已经落后，注重了实验室常用诊断方法的介绍以利于在鸡病诊断工作中的实际应用。在鸡病临床防治方面笔者总结了自己30年来对不同鸡病的类症鉴别、同一鸡病的分型防治的经验能大幅度提高防治效果，是笔者独到的经验很值得学习借鉴。附录部分重点摘录了部分防治规范以利于广大禽病防治工作者规范鸡病防治和兽药使用行为。

本书在编写过程中参考了有关的研究成果、论文、杂志和有关专业书籍在此向作者一并表示衷心感谢。由于时间仓促、笔者水平有限，错误之处在所难免，敬请同道批评指正。

本书适用于动物医学院校师生、养殖场（户）、养殖企业技术人员和临床鸡病防治人员使用。

编　者

2013 年 1 月

目　　录

第一章　鸡病发生的现状和趋势

　　近10年来随着养鸡业的不断发展，鸡存栏量大幅度增加，养殖形式已由原来的专业户养殖逐渐走向规模化养殖和工厂化养殖，随着养殖形式的改变和鸡只及其产品调运的频繁，流通量和流通面的增大，鸡疫病传播的几率增加，给养鸡业和鸡病防治工作带来了新的课题。临床上鸡病的发生出现了一些明显的变化，鸡病的非典型化和混合感染给临床判定带来困难，防治效果明显较差，特别是在养殖条件较差的情况下，发病更为严重，经济损失更大，怎样通过有效措施来防治鸡病，减少经济损失，显得越来越重要，本章我们将首先讨论鸡病发生的现状和发展趋势。

一、鸡疫病的种类增多、传染病的危害增大

　　近年来，随着种鸡和商品鸡在国外、国内频繁引进调运，鸡新的疫病发生率明显增多，据不完全统计，对养鸡业危害的鸡病有60多种，而传染病占70%以上，新发生的鸡病占15种以上：如禽流感、鸡传染性贫血、鸡白血病、网状内皮增生症、肾型和腺胃型传支、产蛋下降综合征、鸡呼肠弧病毒、鸡肠毒综合征、传染性腺胃炎、鸡葡萄球菌病、鸡志贺氏菌病、隐孢子虫病等。

二、病毒性传染病出现新的变化

　　由于病毒出现新的变异，嗜组织器官性改变或毒力的增强与减弱，使临床症候出现明显变化：如传染性支气管炎，出现了肾炎型，腺胃型；新城疫出现了免疫鸡群发病和长期带毒，仅表现采食量减少、产蛋下降、反复发病、雏鸡和青年鸡表现高死亡率；鸡法氏囊出现超强毒和超超强毒，表现出嗜组织性改变如腺胃出血型、

肝脏坏死型、法氏囊病变不明显等。

三、免疫抑制性疾病的危害

近年来由于免疫抑制性疾病的感染率增高，如传染性法氏囊病、禽白血病、网状内皮增生症、传染性贫血、矮小综合征、传染性腺胃炎等使机体发生免疫抑制，是造成免疫失败、鸡发病率高的又一因素。营养缺乏，霉变饲料、中毒性疾病亦能造成免疫抑制，使免疫失败。

四、细菌耐药菌株的增多

随着抗生素在鸡病临床使用品种种类的增多，使用剂量的增加，细菌的耐药菌株不断增多，药物使用的品种越来越多、剂量越来越大，常规药物或单一品种在治疗时效果已明显降低，这是目前造成治疗效果差的主要因素，如大肠杆菌，据各地做的药敏试验大部分菌株对 10 种以上的抗生素耐药。

五、混合感染性鸡病增加

由于饲养管理条件的不断变化，鸡饲养环境病原微生物的增多，鸡病混合感染率增高，如新城疫并发大肠杆菌病，慢呼与大肠杆菌混合感染；新城疫与传染性法氏囊病混合感染等等，造成防治困难。

六、鸡病的发生无明显季节性

近年来随着暖冬的出现和病原微生物对环境的适应性的增强，由过去的季节性购鸡苗到全年购鸡苗，一些前几年季节性发病明显的疾病，在其他季节发病率明显增高，如禽流感多发生于寒冷季节，传染性法氏囊病多发生于春季，细菌性呼吸道病和传染性支气管炎多发生于秋季，白冠病多发生于 8 ~ 11 月份，而现在一年四季均有发生，给防治工作带来困难。

七、鸡普通病的发病率有增高趋势

近几年随着养鸡规模的不断扩大，维生素缺乏、微量元素缺乏、中毒病、代谢性疾病、饲养管理不当引起鸡普通病的发病率明显增多，如维生素 AD 缺乏症、新母鸡病、痢菌净中毒、鸡的痛风等。

第二章 鸡病的综合防控措施

第一节 消毒与环境卫生管理

一、消毒目的和意义

消毒就是用物理的、化学的和生物的方法杀灭物体及环境中的病原微生物，消灭传染源、切断病原微生物的传播途径。

消毒的好处是消灭病源微生物，防止鸡群感染传染病。消毒带来的不利因素是增大了舍内的湿度，给鸡群造成一定的应激。

每次消毒一定要达到消毒效果，按周期性消毒程序进行消毒，尽量减少因为消毒给鸡群造成的应激。消毒剂要按类别交替使用，防止病原体对消毒剂产生耐药性；消毒液都有其作用时间，达到其作用时间才能起到杀死病原体的作用，每周进行 2～3 次带鸡消毒；使用活疫苗期间停止消毒，防疫弱毒苗前中后 3 天不消毒，防疫灭活苗当天也可消毒。消毒液按照说明书比例稀释，按每立方米空间用消毒液 50～60ml 计算，防止浪费或者达不到消毒效果；消毒前关风机，消毒后 10 分钟再开风机通风（炎热天气除外）；炎热大风天气应对水帘进行严格冲洗消毒，立即关闭其他进风口，带鸡消毒一次，并在水帘循环池加入消毒剂。

实际应用要掌握以下原则。

（1）根据所要消毒的微生物选择消毒剂，如要杀灭细菌芽孢或无囊膜病毒，必须选用高效消毒剂（过氧乙酸、火碱、醛类、碘附、有机氯制剂、复方季铵盐消毒剂等）。

（2）消毒药不能随意混合使用，酚类、醛类、氯制剂等不宜与碱性消毒剂混合，阳离子表面活性剂（新洁尔灭等）不宜与阴离子表面活性剂（肥皂等）混合。

（3）要有足够的消毒剂量，消毒剂量是杀灭微生物的基本条件，它包括消毒强度和消毒时间两个方面，化学消毒剂的消毒强度指消毒剂浓度，增加浓度相应提高消毒速度，消毒作用加强，但浓度也不宜过高，过高的浓度往往对消毒对象不利，有的还有腐蚀性、刺激性，同时，盲目增加浓度反而造成不必要的浪费。另外，减少消毒时间会降低消毒效果，但浓度降低至一定程度，即使再延长消毒时间也达不到消毒目的。如果污染的微生物数量较多，如严重污染的物品、场地，应先进行卫生清洁工作，并适当加大消毒剂的用量和延长消毒时间。

（4）温度和湿度，通常温度升高消毒速度会加快，增加药物渗透力，显著提高消毒效果。许多消毒剂在温度低时反应速度缓慢，甚至不能发挥消毒作用，如甲醛在室温20℃以上消毒效果非常好，在室温15℃以下消毒效果不好。湿度对熏蒸消毒的影响较大，甲醛、过氧乙酸熏蒸消毒时湿度要求在60%～80%，另外，大部分消毒剂在干燥后就失去消毒作用，溶液型消毒剂在水液中才能有效地发挥作用。

（5）酸碱度，病原微生物适宜生长pH值在6～8，过高或过低的pH值有利于杀灭病原微生物，另外，pH值影响很多消毒剂的消毒效果，如酚类、氯制剂、碘制剂等在酸性条件下杀菌力强，新洁尔灭等在碱性条件下杀菌力强。

（6）有机物质的存在，在消毒环境中常有畜禽分泌物、粪便、脓液、饲料残渣等各种有机物，会严重消耗消毒剂，降低消毒效果。原因主要是：有机物覆盖在病菌表面，妨碍消毒剂与病菌直接接触而延迟消毒反应；部分有机物可与消毒剂发生反应生成溶解度更低或杀菌能力更弱的物质，甚至产生的不溶性物质反过来与其他组分一起对病原微生物起到机械保护作用；消毒剂被有机物所消耗降低了对病原微生物的作用浓度。氯制剂、单纯季铵盐类、过氧化物类等消毒作用明显受有机物影响、碘附类消毒剂则受有机物影响就比较小些。

二、常用消毒剂的使用方法

（一）甲醛

（1）甲醛的液体浸泡消毒：37%～40%的甲醛（福尔马林）。4%～10%的甲醛可以用来浸泡被细菌病毒污染的体积较小的用具，浸泡时间30分钟；2%～4%的甲醛水溶液喷洒鸡舍墙壁、地面、饲槽；1%的甲醛水溶液可对鸡体表消毒。

（2）甲醛气体消毒：熏蒸鸡舍常用量为每立方米空间，37%～40%甲醛28ml，高锰酸钾14g，水14ml，操作时将高锰酸钾放入适量大小的容器内，然后加入甲醛和水，稍振荡即可。另一方法，37%～40%甲醛用量为每立方米28ml，视鸡舍湿度大小，加入2～6倍于甲醛的水，操作时，将两者按比例加入铁锅等耐热容器，置于电炉上加热，电炉开关设在舍外，待溶液挥发完时将电炉电源切断。

（二）二氯异氰尿酸钠

又称优氯净，此药配制的单方、复方消毒剂数量很多，如威岛牌消毒剂、优氯净、强力消毒剂，由于复方制剂有效氯含量不同，增效剂及其含量不同，导致实际应用时浓度也不一样，如果有效氯含量为20%，带鸡喷雾消毒（3天1次）按1：500倍稀释，30ml/m³，密闭10分钟；饮水防治鸡白痢、大肠杆菌、球虫病，1：3 000～1：4 000，每天饮水一次；控制鸡新城疫、法氏囊病、禽霍乱等烈性传染病，每天带鸡喷雾消毒一次（50ml/m³），同时饮水；种蛋按1：2 000倍稀释液浸泡消毒。

（三）新洁尔灭

用1：750～1：1 000新洁尔灭做浸泡或鸡舍喷雾消毒。

（四）煤酚皂

又称来苏儿，主要用于、鸡舍、孵化场等入口处的"脚池"和车辆的消毒池，鸡舍地面和剖检病鸡时鸡体和污染面的喷洒消毒，常用浓度为1%～5%。

（五）过氧乙酸

过氧乙酸又名过氧醋酸，主要用于浸泡、喷雾、熏蒸消毒。可用于工作服、用具、毛巾、体温表、不锈钢解剖器械、种蛋、手洗等，0.2%～0.5%的过氧乙酸溶液中3～5分钟，对污染的地面、桌面可以喷洒消毒。对诊断室、无菌室、孵化室、贮蛋室，用5%的溶液按2.5ml/m³喷雾，密闭1～2小时，也可用加热熏蒸法，把过氧乙酸稀释成1%～3%的浓度，按过氧乙酸用量1～3g/m³加热熏蒸2～3小时。

（六）过氧化氢

养鸡业上应用1%的过氧化氢加上0.05%的醋酸消毒种蛋获得良好的效果，在孵化场中用0.5%的过氧化氢喷雾杀灭空气中的细菌，对用具和墙壁消毒可用2.5%的溶液。

（七）高锰酸钾

又名过锰钾、灰锰氧，其浸泡和喷洒消毒用0.02%～0.03%，但时间不宜过长。

（八）氢氧化钠

又名苛性钠、火碱、烧碱。用1%～2%的溶液消毒污染的鸡舍、地面和用具。

（九）石灰乳

生石灰（氧化钙）1份加水1份制成熟石灰（氢氧化钙），再用水配成10%～20%的浓度即成石灰乳，应现用现配。常用10%～20%的石灰乳粉刷鸡舍墙壁、地面。

（十）百毒杀

为季铵盐类消毒剂，有速效和长效的双重效果，对细菌杀灭效果较好，对真菌、病毒有一定的杀灭效果，可带鸡消毒、饮水、环境消毒等。

（十一）菌毒敌

复合酚消毒剂，可杀灭细菌、真菌、病毒，对寄生虫卵也有杀灭作用。但臭味重，污染环境。

（十二）络合碘

1：（1 000～2 000）倍稀释后用于饮水及饮水工具的消毒；1：400倍稀释后用于饲养用具、孵化器及出雏器的消毒；1：（500～1 000）倍稀释后用于鸡舍带鸡喷雾消毒。

三、环境卫生与消毒管理

环境卫生指的是舍内外的地面卫生，搞好了给人一耳目一新的感觉；卫生差即成为细菌病毒的集散地，也污染别人的眼睛。要求：每次吃饭前对舍内卫生进行打扫，每天早上上班前打扫场院卫生，确保环境干净。

夏季还有一个工作重点就是做好灭蚊、蝇工作，鸡舍所有进风口和出入门都要钉上窗纱和门帘防止和减少蚊、蝇出入。同时，还要减少舍内洒水的问题，这些都有利于控制蚊、蝇的繁殖。

做好饲养管理场所的卫生消毒，严格执行消毒制度，严禁非饲养人员进入，尽量减少野鸟、老鼠进入鸡舍。

（一）场区卫生管理

（1）鸡场大门入口设运输车辆消毒池和人员消毒更衣间，车辆消毒池长，宽，深分别为4.5m、3m、0.3m，两边为缓坡，消毒液可用3%火碱水，每周更换两次。车辆必须经过消毒，进场人员必须消毒更衣后方可进场。

（2）场区内每10天用3%的火碱水、复合醛等消毒场区地面一次。

（3）生活区的各个区域要求整洁卫生，每月消毒两次。

（4）非饲养人员不得进入生产区；场区净、污道要分开，鸡苗车和饲料车走净道，粪便运输车和死鸡处理走污道。

（5）场区道路硬化，道路两旁有排水沟，沟底硬化，不积水，有一定坡度，排水方向从清洁区流向污染区。

（6）禁止携带与饲养鸡有关的物品进入场区，尤其禁止家禽及家禽产品进入场内，与生产无关的人员严禁入场。

（二）舍内卫生管理

（1）新建鸡场进鸡前，要在舍内干燥后，屋顶、地面用消毒剂消毒一次，饮水器、料桶及其他用具要充分清洗消毒。

（2）使用过的鸡场进鸡前，

①彻底清除一切物品，包括饮水器、料桶、网架或垫料、支架、粪便、羽毛等。

②彻底清扫鸡舍地面，窗台，屋顶以及每一个角落，然后用高压水枪由上到下，由内向外冲洗。要求舍内无鸡毛，鸡粪和灰尘。

③待鸡舍干燥后，用消毒剂对鸡舍喷雾消毒两次。

④撤出的设备，如饮水器，料桶，垫网等用消毒液浸泡30分钟，然后用清水冲洗，置阳光下暴晒2～3天后，再搬入鸡舍。

⑤进鸡前6天，封闭门窗，每立方米空间用高锰酸钾21g或漂白粉42g，甲醛42ml进行熏蒸；鸡舍温度保持20～25℃，湿度80%；密闭门窗，熏蒸24小时后，需要打开风机或门窗通风2天，排除有害气体。

（3）鸡舍门口设脚踏消毒池（长宽深分别为0.6m，0.4m，0.08m）或消毒盆，消毒剂每天更换一次。人员进鸡舍，必须更换工作服和工作鞋，脚踏消毒液。

（4）鸡舍及工作间坚持每周带鸡喷雾消毒2～3次（免疫前后3天不可带鸡消毒），鸡舍工作间随时清扫，保持清洁。

（5）网上或者笼养鸡，三周龄前，每周清粪两次；三周龄后每天清粪一次。鸡粪用饲料内袋包装，外套饲料外袋，扎口后运到贮粪场。清粪后清除走道，然后用2%～3%火碱水消毒。清粪的目的是除臭，减少氨气、防蝇等。

（6）饲养人员不得互相串舍．鸡舍内工具固定，不得互相串用，进鸡舍的所有用具必须消毒后方可进舍。

（7）及时检出死鸡，病鸡，残鸡，弱鸡，死鸡装入塑料袋密封后焚烧，深埋或堆肥法处理，使之符合病死畜禽无害化处理的规定。

（8）网养鸡舍要仔细检查棚架接缝处，断裂处，去掉尖锐物和毛刺。接缝处用布条或饲料带包好。平养鸡舍应注意经常翻垫料，防止垫料过湿、发霉等。

（9）经常灭鼠，注意不让鼠药污染饲料和饮水。

（10）采取全进全出的饲养工艺。

雏鸡进舍后从第三天开始第一周内每天用消毒剂带鸡消毒一次，以后每周带鸡消毒 1～2 次。消毒药品要交替使用，要有针对性，浓度要准确，进入鸡舍要更衣，胶鞋应用消毒液消毒。

（三）带鸡喷雾消毒的操作

带鸡喷雾消毒是当代集约化养鸡场综合防疫的重要组成部分，是控制鸡舍内环境污染和疫病传播的有效手段之一。鸡舍在进鸡前虽然经严格消毒处理，但在后来的饲养过程中，鸡群还会发生一些传染病，这是因为鸡体本身携带、排出、传播的病原微生物，再加上外界的病原体也可以通过人员、设备、饲料、饮用水、空气、野鸟、老鼠的传播等进入鸡舍。带鸡喷雾消毒能及时有效地净化空气，创造良好的鸡舍环境，抑制氨气产生，有效地杀灭鸡舍内空气及生活环境中的病原微生物，消除疾病隐患，达到预防疾病的目的。下面谈谈带鸡消毒的方法。

1. 严防应激反应的发生

（1）消毒前 12 小时内给鸡群饮用 0.1% 维生素 C 或水溶性多种维生素溶液。

（2）选择刺激性小、高效低毒的消毒剂，如 0.02% 百毒杀、0.2% 抗毒威、0.1% 新洁尔灭、0.1%～0.2% 络合碘、0.3%～0.5% 过氧乙酸或 0.2%～0.3% 次氯酸钠等。

（3）喷雾消毒前，鸡舍内温度应比常规标准高 2～3℃，以防水分蒸发引起鸡受凉造成鸡群患病。消毒药液温度应高于鸡舍内温度。

（4）进行喷雾时，雾滴要细。喷雾量以鸡体和笼网潮湿为宜，不要喷得太多、太湿，一般喷雾量按每立方米空间 15～30ml 计算，喷雾时应关闭门窗。

（5）喷雾消毒时最好选在气温高的中午，而平养鸡则应选在灯光调暗或关灯后鸡群安静时进行，以防惊吓，引起鸡群飞扑挤压等现象。

2. 喷雾消毒的次数和用药量

一般应根据鸡群龄期的大小来确定，1～20 日龄的鸡群每 3 天消毒一次；21～40 日龄的鸡群隔天消毒一次；用药剂量按使用说明书随鸡龄的增加而酌情增加即可。

3. 消毒药物的选择

消毒药必须广谱、高效、强力、无毒、无害、刺激性小和无腐蚀性，使用时应按照使用说明书操作，药量要准确。另外，还要考虑鸡的日龄、体质状况以及季节、传染病流行特点等因素，并且要有针对性，这样才能达到预防疾病的目的。

4. 消毒器械的选择和正确喷药

带鸡喷雾消毒可使用雾化效果较好的自动喷雾装置或背负式手摇喷雾器，雾粒大小控制在 80～120μm，喷头距鸡体 60～80cm 喷雾。雾粒太小易被鸡吸入呼吸道，引起肺水肿，甚至诱发呼吸道病；雾粒太大易造成喷雾不均匀和鸡舍太潮湿。

5. 科学地配制消毒药液

配制消毒药液选用深井水或自来水较好，否则水中杂质太多会降低药效。消毒药液的温度由 20℃ 提高到 30℃ 时，其效力也随之增加，所以配制消毒药液时要用热水稀释，但水温也不宜太热，一般应控制在 40℃ 以下。夏季可用凉水，尤其是炎热的夏天，消毒时间可选在最热的时候，以便消毒的同时，起到防暑降温的作用。

6. 正确的消毒方法

首先把喷雾器清洗干净，再在里面配好药液，即可由鸡舍的一端开始消毒，边喷雾边向另一端慢慢走。喷雾的喷头要向上，使药液似雾一样慢慢下落；地面、墙壁、顶棚、笼具都要喷上药液；动作要轻，声音要小。初次消毒，鸡只可能会因害怕而骚动不安，以后就能逐渐习以为常了。

7. 带鸡喷雾消毒应注意的问题

（1）鸡群接种弱毒疫苗前后3天内不得进行喷雾消毒，同时，也不能投服抗菌药物，以防影响免疫效果。

（2）清洁环境，带鸡消毒前应先扫除屋顶的蜘蛛网，墙壁、鸡舍通道的尘土、鸡毛和粪便，减少有机物的存在，以提高消毒效果和节约药物的用量。

（3）在鸡进行常规用药的当日，可以进行喷雾消毒。

（4）喷雾程度以地面、笼具、墙壁、顶棚均匀湿润和鸡体表面稍湿为宜。

（5）换气：由于喷雾造成鸡舍、鸡体表潮湿，消毒后要开窗通风，使其尽快干燥。

（6）保温：鸡舍要保持一定的温度，特别是育雏阶段的喷雾，要将舍温提高3～4℃，使被喷湿的雏鸡得到适宜的温度，避免雏鸡受冷扎堆压死。

（7）不同类型的消毒药要交替使用，每季度或每月轮换一次。长期使用一种消毒剂，会降低杀菌效果或产生抗药性，影响消毒效果。

（8）消毒完毕，应用清水将喷雾器内部连同喷杆彻底清洗，晾干后妥善放置。

第二节　药物保健措施与合理用药

经常性的药物保健是非常关键的。现在大部分养殖场重治轻防，造成大量的药物投入和经济损失。鸡的保健主要是1～5日龄补糖、补水、防肠道病，11～35日龄防呼吸道病，15～60日龄防球虫病。

一、肉鸡的药物保健程序

1～3日龄用药目的：加速胎粪及毒素的排泄，减少雏鸡因运输等造成的应激；净化鸡沙门氏菌、鸡大肠杆菌、鸡亚利桑那菌、鸡支原体等病原体造成的垂直传播，预防绿脓杆菌、鸡白痢、脐炎等，为育雏创造一个良好的开端。

推荐用药：肠浆先锋＋高质量黄芪多糖、复合维生素等。

保健要点：排毒缓解应激。首饮以选用黄芪多糖、复合维生素、抗生素等两种以上混合使用，混饮 1～3 天为宜。

具体操作规程：进雏 30 分钟后，3%～5% 水溶性葡萄糖饮水 3～4 小时，对长途运输或弱雏每 1 000 羽另加肠浆先锋或百炎消饮水；鸡苗质量差或来源不明，以 3 天为宜。

6～11 日龄用药目的：减缓免疫应激，预防禽大肠杆菌病、伤寒、支原体等，避免鸡群在免疫断档期遭受危害。

推荐用药：泰乐菌素＋好益佳饮水，增强免疫力，降低疫苗反应，预防支原体感染；高效气囊必治（北京广泰动物药业有限公司生产）饮水，防支原体、大肠杆菌病的混合感染。

具体操作规程：6～8 天泰乐菌素＋好益佳 75kg 水/瓶＋袋，集中饮水，连用 3 天为宜。7 日龄（免疫）当天不影响使用。

9～11 日龄，肠呼宁每瓶 150kg 水饮用（最佳投药时间是在早晨喂料前）3～5 小时。

14～19 日龄保健目的：预防法氏囊，减缓免疫应激反应及球虫病、肠毒症、支原体感染暴发。

推荐用药：好益佳、禽毒克、肠呼宁、球迪、粘康素、肠毒速克、替米考星等。

具体操作方法：免疫前一日、免疫当日、免疫后一日以选用好益佳（集中饮水，100kg 水/袋），连用 3 天为宜。其他时间用预防肠道、呼吸道病药物。

17～19 日龄 3 天饮用球灭（100kg 水/瓶，集中饮水 4～6 小时，宜下午进行）。

21 日龄，新城疫免疫前后，可结合好益佳前后饮水 3 天，以提高机体抵抗力，促进抗体产生。

23～26 日龄用药目的：重点防大肠杆菌病，保护或预防免疫空白期鸡群遭受病毒的侵害，防肠道感染，提高免疫力，使鸡群获得足够的保护力。

推荐用药：肠呼宁、黑金口服液等药，新肾康通肾。

具体操作方法：以中药黑金口服液抗病毒、新肾康通肾（宜晚上进行），结合高效杆菌必治（北京广泰动物药业有限公司生产），饮水每瓶饮水 150kg，连用 3 天左右为宜。

30～33 日龄用药目的预防新城疫、流感以及大肠杆菌病的混感。

推荐用药：新城 100、高效气囊必治（北京广泰动物药业有限公司生产）等。

具体操作方法：新城 100（125kg 水/瓶），高效气囊必治（400kg 水/瓶，可集中饮水 3 天），也可配合双黄连（100kg 水/瓶，4 天左右为宜）。

36～40 日龄用药目的：控制肠炎或肠毒综合征（过料）。

推荐用药：粘康素＋禽毒克

具体操作规程：粘康素（100kg/瓶，）＋禽毒克（300 只/袋）。

40～60 日龄以后：严格饲养管理程序，加强兽医卫生防疫；提供充足营养，保肝护肾，维护肠道。

推荐用药：增食散、维多宝（复合维生素）饮水；1% 聚维酮碘、复合醛等环境消毒。

60 日龄以后：商品肉鸡主要预防大肠杆菌和各种呼吸道疾病。

推荐用药：肠毒安、肠呼宁、卵管舒、维生素 AD、鱼肝油、磷酸氢钙等。

药物预防应特别注意以下环节。

（1）加强对支原体的预防，可有效减少大肠杆菌的发病率，尤其是 20 日龄之前的支原体控制，如果控制彻底，后期大肠杆菌就不易发生，在这个阶段疫病预防是重中之重，也是决定养殖利润的关键因素。因此，在 20 日龄之前要选高敏感药物，如混感特治、黑金、金康泰、心肝宝、肠呼宁、禽毒克、杆菌必治、混感康等（全天药量分两次集中用药）彻底控制支原体的发生。

（2）球虫病和肠毒综合征的预防又是决定养殖利润的又一关

键因素。因此预防球虫病应选择几种作用方式不同的药物交替轮换使用才能达到最佳效果。

（3）法氏囊病免疫时，严格控制使用药物，选择正确的防治方法，如有法氏囊病发生，及时用禽毒克饮水或高免卵黄注射治疗，如严重时应用精制高免卵黄或抗体血清注射，同时应预防新城疫和大肠杆菌的继发感染。

二、蛋鸡的药物保健程序

0～10 日龄

工作重点：主要控制沙门氏菌和大肠杆菌引起的脐炎大肚脐，并提高雏鸡免疫力。

（1）加强饲养管理：空舍消毒；运输过程冬天升温，夏季通风；高温育雏。

（2）保健药物的运用：

①开口药物的使用：开口药是根据雏禽特点而开发，少喂勤添。由于育雏舍一般温度较高，一般一次加药水够用 2 个小时即可。连用 4 天，间隔 2～3 天，再用 3 天，可有效预防伤寒白痢和大肠杆菌的发生。

作用机理：

A. 防病：开口药添加的广谱抗生素能有效地预防和治疗由各种垂直传播的细菌和支原体引起的疾病。并对肠道有害菌如沙门氏菌、大肠杆菌等有良好的疗效，可减少鸡白痢、大肠杆菌病的发生率，明显提高育成率和健雏率。

B. 保健：开口药中添加了雏鸡生长必需的维生素和电解质，对于促进雏鸡生长，增强雏鸡抗应激能力效果突出。

C. 促生长：开口药中的促生长剂为神经递质类促生长剂，为一种神经细胞的代谢产物，它和以往的促生长剂不同之处在于可作用直接于动物采食中枢，通过兴奋采食中枢而达到增食、促生长的作用，同时，还能协调机体各器官系统的平衡发育，因此，在促生长的同时不但不会增加猝死症（俗称蹦死、窜高死）的发生，而且还为后期的增重打下了良好的基础。故无毒副作用，无残留，是理想的绿色促生长剂。

大量实验表明，应用开口药物可明显提高动物的食欲，促进食物的吸收利用，使动物的增重达 20% 以上，饲料转化率提高 10% 以上。同时对于家禽后期的增重及产蛋增多有很好的疗效。

D. 增强免疫力：实验表明，开口药物所含的牛黄酸可提高疫苗的免疫接种效果，育雏使用对可有效地增强首免效果。

E. 开口药要便于使用，用量小，成本低。

②常用药物：开口宝、肠浆先锋或阿莫西林 + 金芪维他的应用：主要用于防止鸡白痢慢呼，补充营养，促生长，防脱水。

10 ~ 42 日龄

工作重点：主要控制球虫病，支原体和大肠杆菌病，同时，密切关注传染性法氏囊病。

（1）球虫病：

预防措施：球敌 饮水或拌料，每瓶本品 100g 对水 100 ~ 150kg 或 75kg 料，混匀后自由引用/采食，连用 3 ~ 5 天。

（2）慢性呼吸道病：此间的慢呼多为接种疫苗断喙及冷应激而发生。

预防措施：用疫苗或断喙前 3 天用 阿奇霉素，强力霉素、环丙沙星等，全天药量集中饮用，连用 4 天，可有效排除支原体的感染。

（3）包心包肝大肠杆菌：

预防措施：慢呼的有效预防可降低大肠杆菌病的发生。

杆威全天药量集中饮水，连用 3 ~ 5 天。

（4）白痢型大肠杆菌型脑炎：

白痢型：神经症状瘫痪像划船样内脏器官结节。大肠杆菌型：站立不稳摇头晃脑内脏器官较正常，有时可见肠道有肉芽肿。

预防措施：用氟苯尼考（或菌特威），全天药量集中饮水，连用 3 ~ 5 天。

（5）多维的应用：雏鸡阶段应用维多宝、金芪维他，效果很好。因为雏鸡阶段消化系统不健全，饲料消化吸收转化率低；免疫系统不健全，疫苗免疫抗体不高且参差不齐。此时应用氨基多维，不仅可提高消化系统的功能，加速饲料营养的分解吸收，而且可以快速促进免疫系统，产生足够的抗体，提高机体抵抗力，减少发病，促进生长发育。

42 ~ 90 日龄

工作重点：主要控制大肠杆菌病慢呼和非典型新城疫及混合感染引起的顽固性呼吸道病。另外注意传染性喉气管炎疫苗应激引起的传染性喉气管炎的发生。

（1）大肠杆菌病和慢呼混合感染：

预防措施：菌特威（或氟苯尼考）、肠呼宁全天药量集中两次饮水，连用 3 ~ 5 天。

严重病例，可配合替米考星饮水，先计算全天药量，集中两次使用，连用 3 ~ 5 天。

（2）滑腱症：由肠毒综合征导致 B 组维生素和锰的吸收不足引起。

预防措施：肠毒速克和金芪维他全天药量集中投服，连用 3 ~ 5 天。

（3）传染性喉气管炎：

预防措施：免疫前后 3 天，使用清肺散拌料、阿奇霉素/干扰素饮水，连用 3 ~ 5 天。免疫应激引发的呼吸道症状时，可配合金奇舒使用，连用 3 ~ 5 天。

（4）顽固性呼吸道病：

预防措施：当鸡群中有个别鸡出现呼吸道症状时，可用替米考星/慢呼速治配合金感康全天药量集中饮水，连用 3 ~ 5 天。

90 ~ 180 日龄

工作重点：防止新母鸡病的发生，清除输卵管炎和卵巢炎和肠道病，为鸡群创造有利的产蛋体况。

（1）荆防败毒散/干扰素和金芪维他的应用：蛋鸡生长到 100 日龄以后，饲料中添加荆防败毒散和金芪维他，间隔使用，补充鸡群营养，提高机体抵抗力，创造良好的产蛋体况，保证鸡群稳产高产。

（2）新母鸡病：由自体应激营养应激环境应激三种因素引起。

症状：鸡多瘫痪，拉稀，鸡冠发紫，肌肉淤血，整个消化道壁变薄，尤其腺胃甚至穿孔，卵泡充血，子宫内有宿蛋。

预防措施：治疗肠炎药物、鱼肝油、D 钙奇拌料或饮水，先计算全天用药量，集中一次使用，连用 5 ~ 7 天；蓝酥或者荆防败毒散 3 ~ 5 天。

（3）卵管炎和卵巢炎：金卵康、卵炎清（阿莫西林等）任选其一，每隔 20 ~ 30 天，用药预防一个疗程，每个疗程 3 ~ 5 天。用够一个疗程后，使用肾复康一个疗程，恢复机体体况。

（4）顽固性腹泻：

A. 刚开产鸡换料过快，鸡只没适应高营养饲料。

预防措施："三三"过渡法转换饲料，即产蛋料 1/3，青年料 2/3；饲喂 3 天后，转换为 2/3 产蛋料，1/3 青年料；饲喂 3 天后，全部换成产蛋料，并定期使用荆防败毒散和金芪维他。

B. 慢性球虫病。

预防措施：球敌或百球清全天药量集中投服，连用 3 ~ 5 天。

180 日龄——淘汰

工作重点：定期消除卵巢炎和输卵管炎，并做好新城疫的预防工作，保证良好产蛋体况。

（1）产蛋不上高峰综合征：

预防措施：先用肠毒清 + 欣多泰清理肠道，连用 4 ~ 7 天。最后用荆防败毒散 + 10 倍量亚硒酸钠 VE，连用 10 ~ 15 天。金芪维他长期拌料，可提高产蛋率和延长产蛋高峰。

（2）卵巢炎 输卵管炎：

预防措施：

方案一：卵炎清（阿莫西林等）是针对卵巢炎和输卵管炎及

卵黄性腹膜炎而开发，是治疗卵巢炎和输卵管炎及卵黄性腹膜炎的特效药。全天药量集中饮水，每月用一疗程，一个疗程 4 ~ 6 天。

方案二：荆防败毒散 + 黄连解毒散拌料，每月用一疗程，一个疗程 4 ~ 6 天。

专家提示：以上两种方案，生产上连用两个疗程后，再选用肠呼宁或粘康素一个疗程，两者结合使用，既降低了用药成本，同时，又避免了由于卵巢炎和输卵管炎消炎不彻底，而导致的卵黄性腹膜炎的发生所造成的鸡只的零星死亡。

（3）不明原因的呼吸道病：

预防措施：加强通风，做好日常消毒工作。

当鸡群中有个别鸡只出现呼吸道症状时，可用泰乐菌素、强力霉素或替米考星饮水，清瘟败毒散拌料，先计算全天药量，集中一次用药，连用 3 ~ 5 天。

三、鸡用药过程中的误区及防止对策

1. 用药误区

目前，在鸡疾病的治疗过程中，药物的应用常常存在以下几个方面的误区和不足。

（1）不注意给药的时间：无论什么药物，固定给药模式或按自己的习惯给药，不是在料前喂，就是在料后喂。

（2）不注重药物的时效性和给药次数：不管什么药物，通通一天给药 1 次、2 次或者全天给药。

（3）不考虑给药间隔：凡是一天 2 次给药，大部分用户白天间隔过短（6 ~ 7 小时），而晚间间隔过长（17 ~ 18 小时）。

（4）不重视给药方法：无论什么药物，不管什么疾病，一律饮水或拌料给药，采用自由饮水或采食。

（5）任意加大用药量或减少对水量：无论什么药物，养殖户按照厂家产品说明书，往往加倍用药或者加 2 倍以上使用。

（6）疗程内频繁换药：不管什么药物，不论什么疾病，有效

或无效，通常使用2天临床效果不明显就换药，有效果为了节省就停药。

（7）不适时更换新药：许多用户用某一种药物治愈了某一种疾病，就认准这种药物是好药，反复使用，即使包装规格甚至药品色泽改变也不考虑，且不改变用法、用量，一用到底。

（8）药物选择不对症：如本来为全身性疾病，却口服给药使用肠道不宜吸收药物等如硫酸新霉素、丁胺卡那霉素等。

（9）盲目搭配用药：不论什么疾病，如大肠杆菌与慢呼混合感染，不清楚药理药效，多种药物搭配使用，如含有治疗大肠杆菌的头孢噻肟钠与含有治疗支原体感染的红霉素搭配等。

（10）忽视不同情况下的用药差别：如疾病状态、种（类）别、药物酸碱性影响、水质等。

2. 防止对策

据我们对部分养鸡户调查统计，在鸡病治疗失败的病例中，用法与用量不当造成的治疗失败占60%以上。盲目用药、滥用药所致药物耐药性造成的治疗失败占20%以上（其中，药物的超大剂量使用导致细菌相对耐药性产生占60%以上）、治疗不对症占15%以上、其他约5%。由此看来，同一药物对同一疾病的治疗，用药是否正确，治疗结果差异很大，因此，在鸡病治疗过程中，必须采取正确方法和措施来消除用药误区，提高治疗效果。

内服药物大多数是在胃肠道吸收的，因此，胃肠道的生理环境，尤其是胃肠道内pH值的高低，饥饱状态，胃排空速率等，往往影响药物的生物利用度。如氨苄西林需空腹给药，采食后给药药效下降1/2左右；而红霉素则需喂料后给药，如用氨茶碱治疗支原体、传支、传喉所致呼吸困难时，最佳用药方法是：将2天的用量于晚间20：00左右一次应用，这样既可提高其平喘效果，且强心作用增加4~8倍，还可以减少与其他药物如红霉素、氨基糖苷类等的不良反应的发生。

（1）需要注意常用药物给药时间及方法：

A. 需空腹给药的药物有（料前 1 小时以上）：半合成青霉素中阿莫西林、氨苄西林、头孢菌素（头孢曲松钠除外）、强力霉素、林可霉素、利福平；喹诺酮类中诺氟沙星、环丙沙星、甲磺酸培氟沙星等。

B. 料后 1 小时以后给药的药物有：罗红霉素、阿奇霉素、左旋氧氟沙星。

（2）需定时给药的药物：

A. 地塞米松磷酸钠（治疗禽大肠杆菌败血症、腹膜炎、重症菌毒混合感染）将 2 天用量于上午 8：00 左右一次性投药，可提高效果，减轻撤停反应。

B. 氨茶碱将 2 天用量于晚间 20：00 左右一次性投药

C. 扑而敏、盐酸苯海拉明 将 1 天用量于晚间 21：00 左右一次性投药。

D. 补钙（葡萄糖酸钙、乳酸钙）早晨 6：00 左右补钙疗效最佳。

（3）需喂料时给药的药物：脂溶性维生素（维生素 D、维生素 A、维生素 E、维生素 K_1、维生素 K_2）、红霉素等。

（4）中药的使用方法：

A. 治疗肺部感染，支气管炎、心包炎、肝周炎，宜早晨料前一次投喂。

B. 治疗肠道疾病、输卵管炎、卵黄性腹膜炎时，宜晚间料后一次投喂。

（5）关于给药次数：由于药物种类不同，其抗菌机理、药效学和药代动力学不同，一天的用药次数也不相同，如浓度依赖型杀菌药物（氨基糖苷类、喹诺酮类），其杀菌主要取决于药物浓度而不是用药次数，以 2 倍最低杀菌浓度（可以理解为通常使用剂量的 2 倍）一日只需给药一次，有利于迅速达到有效血药浓度，缩短血药达到高峰时间，既可以提高疗效，又可以减少不良反应，否则即使一天给药 10 次，也不能达到治疗目的。而抑菌药如红霉素、林可霉素、磺胺喹恶啉钠等，在达到 MIC（最低抑菌浓度）时，主要取决于用药次数，次数不足，即使 10 倍 MIC，也不能达到治疗目的，反而造成细菌在高浓度压力下的相对耐药性产生。

除抗感染药物外，某些半衰期长的药物如地塞米松磷酸钠、硫酸阿托品、盐酸溴己环铵等，也可一天给药一次，可一天给药一次的药物有：头孢三嗪、氨基糖苷类、强力霉素、氟苯尼考、阿奇霉素、琥乙红霉素（用于支原体感染）、克林霉素（用于金黄色葡萄球菌感染）、硫酸粘杆菌素、磺胺间甲氧嘧啶、硫酸阿托品、盐酸溴己新等。可两天给药一次的药物有：地塞米松磷酸钠、氨茶碱等。其他的药物多为一天 2 次用药。有的药物如用麻黄碱喷雾给药解除严重喘病时，也可一天多次给药。

（6）给药时间间隔：不同药物一天用药次数不同，特别是以上提到的抑菌药物，而在通常用药的习惯上，有时可能出于使用简便一天仅给药 2 次，因此，在尽可能选择血药半衰期长的品种的同时，应充分重视给药时间间隔对药物作用的影响。而许多用户可能早晨去诊断鸡病，9：00 ~ 10：00 点给药，16：00 ~ 17：00 点就给药了，这样就必然造成白天用药间隔过短，浪费药物，而夜间药力接续不上，治疗效果差。而正确的一天用药间隔为 12 小时，如在实际养殖过程中不易做到的话，白天两次用药间隔时间要保证在10 小时以上，以确保药物的连续作用。

（7）给药方法的选择：混饮或拌料是最常用、最习惯的给药方法，但由于药物不同、疾病不同、疾病严重程度不同，还应该考虑喷雾给药、肌内注射或者单独口服（滴口）给药。

A. 可用喷雾给药的药物：利巴韦林、氨茶碱、麻黄碱、扑尔敏、克林霉素、阿奇霉素、单硫酸卡那霉素、氟苯尼考等，特别是用利巴韦林治疗病毒感染，喷雾给药的效果是同剂量药物饮水给药10 倍，最佳的雾滴直径为 10 ~ 20um 即使用常规喷雾器（直径≥80um）也会取得较饮水给药更好的效果。

B. 可用于喷雾给药治疗的疾病有：慢性呼吸道疾病、病毒性呼吸道感染、不能吃料和饮水的重症感染（如禽流感或慢性新城疫与大肠杆菌、支原体重症混合感染，注射给药因应激常导致病鸡肝破裂而死亡，而喷雾是唯一的给药好方法）。

C. 可用于肌肉注射治疗的疾病有：大肠杆菌性败血症、重症腹膜炎（常导致药物肠道吸收不良）、重症菌毒感染（不饮水不采料、心衰、肝大者除外）、传染性法氏囊病（可结合卵黄抗体肌注）。

（8）用药剂量和对水量：很多兽药生产厂家对药物的正确用量（尤其是多种药物协同用药的复方制剂）不甚明了或个别厂家为追求高额利润，片面加大（或成倍加大）药物的对水量，长此以往，许多用户对药品说明造成信任危机，错误地认为，任何产品按照厂家药品说明书必须按对水量减半使用，这样做就可能导致以下后果：一是造成药物浪费；二是迫使细菌在高浓度药物作用下相对耐药率增加，如恩诺沙星对大肠杆菌的治疗浓度，1998 年为 30mg/L，耐药率几乎为零，而 4 年后，治疗浓度已达到 130mg/L，耐药率高过 60% 左右，而在有些地区即使如此高的药物浓度，抑菌圈直径仍为 0 ~ 10mm，已完全产生耐药性；三是造成不良反应甚至毒性反应，如用恩诺沙星治疗大肠杆菌肠道感染所致肠炎、腹泻，加大用量反而加重腹泻。而许多毒性大的药物，如马杜拉霉素、海南霉素等，治疗量接近中毒量，加大用量常导致中毒死亡，要解决这一问题，需要兽药生产厂家和终端用户的共同努力。在目前条件下，采取方法是：

A. 两种或多种抗菌药搭配使用，在确定两种药物间为协同作用时，在没有条件根据临床试验得出最佳药物治疗剂量，通常的对水量为主要药物对水量的 3 倍，如用恩诺沙星 5g，丁胺卡那 4g 治疗鸡大肠杆菌时，若恩诺沙星的最佳治疗浓度为 100mg/L，即 5g 恩诺沙星可对水 50L，那么该组方可对水 150L。

B. 为达到最佳效果，每次用药对水量，一天一次，以全天饮水量 30% 为宜，一天两次，各以全天饮水量 25% 为宜，以不超过

3 小时为宜，切忌将药物加入水中让鸡自由饮用（不易达到血药峰值，治疗效果差）。因此，投药前需停水，冬季停水 2 小时，夏季停水 1 小时。

C. 如果不能确定厂家说明书的对水量是否属实，那么正确做法是，首次倍量，以后常量使用。

（9）关于疗程和停药时间：任何鸡病的治疗（治本解表）都需要一定的疗程，而许多用户对此认识不足，通常用药 2 天，有时见效就停药，多造成复发；而有的治疗 2 天不见效就开始换药，结果造成细菌耐药性的产生和药物浪费，延误治疗时机，反而延长疗程。至于最佳的停药时间，可根据病情轻重加以确定，通常情况下，以表征解除后如止泻、退热、平喘、采食、精神恢复等，再用药 2~3 日为宜。而对于重症疾病或菌毒混合感染以及不明原因混合感染如大肠杆菌败血症、心包炎、肝周炎、腹膜炎、鸡白痢、禽伤寒、副伤寒、禽流感、慢性新城疫及其大肠杆菌混合感染等一般在表征解除后，需用药 3~5 日。有时为降低用药成本，可首先选用高效药物，如用阿奇霉素＋丁胺卡那治疗慢呼与大肠杆菌疾病时，用药 2 次控制疾病后，可选用价廉药物或中药结合使用速溶电解多维，巩固疗效 2~3 日。

（10）新产品的选择和适时更换新药：随着鸡养殖规模的不断扩大和鸡场（鸡舍）养殖时间不断延长，鸡病变得越来越复杂，混合感染型疾病的种类越来越多，新疾病，病原微生物发生变异者层出不穷，许多药物的相对耐药性逐渐增加，同时，新原料，新制剂日新月异，这都要求广大养殖户审时度势，在治疗药物选择上要跟上形势。如治疗大肠杆菌病，含第三代头孢菌素的产品早已投放市场，而许多用户还抱着环丙沙星，庆大霉素不放（耐药率≥60%），且用药剂量长期不变，这样势必造成治疗效果不佳，用药成本居高不下，疗程过长。而对待新药物的选择上，以往的观念是，为防止细菌产生耐药性，往往保留 1~2 类新药不用，而最新研究结果表明，只要有确切效果，用法与用量得当，对某种病原体呈现高敏，新原料的选用反而有利于减少耐药菌株的产生概率（绝对耐药除外，如鸡链球菌对庆大霉素天然耐药）。因此，除考虑成本外，在鸡病治疗中尽可能选择高敏的新产品。

（11）抗感染药物的正确选择：许多终端用户（包括某些兽药厂家）对药物的作用机制，病原微生物的分类和特性，鸡病的发病机理和临床特征不很清楚，在抗感染药物选择上往往不对症。如选用青霉素、头孢菌素类（繁殖期杀菌药，破坏细菌细胞壁）治疗支原体（无细胞壁）感染；选用庆大霉素、新霉素等（内服吸收差）治疗大肠杆菌全身感染；如病毒感染，未确定细菌混合感染指征便使用抗菌药（如单纯性发热，抗菌药应用无效），结果造成药物浪费，病毒感染使用抗菌药，贻误治疗时机，加重病情并导致耐药性产生，因此，在疾病治疗过程中，对不同病原体所造成的不同疾病或同一病原体（血清型可能不同）所导致不同病症，应选择最佳药物进行治疗。以下为不同疾病的首选药或次选药，供参考。

A. 鸡大肠杆菌病。

①全身感染，心包炎、肝周炎用头孢噻肟或头孢曲松嗪，重症感染结合恩诺沙星钠或磷霉素钙。

②肠道感染，肠炎、腹泻用利福平＋痢菌净（亦可选用利福平＋多粘菌素E或丁胺卡那霉素）或阿莫西林＋舒巴坦钠或棒酸＋多粘菌素E。

B. 坏死性肠炎（含球虫伴发性）。头孢哌酮钠＋舒巴坦钠或克林霉素＋甲硝唑。

C. 支原体感染（慢性呼吸道疾病）。最宜为速效抑菌剂，阿奇霉素、克拉霉素或琥乙红霉素、强力霉素、替米考星。

D. 支原体与大肠杆菌混合感染所致呼吸道疾病。阿奇霉素＋强力霉素＋多粘菌素E、琥乙红霉素＋庆大小诺霉素、克拉霉素＋丁胺卡那霉素。

E. 病毒支原体性呼吸道混合感染上述组合中。肉鸡加用金刚烷胺或利巴韦林。

F. 病毒感染。

单纯性病毒感染不宜使用抗菌药物，可选用抗病毒药结合解表、强心、抗过敏、免疫增强剂等药物配伍。

①传支、传喉、传染性法氏囊、禽流感、新城疫可选用利巴韦林。

②鸡痘 可选用病毒灵+维生素C、西咪替丁。

③禽流感、马立克、腺胃型传支及其他肿瘤性病毒病可选用金刚烷胺。

④上述 A 中疾病与 B 中疾病混感，可同时选用利巴韦林+金刚烷胺，如果病毒病与细菌病并发、继发（临床中多见），可选用适宜抗病毒药结合第 3 代头孢菌素如头孢曲松钠、头孢噻肟钠、头孢地嗪等和（或）恩诺沙星钠等。

⑤若病毒病、细菌病与支原体病混感，可选用抗病毒药与阿奇+丁胺或阿奇+强力霉素。

⑥禽伤寒：副伤寒可选用氟苯尼考、复方新诺明、诺氟沙星。

⑦鸡白痢：选用氟苯尼考、磺胺类复合制剂。

⑧球虫病（多伴发坏死性肠炎）用甲基三嗪酮+抗坏死性肠炎药、磺胺喹恶啉钠+磺胺甲恶啉钠磺胺氯吡嗪钠。

（12）抗感染药物的联合用药：在鸡病治疗过程中，为达到治疗目的，往往两种或多种抗感染药物联合用药。

A. 联合用药的目的。

①拓宽抗菌谱。

②减少耐药性产生。

③降低各药用量和治疗成本。

④缩短病程。

⑤提高疗效。

B. 联合用药的前提：下列情况可考虑联合用药。

①重症感染如心内膜炎、脑膜炎。

②腹腔感染、气囊炎、心包炎、肝周炎。

③重症菌素混合感染如大肠杆菌病、支原体与禽流感、新城疫、传染性支气管炎混合感染。

④不明原因混合感染（为迅速控制病情，治疗初期多联合用药，一旦确定病原或经药敏试验，去掉低敏药物或不对症者）。

C. 抗感染药物分类。

按照药物的作用机制，一般将抗感染药物分为以下四类：

a. 繁殖期杀菌剂或破坏细胞壁者：青霉素类、头孢菌素类、磷霉素类（有的学者将其划分为 A 类）、多肽类。

b. 静止期杀菌剂：氨基糖苷类、喹诺酮类、安莎类。

c. 速效抑菌剂：四环素类、氯霉素类、大环内酯类、林可胺类。

d. 慢效抑菌剂：磺胺类、卡巴氧类、磺胺增效剂。

D. 药物间作用模式及选择。

①协同作用：两种药物联合用药后，其效疗大于单一药物效果 2 倍者。

即 $M1 + M2 > 2\ M1$ 或 $2M2$

如具有抗生素（抗菌药）后效应（PAE）的药物（青霉素类、头孢菌素类、氨基糖苷类、强力霉素、氟苯尼考、阿奇霉素、克拉霉素、喹诺酮类、克林霉素、利福平、磺胺间甲氧嘧啶）联用后，其 PAE 较两者相加还长 1 小时者；或者最低抑菌浓度（MIC）或最低杀菌浓度（MBC）较单一药物降低 4 倍。

②相加作用：即 $M1 + M2 = 2\ M1$ 或 $2M2$ 或联合用后血药半衰期较长者延长 1 小时者，如庆大 + 丁胺。

③无关作用：即 $M1 + M2 < 2\ M1$ 或 $2M2$。

④拮抗作用：即 $M1 + M2 < M1$ 或 $M2$（如 A 类与 C 类合用）。

⑤特别作用：即 $M1 + M2 > 2\ M1$ 但 $\leq M2$ 或 $M1 + M2 > 2\ M2$ 但 $\leq M1$。

在临床过程中，发挥协同作用，有时应用相加作用或选择特别作用，避免无关作用，淘汰颉颃作用。

E. 药物间作用结果。

①协同作用：

禽病治疗中多选用的协同作用有：

头孢菌素类+磷霉素；

半合成抗生素+多肽类；

青霉素类+头孢菌素类+喹诺酮类；

氨基糖苷类+安莎类（利福平）；

氨基糖苷类+C 类；

磺胺类+磺胺增效剂；

利福平+卡巴氧类（痢菌净）；

利福平+多肽类（硫酸粘杆菌素）。

有条件的协同作用：青霉素类、头孢菌素类与氨基糖苷类具不显著协同作用，但宜间隔 2 小时使用（破坏 β-内酰胺环，尤以庆大霉素为甚）。

②相加作用：

丁胺+庆大；

磺胺类+喹诺酮类；

红霉素+泰乐菌素；

磺胺类+磺胺类；

③颉颃作用：

青霉素、头孢类+C 类；

喹诺酮类+利福平；

喹诺酮类+C 类；

利福平+C 类；

林可胺类+大环内酯类+氯霉素类（或 C 各类之间）。

④特别作用：

氟流霉素+阿莫西林（禽伤寒）；

环丙沙星+克林霉素（慢呼、金黄色葡萄球菌感染）；

利福平+氧氟沙星（大肠杆菌病）。

（13）其他

药物的作用效果还与疾病侵害的器官、种（类）别、药物酸碱性、水质有一定关系。

A. 疾病侵害的器官。

肾脏疾病

治疗时尽量不选择易导致肾肿的药物如氨基糖苷类、喹诺酮类、磺胺类、多黏菌素 E 等。可选用头孢菌素类、利福平等治疗。另外，许多药物是通过肾脏排泄的，如头孢菌素类，可将该类药物适当减量（减量 1/4）后集中用药。

肝大、肝周炎

许多药物是经肝脏代谢的，当发生肝脏疾病时，应适当减量（减量 1/3）

B. 种（类）别。

肉鸡为酸性体质，用碱性药物如碱性恩诺沙星治疗，效果不佳。而治疗蛋鸡疾病时（通常 100kg 水中加 50g 硼砂）则往往取得很好的治疗效果。

C. 药物酸碱性对治疗效果的影响。

①需在碱性环境中使用的药物：庆大霉素、新霉素、利福平（pH 值 <9）、阿奇霉素（pH 值 6.2 时 MIC 较 pH 值 7.2 时高 100 倍）、恩诺沙星、磺胺类。

②需在酸性环境中使用的药物：强力霉素。

③需在中性环境中使用的药物：青霉素类、头孢菌素类。

D. 水质。

有的水质中含重金属离子如 Fe^{2+}（铁锈）、Al^{3+} 很多，对强力霉素、喹诺酮类有很大的影响，一般需投喂水质改良剂（螯合剂），一般在 100kg 饮水中加用 EDTA 二钠 10g。

3. 药物残留控制

药物残留主要是指肉鸡屠宰后胴体或者鸡蛋中残留的抗生素类、球虫药类、饲料添加剂类及农药类的化学物质。有药物残留的肉鸡产品是不允许出口的。随着中国加入 WTO，肉鸡出口量将越来越大。为使养鸡科学有效的控制药残问题，下面就所引起药物残留的原因及解决的措施加以综述。

（1）饲料引起的药物残留。含药物的鸡料与不含药物的鸡料营养成分一致，延长使用含药饲料会引起药物残留。要求饲养户按规定时间换用不含药物的鸡饲料，换料时用湿抹布把料桶擦净。

（2）乱用药引起的药物残留。各种药物在鸡体内残留的时间长短不一样，而现在用的兽药，多是复方，成分复杂。有些成分在鸡体内存留时间相当长，如养殖户乱买药物，必然会引起药残问题。日本严禁含有克球粉的鸡肉进口，也禁止鸡肉内含有磺胺或抗生素。

（3）杀虫不当或饮水中含有药物引起的药物残留。有的养殖户在鸡要出栏时采用敌百虫等药物灭蝇。喷洒作物的农药喷到井水里，使饮水中含药物，都会引起药残这两方面都要注意。

（4）随意给鸡"小药"，也会引起药物残留。

4. 肉鸡用药方面的注意事项

为了确保肉鸡无药残，客户用药必须事先经过药残分析，确认无药残，并注意如下事项。

A. 肉鸡整个饲养期禁止使用以下药物。

①克球粉 又名可爱丹、克球多、克球酚、氯羟吡啶、氯甲吡啶醇、氯吡醇、氯吡多、氯吡可、乐百克、三字球虫粉、球落。②尼卡巴嗪 又名球虫净、球净，主要成分为双硝苯脲、二甲嘧啶醇。③螺旋霉素。④灭霍灵。⑤喹乙醇 又名快育灵、培育灵、喷酷胺醇。⑥甲砜霉素。⑦恶喹酸（喹恶酸）。⑧磺胺喹恶啉（SQ）。⑨磺胺二甲基嘧啶（SM2）。⑩磺胺嘧啶（SD）。⑪磺胺间甲氧嘧啶（又名制菌磺）。⑫磺胺-5-甲氧嘧啶（又名球虫宁）。⑬甲酸、苯酚类消毒剂。⑭人工合成激素。

B. 无公害肉鸡饲养过程中的阶段用药：30 日龄内可用如下磺胺药物（30 日龄后禁用）：复方敌菌净 复方新诺明。

C. 送宰前 14 天禁止用的药物：青霉素、卡那霉素、链霉素、庆大霉素、新霉素

D. 宰前 14 天根据病情可继续选取用如下药物：氟哌酸、氧氟沙星、环丙沙星、大蒜素、泰乐菌素。

E. 预防球虫药可选用如下药物，宰前 7 天停药，拉沙里霉素（球安）、马杜拉霉素（加福、球杀死）、三嗪酮（百球清）

F. 送宰前 7 天停用一切药物，最后一周所用饲料必须不含任何药物。

G. 禁止使用所有激素类及有激素类作用的药物。

H. 使用其他药物须征得技术人员同意方能使用。

鸡常见病消毒药物预防程序见表 2 - 1。

表 2 - 1　鸡常见病消毒药物预防程序

鸡病名称	控制操作	推荐用药	备注
新城疫（ND）	1. 剔除病鸡，严格隔离 2. 大群鸡只 ND-Lasota 紧急接种（点眼或滴鼻或注射，饮水效果一般） 3. 用苗一天后，全群带鸡消毒一日两次，一周后每日一次 4. 饮水中加入黄芪多糖，加强通风 5. 投喂抗生素（见大肠杆菌病，推荐用药栏）	大华碘威、百毒杀、复合醛、抗毒威、过氧乙酸等（无特效药，主要消毒处理）	1. ND 发病鸡群，可用 3 倍剂量 Lasota 紧急注射，控制流行 2. 死病鸡焚烧或深埋处理 3. 黑金、新城 100、欣多泰、干扰素对非典型新城疫有较好疗效
传染性法氏囊炎（IBD）	1. 挑出病鸡，严格隔离 2. 提高舍温 2℃ 3. 饮水中加入禽毒克和 5% 的红糖或葡萄糖连用 3 天 4. 饮水中加入中药制剂，对症治疗 5. 带鸡消毒同上	禽毒克肾肿灵、新肾康、益肾康、补液盐、速补-14	1. 尽量不用抗生素，禁用磺胺药 2. 有症状鸡可单独注射高免血清或卵黄抗体，但必须保证质量

（续表）

鸡病名称	控制操作	推荐用药	备注
传染性支气管炎（IB）	1. 传支弱毒苗紧急接种 2. 参看 IBD 控制方法 3. 常用中草药方剂荆防败毒散、清肺散等	欣多泰（金钱草 20g、板蓝根 90g、柴胡 100g、羌活 60g、独活 70g、苏叶 60g、车前草 75g、甘草 80g、麻黄 75g 粉碎混合）每包可用冷水煎汁 30 分钟加入 20~25kg 饲料，连服 5~7 天。同时每 25kg 饲料或 50kg 水中再加吗啉胍原粉 50g；肾型传支再加肾肿解毒剂每瓶加水 50kg 饮服 3~5 天	
大肠杆菌病	1. 加强通风 2. 饮水消毒 3. 及时清粪 4. 投服敏感抗生素	庆大霉素、达诺沙星、氧氟沙星、新霉素、卡那霉素、诺氟沙星	1. 加强环境及饮水卫生是控制大肠杆菌病的有效措施 2. 大肠杆菌对大多数抗生素有抗药性，有条件的鸡场最好做药敏试验，选择敏感药物
慢性呼吸道病（CRD）	1. 第一周饮水中添加恩诺沙星等抗生素 2. 免疫当天到免后 3 天内投服敏感抗生素 3. 加强通风，及时清粪 4. 投服敏感抗生素治疗	恩诺沙星、肠呼宁、强力米先（红霉素）、北里霉素、链霉素等、氧氟沙星	1. 免疫后两天容易发生，应激因素也可激发 2. 提早预防，一旦发生将大大增加治疗成本，且难于彻底控制
葡萄球菌病	1. 加强棚架管理，减少外伤，检查并消除引起外伤的因素 2. 饮水中添加敏感药物 3. 0.3% 的过氧乙酸带鸡消毒，特别对网上支架及饲养工具	恩诺沙星、氨苄青霉素、庆大霉素、卡那霉素	1. 免疫时注意免疫器械的消毒，防止交叉感染 2. 抓鸡赶鸡时防止碰伤鸡只 3. 用药前先做药敏

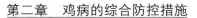

（续表）

鸡病名称	控制操作	推荐用药	备注
猝死症及腹水症	1. 加强通风，温度适中，避免密度过大 2. 经常清粪，减少舍内氨气浓度 3. 13～21 日龄夜间适当限饲（熄灯） 4. 饮水中加入一定量的维生素 E 和硒	硒和维生素 E、精氨酸和赖氨酸、小苏打、生物素	1. 采取措施只能减少发病，不能完全根除 2. 猝死症与腹水症病因有相似之处，故可采用相同措施

注：1. 当鸡发病时，必须经技术人员确诊后方可用药

2. 抗生素的选用，最好事先作药敏试验，必须按照规范用药、疗程用药

3. 饲喂加莫能菌素、盐霉素和马度米星铵等肉鸡料时，严禁添加支原净（泰妙菌素），否则增加毒性反应

第三节 严格执行免疫程序

免疫程序的制订是必须根据不同的地区、不同养殖场及近几年的禽病流行情况而制订的，不是千篇一律的。目前，发病率高的原因之一是免疫程序的不合理，或死搬硬套、盲目崇拜，按某某专家的，按其他地区、其他养殖场或按购鸡苗场推荐的，这些都不十分科学合理，严格地说应根据鸡群的健康和免疫状况实行一场及一群一程序，要定期进行免疫效果检测，不要盲目认为，只要免疫就一定预防全部；只要免疫就不会发病的免疫万能论。一些免疫抑制性疾病或鸡群健康状态欠佳，疫苗因素、免疫程序不合理，营养缺乏都能造成免疫失败，造成很大损失。在此笔者建议，在免疫时要推广应用死＋活免疫方法。特别是在肾传支、法氏囊、禽流感、新城疫免疫时一定要如此，免疫后 15～21 天进行免疫检测，对不合格鸡群进行再免。

鸡病诊断与防治实用技术

一、常用免疫程序推荐

常用免疫程序推荐表 2-2 至表 2-9。

表 2-2　建议肉鸡免疫防病程序一

日龄（天）	疫苗或药物	使用方法
1	强效新支（MA3 + clone30）	点眼或滴鼻
3～5	2%～3%多维葡萄糖（白糖）+ 丁胺卡那	自由饮水
14～15	法氏囊苗 288E + 肾传支 4/91	滴口 0.5ml（1 头份/只）
21～24	强效新支（MA3 + clone30）或 H52 + ND$_{IV}$	饮水或滴鼻

表 2-3　建议肉鸡免疫防病程序二

日龄（天）	疫苗或药物	使用方法
1～3	2%～3%多维葡萄糖（白糖）+ 丁胺卡那	自由饮水
3～4	肾传支	点眼或滴鼻
7～8	小二联［H120 + ND$_{IV}$ 或 clone30］	点眼或滴鼻
14～15	法氏囊苗 288E 或法氏囊 D78	2 倍量饮水免疫
21～24	大二联 H52 + ND$_{IV}$	2 倍量饮水免疫

注：特别推荐免疫防疫程序二，较适应于密集养殖区

表 2-4　肉鸡推荐免疫程序三

日龄	免疫疫苗	免疫方法	目的
3～5 日龄	鸡新城疫 H9 二联灭活疫苗同时用 clone30	颈部注射点眼或滴鼻	预防新城疫和禽流感
8 日龄	鸡毒支原体弱毒疫苗	点眼	预防肉鸡慢呼
14 日龄	鸡法氏囊疫苗	饮水（2 倍量）	预防肉鸡法氏囊病

（续表）

日龄	免疫疫苗	免疫方法	目的
21 日龄	鸡新城疫疫苗	饮水（2 倍量）	预防新城疫和传支
28 日龄	鸡法氏囊疫苗	饮水（2 倍量）	预防肉鸡法氏囊病

表 2-5　肉鸡免疫防病程序四

日龄（天）	疫苗或药物	使用方法
1（出壳6 小时内）	鸡传染性法氏囊弱毒疫苗（诗华囊胚宝、辉瑞安囊宝、梅里亚威力克）	颈部皮下注射（在孵化场进行）
1	2%~3%多维葡萄糖（白糖）＋丁胺卡那	自由饮水
7~8	新城疫、禽流感（H9）二联灭活苗（0.3ml/只）新支二联［H120＋ND_{IV} 或 clone30］	颈部皮下注射点眼或滴鼻
21	新城疫 clone30	二倍量饮水免疫

表 2-6　笔者建议肉鸡免疫防病程序

日龄（天）	疫苗或药物	使用方法
1（出壳6 小时内）	鸡传染性法氏囊弱毒疫苗（诗华囊胚宝、辉瑞安囊宝、梅里亚威力克）	颈部皮下注射（在孵化场进行）
8~10	高效（浓缩）新城疫、禽流感（H9）二联灭活苗鸡毒支原体弱毒疫苗	颈部皮下注射（0.3ml/只）点眼
10~15	微生态制剂	拌料或饮水
21	新城疫 clone30	2 倍量饮水免疫
28~30	微生态制剂	拌料或饮水

表 2－7　　种鸡、蛋鸡的参考免疫程序

龄期	接种的疫苗	接种途径	备注
1 日龄	①马立克氏病疫苗（CVI-988 或 HVT）	皮下或肌肉注射	
	②新城疫（Ⅳ系或克隆 30）＋传染性支气管炎（H_{120} 等）二联弱毒疫苗	滴眼鼻或气雾	
8～20 日龄	传染性法氏囊病弱毒疫苗	饮水或滴入口中	根据母源抗体高低决定接种时间
10～15 日龄	①新城疫（Ⅳ系或克隆 30）＋传染性支气管炎（H_{120} 等）二联弱毒疫苗	滴眼鼻或气雾	
	②新城疫＋禽流感（$H_9 + H_5$ 亚型）灭活疫苗	皮下或肌肉注射	半羽份剂量
12～14 日龄	病毒性关节炎弱毒疫苗	肌注	种鸡使用
20～25 日龄	新城疫（Ⅳ系或克隆 30）弱毒疫苗	滴眼鼻或气雾	
26～30 日龄	传染性喉气管炎弱毒疫苗	点眼	无疫情地区不用
7 周龄	传染性鼻炎灭活疫苗	肌肉注射	
8 周龄	①新城疫（Ⅳ系或克隆 30）＋传染性支气管炎（H_{52} 等）二联弱毒疫苗	滴眼鼻或气雾	
	②新城疫＋禽流感（$H_9 + H_5$ 亚型）灭活疫苗	皮下或肌肉注射	
12～14 周龄	①传染性喉气管炎弱毒疫苗	点眼	无疫情地区不用种鸡使用
	②病毒性关节炎弱毒疫苗	饮水或肌注	
16 周龄	①新城疫（Ⅳ系或克隆 30）弱毒疫苗	滴眼鼻或气雾	需要时可安排霉形体或禽出败灭活疫苗

（续表）

龄期	接种的疫苗	接种途径	备注
	②传染性脑脊髓炎弱毒疫苗（蛋鸡不接种）	饮水	
20~21周龄	病毒性关节炎、传染性脑脊髓炎、传染性鼻炎、传染性支气管炎灭活油苗	皮下或肌肉注射	根据需要选择一种或几种疫苗联合应用
22~23周龄	①新城疫（Ⅳ系或克隆30）弱毒疫苗	滴眼鼻或气雾	商品蛋鸡不接种传染性法氏囊病疫苗
	②新城疫+传染性法氏囊病+减蛋综合征灭活苗	皮下或肌肉注射	
	③禽流感（H_9+H_5亚型）灭活疫苗	皮下或肌肉注射	
30周龄	新城疫（Ⅳ系或克隆30）弱毒疫苗	滴眼鼻或气雾	
38周龄	新城疫（Ⅳ系或克隆30）弱毒疫苗	滴眼鼻或气雾	
44~46周龄	①新城疫（Ⅳ系或克隆30）弱毒疫苗	气雾	商品蛋鸡不接种传染性法氏囊病疫苗
	②新城疫+传染性法氏囊病灭活苗	皮下或肌肉注射	
	③禽流感（H_9+H_5亚型）灭活疫苗	皮下或肌肉注射	
50~55周龄	新城疫（Ⅳ系或克隆30）弱毒疫苗	滴眼鼻或气雾	

表 2-8　商品蛋鸡免疫程序　一

日龄	疫苗种类	免疫方法
1 日龄	马立克	在孵化场进行
3 日龄	法氏囊	1 个量滴嘴两滴
6 日龄	新城疫支气管120	2 倍量滴嘴、眼、鼻各一滴

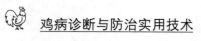

（续表）

日龄	疫苗种类	免疫方法
7 日龄	肾传支	2 倍量滴眼、鼻各一滴
8 日龄	新城疫 法氏囊 二联油苗	0.3ml 颈部皮下注射
12 日龄	法氏囊	2 倍量滴嘴两滴
15 日龄	H5N1	0.3ml 皮下 注射
18 日龄	法氏囊	3 倍量滴嘴两滴
21 日龄	鸡痘	1 个量刺种
25 日龄	新城疫支气管 52	3 倍量滴嘴、眼、鼻各一滴
25 日龄	肾传支	3 倍量滴眼、鼻各一滴
30 日龄	新城疫四系	3 倍量滴嘴、眼、鼻各一滴
35 日龄	H5N1	0.3ml 皮下注射或肌肉注射
42 日龄	法氏囊	3 倍量滴嘴两滴（饮水）
50 日龄	新城疫油苗	0.5ml 肌肉注射
50 日龄	新城疫 1 系	2 倍量注射
60 日龄	H5N1	0.5ml 肌肉注射（驱虫一次）
60 日龄	鸡痘	2 个量刺种
70 日龄	新城疫、支气管 52	3 倍量（饮水）
70 日龄	鼻炎苗	0.5ml 肌肉注射
80 日龄	H9	0.5ml 肌肉注射
80 日龄	喉炎苗	1 ~2 个量点眼（点眼时配青霉素）
90 日龄	新城疫 1 系	3 ~6 倍量注射
90 日龄	新支减	0.5ml 肌肉注射
100 日龄	H5N1	0.5ml 肌肉注射（驱虫一次）
100 日龄	鸡痘	2 个量刺种
110 日龄	新油 H9	0.5ml 肌肉注射

日龄	疫苗种类	免疫方法
120 日龄	鼻炎苗	0.5ml 肌肉注射（鼻炎发病流行区）
120 日龄	新城疫四系	6 倍肌肉注射

（以后每两个月保持新城疫油苗注射一次或者新城疫四系防疫一次。从秋天开始冬季、春季每两个月保持对 H5N1、H9 进行防疫一次，在秋末对支气管和喉炎进行防疫）

（以上免疫程序仅供参考，要和当地发病情况和季节变化进行及时防疫和灵活运用）

表 2-9　商品蛋鸡免疫程序二

日龄（天）	疫苗	用法与用量
1~3	C30、H120、28/26	颈部皮下注射 1 羽份
	C30、H52、28/26	滴鼻、点眼或饮水 1 羽份
7~10	C30-H120 弱毒苗	滴鼻、点眼或饮水 1 羽份
	新城疫-禽流感（H9）二联灭活苗	颈部皮下注射 0.3ml
12~14	鸡传染性法氏囊中强毒力	滴口或饮水 1 羽份
15~16	鸡毒支原体（F 株）弱毒活疫苗	点眼 1 羽份
	禽流感（H5 亚型）灭活疫苗	颈部皮下注射 0.5ml
18~20	鸡传染性法氏囊中强毒力	滴口或饮水 1 羽份
25	鸡痘疫苗	无毛处刺种 1 羽份
35	传喉疫苗	涂肛 2 羽份（无疫情地区不用）
35~40	L-H120/L-H52 二联活疫苗	滴鼻、点眼或饮水 1 羽份
	新城疫-禽流感（H9）二联灭活苗	颈部皮下注射 0.5ml
40~45	鸡传染性鼻炎灭活疫苗	颈部皮下注射 0.5ml
60~70	新城疫克隆 I-H52 二联活疫苗	肌肉或皮下注射 1 羽份
	禽流感（H5 亚型）灭活疫苗	颈部皮下注射 0.5ml

（续表）

日龄（天）	疫苗	用法与用量
80～90	传染性喉气管炎活疫苗	点眼、涂肛 1 羽份（无疫情地区不用）
100	鸡痘活疫苗	刺种 1 羽份
	鸡传染性鼻炎灭疫苗	颈部皮下注射 0.5ml
	鸡毒支原体（F 株）弱毒疫苗	点眼 1 羽份
110	C30-H120 二联三价活疫苗	滴鼻、点眼或饮水 1 羽份
	禽流感（H5、H9）二价灭活疫苗	颈部或胸部皮下注射 0.5ml
120	新城疫（克隆 I）活疫苗	肌肉或皮下注射 1 羽份
	新-支-减三联灭活疫苗	颈部皮下注射 0.5ml
125	新城疫-传染性法氏囊病二联灭活疫苗（种鸡用）	胸部皮下注射 0.5ml

注意：开产后每隔 3～4 个月防疫一次新城疫禽流感二联苗、H5H9 二价苗。以上防疫时间可适当根据当地发病情况、季节等做出调整

二、免疫操作要领

A. 疫苗使用

弱毒新支疫苗使用前从冷藏室取出疫苗和专用稀释液，先用针管吸适量稀释液缓缓注入疫苗瓶内，再打开瓶塞，将两瓶口相对，让稀释液缓缓流入疫苗瓶内，在倒过来让其流入稀释瓶内，反复几次，直到疫苗完全溶解，然后将全部疫苗盛于稀释液瓶内，去掉疫苗瓶，加盖滴头，即可点眼、滴鼻。

法氏囊苗滴口：每瓶 1 000 羽份 + 凉开水 500ml + 10g 脱脂奶粉，摇匀后滴口，每只 1ml（2 羽份）。

B. 接种要领

（1）点眼免疫

左手抓鸡，右手持装好滴嘴的稀释液瓶、排气、倒置。将鸡右

眼向上，滴头离鸡眼 0.5～1cm 远，呈垂直方向轻捏塑料瓶，滴一滴疫苗于鸡眼中，稍等片刻，待疫苗完全吸收后，再放开鸡。勿将滴头靠近鸡的眼睛。

（2）饮水免疫

a. 免疫前严格控水，挂起所有饮水器，停止供水。舍温 30℃以下，控水 1～2 小时；25～28℃，控水 2～3 小时；20～25℃，控水 3～4 小时；或根据舍温适当控水，也可根据需要喂给少量饲料使鸡产生口渴感后，当 70%～80% 的鸡找水喝时，开始免疫。

笔者建议不停水，按前一天饮水量 1/8 计算饮苗用水量第一次应用疫苗总量的 1/2 饮 3 小时，饮完后，再按上述方法重复一次，能充分保证所有鸡都能饮到足量疫苗。

b. 准备真空饮水器（或水线），饲养前期 30～40 只鸡/个，中期 20～30 只鸡/个，后期 8～10 只鸡/个，饮水器要擦洗干净（不加任何消毒液或洗涤剂对刚消过毒的要反复冲洗干净）。

c. 免疫用水中加入 0.2%～0.3% 脱脂奶粉或山梨糖醇搅匀，疫苗先用少量脱脂奶粉水稀释后，再加入大容器中，一起搅匀，立即使用。疫苗稀释应用凉开水或深井水，禁用自来水、矿泉水、市售饮用纯净水稀释。

d. 饮水器具要摆放迅速，且分布均匀。

e. 给疫苗时间要一致，使所有鸡尽可能同时饮上疫苗水，2～3 小时内全部饮完。为保证疫苗效力，最好分 2～3 次配兑。为保证鸡完全饮完，可在饮疫苗前 3 天连续记录饮水量取其均值确定饮水量，亦可按前一天饮水量 1/4 或者前一天采食量的 1/2 确定疫苗饮水量。

f. 禁用金属容器盛装疫苗水，装有疫苗的饮水器不得暴露在阳光下直射。

g. 饮水免疫前后 2 天，合计 5 天（最好 5～7 天）内饮水，饲料中不得加入杀死疫苗病毒（或细菌）的药物及消毒剂，以免影响疫苗的免疫力。

三、免疫时注意事项

1. 免疫时注意事项

（1）采用说明书上规定的稀释液稀释，稀释倍数准确。建议采用有色稀释液。其好处是在点眼或滴鼻时，容易发现漏免鸡只。

（2）疫苗应随用随稀释，稀释后的疫苗要避免高温及阳光直射，并在规定的时间内用完。

（3）疫苗使用剂量要参照说明书进行。大群接种时，为了弥补操作过程中的损耗，应适当增加用量。

（4）建议首免时采取个体免疫方式（如利用新城疫点眼、滴鼻、滴口等）。其好处是接种剂量相对均匀、准确，能形成强大的局部免疫力。

（5）疫苗可以和部分抗生素同时使用，但不能混在一起。用过的疫苗空瓶要集中起来烧掉或深埋。

2. 定期进行免疫监测

某种疫苗免疫接种后 15 ~ 21 天内，要随机抽取 2% ~ 5% 免疫鸡血液，规模养殖场批量大时可按 0.2% ~ 0.5% 抽样到畜牧兽医技术部门进行抗体监测，及时评价免疫效果，规模鸡场抗体合格率要达到95%以上，若抗体合格率低，要及时查找原因，及时补防。

3. 要及时隔离和淘汰病鸡

现在养殖户出现一个盲点，就是一旦鸡只发病就盲目先全群用药进行治疗，对病鸡不实行隔离，以至于一只发病感染全群，造成较大损失；且对带毒（菌）鸡不及时淘汰使该病鸡一直成为传染源，造成鸡群反复发病。所以，要对发病鸡进行及时的隔离诊断，有针对性用药，及时淘汰病鸡才能减少损失。

4. 严格无害化处理病死鸡只

现在一部分养殖场户，一旦出现病死鸡，一是养殖户食用；二是就近抛入沟河、坑塘或者野地。由于抛出地离养殖场很近，病死禽的排泄物、内脏、尸体会感染野鸟和散养禽或通过空气、土壤、水在一段时间内又会反过来再次危害你的鸡群，养殖户一定要注意病死家禽的无害化处理。无害化处理就是要对污染场地进行消毒，对病死家禽深埋、焚烧。

第四节　鸡群疫病净化

1. 合理布局，全进全出

养鸡场应建在地势高燥、排水方便、水源充足、水质良好，离公路、河流、村镇（居民区）、工厂、学校和其他畜禽场至少500m 以外的地方。特别是与畜禽屠宰、肉类和畜禽产品加工厂、垃圾站等距离要 1 000m 以上。同时要做到场内布局合理，饲养时全进全出。

2. 重视饲料质量和饮水卫生

应定期对本场的水质进行检测，可在鸡舍的进水管上安装消毒系统，按比例向水中加入消毒剂。用于水的消毒药常用的有次氯酸钠、络合碘消毒剂等。最好是改水槽饮水为乳头饮水器饮水，以防饮水暴露在空气中受到污染。

3. 重视环境的治理

在重视外部环境治理的同时，应定期对鸡舍内环境进行监测，发现问题，及时采取措施解决。定期进行带鸡消毒，不但可以杀灭鸡舍内病原微生物，还能够降低舍内灰尘，保持舍内空气清新，所以，坚持带鸡消毒在很多鸡场已成为必须遵守的工作程序。鸡的许多传染病能够通过空气传播，故对鸡舍的通风应有严格要求。商品肉鸡应采用密闭饲养，纵向通风。

4. 了解种鸡场疫病发生及免疫情况

为防止鸡白痢、霉形体病、淋巴白血病、大肠杆菌病、葡萄球菌病等的垂直传播，鸡场在购苗时一定要了解供苗的种鸡场是否有传染病，种鸡场的防疫卫生及疾病净化水平如何，这些都了解以后再决定是否从这个种鸡场购进鸡苗。购苗时要把品种优良、健康无病的雏鸡引进本场，否则将后患无穷。兽医人员在运输和入鸡舍前要严格执行消毒程序（表 2－10）。

鸡病诊断与防治实用技术

表2-10　肉鸡场消毒免疫作业程序

日龄	项目	作业内容	基本要求	备注
进雏前15日	清理鸡舍	饲养设备搬到舍外彻底清除鸡舍粪便	无鸡粪、羽毛、砖块残留	设备包括料桶、饮水器、塑料网、可拆除的棚架、灯泡、温度计、湿度计、煤炉、工作服等
进雏前14日	清洗鸡舍	1. 清扫墙壁、房顶灰尘 2. 冲洗地面和墙壁 3. 用具和设备用清水冲洗干净晒干	地面无积水,舍内任何表面都要冲洗到无脏污物附着	干燥后方可消毒
进雏前13日	治理环境	1. 清除舍外排水沟内杂物 2. 清理鸡舍四周杂草	排水畅通,不影响通风	
进雏前13日	室外清理	1. 修整道路 2. 清扫院落	无鸡粪、羽毛、垃圾、凹坑	用生石灰或3%热火碱水室外消毒
进雏前12日	检修工作	维修鸡舍设备维修电灯、电路和供热设施	设备至少能保证再养一批鸡,否则应予更换	损坏的灯泡要全部换好
进雏前11日	鸡舍消毒准备	1. 把设备搬进鸡舍 2. 关闭门窗和通风孔		准备好消毒设备及常用的消毒药,如:过氧乙酸、1210、威岛牌消毒剂、碘王等

（续表）

日龄	项目	作业内容	基本要求	备注
进雏前10至9日	鸡舍及室外消毒	1. 喷雾消毒 2. 消毒10小时后通风 3. 用生石灰或3%热火碱水室外消毒 4. 场区及门口消毒池（盆）备好消毒液	通风3～4小时后关门窗	要备用2～3种消毒药交替使用以防产生抗药性
进雏前8日	安装设备	1. 安装棚架、塑料网和护围 2. 挂好温度计和湿度计		人员入舍前应认真消毒
进雏前7日	安装设备	1. 摆好开食盘 2. 摆放饮水器 3. 安装采暖设备（煤炉、烟囱等）	50～60只雏鸡一个开食盘，70～80只雏鸡一个饮水器	食盘、饮水器交叉放置
进雏前6日	二次消毒（熏蒸）	1. 关闭门窗和通风孔 2. 检查温度和湿度 3. 用甲醛、高锰酸钾熏蒸，密闭24小时	鸡舍密封，舍温24～30℃，相对湿度75%，每立方米用高锰酸钾21g，甲醛42ml，药物盛装：用搪瓷或陶瓷制品	湿度不够，地面洒水，在舍内，每隔10m放一个熏蒸盆，盆内先放好高锰酸钾，然后从距门最远端的一个熏蒸盆开始依次倒入甲醛，速度要快。以防呛人，出门后立即把门封严
进雏前5日	通风	熏蒸后24小时打开门窗、通气孔	全部打开，充分换气	人员进入时必须穿消毒过的鞋和衣服，有条件的在通风之前进行微生物检测，不合格立即进行补救消毒

（续表）

日龄	项目	作业内容	基本要求	备注
进雏前4日	关闭门窗，组织工作	1. 落实进鸡、运料、购物事宜 2. 下午 16：00 ~ 17：00关上门窗		通风时间不少于24 小时，排除所有甲醛气味
进雏前3日	组织检查工作	1. 组织进鸡、运料事宜 2. 对上述所有工作进行检查		发现不足，立即补救
进雏前2日	育雏室设备与预温	1. 饲养量达 4 000只，可用塑料布横向隔出 15m² 作育雏室（在棚架上） 2. 冬春季夜晚开始生煤炉预温 3. 防火安全检查，检查煤炉、烟筒	棚架底到地面，上至舍顶，全部遮严，塑料布至少要两层。排除火灾隐患，防止漏烟、倒烟现象	消毒盆内药液要3 天换一次，要保证盆内有效的消毒药液，第一周育雏密度38 ~ 40 只/m² 人员进舍要消毒
进雏前1日	预温及准备接雏工作	1. 夏秋季上午生煤炉 2. 防火安全检查，检查煤炉、烟筒 3. 检查鸡舍育雏范围内温、湿度 4. 准备好记录表格及接雏育雏用的其他器具 5. 准备好雏鸡料、疫苗及药物	排除火灾隐患，防止漏烟、倒烟。育雏舍温度（31 ~ 32℃）湿度（65% ~70%）	常备药物有：维多宝、维生素Vc 及预防肠炎、呼吸道药物，如肠浆先锋、肠呼宁、恩诺沙星等

（续表）

日龄	项目	作业内容	基本要求	备注
1日（接雏）	开饮 开食 观察 光照 消毒 值班	1. 进雏前2小时饮水器装满温开水 2. 将雏鸡均匀放在育雏室内 3. 同时饮水、给料 4. 观察温湿情况 5. 24小时光照 6. 育雏期每两天一次带鸡喷雾消毒，喷雾要均匀 7. 夜间开始有人值班	1. 25℃左右温开水中加入2%~3%的葡萄糖，同时加速补14及肠道消炎药，让雏鸡自由饮用 2. 保证每只雏鸡都要饮到水，不会饮水的要人工训水 3. 每2小时给料一次、少给、勤添，不会吃料的人工训食 4. 雏鸡分布均匀 5. 通宵开灯（40瓦） 6. 进鸡3日内不要将药液喷到小鸡身上	1. 糖水量不要过多，仅够3~4小时饮用量即可 2. 训水、训食方法：轻轻敲击饮水器、食盘，个别者人工抓起将头轻轻按在水、食盆中，即拿出 3. 注意调整舍温，1~2日龄32~33℃、湿度65%~70%每天至少检查8次温度 4. 疫苗接种的前、中、后3天内不带鸡消毒
2日	记录 工作 常规 工作 检查	1. 常规管理 2. 观察雏鸡动态、饮水、采食情况、鸡粪色泽，检查温度、湿度 3. 注意换气，24小时光照	1. 洗刷饮水器后，放入25℃左右温开水 2. 开始喂雏鸡料、少给勤添 3. 雏鸡活泼好动，不扎堆，温湿度达到管理要求	育雏第一周一直用25℃左右温开水
3日	常规 管理 带鸡 消毒	1. 喂料、换消毒液、记录、清粪、观察鸡群、调整温湿度、卫生管理、至今日起光照23小时 2. 消毒同一日龄	保持料盘、水盘的清洁，饮水器要注意清洗消毒	温度32℃，湿度65%~70%。夜间熄灯一小时

（续表）

日龄	项目	作业内容	基本要求	备注
4日	常规管理	1. 记录、检查温度，换消毒液、清粪、观察鸡群、淘汰病死弱雏 2. 注意煤炉、烟道及其通风	每隔3小时给料一次谨防一氧化碳中毒	温度31～32℃，湿度60%～65%
5日	常规管理带鸡消毒	（同上）	5～7日龄温度调至30～31℃	湿度60%～65%，保持到14日龄，以后防止湿度过大
6日	常规管理调整饲喂设备及光照	1. 饮水中开始添加速补-14，其他工作同上 2. 撤走1/3开食盘。增加料桶底盘		速补14，饮水现用现配，50只鸡提供一个料桶底盘
7日	常规管理疫苗接种扩大育雏面积	1. 饮速补水 2. 鸡新城疫克隆30或Ⅳ系和传支H_{120}免疫 3. 塑料棚横向扩大2m，封好	每只鸡都不要漏免，抓鸡要轻，待疫苗完全进入鼻孔才放开，剂量按说明，每只1～2滴，适当增加料桶、饮水器	雏鸡密度：35只/㎡
8日	常规管理	1. 最后一次饮速补水其他工作同上 2. 注意通风 灯泡换成15瓦，实行间歇光照	本周舍温逐步降至27～29℃	从今天起改用井水或自来水（水质要符合标准）同人的饮水标准
9日	常规管理调整设施带鸡消毒	1. 常规管理工作同上 2. 撤走开食盘，使用料桶 3. 撤走雏鸡饮水器更换成鸡饮水器 4. 带鸡喷雾消毒	大号料桶，35只鸡提供一个，40只鸡提供一个饮水器（盛6kg水）	料桶悬挂于舍顶，饮水器放在塑料网上，6kg自动饮水器，从本周起每周带鸡消毒一次（有病期一天一次），也可根据实际情况掌握

（续表）

日龄	项目	作业内容	基本要求	备注
10日	常规管理 加强观察	常规管理同上，夜间闭灯后，细听鸡群有无呼吸异常声音	发现异常立即报告技术员	
11日	常规管理	同上	加强通风	以后换气量逐渐加大
12日	常规管理 调整设施	1. 常规管理同上 2. 调整料桶高度	加强通风，料桶底盘边缘与鸡背同高	随鸡龄增加料桶高度要经常调整
13日	常规管理	饮水中加速补-14，其他工作同上	按说明，连饮3天，即13~15日	注意球虫病的预防，常用的球虫药有：盐霉素、抗球王、球痢灵等。为防止某种药物长期使用、蓄积而中毒、避免球虫产生耐药性，应有计划地将几种药物交替使用
14日	常规管理 疫苗接种 扩大育雏面积	1. 饮速补-14其他工作同上 2. 停水，夏秋2~3小时，冬春3~4小时 3. 饮水中加法氏囊疫苗（用1%脱脂奶粉）。疫苗喝完，再饮清水 3. 疫苗水喝完后，洗净饮水器，继续加入速补-14饮水 4. 塑料横隔向后移3m	清除饮水器内余水，用清水把饮水器洗净，使每只鸡都喝到疫苗，将疫苗分两次对水，每次饮2~3小时	疫苗饮水，每只鸡20ml饮水量，全脂奶粉需加水煮沸，冷却后去脂皮，按2%加入疫苗水中，雏鸡密度30只/m²
15日	常规管理	继续饮一天速补-14水，其他同上		本周内舍温逐步降至24~26℃

（续表）

日龄	项目	作业内容	基本要求	备注
16 日	常规管理 带鸡消毒	1. 常规管理同上 2. 消毒同 9 日龄	加强通风	注意粪便状况
17 至 18 日	常规管理 准备工作	同上	加强通风	准备中鸡料
19 日	常规管理 换料	1. 管理同上 2. 雏鸡饲料中混加 1/4 的中鸡料	饲料要混匀	今天起至 22 日龄逐步把雏鸡料换成中鸡料，注意鸡只反应
20 日	常规管理 准备扩群 换料	1. 管理同上 2. 饲料中混加 1/2 中鸡料 3. 准备料桶、水桶、采暖设施、预温，饮水中加速补 14、维生素 C，连饮 3 天	摆放料桶、饮水器、放好水、料；采暖设备无故障；温度提高 1~2℃；饲料要混匀	21 日龄鸡舍要全部被利用，注意调好料槽高度
21 日	常规管理 免疫接种	1. 停水，夏秋 2~3 小时，春冬 3~4 小时 2. 免疫水中加 0.3% 脱脂奶粉 3. 加入 ND Ⅳ 和 IBH52 4. 饮完疫苗水再上含有抗应激的速补 14 和 Vc 饮水 5. 饲料中混加 3/4 中鸡料	饮水器要充足、保证有 4/5 的鸡同时喝到水，在 2 小时内饮完	饮水量一般每只鸡按 40ml 水，饲料和饮水的前中后不要加抗病毒、抗菌药物
22 日	常规管理 换料	1. 管理同上 2. 水中加速补 14 和维生系 C 3. 饲料全部换成中鸡料 4. 调整料桶、饮水器高度	寒冷季节舍温要提高 1~2℃	注意观察鸡群反应，鸡的采食量、饮水量及粪便等情况的变化

（续表）

日龄	项目	作业内容	基本要求	备注
23 日	常规管理 扩群 带鸡消毒	1. 拆除塑料横隔 2. 其他管理同上	扩群时，尽量减少应激，使鸡均匀布满整舍（密度 10 只/m²）	同上
24 日	常规管理	本周舍温逐渐降到 22～24℃，湿度控制在 55%～60%		同上
25 至 26 日	常规管理	同上	加强通风，保持舍内空气新鲜	水槽不要漏水、溢水、保持地面干燥
27 日	常规管理	饮用速补 14	加强通风	注意鸡只反应，今日起舍温逐步降到 22℃
28 日	常规管理 免疫	1. 管理同上 2. 法氏囊疫苗第二次免疫、方法同 14 日龄	同上	同上
29 日	常规管理	继续饮一天速补、其他工作同上	同上	同上
30 至 35 日	常规管理 带鸡消毒	随着日龄增加、环境污染日趋严重、可每周消毒 2～3 次	加强通风、夏季温度过高，要辅以风扇等降温措施、日粮中加维生素 C、维生素 E 等抗应激添加剂	冬季在保温的同时，要注意通风，防止腹水症、大肠杆菌、呼吸道病的发生
36 至 38 日	常规管理 换料 带鸡消毒	1. 管理同上 2. 3 天时间由中鸡料逐渐换成大鸡料 3. 37 日龄带鸡消毒		加强通风、每天换 1/3 料，料要混匀
39 至 42 日	常规管理 称重	同上		若采用 2kg 体重标准出栏，可参照 43～52 日龄作业规范，提前调整

（续表）

日龄	项目	作业内容	基本要求	备注
43 至 44 日	常规管理 带鸡消毒	最后一次带鸡消毒，方法同上次		
45 至 50 日	常规管理 称重，联系毛鸡出栏	1. 管理同上 2. 清点所剩饲料尚可饲喂天数 3. 与现场技术人员和公司联系出鸡事宜 4. 总结本次养鸡经验，提出改进意见	剩余饲料要计算好，不可有多余量 出栏前一周严禁使用任何药物	准备肉大鸡无药饲料，加强通风。若45日龄出栏，要提前一周换无药料
51 至 54 日	常规管理 出栏管理	1. 准备拦鸡网 2. 找好捉鸡人员 3. 控制使用饲料		加强垫料管理 不要造成饲料浪费 加强通风
55 至 56 日	出栏记录	1. 出栏时间确定后，提前12小时断食，悬挂或拿走料桶 2. 捉鸡前3小时饮水器拿走 3. 捉鸡 4. 记录清点鸡数，完整填写记录表	送鸡时养鸡户要持准宰通知单和检疫证及饲养记录，随车同行	注意正确抓鸡姿势，防止捉鸡损伤，影响鸡肉品质

第三章　鸡病的诊断技术

第一节　鸡病的临床观察

要认真调查发病规律，包括饲养管理条件，鸡场周围养殖情况、发病时间、发病数量、危害程度等。

临床观察内容：

1. 观察鸡行为、运动状态

正常情况下，雏鸡反应敏捷，精神活泼，挣扎有力，叫声洪亮而脆短，眼睛明亮有神，分布均匀。如扎堆或站立不稳、闭目无神，叫声尖锐，拥挤在热源处，说明育雏温度太低；如雏鸡撑翅伸脖，张口喘气，呼吸急促，饮水频繁，远离热源，说明温度过高；雏鸡远离通风口，说明有贼风。

2. 观察羽毛

健康鸡的羽毛平整、光滑、紧凑。羽毛蓬乱、污秽、失去光泽，多见于慢性疾病或营养不良；羽毛断落或中间折断，啄羽，多见于鸡螨虫病、疥癣病，用手逆拔鸡毛，可能有食羽虱寄生虫。幼鸡羽毛稀少，是烟酸、叶酸和泛酸缺乏的表现。

3. 观察粪便

正常的粪便为青灰色、表面有少量的白色尿酸盐。当鸡患病时，往往排出异样的粪便，如排水样稀便多由鸡舍湿度大、天气热、饮水过多、肾炎引起；血便多见于球虫病，出血性肠炎；白色石灰样稀粪多见于鸡白痢、传染性法氏囊炎、肾型传染性支气管炎、痛风等疾病；绿色粪便多见于禽流感、新城疫、马立克氏病。

4. 观察呼吸情况

当天气急剧变化、接疫苗后、鸡舍氨气含量过高和灰尘多的时候，容易激发呼吸系统疾病，故应在此期间注意观察呼吸频率和呼吸姿势，有无鼻液、咳嗽、眼睑肿胀和异样的呼吸音。当鸡患新城疫，慢性呼吸道病，传染性支气管炎，传染性喉气管炎时，常发出咳嗽、呼噜或喘气声，夜间特别明显。

5. 观察腿爪

如有脚垫，多因垫网过硬，湿度不当引起，如环境温度过高，湿度过小易引起爪干裂，爪干多见失水性疾病。

6. 观察鸡冠及肉垂

正常时，鸡冠，肉垂呈湿润，稍带光泽的鲜红色．鸡冠紫黑色，常见于盲肠肝炎或鸡濒死期；鸡冠苍白，可见于住白细胞原虫病、鸡白血病、内脏破裂、盲肠球虫等。冠及肉垂上有突出于表面、大小不一，凹凸不平的黑褐色结痂，是皮肤型鸡痘的特征。肉垂单侧肿胀，往往是慢性禽霍乱的表现。

7. 观察鸡眼

正常时鸡眼圆而有神，非常清洁。眼流泪、潮湿，常见于维生素 A 缺乏症、霉形体感染及传染性鼻炎；健康鸡的结膜呈淡红色，若结膜内有干酪样物，眼球鼓起，角膜中有溃疡，常见于鸡曲霉菌病；结膜内有稍隆起的小结节，虹膜内有不易剥离的干酪样物，常见于眼型鸡痘；结膜有针尖大小出血点，可能为喉气管炎；瞳孔缩小、边缘不整、虹膜褪色呈灰白色，为眼型马立克氏病。

8. 观察采食量、饮水量

鸡在正常情况下，采食量、饮水量保持稳定的缓慢上升过程，若发现采食量，饮水量明显下降，就是发病的前兆（注意与应激引起相区别）。当发现部分料桶剩料过多，应注意附近鸡是否有病鸡存在。

9. 弱、残、病鸡隔离

在鸡舍一角隔出一小块地方，把弱鸡、残鸡、病鸡等短期单独饲养观察，增加料盘及饮水器具，以提高成活率和出栏均匀度。如发现传染病鸡，要及时淘汰，不可吝惜，以防全群感染。

10. 看产蛋量

在产蛋高峰期，产蛋数量稍有差异是正常的，但如果上下起伏、波动较大，说明鸡群有潜在性病症。

11. 看产蛋质量

正常蛋壳表面均匀略有些粗糙，呈褐色或褐白色。如果出现软壳蛋、薄壳蛋，多是维生素 D_3 缺乏或饲料中钙、磷缺乏或比例不当所致；蛋壳如有麻斑点，说明输卵管或泄殖腔发生炎症；蛋壳如有淡绿色斑点，说明输卵管正处在炎症初期，分泌过多黏液与少量血色素混合所致；如蛋壳较薄或薄厚不均，说明输卵管松弛、延迟产蛋或输卵管收缩功能降低，产蛋缓慢所致；蛋壳粗糙、畸形蛋是输卵管炎症的表现。

12. 看产蛋时

一般情况下，70%～80% 的健康鸡于 12：00 以前产蛋，剩下 20%～30% 于 14：00～16：00 前产完。如果发现鸡群产蛋参差不齐，甚至夜间产蛋，均是有病的表现。

鸡病的临床症状鉴别

鸡病的临床症状鉴别（表 3-1 至表 3-9）

表 3-1　引起呼吸系统的疾病

病名	相似点	区别点
新城疫	张口呼吸、咳嗽、呼噜、甩鼻	呼噜、斜颈歪头、脚、翼麻痹、产蛋下降、剖检可见喉头气管有黏液，气管黏膜增厚环状出血，肺、脑有出血点，肠道淋巴集结肿大、出血或者溃疡
禽流感	呼吸有啰音、咳嗽、流泪、呼吸困难、发出怪叫声	肿头流泪、眼睑水肿、鸡冠肉垂肿胀发紫甚至坏死。呼吸困难，气管环出血、鼻腔内黏液增多、病禽发烧、产蛋下降、卵泡坏死、变性、畸形蛋增多，强毒型急性死亡

（续表）

病名	相似点	区别点
传染性鼻炎	甩鼻、打喷嚏、呼吸困难	发病率高、死亡率低、鼻腔症状明显，鼻腔内黏液增多、黏膜红肿或阻塞有黄色干酪样物质，多数为一侧鼻窦或脸肿，少数为双侧肿
鸡败血支原体	呼噜、甩鼻、呼吸有啰音	传播慢、死亡率低，呼吸有啰音、流泪，气囊浑浊、囊壁增厚，偶尔出现脸肿
传染性支气管炎	咳嗽、打喷嚏	为急性发生，有一定的死亡率，支气管内黏液增多，有时形成栓塞，支气管有出血，呼吸时常发出异常声音，产蛋率下降
传染性喉气管炎	伸颈张口呼吸、甩鼻、咯血、发出尖叫声	发病迅速、死亡快、病鸡张口呼吸，伸颈、喉头气管出血，有大量的血凝块，常尖叫
鸡痘（白喉型）	呼吸困难、张口伸颈	呼吸和吞咽困难，窒息死亡，口腔和咽喉黏膜出现痘疹和假膜，混合感染其他病型还可见无毛的皮肤处出现痘疹
维生素A缺乏症	呼吸困难、呼吸有啰音	消化道黏膜上皮细胞角质化，呈灰白色小结节，呈树皮状

表3-2　引起冠髯及面部肿胀、皮肤出现病变的疾病

病名	相似点	区别点
禽流感	鸡冠及肉髯肿胀，呈紫红色，眼睑水肿、流泪	病鸡呆立，鸡冠有坏死灶，腿部角质鳞片有出血点，全身浆膜、黏膜广泛性出血，急性型内脏呈败血型经过
禽霍乱	鸡冠及肉髯肿胀，呈黑紫色	16周龄以前的鸡较少发生、发病突然，死亡多为强壮鸡和高产鸡，排绿色稀粪，剖检变化为心冠脂肪出血、肝脏出血和坏死点、十二指肠弥漫性出血、慢性可见关节炎
鸡痘	皮肤型鸡痘：头部、鸡冠、肉垂、口角、眼周围有痘疹，黏膜型鸡痘：眼睑肿胀，流泪，面部肿胀，呼吸困难	皮肤型鸡痘：无毛部皮肤及肛门周围，翅膀内侧均见痘疹，坏死后有痂皮，黏膜型鸡痘：在口腔及咽喉黏膜上有白色痘斑，突出于黏膜，相互融合，表面可形成黄白色假膜

（续表）

病名	相似点	区别点
大肠杆菌	单侧型眼炎，眼睑肿胀，流泪，有黏性分泌物	引起多种类型的病症，全眼球炎见于 30～60 日龄的雏鸡，严重的引起失明，还有败血症、气囊炎、脐炎、关节炎及肠炎变化
传染性鼻炎	眶下窦和面部肿胀，肉垂水肿，鸡冠发紫，单侧脸肿	成年鸡最易感，从鼻孔流出浆液性、黏液性以至脓性恶臭的分泌物，鼻腔和眶下窦黏膜充血、肿胀、窦腔内蓄积大量黏液，脓性分泌物，有时为干酪样物质，角膜浑浊，眼球萎缩
支原体	呼噜、甩鼻、流泪、多为双侧颜面肿胀、眶下窦肿胀	鼻腔、眶下窦及腭裂蓄积大量黏液和干酪样物质，气囊增厚、浑浊、有泡沫样或黄色干酪样物质，肺部有灰红色肺炎病灶
肿头综合征	眼及面部肿胀，流泪，流鼻液	头、眼周、冠、肉垂、下颌皮下水肿呈胶冻状，后期为干酪样物质，肠系黏膜水肿，呈黄色胶冻状
维生素 A 缺乏症	头、面部、眼周围水肿、眼球凹陷	眼睑肿胀、角膜软化或穿孔、眼球凹陷、失明、结膜囊内蓄积干酪样物质，口腔、咽、食道黏膜有白色小米颗粒状结节

表 3-3　引起关节肿胀、腿部发育异常等运动障碍的疾病

病名	相似点	区别点
大肠杆菌病（关节炎行）	关节肿大、跛行、触诊有波动感	切开关节流出浑浊液体，重者关节腔内有干酪样物质，涂片镜检可见革兰氏阴性小杆菌
葡萄球菌病	多数关节性肿胀，以跗趾关节多见，病鸡跛行，不愿站立走动	肿胀关节紫红，逐渐化脓，有的形成趾瘤，切开关节后，流出黄色脓汁，涂片镜检可见葡萄球菌
滑液囊支原体	跗关节、趾关节肿胀，触诊有波动感、热感、站立、运动困难	切开后关节囊内有黏稠液体或干酪样物，多发于 4—16 周龄，偶见于成年鸡

鸡病诊断与防治实用技术

（续表）

病名	相似点	区别点
病毒性关节炎	跗关节及后侧腓肠肌腱和腱鞘肿胀，表现为拐腿，站立困难，步态不稳	多位双侧性跗关节与腓肠肌腱肿胀，关节腔积液呈草黄色或淡黄色，有时腓肠肌腱断裂、出血，外观病变部位呈青紫色
关节痛风	腿部关节肿胀，有的脚掌趾关节肿胀，走路不稳，跛行，重者不能站立	关节囊有淡黄色或白色石灰乳样尿酸盐沉积
胆碱缺乏症	跗关节轻度肿大，周围点状出血，长骨短粗，趾骨变形弯曲，出现滑健症	雏鸡、青年鸡可见滑腱症，肝脂肪含量增多，成年鸡主要表现为机体脂肪过度沉积，一般无关节病变
维生素 B2 缺乏症	跗趾关节肿胀，脚趾向内卷曲成拳状，即"卷爪"双脚不能立，行走困难	两侧坐骨神经和臂神经显著肿大，变软，为正常的 4～5 倍，胃肠黏膜萎缩，肠内有泡沫状内容物，多发于雏鸡和产蛋高峰期
维生素 B1 缺乏症	主要表现为胫骨粗短，偶尔也会有滑腱症	有头颈部麻痹症状，头无法抬起，颈向前伸直下垂，喙触地，雏鸡嘴角上下交错，产蛋下降
锰缺乏症	长骨短粗，跗关节明显肿胀，腿弯曲无法站和行走	长骨变短粗，但不变软变脆，雏鸡表现为明显的"滑腱症"
维生素 B6 缺乏症	长骨短粗，腿严重跛行	有神经症状，雏鸡表现异常兴奋，盲目奔跑，运动失调，一侧或两侧中趾等关节内向弯曲，重症腿软，以胸着地，伸屈脖子，剧烈痉挛，有时可见肌胃糜烂
锌缺乏症	跗关节肥大，腿脚粗短	轻者爪、腿、皮肤有鳞片状皮屑，重者腿、爪皮肤严重角化、趾掌有裂缝羽毛严重缺损，尤以翼羽和尾羽明显

— 58 —

表3-4　引起肾脏病变的疾病

病名	相似点	区别点
传染性法氏囊	排白色水样粪便、肾肿、有白色尿酸盐沉积，呈花斑肾	3～6周龄的雏鸡多发，死亡率高，法氏囊肿胀，出血或内容物呈果酱样，胸肌及腿肌出血
肾型传支	排白色水样稀便，肾脏肿胀，颜色变浅，有大量尿酸盐沉着	多见于3～10周龄雏鸡，两侧肾脏均等肿胀，有尿酸盐沉着，质地变硬，严重时内脏器官浆膜有多量尿酸盐沉着，死亡率高，成鸡产蛋率下降，蛋形及颜色改变，畸形蛋明显增多，病鸡康复后产蛋率很难恢复到以前的水平
痛风	排白色石灰样稀便，肾脏肿胀，有大量的尿酸盐沉着	肾脏颜色变黄，有大量的尿酸盐沉着，通常一侧萎缩，另一侧明显肿胀，输尿管增粗，有大量的白色尿酸盐，心外膜，心包腔，肝被膜均见大量尿酸盐覆盖
病毒性肾炎	肾不肿或微肿，颜色变浅，呈淡黄色，排白色稀便	一日龄的鸡最易感染，成鸡常呈隐性感染，不出现肾炎病变，内脏可见尿酸盐沉积，特征性症状，生长发育停滞，产蛋率下降，蛋壳品质没有明显变化

表3-5　引起肝脏病变的疾病

病名	相似点	区别点
禽霍乱	肝大，表面布满黄白色针尖大坏死点	成年鸡易发，常突然发病，死亡多为肥胖鸡，心冠脂肪和心外膜有大量出血点，十二指肠严重出血
鸡沙门氏菌	肝大，表面有大量灰白色针尖大坏死点	多发生于雏鸡和青年鸡，雏鸡拉白色的糊状粪便及糊肛，心肺上也有坏死灶，青年鸡的肝脏有时呈青铜色
鸡大肠杆菌	肝脏肿大，肝周炎	多发生于雏鸡和6～10周龄的青年鸡，有纤维性心包炎、肝周炎、腹膜炎

鸡病诊断与防治实用技术

（续表）

病名	相似点	区别点
鸡弧菌性肝炎	肝脏肿大，表面和实质内有黄色星芒状的小坏死灶或布满菜花样的大坏死区	多发生于青年鸡或新开产的母鸡，肝脏薄膜下有出血区，或形成血肿
鸡组织滴虫病（盲肠肝炎）	肝大，表面有圆形或不规则状中心凹陷，周围边缘隆起的溃疡灶	多发生于8周龄至4月龄的鸡，一侧盲肠肿大，内有香肠状的干酪样凝固栓子，切面呈同心圆状
鸡包涵体肝炎	肝大，表面有点状或斑状出血	多发生于3~9周龄的肉鸡和蛋鸡，肝脏涂片，肝细胞核内见嗜酸性或嗜碱性核内包涵体
淋巴白血病	肝脏极度肿大，灰白色结节型、粟粒型或弥散性肿瘤	多发生于18周龄以上，法氏囊、脾、肺、肾处形成大小不等的肿瘤
马立克氏病（内脏型）	肝大，在表面有灰色肿瘤结节	多发于18~21周龄的鸡，内脏其他实质器官也有肿瘤结节，但法氏囊萎缩
脂肪肝综合征	肝大，呈黄色，质地松软，表面有出血点	多发生于成年鸡，鸡冠、肉髯和肌肉苍白、肝脏出血，腹腔和肠系膜有大量脂肪沉积

表 3-6　引起肺脏、气囊病的疾病

病名	相似点	区别点
鸡白痢	肺上有大小不等黄白色坏死结节	多发生于2周龄以内的雏鸡，拉白色糊状粪便，心脏和肝脏有坏死结节
鸡败血性支原体	气囊浑浊、增厚、囊腔内有黄色干酪样物质	多发生于4~8周龄的雏鸡，呼吸困难，眶下窦肿胀，心脏和肝脏无病变，眼角有泡沫状液体流出
鸡曲霉菌病	肺和气囊上有灰黄色、大小不等的坏死结节	多发生于雏鸡，病鸡呼吸困难，胸腔上有坏死结节，内有干酪样物质。可见真菌斑，镜检可见霉菌丝和孢子

表 3 – 7 引起产蛋率下降、蛋品质降低的疾病

病名	相似点	区别点
鸡白痢	卵泡变形、坏死、五颜六色	成年鸡呈隐性感染，产蛋停止，肠道出血，卵泡大小、性状、颜色发生改变，可见卵黄性腹膜炎
减蛋综合征	产蛋率突然下降	产蛋突然减少，蛋壳褪色、出血无壳、软壳蛋、薄壳蛋等；输卵管子宫部水肿性肥厚、苍白，一般在高峰期发病
传染性支气管炎	产蛋率突然下降	蛋壳异常，畸形蛋多、卵泡变性、出血、破裂，输卵管发炎萎缩后期小蛋多，蛋清稀薄如水，蛋黄不成形
鸡伤寒	卵泡变形	发生于 3 周龄至成年鸡，时有死亡，肝脏呈钴铜色或淡绿色
鸡副伤寒	卵泡变形	肠炎、拉稀、卵巢炎、输卵管炎
绦虫病	产蛋率下降	粪便中可见小米粒大小、白色、长方形绦虫节片，肠内可见绦虫成虫
鸡蛔虫病	产蛋率下降	逐渐消瘦，下痢与便秘间断出现，肠中有较多蛔虫
产蛋鸡疲劳综合征	产蛋率下降	腿无力，但精神尚好，严重时精神不振，瘫痪或自发性骨折、胸骨、肋骨变形
维生素 D 缺乏症	产蛋率下降	软蛋增多、龙骨弯曲、瘫痪鸡日晒可恢复
锰缺乏症	产蛋率下降	蛋壳变薄易碎，孵化后死胚多，跗关节肿胀腓肠肌腱滑向一侧
钙、磷缺乏症或过多症	产蛋率下降	软壳蛋增多，钙过多引起痛风，肾脏出现尿酸盐沉积，缺磷过多影响钙的吸收，出现厌食，生殖器官发育不良

表 3 – 8 引起肠炎、下痢的疾病

病名	相似点	区别点
新城疫	排黄绿色稀便	有呼吸道症状，后期有神经症状，消化道黏膜肿胀、出血、溃疡，腺胃乳头有出血点

（续表）

病名	相似点	区别点
禽流感	排黄白绿色稀便	胸、腿肌出血，腺胃乳头有出血点，肠道出血，输卵管内有蛋清样的物质，卵泡坏死、变性
鸡传染性法氏囊炎	白色水样下痢	3~6周龄多发，死亡率高，法氏囊肿胀出血，肌肉出血，花斑肾
大肠杆菌病	急性败血症可见排白色、黄绿色稀粪	可表现多种类型的疾病，急性败血症主要表现为：纤维素性心包炎和肝周炎、肝脏有点状坏死
禽轮状病毒感染	水样下痢	6周龄以下的雏鸡易感染；泄殖腔肿胀出血，小肠内有大量液体和气泡，肠腔高度膨胀
坏死性肠炎	黑褐色、带血色稀粪	小肠中后段肠壁出血，斑点呈不规则形，肠壁坏死，有土黄色坏死灶，有时覆有灰黄色厚层假膜，肝脏可见2~3mm圆环坏死灶
鸡组织滴虫病	带血稀便	病鸡头部皮肤黑褐色，盲肠有出血，坏死性盲肠炎肠内容物香肠样
球虫病	排血便或带血丝的粪便	3周龄以下雏鸡多发，为急性经过，死亡率高，盲肠或小肠呈现出血性坏死性炎症，肠壁有红白色结节或者出血点。
白冠病（住白细胞原虫病）	排白色、水样或绿色稀便	鸡冠苍白、口腔流出淡绿色液体，严重时有血样液体，全身皮下肌肉、肺、肾、心、脾、胰、肌胃、腺胃及肠黏膜均见出血点，并见灰白色小结节
鸡白痢	白色的石膏样稀便	急性型多见于2周龄左右的雏鸡，脐带红肿，卵黄吸收不良，成年鸡表现为隐性感染
鸡伤寒	黄绿色的粪便	肝、脾和肾肿大为正常的2~4倍，肝呈青铜色，有白色坏死点，卵泡变性

（续表）

病名	相似点	区别点
溃疡性肠炎	排白色、黄绿色、红色水样稀便，粪便中带有气泡	小肠和盲肠有大量圆形溃疡灶，中心凹陷，肝脏黄色或灰色圆形的小病灶或大片不规则的坏死区
肠毒综合征	水样稀便、西红柿样的粪便	有神经症状，尖叫，奔跑，腿瘫，粪便为西红柿样、水样或粪便中有未消化的饲料

表 3 - 9　引起神经症状的疾病

病名	相似点	区别点
新城疫	四肢麻痹，共济失调，头部出现转圈运动（常见于后期）	有呼吸道症状，十二指肠后段、卵黄蒂后 3 ~ 4cm 处、回肠前 1/3 处、盲肠淋巴结肿胀、出血，腺胃乳头有出血点
马立克	共济失调，步态异常，严重瘫痪，呈"劈叉"动作	内脏实质器官出现肿瘤，坐骨神经呈单侧肿胀
传染性脑脊髓炎	共济失调，步态不稳，或以跗关节和翅膀支撑前行	头颈部震颤，剖检见脑水肿、充血，多发于 3 周龄以内的鸡
维生素 E、Se 缺乏症	头颈弯曲，有时出现角弓反张，两腿痉挛抽搐，步态不稳或瘫痪	脑水肿、出血，有散在的出血点，以小脑尤为明显，肌肉苍白，多见于雏鸡
大肠杆菌病（脑炎型）	垂头、昏睡有的歪头，斜颈，共济失调，抽搐症状	脑膜充血、出血、小脑脑膜及实质有许多针尖大小的出血点
肉毒梭菌中毒	腿、翅、颈肌肉麻痹，两腿无力，步态不稳，重者瘫痪	呼吸急促，"软腿病"两眼深睡状，饲料中含有变质的动物性饲料所致

第二节　鸡的解剖与病变观察

通常，鸡场每月都会有死亡的鸡，养殖户或者技术人员就先对这些死亡的鸡进行解剖，在选择这些病死鸡解剖之前，要判断这只准备解剖的鸡是什么时间死亡的，如果死亡时间过长的话，解剖就没有太大的意义。

解剖的目的就是准确的验证这个病鸡到底是死在什么病上，解剖之初首先要准确的找到各个器官所在的位置，并观察变化。

图 3 - 1 是消化道从上自下的顺序，要知道各个器官都在哪里。尤其是肠道那块，要知道十二指肠在哪里，空肠是哪段，回肠又在哪里。盲肠是什么样。

图 3 - 3 更是直接标明了从腺胃向下到肛门之间各个位置的详细说明。这一段位置在鉴别很多病的时候是重点。

图 3 - 4 是鸡的气囊的一个示意图，气囊是禽类特有的器官，鸡有 9 个，重点了解的就是要找到胸气囊，和腹气囊即可。

图 3 - 5 标明了气囊在鸡体内的位置，胸气囊在心脏两侧，挨着肺脏。腹气囊在腹壁两侧。

解剖之前，面对着一只死鸡的时候，不要急于解剖。要养成一个细致观察的习惯，首先要做的，就是从外到里，搜集到足够多的证据，把这些搜集到的疑点、变化。记在脑子里，在解剖完成以后，去和鸡病诊断标准去对比，以利于做最后的分析判断。

一是要仔细地看看死鸡的外观姿势，是什么样的，比如，死亡时是否是腹部向上的，或者是趴着的，注意鸡脸部，头部的观察，鸡冠是不是发白、紫、黑，发白提示鸡有贫血或内脏出血。发暗红表明血液循环不好。发黑表明机体严重缺氧或中毒。

二是观察鸡脸，是不是肿胀，是不是偏瘦，肿脸、眶下有脓性分泌物，提示支原体的存在。鸡脸偏瘦提示有慢性消耗性病存在，如传染性贫血和寄生虫病。

三是眼部的检查重点看是不是有脓性物出来，眼边的毛是不是

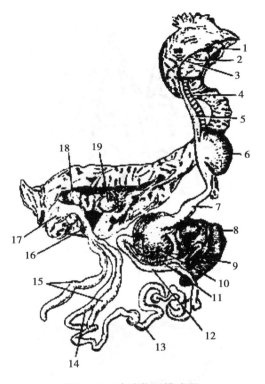

图 3-1　鸡消化系模式图

1—口腔；2—咽；3—喉；4—气管；5—食管；6—嗉囊；7—腺胃；
8—肝；9—胆囊；10—肌胃；11—胰；12—十二脂肠；13—空肠；
14—回肠；15—盲肠；16—直肠；17—泄殖腔；18—输卵管；
19—卵巢

相对于健康鸡有变长的。有没有眼泪在里边，是眼睛紧闭，还是半开。眼球是不是发红、有没有白点、瞳孔是否改变、从眼部上能反映出来的病变有葡萄球菌、眼型鸡痘、流感、马立克病、维生素 E 缺乏。

　　不要看到一个地方有异常病变就立刻定性是什么病，要做的除了看、还要用手触摸，必要的时候，还要闻一下，各个地方都观察到、感觉到，把资料都收集全了，最后再确定这个病鸡是怎么

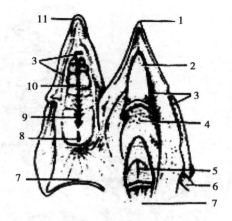

图3-2　鸡的口咽

1—下喙；2—舌尖；3—唾液腺导管开口；4—舌根；5—喉及喉口；
6—舌骨；7—食管；8—咽鼓管开口；9—鼻后孔；10—腭裂；
11—上喙

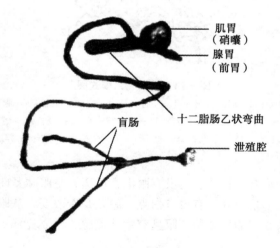

图3-3　腺胃到肛门之间示意图

死的。

　　下一步看皮肤，有没有水肿、气肿，皮肤是什么颜色？发红、

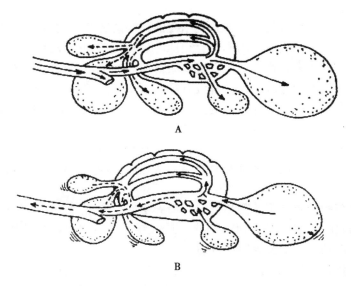

图3-4　禽气囊在呼吸时的作用模式图

A. 吸气时；B. 呼气时；实线为未经气体交换

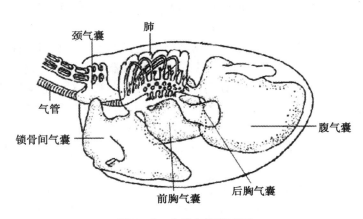

图3-5　禽类气囊模式图

蓝、绿，皮肤有没有结节、溃烂现象。羽毛是不是易脱落、是不是不顺，顺便看一下，腹部的大小是不是异常，用手摸一下，有没有波动感。

接下来看看腿脚，如果是刚死的，注意腿脚上的温度，是否很凉或发烫。鸡病后期的脚就会很凉。病毒性病初会发烫。手上就是一个感觉的事，这个方法在检查大群的时候也可以检查活鸡。

鸡脚有没有脱水样，有没有鳞片下出血，关节有没有肿大。自然状态下，腿型是什么样的。与其他健康鸡对比腿的粗细。脚垫下是什么状态的，有没有出血。都要细看一下。

最后看一下肛门，这个位置重点看有没有脱肛的，出血的。周围羽毛被粪便污染的颜色要记住。常见的颜色，白，黄，绿，黑，血色。

解剖时要从鸡的嘴角开始，沿脖子向下，可以一路剪开直到肛门的皮肤。也可以剪到鸡胸处，其余撕开，不拘手法，动作要轻，不要伤到下一步要观察的器官。

找到气管后，沿喉头部位把剪刀伸进去，一直向下，把气管剖开，在这一段气管中，重点要观察的是不是有出血、发红、水肿。有没有黏液，把主气管这段分成三部分来看，喉头、气管上部和下部。建议在解剖时，身边准备一盆水，要想看到更深组织的出血情况，用水冲一下，看得更清楚。在这里要们要注意的是环状出血，这种气管环状出血，用水洗，用剪刀刮是弄不掉的，在组织深部。

在气管附近还要找到的一个是鸡的免疫器官，胸腺，这个器官的位置在脖子的后面，挨着气管。一面 7 个，共 7 对，它会随着鸡的生长而生长，成年鸡已退化。也会随着病情的发展，增大或缩小，并且会出血，发黑。解剖时，都要对这个器官进行分离操作，其目的就是知道具体的变化，正常的颜色，是和健康的肉色是一样的

在气管的黏膜上，要注意毛细血管变化，如果你想更深入的准确判断疾病的话，看血管是不是有向周边渗血的表现。如果是单纯性的从血管渗出，呈梳子状的。这在新城疫的诊断中，是一个重要的参考，而流感，在这个位置的反映是各血管间的广泛性、弥漫性出血。这也是鉴别流感和新城疫的一个重要点。

然后再把鸡的腿从腿根关节处用力掰开，以方便操作，在进行的同时，观察一下腿肌内外侧有没有出血，出血是什么样的，点状的，还是刷状的，还是片状的。剪开的关节看看是光滑的还是粗糙的，粗糙的表明发烧，关节内是否有大量液体、是否有白色沉淀物。同时，要看看胸肌是什么颜色，是红，还是白，有没有脱水，是不是很消瘦。

　　在开胸和开腹之前，你有两种选择，一种是你想看得更透彻些，那么从心窝，也就是嗉囊处下剪，剪开锁骨，如果鸡大，需要用力，剪断后，剪刀向上挑，（主要是为了防止划破肝脏）向腹部方向推进。剖到腹部后，把住两边胸骨，用点力掰开就可以了。

　　另外一种方法，比较快速，适合有一定经验的使用，就是直接从腹部下剪，向肋骨方向，两边都剪透，这样就打开了腹腔，剪开后，把胸骨向上推开，鸡的内脏就暴露在空气之下啦，首先你看到的就是肝。

　　肝脏比较大，比较突出，这个时候，不要着急去分离其他藏在下边的脏器，哪一个最引起你的注意，你就先看哪一个，我们从肝脏先看起，在鸡病解剖中，内脏所反映出来的信息最多，一定要多加仔细，肝脏作为鸡体最大的腺体，反映出来的病变也是非常多的，鸡在 15 日之前的肝土黄色，是正常的，在这之后，正常的肝，是深红色的，不算鲜红。

　　要看肝脏外表是什么颜色的，是黄，还是黑，要看肝的大小，颜色，表面有没有出血点，出血斑，坏死点。肝表面有没有包膜。有没有石灰样的东西，有没有结节。不但要看，还要用剪刀或手触摸一下，是不是一碰就碎，肝边缘是不是增厚，还是比较薄，用剪刀剪开一叶，看是不是有结节存在，在观察的时候，顺便看一下胆囊的大小，是充盈还是干瘪。多数病毒病，会胀大。如果是猝死的鸡，胆汁会瞬间排空，造成一种无胆的现象。

　　下面要观察气囊，看看气囊是不是正常的，首先是胸气囊，位于心脏的两侧，正常的气囊是清亮的一层膜，如果有气囊炎，上面肯定会有浑浊或者灰色、黄色的干酪样物，有真菌侵入的时候，会有小结节附着。要仔细的观察。

胸气囊检查完了，看一下腹壁两侧的腹气囊，观察的方法同胸气囊一样，看看是不是有混浊的表现。有没有黄色的干烙样物附着。

下一步，回到心脏位置观察，小心地将连接心脏的各条血管剪断。然后将心脏取出。取出后，我们就可以观察心脏的外部形态。先看看颜色是什么样的。是不是发硬或者变软，外形是不是变长。是钝三角形还是锐三角形。心包内有多少积液，正常的是有少量的黄色的液体，起到润滑的作用。观察心肌外膜是不是有出血点，心尖和心冠脂肪是不是有出血点。外部观察后，我们把心脏剪开，看看心肌内膜是不是有出血。

心脏检查完后，再回到心脏的位置，找到支气管，心脏上边的就是支气管，首先要看看气管和支气管分叉处是否有环状出血，再小心地将支气管剪开，仔细观察是否有黄白色黏液在里边，液体的量有多少，判断是否会堵塞影响呼吸。沿支气管向下，顺着支气管一路剪开肺内的二级支气管，看看肺内的有没有黄色的干烙样物质存在。在进行这一步的时候，我们可以将鸡的肺脏取出，观察肺脏有没有颜色上的改变，是否发黑、水肿，是否液化，是否有清亮液体包膜。检查肺上是否有黄灰色的斑点出现。这个检查过程是判断鸡呼吸道病的关键地方所在，务必要小心操作，仔细观察。

消化系统剖解观察。在肝脏的下边，我们找到腺胃，位于腹腔的右侧，两个肝叶之间，找到后，用剪刀将腺胃和食管相连的部分剪开，然后，小心地将腺胃，肌胃，连同下边的肠体，一块取出，在取出肠体的时候注意看一下肠系膜是否有泡沫样的东西出现，是否混浊，有没有破溃的类似卵黄样的东西在腹腔，顺便闻下有没有恶臭味。

将整个消化系统取出后，逐项的进行观察，首先 从腺胃开始，先观察腺胃的外观是否有肿胀，发硬，血管外突的表现。然后剪开，观察乳头的表现，腺胃剪开后是否自动外翻，如果是死鸡的话，提示腺胃水肿。剪开后，观察腺胃乳头的整齐度，是否正常分泌胃液，可用剪刀刮压，乳头上是否有出血的表现，出血在哪里，是乳头尖上，还是乳头基部，是一个或几个乳头出血，还是广泛性的出血，都要观察到位。

继续向下，观察腺胃和肌胃的交界处，是不是也有出血的表现，有没有溃疡样，如果有，是什么颜色的要记住。下面，我们把肌胃用剪刀剪开，对于肌胃，我们在外形上注意一下大小，在肌胃炎的时候，肌胃的外形会有变化。剪开以后，我们重点要看的就是鸡内金

首先我们要看肌胃内容物，也就是鸡吃到肚子里的食物是什么样的，什么颜色，有什么味道。然后，我们将内容物清除掉，把鸡内金露出来。看看鸡内金是什么状态的，有没有溃烂。有没有角质层颜色加深突出的地方。对于肌胃角质层的观察，用水洗洗看得更清楚。正常的鸡内金用手撕下来的时候，与肌胃肌肉层是有点阻力的。撕不下来，或是一碰就掉，就是有问题的表现。剥掉鸡内金后，要看一下，鸡内金的反面有没有白色的斑，肌胃肌肉有没有出血的表现。到此，肌胃的检查就结束了

下一个要检查的地方，就是十二指肠，十二指肠起始于肌胃的幽门。是小肠的第一段，后接空肠，向后延伸形成降袢，再折返回来，形成升袢。在升袢这里请注意，在这个部位我们会接触到第一个肠道里的淋巴滤泡，我们下剪刀的时候，就从升袢开始，向后剪开 3~6cm，在这个区域，如果有新城疫的表现，我们会在肠道内部看到淋巴滤泡的胀肿，隆起，出血，我们也会在这个部位看到球虫的表现。

十二指肠为 U 形，中间夹得着那条白色的，就是鸡的胰腺。在这个位置要重点观察，从肠道外观上，要注意的就是整条肠管的形态，是不是肿胀，增厚，变薄，发红，发硬，一段粗一段细的表现，从肠管外边是不是能看到隐约的出血斑。剪开肠管的时候，是不是肠管自动外翻。观察胰腺是不是潮红，坏死，发黑，边缘有没有出血，胰腺上有没有针尖样白色坏死点。有没有外形上的改变。

顺着肠道，继续往下观察，要找到一个叫卵黄蒂的东西，这个

东西在空肠的中间。有一个小突起，如果实在找不到，那么请拿着肌胃，保持肠管不要断，拉起，在对折，对折过来的地方，就是卵黄蒂的位置。在这个卵黄蒂附近，向下5~8cm范围内，还有一个淋巴集结，这个检查方法和十二指肠内的一样，只是根据鸡的大小，注意一下检查的位置即可，同样的，这个位置在判断新城疫上，非常重要。

在从十二指肠开始到空肠间，肠道内部的观察也是很重要的，球虫会在这段里形成针尖样的小出血点、白色坏死点密布，流感会在这段形成大的出血斑，严重的，就会在肠管外边看到。

盲肠的观察，盲肠呈囊袋状，有两条，平时说的盲肠球虫，就会在这里反映出来肿胀，出血。

盲肠的起端，在直肠和回肠的延接部，也可以说，一对盲肠夹着的肠管，就是回肠，盲肠的根部再向下，就是直肠。盲肠的基部，有丰富的淋巴组织，形成盲肠扁桃体，这个位置同样也是鉴定新城疫的重要地方，要看有没有肿胀，出血，溃疡。盲肠细段有没有米粒大小的结节，是不是也出血，刚才提到回肠部分，是与盲肠等齐的这一段，在这一段中，同样也有淋巴滤泡。检查的方法，同十二指肠方法一样

在直肠段中，一般的检查就是看看有没有出血，出血是针尖样的，还是点片样的，还是条索状的。再向下，找到的是法氏囊，它在泄殖腔的背侧，为圆形，观察外观是什么颜色的，大小有没有可疑的。外面是不是有类似胶冻样的东西包着，外形检查后，用剪刀剪开，在用剪刀的时候，要保证剪刀的干净。剪开后，观察里面有没有脓性物，有没有出血，正常的是只有一点点的清亮液体。

脾位于腺胃右侧，圆形略带点三角形。判断脾的大小，是不是极度膨大，颜色发灰，外观有纹路。脾检查完后，我们再看鸡的肾，鸡的泌尿器官由一对肾脏和两条输尿管组成，检查肾是不是发红，出血，胀肿，是不是有尿酸盐存在，输尿管是不是也有尿酸盐。有没有退色的表现。

最后，我们看一下公鸡的睾丸，睾丸正常是黄色的，如果有出

血和坏死现象，是与病毒病有很大的关系的。母鸡要检查输卵管是否有水肿、输卵管内是否有干酪样物质、变细情况，水肿为输卵管炎，变细多数为传染性支气管炎、有干酪样物质要怀疑禽流感（表3-10、表3-11）。

表3-10 通过剖检所见判定疾病的方法

	剖检所见	病名	确定诊断的参考项目
神经	小脑出血	脑软化症	初生2个月，尤其20~40日龄多发，伴有神经症状
	末梢神经变粗	马立克病	左右爪和颈不对称性麻痹，颈弯曲，颈迷走神经、翼神经、腰间神经、单侧坐骨神经肿大变粗
	鼻腔、眶下窦渗出物增多	传染性鼻炎	充满半透明渗出物，分离细菌可确定诊断
		败血霉形体	黏液和干酪样渗出物较多，多数伴有气囊炎，分离细菌可确定诊断，全血快速凝反应可作诊断参考
上呼吸道	喉、气管上部黏膜密布痘斑	鸡痘（黏膜型）	黏膜上隆起的痘斑不易剥离，肉眼不能诊断时，可作病毒分离、琼脂扩散反应或病理组织切片
	气管黏膜有奶油状或干酪样渗出	传染性喉气管炎	渗出物中混有血液，大部分呈红色，病理组织检查、荧光抗体法、分离病毒等可确定诊断
	气管内黏液增多，管壁肥厚	新城疫	气管出血、气管与支气管交叉处最明显
	支气管肥厚、管腔被渗出物堵塞并有支气管周围性肺炎	鸡痘（黏膜型）	喉、气管黏膜有水泡样隆起

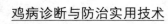 鸡病诊断与防治实用技术

（续表）

	剖检所见	病名	确定诊断的参考项目
下呼吸道病	肺散在直径 1～3mm 的白色病灶	真菌性肺炎	病灶中心有豆渣样凝块物质，镜检可见真菌
	肺有大小不同的透明感病灶	淋巴细胞白血病	其他内脏器官亦有类似病灶，病理组织学检查、病原检查确诊
	食管、嗉囊散在小结节	维生素 A 缺乏症	瞬膜角化、肾尿酸盐沉着者，可用治疗进行诊断
	腺胃胃壁肥厚呈气球状	马立克病	末梢神经肿胀，内脏器官发生肿瘤，可疑时，进行病理组织学检查
	腺胃黏膜乳头出血、溃疡	新城疫	呼吸及神经症状，肠特定部位出血溃疡
	肠管特定部位出血和溃疡	新城疫	有呼吸症状和神经症状，腺胃乳头出血
消化道	胃肠浆膜面散在白色隆起	雏白痢	2 周至 2 月龄病雏可见胃、肠、心浆膜面有界限不明的白色隆起，肝有小坏死点，细菌分离可确定诊断
	小肠黏膜面密发小白点、小红点或白色花纹	慢性小肠球虫病	小肠前半部增生、肥厚、变成灰白色，刮取黏膜，压片镜检，发现球虫即可确定诊断
	小肠充满血液	急性小肠球虫病	严重感染时，小肠游离部前半段出血，刮取黏膜压片镜检，发现球虫即可确定诊断
	盲肠内显著出血	急性盲肠球虫病	盲肠内有暗红色血液内容物，感染明显期为流动状，后期为凝固状。肠黏膜压片镜检，可确诊

（续表）

剖检所见		病名	确定诊断的参考项目
	盲肠黏膜溃疡	黑头病	盲肠呈不规则性肥大，内容物为白色豆渣样物质，混有少量血液，肝表面可见菊花状坏死
肝脏	肝显著增生肿大	马立克病　淋巴细胞性白血病	肾、卵巢、心等常有白色肿瘤病灶。病原、病理组织学检查可以区别
	肝出现白色点状病灶	马立克病、淋巴细胞性白血病	白色肿瘤结节界限不明，切面细致呈白色
	肝包膜肥厚，包膜上附着渗出物	大肠杆菌病	肝包膜炎同时伴有心包炎、腹膜炎等
	肝大，包膜下有出血斑点	包涵体肝炎	肝大，呈棕黄色，包膜有许多出血点，病理组织学检查发现核内包涵以及检出荧光抗原可确定诊断
心脏	心冠脂肪点状出血	新城疫	消化道特定部位出血和溃疡，脾出现白色点状病灶
	心脏表面有白色隆起	雏白痢	幼雏肛门有白色污染物，浆膜面白色隆起的肉芽肿，肝有小坏死点
		马立克病、淋巴细胞性白血病	肝、脾、肾、卵巢等器官有结节状肿瘤
	心脏表面和心包浑浊肥厚	雏白痢	白色肿瘤结节界限不明，切面细致呈白色
脾脏	脾脏肿大，色变淡	马立克病　淋巴细胞性白血病	肝、脾、肾、心、卵巢有白色结节状肿瘤
		白冠病	恢复期出现脾肿，但此时不易检出虫体
	脾出现直径2mm以上的白色结节	马立克病　淋巴细胞性白血病	白色肿瘤结节界限不明，切面细致呈白色
		结核	组织学检查，有结核结构

（续表）

	剖检所见	病名	确定诊断的参考项目
腹腔	腹水	腹水症	腹水为漏出液，内脏器官表面有纤维素包膜，肝脏肿大或者萎缩
		大肠杆菌病	腹腔有炎性渗出液，内脏器官表面有纤维素包膜，病原分离确诊
	腹腔浆膜及内脏器官表面有石灰样物质沉着	痛风	肾脏及输尿管内有同样物质沉着，应搞清是原发还是继发
	胸、腹膜及内脏器官表面有淡黄色黏稠物，器官粘连	卵黄性腹膜炎	见于急性传染病，如新城疫、沙门氏菌病、大肠杆菌病、禽霍乱等，结合其他病变综合诊断
肌肉	胸肌有白色条纹状病变	维生素 E～硒缺乏症	有神经症状，小脑有出血坏死
		马立克病	内脏器官有肿瘤病灶，病理组织学检查
	胸部及腿部肌肉出血	法氏囊病	法氏囊有炎性渗出物，坏死、出血等
		白冠病	病理组织学检查虫体
骨和关节	骨骼变形	佝偻病	龙骨弯曲，骨骼变软，肋骨有小珠状物，钙、磷缺乏
	关节肿胀，内有渗出物	细菌性关节炎	葡萄球菌、沙门氏菌、大肠杆菌等引起。病原分离确诊

表 3－11　主要鸡病的特征性病变

病名	剖检诊断
禽流感	鼻腔、眶下窦有参出液，纤维素性气囊炎，消化道有出血，心脏、脾脏有坏死灶，鸡冠坏死

（续表）

病名	剖检诊断
新城疫	腺胃乳头、肠管黏膜 有出血、溃疡，脾有点状坏死灶，气管有卡他性或出血性卡他炎症
传染性支气管炎	气管有卡他性炎症，卵泡软化，输卵管炎
传染性喉气管炎	喉头、气管黏膜有出血性卡他性炎症
鸡痘	头部皮肤、喉头及气管黏膜痘疹
传染性法氏囊病	法氏囊肿胀坏死、出血，胸、腿部肌肉出血
霉形体病	眶下窦肿胀，有干酪样渗出物；气囊肥厚，有炎性渗出物
禽霍乱	心冠状沟喷洒样出血，肝脏有坏死灶，肺炎，十二指肠现血，鸡冠肿胀坏死
白痢	雏鸡肝有坏死灶，肺、心、肠、胃等有白色结节，成鸡卵泡坏死
传染性鼻炎	颜面部水肿，鼻腔有渗出液
马立克氏病	内脏器官、外周神经、皮肤、眼等有灰白色油脂状肿瘤
大肠杆菌病	腹水，纤维素性心包炎，腹膜炎，肝周炎
葡萄球菌病	渗出性坏死性皮炎
球虫病	盲肠、空肠或十二指肠出血性坏死性肠炎
盲肠肝炎	肝菊花状坏死，盲肠坏死、内容物实变呈香肠样

第三节　鸡采血技术与病料的采集、保存和送检

　　鸡病的实验室诊断是对疾病进一步确诊所采取的一个重要方法。它是在通过鸡病临床诊断，已获得初步诊断的基础上进行的，其目的是对鸡病作出更加确切的诊断。鸡病的种类繁多，病情复杂，仅靠鸡病的临床诊断常难以确诊，往往需要通过病原学诊断、血清学诊断和病理学诊断等实验室诊断方法进行确诊。为了尽早确

诊，应迅速采取病料送兽医检验部门检验。

一、鸡的采血技术

在血清学检测和实验研究中，采血技术是一项前提性工作，采血质量的好坏，直接影响实验和判定实验结果。在操作时，应注意严格消毒，无菌操作。

（一）鸡冠采血法

多用于需血量较少的采血，用针头刺破鸡冠吸取血液或在鸡冠的尖端部用剪刀剪去一小片即可。吸取血液时需用手挤压鸡冠，一次可吸取 $30 \sim 80\mu l$ 血液。此法操作简便，但要十分注意伤口的止血预防感染，最方便有效的消毒止血方法是用浓碘酒涂抹伤口。

（二）鸡颈静脉采血法

右侧颈静脉较左侧粗，故常采用右侧颈静脉取血。左手以食指和中指夹住鸡头部，并使头偏向一侧，无名指、小指和手掌握住躯干，拇指轻压颈椎部以使静脉充血怒张。右手持注射器，针头倾斜 $45°$ 沿血管方向一侧 $0.3 \sim 0.5cm$ 挑破皮肤前行 $0.3 \sim 0.5cm$ 刺入静脉，再与血管平行进针 $0.2 \sim 0.5cm$ 抽取血液。采血完毕后压迫伤口处止血。这种方法采血可应用于 $15 \sim 45$ 日龄的雏鸡，成年鸡单人操作保定较难，皮色较深不易找到血管。

（三）鸡心脏采血法

右侧卧保定，在左侧胸部触摸心搏动最明显的地方进行穿刺，连接注射器吸取血液。成年鸡心脏穿刺部位是：从胸骨嵴前端至背部下凹处连接线的 $1/2$ 处。用细针头在穿刺部位与皮肤垂直刺入约 $2 \sim 3cm$ 即可。家禽品种和个体大小不同进针位置和深度不同要作适当调整。心脏采血可大量采血，但不宜连续使用，因有一定的死亡率。特别是对雏禽，常因针头刺破心脏导致出血过多而死亡，而且心脏的修复能力特别差，对鸡后期影响较大。

（四）胸外静脉采血法

胸外静脉采血该脉管在翼下无毛区前方，呈上下偏斜走向，清晰可见。但由于皮下质少皮下疏松，不易刺中血管，而且血流量不多，所以一般不用。

（五）鸡翼下静脉采血法

鸡翼下静脉又称容量血管，其内含血量较多且流速较慢，翼下静脉具有以下特点，此静脉易找到，健康安全范围内在此可采血10～20ml。而且操作方便，单人即可完成，采血量极易控制，止血彻底，对家禽影响小。

实验者右手持注射器，左手将家禽双翼提起，露出翼静脉的采血位置，把覆盖血管的羽毛拔开，即可见到明显一条较粗的静脉血管。采血时用左手大拇指夹住覆盖静脉的羽毛，食指协调大拇指夹住双翼，中指、无名指和手掌轻轻提起或轻按背部保定鸡只，待其安静方可刺针。针头在距静脉血管 0.3～0.5cm 一旁倾斜刺入皮肤，再与血管平行进针 0.2～0.4cm 后刺入血管，见有少量回血即可采集血液，采血完成后马上用手压迫伤口止血。

（六）注意事项

（1）采血场所要有充足的光线，室温夏季最好在 25～28℃，冬季 14～20℃为宜。

（2）采血所用器具：注射器或盛血容器等必须保持清洁干燥；消毒采血部位。

（3）采血时小心一些鸡只顽强的挣扎而把翅膀弄断或抓伤实验者的双手，要待鸡只保定平静下来，再实施采血工作。

（4）静脉采血时抽血速度要保持缓慢，静脉血管回血流速较慢，内压突然降低致使血管壁接触而阻塞了针头，影响继续采血量。

（5）静脉采血时，若需反复多次，应自远离心脏端开始，以免发生栓塞而影响整条静脉。

二、病料的采集、保存和送检

要进行实验室诊断，首先要正确地采集病料，使用适当的方法保存病料，及时地送往有关部门进行检查。

1. 病料的采集

采集病料时，应挑选全群具有代表性、发病症状明显的活鸡或刚死的病鸡。送检的数量一般 1 月龄以内的 6~8 只，2 月龄左右的 5 只，成年鸡 3 只。如果要选取某些器官和组织作为病料，取材部位应根据疾病的特点，采集含病原较多的或者是有特征性病理变化的器官和组织。如鸡新城疫取脑，传染性法氏囊炎采法氏囊，鸡霍乱取肝、脾和心血等。取材的时间要尽可能早。鸡死亡过久会影响检验结果，甚至会发生误诊。取材时间应保证在鸡死后 6 小时内进行。取材要无菌操作，取材的器械、装病料的容器要彻底消毒。一种病料放在一个容器里。采取实质性器官时，打开颅腔、胸腔、腹腔后应立即采取，然后再检查病变，以防病料的污染。采集的病料组织块可适当大些，以便送化验室后，可从病料内部采取无污染的病料供病原学检查。

2. 病料的保存

要使实验室诊断得出正确的结果，除恰当地采集病料外，还要使病料保持新鲜或接近新鲜状态。如果病料需送外地检查时，则应加入适量的保存液。

（1）细菌性病料的保存。无菌采取疑似病变器官标本，可放在低温下保存；有污染可能时，应将病料放在盛有灭菌的 30% 甘油缓冲盐水或饱和盐水的容器中，加塞封固。

30% 甘油缓冲盐水的配制：中性纯甘油 30ml，氯化钠 0.5g，磷酸氢二钠 1g 加蒸馏水至 100ml 混匀后高压灭菌备用。

饱和盐水的配制：蒸馏水 100ml，加入氯化钠 38~40g，加热充分溶解，待冷却后用数层纱布过滤，高压灭菌后备用。

（2）病毒性病料的保存。通常将病料放入盛有 50% 甘油缓冲盐水或鸡蛋生理盐水的容器中，加塞封固。

50% 甘油缓冲盐水的配制：氯化钠 2.5g，磷酸氢二钠 10.74g，磷酸二氢钠 0.46g，加蒸馏水 100ml，溶解后再加入中性纯甘油 150ml 和蒸馏水 50ml，混合，高压灭菌 30 分钟后备用。

鸡蛋生理盐水：先将新鲜鸡蛋的表面用碘酊消毒，打开蛋壳将内容物倒入灭菌三角瓶内，按 10% 浓度加入灭菌生理盐水，摇匀后用灭菌纱布过滤，滤液在 56～58℃ 加热 30 分钟，每日加热 1 次，共进行 3 次，冷却后备用。

（3）血清学诊断病料的保存。血清可放在灭菌玻璃瓶或青霉素小瓶中，置 4℃ 条件下保存，不要反复冻融。为了防腐，每 ml 血清中可加入 5% 石碳酸溶液 1～2 滴，或者加 1/10 000 的叠氮钠防腐。

（4）病理学诊断病料的保存。将采集的病变器官立即浸入 10% 甲醛水溶液中固定，也可用 95% 的酒精固定。保存液的量以浸没脏器块为宜。如用 10% 的甲醛固定，应在 24 小时更换新鲜溶液 1 次。严冬季节为防组织块冻结，在送检时可将上述固定好的组织块取出保存于甘油和 10% 甲醛等量混合液中。

3. 病料的送检

病料送检要安全、迅速地送到兽医检验部门。最好要有专人运送。

送检前应填写送检单，注明禽的种类，发病和死亡的日期；病料的种类及加入何种保存液；病死禽的主要症状及剖检变化，采取了何种防治措施，效果如何，临床上怀疑何病，流行特点，发病数及死亡数；最后应提出送检目的，随同病料一并交给检验单位，供检验中分析。

第四节　鸡病的实验室诊断技术

一、细菌的分离培养技术

（一）常用培养基的制备

1. 肉膏汤培养基（broth medium）

（1）成分。牛肉浸膏 3～5g　蛋白胨 10g　氯化钠 5g　蒸馏水 1 000ml

（2）制法。

A. 于 1 000ml 蒸馏水中加入上述成分，混合加热溶解。

B. 调整 pH 值为 7.4～7.6，煮沸 3～5 分钟，用滤纸过滤。

C. 分装于适当容器内，高压灭菌 103.43kPa 20 分钟，置阴暗处或冰箱中贮存备用。

（3）用途供一般细菌培养用，亦可制备糖发酵管及琼脂培养基用。

2. 肉浸汤培养基（infusion medium）

（1）成分。

A. 新鲜牛肉（去脂绞碎）500g　蛋白胨 10g

B. 氯化钠 5g　蒸馏水 1 000ml

（2）制法。

A. 取新鲜牛肉（兔肉）除去肌腱、肌膜及脂肪，切成小块后用绞肉机绞碎或用刀剁碎，置于搪瓷或铝制锅中，每 500g 碎肉加水 1 000ml 混合后置冰箱中过夜。

B. 次日取出肉浸液，搅拌均匀，煮沸 30 分钟并常搅拌以免沉淀烧焦。如蛋白质已凝固，即停止加温，补足失去水分。

C. 用纱布或绒布挤压过滤，使所有肉汁尽量挤出，再用脱脂棉滤入大三角烧瓶内。

D. 在滤液中加入蛋白胨（10g/L）、氯化钠（5g/L），再加热使其全部溶解。

E. 调整 pH 值 7.6～7.8，煮沸 10 分钟，以滤纸过滤。

F. 分装三角烧瓶，塞好棉塞，再用厚纸将瓶口扎好，高压灭菌 103.43kPa 20 分钟，冷却后置阴暗或冰箱中保存备用。

（3）用途。供作基础培养基用，营养较肉膏汤好。一般营养要求不高的细菌均能生长。

3. 普通琼脂培养基（agar medium）

（1）成分。牛肉浸膏 3～5g　蛋白胨 10g　氯化钠 5g　琼脂 20～25g　蒸馏水 1 000ml

（2）制法。

A. 将上述成分置于三角烧瓶中，煮沸使其溶解（须防止外溢），并补足由于蒸发失去的水分。

B. 趁热调整 pH 值 7.6，以绒布过滤，分装试管或烧瓶内，高压灭菌 103.43kPa 15 分钟。

C. 琼脂斜面培养基制法：高压灭菌后，趁琼脂尚未凝固前，将其分装在已灭菌的试管内，斜放在台面上，待凝固后即成琼脂斜面培养基。

琼脂平板培养基制法：

（1）制法。经高压灭菌后的培养基冷却至 50～55℃时，打开瓶口棉塞，将琼脂倒入已灭菌的平皿内（直径 9cm 的平皿约需培养基 20ml），待凝固后即成琼脂平板培养基。平板培养基制成后，通常都是倒置的，这种放置既便于取放，又有利于避免水分蒸发，以及保持无菌状态。普通琼酯培养基亦可用市售的营养琼脂粉制备。取 4.5g 营养琼脂粉加蒸馏水 100ml，高压蒸气灭菌后倾注平皿即成。

（2）用途供一般细菌培养用，并可作无糖培养基。

4. 半固体琼脂培养基（soft agar medium）

（1）成分

A. 牛肉浸液（或牛肉膏汤）100ml

B. 琼脂 0.25～0.5g

（2）制法

A. 将琼脂加于肉浸液中，加热溶化。

B. 以绒布过滤并分装试管，每管 1～1.5ml。

C. 高压灭菌 103.43kPa 20 分钟后，直立放置，待凝固后即成高层培养基，保存备用。

（3）用途保存一般菌种用，并可观察细菌的动力。

5. 血液琼脂培养基（blood agar medium）

配方一：

（1）成分。

①普通琼脂培养基 100ml

②脱纤维羊血（兔血）8～10ml

（2）制法。

①将高压灭菌后的普通琼脂培养基（pH 值 7.6）加热融化。

②冷至 50℃ 左右，以无菌操作加入无菌脱纤维羊血（临用前置 37℃ 水箱中预温 30 分钟）8～10ml，轻轻摇匀（防止产生气泡），倾注于灭菌平皿内或分装试管内，制成血琼脂平板或血琼脂斜面培养基。

③待凝固后，抽样于 37℃ 培养 18～24 小时行无菌试验，若培养基上无细菌生长即可使用或保存于 4℃ 冰箱内备用。

（3）用途供分离营养要求较高的病原菌用。

配方二：

（1）成分。

牛肉膏（pH 值 7.8）800ml

硫酸镁（493g/L）8ml

脱纤维羊血 80ml

琼脂 21～23g

5g/L 对氨基苯甲酸 8ml

（2）制法。

①将肉膏汤置于三角烧瓶内，加入硫酸镁、对氨基苯甲酸及琼脂，混合并使液体浸湿琼脂。

②加热溶解，或置于 103.43kPa 高压灭菌器内 30 分钟（可达融化与灭菌的目的）。

③取出后冷至 50℃ 左右，以无菌操作加入无菌脱纤维羊血或兔血，轻轻摇匀，倾注平板，凝固后，抽样经 37℃ 培养 18～24 小时，如无细菌生长，冷藏备用。

（3）用途：供已使用过抗生素及磺胺药的发病动物标本分离培养。

6. SS 琼脂培养基（Salmonella-Shigella medium）

（1）成分。这是一种选择性培养基，SS 琼脂培养基配方较多，其基本原理一致。

（2）制法。

A. 将牛肉膏、蛋白胨和琼脂加入水中，加热溶解。

B. 加入胆盐、乳糖、柠檬酸钠及柠檬酸铁，微微加热，使之全部溶解。

C. 调整 pH 值 7.2 后，用绒布或脱脂棉过滤。

D. 加入煌绿和中性红水溶液，再煮沸一次（无需高压灭菌），待冷至 55℃ 左右倾注平板，凝固后将平板置 37℃ 温箱中干燥 30 分钟后应用或冰箱保存备用。

（3）用途。供分离培养肠道致病菌用。

7. 吕氏血清斜面培养基（Loeffler medium）

（1）成分。

10g/L 葡萄糖肉浸液 100ml

动物血清（马、牛、羊等）300ml

（2）制法。

A. 用 pH 值 7.4 肉浸液 100ml，加入 1g 葡萄糖，溶解后与动物血清混合，分装于中试管内，每管 4～5ml。

B. 放于血清凝固器内制成斜面，加热至 80℃ 并维持 30 分钟，待血清充分凝固，但加热不能过高过快，否则其表面易产生气泡。于第二天和第三天继续用 85℃ 灭菌 1 小时。

C. 制成后进行无菌试验。

（3）用途供分离培养特殊菌用。

（二）细菌培养技术

1. 平板画线分离培养法

（1）原理与应用。通过画线，将混杂的细菌在平板表面逐一分散，经培养后，各自形成菌落（colony）。根据菌落形态、特征挑选单个菌落，移种培养后，即得到纯种细菌。

（2）材料。

琼脂平板培养基（简称普通平板）。

含菌标本（如脓汁、粪便与分泌物等）。

（3）方法。操作前先在盛培养基的平皿底上注明检查标本的名称（或编号）、接种日期及检查者的组别与代号。

平板画线法有几种，可根据不同情况选用其中一种。

A. 平行画线法。此法适用于含菌不多的液体标本，如脑脊液

（CSF）、腹水、分泌物、脓汁以及稀薄的菌液等。

①左手斜持平板底，右手持接种环。接种环在火焰上灭菌，冷却后，蘸取一接种环标本，先在平板的一端涂开，并从此处开始向下画密集的平行线，约占平板面积的一半。

②将平板转 180°角，从平板另一端开始也画密集的平行线，直到画满平板的剩余部分。将平板底放入盖内，接种环火焰灭菌后放下，将平板倒置，37℃培养。

B. 分区画线法。此法适用于含菌多的检测标本，如粪便，喀痰、细菌固体培养物等。

①画线前的操作同平行画线法。先在平板的一端将标本涂开并在平板的 1/5～1/4 面积上画密集的平行线，接种环火焰灭菌。

②将平板转约 70°角，待接种环冷却后，使接种环通过已画线的 1 区 5～7 次，以后即不与 1 区接触作连续密集画线，约占平板面积的 1/4，接种环再通过火焰灭菌。

③再转平板约 70°，如上法在第 3 区画线，此后接种环不再灭菌。

④重复上述操作在第 4 区画线，画满余下的培养基表面。将平板底放入盖内，接种环灭菌后放下，置 37℃培养。

（4）结果。

A. 培养后在第 1、第 2 区可观察到密集的细菌菌苔。

B. 在第 3、第 4 区可见单个细菌菌落（在画线上）。

2. 纯种细菌移种技术

（1）斜面培养基移种技术。

A. 材料

琼脂斜面培养基。

经分离培养的平板培养物。

B. 方法。

①在琼脂斜面培养基试管上部标明移种的菌名（或编号）、接种日期、接种者的组别及代号。

②左手持长有细菌的平板底，右手持接种环。接种环在火焰上

灭菌冷却后，蘸取平板画线上发育良好的孤立菌落。把平板放回原处，立即用此手取斜面培养基斜持，用右手小指与手掌夹持棉塞，轻轻转动后拨出棉塞，管口通过火焰灭菌。

③将已蘸菌的接种环伸入斜面培养基的管底部的凝固水，沿斜面培养基的表面从底向上画一直线，然后再从底部向上画连续曲折线；也可不画直线只画曲折线。取出接种环，管口通过火焰灭菌，塞好棉塞，放试管架上，接种环火焰灭菌后放下。

向斜面培养基上移种的细菌如果是生长在斜面培养基上的，或是生长在液体培养基中的，则用左手同时斜持菌种管和斜面培养基两个管，右手无名指、小指手掌同时拔起夹持两个棉塞。管口及接种环先经火焰灭菌后，从菌种管取菌立即移种到斜面上，塞好棉塞，接种环火焰灭菌后放下 。然后将斜面培养基放37℃恒温箱中培养24小时。结果斜面表面形成菌苔。

（2）液体培养基移种技术。用于纯种细菌的增菌及观察细菌在液体环境中的生长特征（混浊生长，表面生长或沉淀生长）

A. 材料

肉汤培养基

斜面培养物（大肠埃希菌、化脓性链球菌、枯草芽孢杆菌）

B. 方法

①取接种环在火焰上灼烧灭菌、冷却。

②以"双管移植法"左手持细菌斜面培养物和肉汤培养基两支试管，右手持接种环，按无菌操作法取少量细菌，将蘸菌的接种环在斜倾的接近液面的管壁上轻轻涂抹研匀，试管直立使黏附在管壁上的细菌没入液体中，接种后放37℃恒温箱中培养。

C. 结果

①浑浊生长大肠埃希菌菌液呈均匀混浊，管底有少量沉淀。

②沉淀生长化脓性链球菌菌液管底有沉淀，菌液无明显浑浊。

③菌膜生长枯草芽孢杆菌菌液表面形成膜状物。

（3）半固体培养基移种技术（高层穿刺培养法），用于保存菌种及间接检查细菌有无动力。

A. 材料

半固体培养基。

细菌斜面培养物。

B. 方法

①将接种针经火焰灭菌冷却后，从斜面培养物表面蘸取细菌。

②用无菌法穿刺接种，将接种针刺入半固体培养基正中央，深度达距管底 0.5cm 处停止，然后循原路退出。注意在刺入及拔出时要保持接种针不向穿刺线外摆动。

③试管口通过火焰灭菌，塞上棉塞。接种针经火焰灭菌。培养物放 37℃ 恒温箱中培养。

结果：有动力的细菌呈扩散生长，无动力的细菌沿穿刺线生长。

二、药敏试验

抗菌药对细菌性传染病的控制起到了非常重要的作用，但由于养殖过程中不科学的、盲目的滥用抗菌药，很多致病性细菌产生了耐药性，使得抗菌药对细菌性疾病的控制效果越来越差，不但造成药物浪费，而且还延误病情，给养殖户造成了很大的经济损失。随着新型致病菌的不断出现，抗菌药的防治效果越来越差。并且各种致病菌对不同的抗菌药物的敏感性不同，同一细菌的不同菌株对不同抗菌药物的敏感性也有差异。长期以来，各种致病菌耐药性的产生使各种常用抗菌药物往往失去药效，以及不能很好地掌握药物对细菌的敏感度，所以一个正确的结果，可供临床医师选用抗菌药物的参考，并提高疗效。现介绍几种适合基层进行药敏试验的操作方法。

（一）药敏试验分类

1. 纸片扩散法

该法是将含有定量抗菌药物的滤纸片贴在已接种了测试菌的琼脂表面上，纸片中的药物在琼脂中扩散，随着扩散距离的增加，抗菌药物的浓度呈对数减少，从而在纸片的周围形成浓度梯度。同时，纸片周围抑菌浓度范围内的菌株不能生长，而抑菌范围外的菌株则可以生长，从而在纸片的周围形成透明的抑菌圈，不同的抑菌药物的抑菌圈直径因受药物在琼脂中扩散速度的影响而可能不同，抑菌圈的大小可以反映测试菌对药物的敏感程度，并与该药物对测试菌的最小抑菌浓度（MIC）呈负相关。

2. 稀释法

稀释法药敏试验可用于定量测试抗菌药物对某一细菌的体外活性，分为琼脂稀释法和肉汤稀释法。实验时，抗菌药物的浓度通常经过倍比（lg2）稀释，能抑制待测菌肉眼可见生长的最低药物浓度成为最小抑菌浓度（MIC），一个特定抗菌药物的测试浓度范围应该包含能够检测细菌的解释性折点（敏感、中介和耐药）的浓度，同时也应该包含质控参考菌株的 MIC。

（二）实验步骤

1. 实验材料

普通营养琼脂培养基：可去生化试剂店购买，做不同细菌的药敏试验可选择不同的培养基，如做大肠杆菌的药敏试验可选择普通营养琼脂或麦糠凯培养基。做沙门氏菌可选择血清培养基。

药敏试纸：购买或自制（详见实验准备）

细菌：待做药敏试验的细菌

仪器：接种环、酒精灯、打孔器、牛津杯、移液器、滴头

2. 实验准备

（1）药敏片的准备：购买或自制

①制备方法：取新华 1 号定性滤纸，用打孔机打成 6mm 直径的圆形小纸片。取圆纸片 50 片放入清洁干燥的青霉素空瓶中，瓶口以单层牛皮纸包扎。经 6.8kg 15~20 分钟高压消毒后，放在 37℃温箱或烘箱中数天，使完全干燥。

②抗菌药纸片制作：在上述含有 50 片纸片的青霉素瓶内加入药液 0.25ml，并翻动纸片，使各纸片充分浸透药液，翻动纸片时不能将纸片捣烂。同时，在瓶口上记录药物名称，放 37℃温箱内过夜，干燥后即密盖，如有条件可真空干燥。切勿受潮，置阴暗干

燥处存放，有效期 3~6 个月。

（2）药液的制备（用于商品药的试验）。按商品药的使用治疗量的比例配制药液；如商品药百病消按其说明量治疗量 0.01% 饮水，可按这个比例配制药液，取 10mg 加入 100ml 的水中混匀。此稀释液即为用于做药敏试验的药液。

3. 实验操作方法

（1）药敏片法。

①在"超净台"中，用经（酒精灯）火焰灭菌的接种环挑取适量细菌培养物，以画线方式将细菌涂布到平皿培养基上。具体方式；用灭菌接种环取适量细菌分别在平皿边缘相对四点涂菌，以每点开始画线涂菌至平皿的 1/2。然后，找到第二点画线至平皿的 1/2，依次画线，直至细菌均匀密布于平皿。（另：可挑取待试细菌于少量生理盐水中制成细菌混悬液，用灭菌棉拭子将待检细菌混悬液涂布于平皿培养基表面。要求涂布均匀致密，直接悬液法要把菌液浓度用生理盐水或 PBS 调到 0.5 个麦氏标准再涂布均匀。）

②将镊子于酒精灯火焰灭菌后略停，取药敏片贴到平皿培养基表面。为了使药敏片与培养基紧密相贴，可用镊子轻按几下药敏片。为了使能准确的观察结果，要求药敏片能有规律的分布于平皿培养基上；一般可在平皿中央贴一片，外周可等距离贴若干片（外周一般可贴 7 片），每种药敏片的名称要记住。

③将平皿培养基置于 37℃ 温箱中培养 24 小时后，观察效果。

（2）牛津杯法。

①在"超净台"中，用经（酒精灯）火焰灭菌的接种环挑取适量细菌培养物，以画线方式将细菌涂布到平皿培养基上。具体方式；用灭菌接种环取适量细菌分别在平皿边缘相对四点涂菌，以每点开始画线涂菌至平皿的 1/2。然后，找到第二点画线至平皿的 1/2，依次画线，直至细菌均匀密布于平皿。（另：可挑取待试细菌于少量生理盐水中制成细菌混悬液，用灭菌棉拭子将待检细菌混悬液涂布于平皿培养基表面。要求涂布均匀致密。）

②以无菌操作将灭菌的不锈钢小管（内径 6nm、外径 8nm、高10nm 的圆形小管，管的两端要光滑，也可用玻璃管、瓷管），放置在培养基上，轻轻加压，使其与培养基接触无空隙，并在小管处标记各种药物名称。每个平板可放 4～6 支小管。待 2 分钟后，分别向各小管中滴加一定数量的各种药液，勿使其外溢。置 37℃ 培养 8～18 小时，观察结果。

③将平皿培养基置于 37℃ 温箱中培养 24 小时后，观察效果。

（3）打孔法。该法较简单，成本低，易操作，比较适用于商品药物的检测。

①在"超净台"中，用经（酒精灯）火焰灭菌的接种环挑取适量细菌培养物，以画线方式将细菌涂布到平皿培养基上。具体方式；用灭菌接种环取适量细菌分别在平皿边缘相对四点涂菌，以每点开始画线涂菌至平皿的 1/2。然后，找到第二点画线至平皿的 1/2，依次画线，直至细菌均匀密布于平皿。（另：可挑取待试细菌于少量生理盐水中制成细菌混悬液，用灭菌棉拭子将待检细菌混悬液涂布于平皿培养基表面。要求涂布均匀致密。）

②以无菌操作将灭菌的不锈钢小管（外径为 4mm、孔径与孔距均为 3mm，管的两端要光滑，也可用玻璃管、瓷管），放置在培养基上打孔，将孔中的培养基用针头挑出，并以火焰封底，使培养基能充分的与平皿融合（以防药液渗漏，影响结果）。

③加样：按不同药液加样，样品加至满而不溢为止。

④将平皿培养基置于 37℃ 温箱中培养 24 小时后，观察效果。

（三）结果观察

在涂有细菌的琼脂平板上，抗菌药物在琼脂内向四周扩散，其浓度呈梯度递减，因此在纸片周围一定距离内的细菌生长受到抑制。过夜培养后形成一个抑菌圈，抑菌圈越大，说明该菌对此药敏感性越大，反之越小，若无抑菌圈，则说明该菌对此药具有耐药性。其直径大小与药物浓度、画线细菌浓度有直接关系。

（四）判定标准

（1）药敏实验的结果，应按抑菌圈直径大小作为判定敏感度高低的标准（表3－12）。

表3－12　药物敏感实验判定标准

抑菌圈直径（mm）	敏感度
20 以上	极敏
15～20	高敏
10～14	中敏
10 以下	低敏
0	不敏

具体对于不同的菌株及不同的抗生素纸片需参照 NCCLs 的标准或者 CLSI 标准。

（2）药物敏感实验判定标准参考上表，多黏菌素抑菌圈；在 9mm 以上为高敏，6～9mm 为低敏，无抑菌圈为不敏。

（五）影响药敏结果的因素

1. 培养基

应根据试验菌的营养需要进行配制。倾注平板时，厚度合适（5～6mm），不可太薄，一般 90mm 直径的培养皿，倾注培养基 18～20ml 为宜。亦可用市售培养基。培养基内应尽量避免有抗菌药物的拮抗物质，如钙、镁离子能减低氨基糖苷类的抗菌活性，胸腺嘧啶核苷和对氨苯甲酸（PABA）能拮抗磺胺药和 TMP 的活性。

2. 细菌接种量

细菌接种量应恒定，如太多，抑菌圈变小，能产酶的菌株更可破坏药物的抗菌活性。

3. 药物浓度

药物的浓度和总量直接影响抑菌试验的结果，需精确配制。商品药应严格按照其推荐治疗量配制。

4. 培养时间

一般培养温度和时间为 37℃ 8～18 小时，有些抗菌药扩散慢如多黏菌素，可将已放好抗菌药的平板培养基，先置 4℃ 冰箱内 2～4 小时，使抗菌药预扩散，然后再放 37℃ 温箱中培养，可以推迟细菌的生长，而得到较大的抑菌圈。

（六）药敏试验的应用

药物敏感实验后，应选择高敏药物进行治疗，也可选用两种药物协助使用，以减少耐药菌株。在选择高敏药物时应考虑药物的吸收途径，因为我们药敏实验是药液直接和细菌接触，而在给鸡用药的时候，必须通过机体的吸收才能使药物达到一定的效果，所以，在给鸡用药时，高敏药物一定要配合适宜的给药方法，这样才会达到好的治疗效果。

三、病毒分离—鸡胚培养法

鸡胚培养法是用来培养某些对鸡胚敏感的动物病毒的一种培养方法，用牛痘病毒（vaccinia virus）和鸡新城疫病毒（Newcastle-disease virus）接种鸡胚。牛痘病毒适宜于在绒毛尿囊膜上生长，经培养后，产生肉眼可见的白色痘疱样病变，似小结节或白色小片云翳状。鸡新城疫病毒适宜接种在尿囊腔和羊膜腔内，生长后，鸡胚全身皮肤出现出血点，以脑后最显著。

（一）基本原理

鸡胚培养法是用来培养某些对鸡胚敏感的动物病毒的一种培养方法，此方法可用以进行多种病毒的分离、培养，毒力的滴定、中和试验以及抗原和疫苗的制备等。鸡胚培养的技术比组织培养容易成功，也比接种动物的动物来源容易，无饲养管理及隔离等的特殊要求，且鸡胚一般无病毒隐性感染，同时它的敏感范围很广，多种病毒均能适应，因此，是常用的一种培养动物病毒的方法。

（二）器材

①7～11 日龄鸡胚。②孵卵箱：孵卵箱要有两个，一个 39℃，放正常鸡胚用，另一个 33～35℃，放接种病毒后的鸡胚。③照明灯，打孔器和卵盘。④其他：注射器，针头，消毒剂（2.5% 碘酒和 75% 酒精），镊子，酒精灯，试管架，蜡和胶布等。

（三）操作步骤

1. 准备蛋胚

孵育前的鸡卵先用清水以布洗净，再用干布擦干，放入孵卵器内进行孵育（37℃，相对湿度是45%~60%），孵育3日后，鸡卵每日翻动1~2次。孵至第4日，用检卵灯观察鸡胚发育情况。未受精卵，只见模糊的卵黄黑影，不见鸡胚的形迹，这种鸡卵应淘汰；活胚可看到清晰的血管和鸡胚的暗影，比较大一些的可以看见胚动，随后每日观察一次，将胚呆滞或没有运动的、血管昏暗模糊者，即可能是已死或将死的鸡胚，要随时加以淘汰。生长良好的蛋胚一直孵育到接种前，具体胚龄视所拟培养的病毒种类和接种途径而定。

2. 接种

（1）绒毛尿囊膜接种。

①将孵育10~12天的蛋胚放在检卵灯上，用铅笔勾出气室与胚胎略近气室端的绒毛尿囊膜发育得好的地方。

②用碘酒消毒气室顶端与绒毛尿囊膜记号处，并用磨壳器或齿钻在记号处的卵壳上磨开一三角形或正方形（每边5~6mm）的小窗，不可弄破下面的壳膜。在气室顶端钻一小孔。

③用小镊子轻轻揭去所开小窗处的卵壳，露出壳下的壳膜，在壳膜上滴一滴生理盐水，用针尖小心地划破壳膜，但注意切勿伤及紧贴在下面的绒毛尿囊膜，此时生理盐水自破口处流至绒毛尿囊膜，以利两膜分离。

④用针尖刺破气室小孔处的壳膜，再用橡皮乳头吸出气室内的空气，使绒毛尿囊膜下陷而形成人工气室。

⑤用注射器通过窗口的壳膜窗孔滴0.05~0.1ml牛痘病毒液于绒毛尿囊膜上。

（A）在卵壳的窗口周围涂上半凝固的石蜡，作成堤状，立即盖上消毒盖玻片。也可用揭下的卵壳封口，则将卵壳盖上，接缝处涂以石蜡，但石蜡不能过热，以免流入卵内。将鸡卵始终保持人工气室在上方的位置进行37℃培养，48~96小时观察结果。

（B）尿囊腔接种。用孵育 10～12 天的蛋胚，因这时尿囊液积存得最多。

将蛋胚在检卵灯上照视，用铅笔画出气室与胚胎位置，并在绒毛尿囊膜血管较少的地方作记号。

将蛋胚竖放在蛋座木架上，钝端向上。用碘酒消毒气室蛋壳，并用钢针在记号处钻一小孔。

用带 18mm 长针头的 1ml 注射器吸取鸡新城疫病毒液，针头刺入孔内，经绒毛尿囊膜入尿囊腔，注入 0.1ml 病毒液 。

用石蜡封孔后于 37℃ 孵卵器孵育 72 小时。

（C）羊膜腔接种。

（a）将孵育 10～11 天的蛋胚照视，画出气室范围，并在胚胎最靠近卵壳的一侧做记号。（b）用碘酒消毒气室部位的蛋壳。用齿钻在气室顶端磨一三角形，每边约 1cm 的裂痕。注意勿划破壳膜。（c）用灭菌镊子揭去蛋壳和壳膜，并滴加灭菌液状石蜡一滴于下层壳膜上，使其透明，以便观察，若将蛋胚放在检卵灯上，则看得更清楚。（d）用灭菌尖头镊子，两页并拢，刺穿下层壳膜和绒毛尿囊膜没有血管的地方，并夹住羊膜从刚才穿孔处拉出来。

左手用另一把无齿镊子夹住拉出的羊膜，右手持带有 7 号针头的注射器，刺入羊膜腔内，注入鸡新城疫病毒液 0.1ml。针头最好用无斜削尖端的钝头，以免刺伤胚胎。

用绒毛尿囊膜接种法的封闭方法将卵壳的小窗封住，于 37℃ 孵卵器内孵育 48～72 小时，保持蛋胚的钝端朝上。

3. 收获

（1）绒毛尿囊膜。

（a）用碘酒消毒人工气室上的卵壳，去除窗孔上的盖子。（b）将灭菌剪子插入窗内，沿人工气室的界限剪去壳膜，露出绒毛尿囊膜，再用灭菌眼科镊子将膜正中夹起，用剪刀沿人工气室边缘将膜剪下，放入加有灭菌生理盐水的培养皿内，观察病灶形状。然后或用于传代，或用 50% 甘油保存。

（2）尿囊腔接种法收获尿囊液。

（a）将蛋胚放在冰箱内 4℃ 12～24 小时，使血管收缩，以便得到无胎血的纯尿囊液。（b）用碘酒消毒气室处的卵壳，并用灭菌剪刀除去气室的卵壳。切开壳膜及其下面的绒毛尿囊膜，翻开到卵壳边上。（c）将鸡卵倾向一侧，用灭菌吸管吸出尿囊液。一个蛋胚约可收获 6ml 左右尿囊液。若操作时损伤了血管，则病毒会吸附在红细胞上，尿囊液成为无用。收获的尿囊液经无菌试验后可在 4℃ 以下的温度中保存。（d）观察鸡胚，看有无典型的症状。

（3）羊膜腔接种法收获羊水。

（a）按收获尿囊液的方法消毒、去壳，翻开壳膜和尿囊膜。（b）先吸出尿囊液。（c）再用镊子夹出羊膜，以尖头毛细吸管插入羊膜腔，吸出羊水，放入灭菌试管内，每蛋胚可吸 0.5～1.0ml。经无菌试验后，保存于低温中。（d）观察鸡胚的症状。记录鸡新城疫病毒接种鸡胚培养后，鸡胚所出现的变化。

四、血凝（HA）及血凝抑制（HI）试验

（一）基本原理

许多病毒表面具血凝素，具有凝集某些动物或人红细胞的特性，称为血凝现象，可用于鉴定病毒。

血凝现象可以被特异性抗体所抑制，称为血凝抑制现象，利用这种特性可进行血清学试验，称为血凝抑制试验。

（二）器材及试剂

待检病毒：鸡新城疫病毒鸡胚尿囊液；

待检血清：抗鸡新城疫病病毒阳性血清；

生理盐水、1% 鸡红细胞、96 孔 V 形微量血凝板、加样器等。

（三）所需试剂

（1）稀释液 10×PBS（磷酸缓冲液 pH 值 7.0～7.2）氯化钠 8.5g，磷酸二氢钾 0.68g，氢氧化钠 0.15g，上述成分溶于 100ml 蒸馏水后高压灭菌，于 4℃ 保存，使用时作 10 倍稀释。

（2）红细胞保存液（阿氏液）葡萄糖 20.5g，氯化钠 4.2g，

柠檬酸 0.55g，柠檬酸钠 8.0g，溶于 1 000ml 蒸馏水中，调 pH 值 6.8~7.2，分装，115℃15 分钟灭菌，低温保存备用。

（3）1%红细胞悬液　用一次性注射器吸取 2ml 阿氏液，再直接采成年公鸡翅下静脉血液 2ml，混匀，转移到离心管中，用 1× PBS 洗涤红细胞 3 次，头两次以 1 500rpm 离心 5 分钟，最后一次以 2 000 rpm 离心 10 分钟。将 1ml 离心压积后红细胞加入到 100mlPBS 中或阿氏液中即配成。

（四）实验步骤

1. 血凝试验（HA）取 96 孔板，按以下步骤操作

（1）第一排 1~12 孔各加生理盐水 50μl，第二排 1~12 孔加生理盐水 50μl 为红细胞对照。

（2）吸 50μl 病毒液于第一排第 1 孔，混匀后取 50μl 至第 2 孔，依次稀释至第 12 孔，弃去 50μl，各孔经倍比稀释后稀释度依次为 1：2~1：4 096。

（3）第一排 1~12 孔及第二排 1~12 孔各加 1% 鸡红细胞 50μl，微型振荡器震荡 2 分钟混匀。

（4）室温静置 10~30 分钟，观察结果（表 3-13）。

表 3-13　血凝试验结果

材料 ＼ 孔号 滴度	1 1	2 2	3 3	4 4	5 5	6 6	7 7	8 8	9 9	10 10	11 11	12 对照
PBS（ml）	0.25	0.25	0.25	0.25	0.25	0.25	0.25	0.25	0.25	0.25	0.25	0.25
1：5稀释抗原（ml）	0.25	0.25	0.25	0.25	0.25	0.25	0.25	0.25	0.25	0.25	0.25	弃去
1%鸡红细胞悬液（ml）	0.25	0.25	0.25	0.25	0.25	0.25	0.25	0.25	0.25	0.25	0.25	0.25
作用时间及温度					37℃静置40分钟							

（5）结果判定：红细胞对照组红细胞完全沉降，以试验排中能使等量红细胞发生完全凝集的病毒最高稀释倍数，作为病毒的血凝结，即 HI 效价，用 2n 表示。

2. 血凝抑制试验（HI）

取一96孔板，按以下步骤操作。

（1）4个单位抗原的制备：按 HA 试验测出的病毒血凝结除以4即为4个单位血凝素的稀释度。

（2）待检血清的稀释：第一、第二、第三排1～12孔各加生理盐水50μl，于第一排第1孔中加入50μl待检血清，反复吹吸3～5次混匀后，取50μl至第2孔混匀，吸取50μl至第3孔，依次稀释至第12孔，弃去50μl，经倍比稀释，血清的稀释倍数为1∶2～1∶4 096。

（3）第一、第二排1～12孔各加4个单位血凝素50μl，微量振荡器震荡2分钟混匀。

（4）室温静置20分钟。

（5）第一、第二、第三排1～12孔各加1%鸡红细胞50μl，微量振荡器震荡2分钟混匀混匀。

（6）室温静置10～30分钟，观察结果（表3－14）。

表3－14　血凝抑制试验结果

孔号 材料／滴度	1 / 1	2 / 2	3 / 3	4 / 4	5 / 5	6 / 6	7 / 7	8 / 8	9 / 9	10 / 10	11 病毒对照	12 血清对照
PBS（ml）	0.25	0.25	0.25	0.25	0.25	0.25	0.25	0.25	0.25	0.25		
阳性血清（ml）	0.25	0.25	0.25	0.25	0.25	0.25	0.25	0.25	0.25	0.25	弃去	0.25
4单位病毒（ml）	0.25	0.25	0.25	0.25	0.25	0.25	0.25	0.25	0.25	0.25		
作用时间及温度	37℃静置30分钟											
1%鸡红细胞悬液（ml）	0.25	0.25	0.25	0.25	0.25	0.25	0.25	0.25	0.25	0.25		0.25
作用时间及温度	37℃静置30～40分钟											

（7）结果判定：第二排为抗原对照，红细胞应全部凝集，第三排为红细胞对照，红细胞应全部沉降。以待检血清能完全抑制病毒凝集红细胞的最高稀释倍数为血清的 HAI 效价，用 $2n$ 表示。

通常能使 4 个凝集单位病毒凝集红细胞的作用完全被抑制的血清最高稀释倍数，称为抗体的血凝抑制价（HI 效价）。只有阴性对照孔血清滴度不大于 2lg2，阳性对照孔血清误差不超过 1 个滴度，试验结果才有效。

五、琼脂扩散试验

（一）原理

可溶性抗原与相应抗体特异性结合，两者比例适当并有电解质存在及一定的温度条件下，经一定的时间，可形成肉眼可见的沉淀物，称为沉淀反应。沉淀反应的抗原可以是多糖、蛋白质、类脂等，与相应的抗体相比，抗原分子小（＜20pm），单位体积内所含抗原量多，具有较大的反应面积。为了使抗原抗体之间比例适合，不使抗原过剩，故一般均应稀释抗原，并以抗原最高稀释度仍能与抗体出现沉淀反应为该抗体的沉淀反应效价（滴度）。

免疫扩散法就是使抗原与抗体在琼脂糖凝胶中自由扩散而相遇，从而形成抗原抗体复合物，由于此复合物分子量增大并产生聚集，不再继续扩散而形成肉眼可见的带状或线状沉淀带。抗原抗体复合物的沉淀带是一种特异性的半渗透性屏障，它可以阻止免疫学性质与其相似的抗原抗体分子通过，而允许那些性质不相似的分子继续扩散，这样由不同抗原或不同抗体所形成的沉淀带各有各的位置，从而可以分离和鉴定混合系统。

利用琼脂糖凝胶作为扩散介质是因为一定浓度的琼脂糖凝胶，其内部为多孔网状。而且孔径很大，可以允许大分子物质（分子量自十几万到几百万以上）自由通过。因为大多数抗原和抗体的分子量都在 20 万以上，所以它们在琼脂糖凝胶中几乎可以自由扩散。而且琼脂糖凝胶又具有良好的化学稳定性、含水量大、透明度好、来源方便、处理容易等优点，因此是免疫沉淀检测技术中最理想的扩散介质。

琼脂扩散试验可在试管内、平皿中以及玻片上的琼脂中进行。又可分为单向琼脂扩散试验和双向琼脂扩散试验两类。

双向琼脂扩散试验 测定时将加热溶化的琼脂或琼脂糖浇至玻片上，等琼脂凝固后，打多个小孔，将抗原和抗体分别加入小孔内，使抗原和抗体在琼脂板上相互扩散。当两个扩散圈相遇，如抗原和抗体呈特异性的结合且比例适当时，将会形成抗原抗体复合物的沉淀，该沉淀可在琼脂中呈现一条不透明的白色沉淀线。如果抗原与抗体无关，就不会出现沉淀线，因此可以通过该试验，用特异性抗体鉴定抗原，或反之用已知抗原鉴定抗体。

另外，沉淀线的特征与位置不仅取决于抗原，抗体的特异性和浓度，而且与其分子的大小及扩散速度有关，当抗原体存在多种成分时，将呈现多条沉淀线以至交叉反应线，因此，可用来检查抗原和免疫血清的特异性、纯度或浓度比较抗原之间的异同点，因而应用范围较广。

（二）实验材料

1. 材料和试剂

（1）pH 值 8.6，0.1m 巴比妥——巴比妥钠缓冲液

巴比妥钠 10.3 g

巴比妥 1.84 g

硫柳汞 100 mg（防腐剂）

蒸馏水加热溶解并定容至 500ml

（2）1% 预复琼脂（或琼脂糖）

1g 琼脂（或琼脂糖）加蒸馏水 100ml 溶化即可。

（3）1% 琼脂糖凝胶

1g 琼脂糖加 50ml 蒸馏水置水溶液中煮沸溶解或用与波炉加热溶解（注意不要溢出且注意加入蒸发的水），然后再加入 50ml 上述巴比妥缓冲液混匀，置 4℃ 保存备用。

（4）抗原及相应免疫血清。

2. 设备和器材（图 3－6，3－7）

玻璃板、模具，打孔器和挑针、滴管、有盖搪瓷盒（内铺有湿润的滤纸）、温箱（25℃）、三角烧杯、玻璃搅拌、微量加样器、其他常用器材。

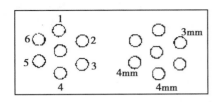

图 3 - 6 梅花型胶版

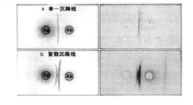

图 3 - 7 双向型沉淀线胶版

（三）操作步骤

1. 预复琼脂玻板的制备

将溶化的 1% 预复琼脂用滴管加玻板上，使之能将表面覆盖即可，放于温箱内干燥（或自然干燥），即可用以制备凝胶版。

2. 凝胶版的制备

溶化琼脂糖，在水平桌上将溶化的琼脂糖倒在预复琼脂玻板上，制成厚度 3~4mm 厚的琼脂糖凝胶版，待冷却后根据所需形状打孔（注意不宜在室温下放置过久，尽量缩短操作时间，以免干燥）。

3. 免疫扩散及结果观察

将抗原加入中心孔，倍比稀释的免疫血清加入周围孔，留 1 孔加双蒸水，以作空白对照（注意：加样至孔满为止，不可外溢）。待孔内液体渗入凝胶后即可放于湿盒（如需要可重复加样，加样间隔时间应掌握在第一次加样后孔内液体尚未完全扩散完的情况下即加入，以免孔周围形成不透明的白色圈）于 25℃ 温箱中，一般保温 24~48 小时，观察抗原抗体产生的白色沉淀线。

免疫血清的滴度以一定抗原浓度下出现白色沉淀线的最高稀释度来表示。

如不知抗原浓度是否与免疫血清相当时，抗原也可倍比稀释，多做几个梅花孔以作比较。标本的保存

为了保存标本，可染色处理，步骤如下。

（1）用生理盐水浸洗待保存的玻板 2~3 天，每天换水 1~2 次，洗去多余的抗原抗体及其他蛋白。

（2）浸洗后于玻板的凝胶上加5%甘油或用0.5%琼脂填孔防裂，用湿的优质滤纸覆在凝胶上（两者之间不要有空气），37℃过夜使其彻底干燥。

（3）打湿滤纸，轻轻揭下，洗净胶面。

（4）用0.05%氨基黑（用5%醋酸配）染色10分钟，再用5%醋酸脱色至背景无色为止，干燥保存。也可用0.1%～0.5%考马斯亮蓝（10%～20%醋酸配制）染色5～15分钟，再用10%～20%醋酸脱色至背景无色，干燥保存。

六、免疫荧光试验

（一）制片

选无自发性荧光的石英玻片或普通优质玻片，洗净后浸泡于无水乙醇和乙醚等量混合液中。用时取出用绸布擦净。将待检样品如组织块剪成适当大小印压于玻片上。也可采用冰冻切片或石蜡切片样品。

（二）固定（表3-15）

表3-15 常用抗原物质的固定方法

抗原物质	固定剂	固定条件
蛋白质抗原	95%～100%乙醇	室温3～10分钟
酶、激素	丙酮	4℃ 30分钟
免疫蛋白（抗体）	四氯化碳	
病毒	丙酮、四氯化碳无水乙醇	室温5～10分钟 4℃ 30～60分钟
细菌（菌体抗原）	微火加热、甲醇 10%甲醛 丙酮	室温5～10分钟 4℃ 30～60分钟
类脂（异嗜性抗原）	10%甲醛 10%佛茂尔	室温3～10分钟

除研究细胞表面抗原或不稳定抗原可不固定外，一般均应固定。固定的作用有3种：①防止标本从玻片上脱落；②除去妨碍抗

原—抗体结合的类脂，使抗原抗体结合物易于获得良好的染色结果；③固定的标本易于保存，如组织切片固定后在 -20℃ 下可保存一年而不改变其染色特性。

标本的固定原则有 4 种：①不能损伤细胞内的抗原；②不能凝集蛋白质；③不能损伤细胞形态；④固定后应保持细胞膜的通透性，以允许抗体进入与抗原结合。

（三）水洗

固定后以冷的 0.01mol/L pH 值 7.4 PBS 液浸泡冲洗，最后以蒸馏水冲洗，防止自发性荧光。

（四）染色

染色分直接染色法与间接染色法。

1. 材料与试剂

（1）荧光抗体，稀释至应用浓度。

（2）0.01mol/L pH 值 7.4 PBS 液

（3）9 份优质甘油加 1 份 pH 值 7.4 PBS 液即为甘油缓冲液。甘油有减少非特异性荧光的作用。

（4）带盖方盘

2. 直接染色法

（1）将固定好的玻片置于湿盘中，滴加荧光抗体染色液，以覆盖为度，加盖，37℃ 感作 30~45 分钟。

（2）PBS 冲洗 3 次，每次冲洗 3 分钟，即 3×3′ 冲洗。

（3）蒸馏水冲洗。

（4）滴甘油缓冲液一滴，封片，荧光显微镜检查。

3. 间接染色法

（1）检查抗原：①取固定标本，加已知的免疫血清，37℃ 孵育 30 分钟；②以 PBS 液 3×3′ 冲洗；③再加荧光标记的抗抗体，37℃ 孵育 30 分钟；④PBS 3×3′ 冲洗；⑤蒸馏水冲洗，晾干；⑥加甘油缓冲液，封片、镜检。

（2）检查抗体：①以免疫后动物的淋巴组织涂片，自然干燥，甲醇固定；②滴加相应抗原液（按 1∶100~1∶500 稀释），37℃

孵育 30 分钟；③PBS 液 3×3′冲洗；④加荧光抗体，37℃孵育 30 分钟；⑤PBS 液 3×3′冲洗；⑥水洗，晾干；⑦加甘油缓冲液，封片、镜检。

七、病毒胶体金试纸卡诊断方法

（一）正常操作步骤

（1）用棉签在合适的地方（肠道中内容物、泄殖腔内容物、气管液体等）取样，如果是死鸡或已剖检的鸡，在气管中采样，直接在气管上取，不要痰即可；在肠道中采时，打开肠道后用剪子轻刮肠道面，在十二指肠、小肠中段卵黄蒂周围暴露出的淋巴滤泡肿胀、出血、溃疡的部位用棉签蘸一下就行。如果是活鸡不杀的话，也可在泄殖腔内取样。上述各种情况均可用一个棉签连采几只鸡就是采样不要太稠，以免金标流得过慢。

（2）将样本插到装有洗脱液的塑料瓶中并加以搅拌。

（3）折断棉签（或将棉签拔出同时做无害化处理）拧紧瓶盖用力摇晃。

（4）用加样吸管吸取洗脱液，加样 4～5 滴到试纸卡一端的加样孔中。

（5）20～30 分钟内观测结果。

（二）使用试纸卡的一些技巧

（1）一个试纸卡设计是测一只鸡，就是要注意，要将棉签上的水挤一下，使洗脱液尽量多地留在洗脱液瓶中如果采的样本中尿酸盐过多，尿酸盐会铺在试纸卡的滴孔聚酯膜上使水渗不下去，金标会不流，这时要迅速用棉签的另一端在滴孔的水里轻轻搅几下，让样本液渗下去。

（2）一般加液 4～5 滴就够，不要少加或多加，加少了，金标有时会跑不到头，加多了，金标会飘浮。同时要注意试纸卡要平放。

（3）要让金标跑完后再下结论，不要半途下结论。即使红色的金标没有完全跑完，如有病毒，病毒也会在检测线上由金离子显色呈一条直线排列为 C 线，T 线亦应该出现。

（4）检测线上的显示病毒的颜色与病毒的量成正比，色越深病毒越多，越浅病毒越少，在实际生产中先测得病毒多检测线色深，以后通过做苗抗体上来后，再测病毒少了，检测线色浅，如做苗的效果好，最后会测不到病毒，在检测线上就不出现色了。

（5）试纸卡在 2～30℃ 保存，禁止冷冻。

（三）方法和判断

掌握好使用方法和正确的判断很重要，使用者可以先用新城疫活疫苗，禽流感抗原来进行练习，诊断结果判定是当卡出现两条沉淀线为阳性，一条线为阴性或者为无效卡，无沉淀线为无效卡。

（四）常见问题

初期使用者常常出现这样的情况：觉得病肯定是流感或新城疫，而实际上却什么也测不到。这里有两种情况：一种是操作过程还是不太熟练，这可以通过多采几个样本多用几条试纸来弥补；另一种情况就是平时通过眼观或剖检认为是禽流感或新城疫（一用自己开的药，病也好了）的判断可能不正确，后一点对人的心理冲击较大（如会产生"干了十几年兽医了，难道有一半的病判断都是错的"疑问）。这是一个必然要过的过程，也是一个思维转化的过程。

八、酶联免疫吸附试验

酶联免疫吸附试验（以下简称 ELISA）：是酶免疫测定技术中应用最广的技术。其基本方法是将已知的抗原或抗体吸附在固相载体（聚苯乙烯微量反应板）表面，使酶标记的抗原抗体反应在固相表面进行，用洗涤法将液相中的游离成分洗除。常用的 ELISA 法有双抗体夹心法和间接法，前者用于检测大分子抗原，后者用于测定特异抗体。

（一）简介

自从 Engvall 和 Perlman（1971）首次报道建立酶联免疫吸附试验（Enzyme-Linked ImmunosorbentAssays，ELISA）以来，由于

鸡病诊断与防治实用技术

ELISA 具有快速、敏感、简便、易于标准化等优点，使其得到迅速的发展和广泛应用。尽管早期的 ELISA 由于特异性不够高而妨碍了其在实际中应用的步伐，但随着方法的不断改进、材料的不断更新，尤其是采用基因工程方法制备包被抗原，采用针对某一抗原表位的单克隆抗体进行阻断 ELISA 试验，都大大提高了 ELISA 的特异性，加之电脑化程度极高的 ELISA 检测仪的使用，使 ELISA 更为简便实用和标准化，从而使其成为最广泛应用的检测方法之一。目前，ELISA 方法已被广泛应用于多种细菌和病毒等疾病的诊断。在动物检疫方面，ELISA 在新城疫、禽流感鸡、白血病、传染性支气管炎、鸡传染性贫血等的诊断中已为广泛采用的标准方法。

（二）基本原理

ELISA 方法的基本原理是酶分子与抗体或抗抗体分子共价结合，此种结合不会改变抗体的免疫学特性，也不影响酶的生物学活性。此种酶标记抗体可与吸附在固相载体上的抗原或抗体发生特异性结合。滴加底物溶液后，底物可在酶作用下使其所含的供氢体由无色的还原型变成有色的氧化型，出现颜色反应。因此，可通过底物的颜色反应来判定有无相应的免疫反应，颜色反应的深浅与标本中相应抗体或抗原的量呈正比。此种显色反应可通过 ELISA 检测仪进行定量测定，这样就将酶化学反应的敏感性和抗原抗体反应的特异性结合起来，使 ELISA 方法成为一种既特异又敏感的检测方法。

（三）用于标记的酶

用于标记抗体或抗抗体的酶须具有下列特性：有高度的活性和敏感性；在室温下稳定；反应产物易于显现；能商品化生产。目前应用较多的有辣根过氧化物酶（HRP）、碱性磷酸酶、葡萄糖氧化酶等，其中，以 HRP 应用最广。

1. 辣根过氧化物酶（HRP）

过氧化物酶广泛分布于植物中，辣根中含量最高，从辣根中提取的称辣根过氧化物酶（HRP），是由无色酶蛋白和深棕色的铁卟啉构成的一种糖蛋白（含糖量18%），分子量约 40 000，约由300

个氨基酸组成，等电点为 pH 值 3 ~ 9，催化反应的最适 pH 值因供氢体不同而稍有差异，一般多在 pH 值 5 左右。此酶溶于水和 50% 饱和度以下的硫酸铵溶液。酶蛋白和辅基的最大吸收光谱分别为 275nm 和 403nm。酶的纯度以 RZ 表示：RZ = OD403/OD275 纯酶的 RZ 多在 3.0 以上，最高为 3.4。RZ 在 0.6 以下的酶制品为粗酶，非酶蛋白约占 75%，不能用于标记。RZ 在 2.5 以上者方可用于标记。HRP 的作用底物为过氧化氢，催化反应时的供氢体有几种：①邻苯二胺（OPD），产物为橙色，可溶性，敏感性高，最大吸收值在 490nm，可用肉眼观察判别，容易被浓硫酸终止反应，颜色可在数小时内不改变，是目前国内 ELISA 中最常用的一种；②联大茴香胺（OD），产物为橘黄色，最大吸收值在 400nm，颜色较稳定；③5 - 氨基水杨酸（5 - AS）：产物为深棕色，最大吸收值在 449nm，部分溶解，敏感性较差；④邻联甲苯胺（OT）产物为蓝色，最大吸收值在 630nm，部分溶解，不稳定，不耐酸，但反应快，颜色明显。

2. 碱性磷酸酶

系从小牛肠黏膜和大肠杆菌中提取，由多个同工酶组成。它们的底物种类很多，常用者为硝基苯磷酸盐，廉价无毒性。酶解产物呈黄色，可溶，最大吸收值在 400nm。酶的活性以在 pH 值 10 反应系统中，37℃ 1 分钟水解 1μg 磷酸苯二钠为一个单位。

（四）抗体的酶标记方法及标记效果测定

1. 标记方法

良好的酶结合物取决于两个条件：即高效价的抗体和高活性的酶。抗体的活性和纯度对制备标记抗体至关重要，因为特异性免疫反应随抗体活性和纯度的增加而增强。在酶标记过程中，抗体的活性有所降低，故需要纯度高、效价高及抗原亲和力强的抗体球蛋白，最好使用亲和层析提纯的抗体，可提高敏感性，而且可稀释使用，减少非特异性吸附。酶与抗体交联，常用戊二醛法和过碘酸盐氧化法。郭春祥建立的 HRP 标记抗体的改良过碘酸钠法简单易行，标记效果好，特别适用于实验室的小批量制备。其标记程序为：将

5μg HRP 溶于 0.5ml 蒸馏水中，加入新鲜配制的 0.06 mol/L 的过碘酸钠（NaIO₄）水溶液 0.5ml，混匀置 4℃冰箱 30 分钟，取出加入 0.16mol/L 的乙二醇水溶液 0.5ml，室温放置 30 分钟后加入含 5g 纯化抗体的水溶液 1ml，混匀并装透析袋，以 0.05mol/L、pH 值 9.5 的碳酸盐缓冲液于 4℃冰箱中慢慢搅拌透析 6 小时（或过夜）使之结合，然后吸出，加硼氢化钠（NaBH₄）溶液（5mg/ml）0.2ml，置 4℃冰箱 2 小时，将上述结合物混合液加入等体积饱和硫酸铵溶液，置 4℃冰箱 30 分钟后离心，将所得沉淀物溶于少许 0.02mol/L、pH 值 7.4 PBS 中，并对之透析过夜（4℃），次日离心除去不溶物，即得到酶标抗体，用 0.02mol/L、pH 值 7.4 PBS 稀至 5ml，进行测定后，冷冻干燥或低温保存。

2. 酶标抗体标记效果测定

测定内容包括酶和抗体活性、结合物中酶含量和 IgG 含量、酶与 IgG 摩尔比值以及结合率。

（1）酶与抗体的活性。常用琼脂扩散或免疫电泳法，使抗原与抗体形成沉淀线，经 PBS 漂洗 1 天，再以蒸馏水浸泡 1 小时，将琼脂凝胶版浸于酶底物溶液中着色，如果出现应有的颜色反应，再用生理盐水浸泡，颜色仍然不褪，表示结合物既有酶的活性，也有抗体活性。良好的结合物在显色后，琼扩滴度应在 1：16 以上；另一个测定方法是用系列稀释的酶标抗体直接以 ELISA 方法进行方阵滴定，此法不仅可以测定标记效果，还可以确定酶标抗体的使用浓度。

（2）结合物的定量测定。一般是对结合物中的酶和 IgG 进行定量测定。常用紫外分光光度计于 403nm 和 280nm 进行测定，然后按下列公式计算：酶量（mg/ml）= OD403 × 0.42 IgG 量（mg/ml）=（OD280 − OD403 × 0.4）× 0.94 × 0.62；对于过碘酸钠氧化法制备的标记抗体量，按下列公式计算：IgG 量（mg/ml）=（OD280 − OD403 × 0.34）× 0.62。已知酶量和 IgG 量后，即可计算出标记抗体的摩尔（mol）比值。HRP/IgG 摩尔比值 = HRP（mg/ml）/IgG（mg/ml）×4 结合物中酶总量 = HRP（mg/ml）× 结合物溶液量。结合物产率 = 结合物中酶总量/标记时加入的酶量×100%，用于 ELISA 的结合物的酶量为 400mg/ml 时效果一般，为 500mg/ml 时效果较好，达 1 000mg/ml 时效果最好。mol 比值由于结合物中含的 IgG 并不完全可靠，所以不能作为主要参数。一般认为 mol 比值为 0.7 时效果一般，1.0 时效果较好，1.5～2.0 时最好。酶结合率为 7% 时效果一般，为 9%～10% 较好，达 30% 以上时最好。

（五）ELISA 方法的基本类型、用途及操作程序

根据 ELISA 所用的固相载体而区分为三大类型：一是采用聚苯乙烯微量板为载体的 ELISA，即我们通常所指的 ELISA（微量板 ELISA）；另一类是用硝酸纤维膜为载体的 ELISA，称为斑点 ELISA（Dot-ELISA）；再一类是采用疏水性聚酯布作为载体的 ELISA，称为布 ELISA（C－ELISA）。在微量板 ELISA 中，又根据其性质不同分为间接 ELISA、双抗体夹心 ELISA、双夹心 ELISA、竞争 ELISA、阻断 ELISA 及抗体捕捉 ELISA。

1. 间接 ELISA

本法主要用于检测抗体。以新城疫（ND）抗体的 ELISA 为例，间接 ELISA 的操作程序如下。

（1）材料。

①包被液、洗涤液、保温液、底物液、终止液；② ND 包被抗原、酶标抗抗体、阴性及阳性 ND 参考血清；待检鸡血清；③ELISA检测仪、加样器、聚苯乙烯微量板。

（2）方法步骤。

①加抗原包被 → 4℃过夜，洗涤三次、抛干② 加待检血清 → 37℃ 2 小时，洗涤三次、抛干③ 加酶标抗体 → 37℃ 2 小时，洗涤三次、抛干④ 加底物液 → 37℃ 30 分钟，加终止液⑤ 用 ELISA 检测仪测定 OD 值，并计算出 P/N 比值。

（3）结果判定。已知阳性血清与已知阴性血清的比值（P/N）≥2.1，而且已知阳性血清的 OD 值≥0.4；在上述条件成立的情况下，如果待检血清与已知阴性血清的比值（P/N）≥2.1，而且待检血清的 OD 值≥0.4，则判为阳性，否则判为阴性。

2. 双抗体夹心 ELISA

本法主要用于检测大分子抗原。现以检测鸡传染性法氏囊病病毒（IBDV）的双夹心抗体 ELISA 为例介绍本法的操作程序。① 加抗体包被 → 4℃过夜，洗涤 3 次、抛干。② 加待检抗原 → 37℃ 30 分钟，洗涤 3 次、抛干。③ 加酶标抗体 → 37℃ 30 分钟，洗涤 3 次、抛干。④ 加底物液 → 37℃ 15 分钟，加终止液。⑤ 用 ELISA 检测仪测定 OD 值。

3. 双夹心 ELISA

此法与双抗体夹心 ELISA 的主要区别在于：它是采用酶标抗抗体检查多种大分子抗原，它不仅不必标记每一种抗体，还可提高试验的敏感性。此法的基本程序为：① 加抗体（Ab-1）包被 → 4℃过夜，洗涤 3 次、抛干。② 加待检抗原（Ag）→ 37℃ 60 分钟，洗涤 3 次、抛干。③ 加用非同种动物生产的特异性抗体（Ab-2）→ 37℃ 60 分钟，洗涤 3 次、抛干。④ 加入酶标抗 Ab-2 抗体（AB-3）→ 37℃ 60 分钟，洗涤 3 次、抛干。⑤ 加底物液 → 37℃ 20 分钟，加终止液。⑥ 用 ELISA 检测仪测定 OD 值。

4. 竞争 ELISA

此法主要用于测定小分子抗原及半抗原，其原理类似于放射免疫测定。其基本程序为：① 抗体包被 → 4℃过夜，洗涤 3 次、抛干。② 加入待检抗原及一定量的酶标抗原（对照孔仅加酶标抗原）→ 37℃ 60 分钟，洗涤 3 次、抛干。③ 加底物液 → 37℃ 20 分钟，加终止液。④ 用 ELISA 检测仪测定 OD 值。被结合的酶标抗原的量由酶催化底物反应产生有色产物的量来确定，如果待检溶液中抗原越多，被结合的标记抗原的量就越少，有色产物就减少，这样根据有色产物的变化就可求出未知抗原的量。此法的优点在于快速、特异性高、且可用于小分子抗原及半抗原的检测；其主要不足在于每种抗原都要进行酶标记，而且因为抗原的结构不同，还需应用不同的结合方法。此外，试验中应用酶标抗原的量较多。

5. 阻断 ELISA

本法主要用于检测型特异性抗体。该方法现已成为猪传染性胃肠炎（TGE）、猪伪狂犬病（PR）及猪胸膜肺炎（AP）的主要检测方法。下面以 AP2 型抗体的阻断 ELISA 检测法为例介绍其操作程序：① 100μl AP2 型工作量抗原包被 → 4℃过夜，洗涤 3 次、抛干。② 用 200μl 阻断缓冲液进行封闭 → 37℃ 60 分钟，洗涤 3 次、抛干。③ 加工作量 1∶4 稀释被检猪血清 100μl → 37℃ 60 分钟，洗涤 3 次、抛干。④ 加 100μl 工作量兔抗 AP2 型血清 → 37℃ 30 分钟，洗涤 3 次、抛干。⑤ 加 100μl 工作量猪抗兔 IgG-HRP → 37℃ 60 分钟，洗涤 3 次、抛干。⑥ 加 100μl OPD 底物液 → 37℃ 20 分钟，加终止液。⑦ 用 ELISA 检测仪测定 OD 值。本试验同时设标准阴、阳性血清对照、兔抗 AP2 型阳性对照、空白对照。

6. 抗体捕捉 ELISA

本法主要用于检测 IgM 抗体。由于 IgM 抗体出现于感染早期，所以检测出 IgM，则可作为某种疾病的早期诊断。抗体捕捉 ELISA 根据所用标记方式不同可分为标记抗原、标记抗体、标记抗抗体捕捉 ELISA 等几种，其中以标记抗原捕捉 ELISA 比较有代表性，该方法的主要程序为：① 用抗 u 链（抗 IgM 重链）抗体包被→37℃ 60 分钟后置 4℃过夜，洗涤 3 次、抛干。② 加待检血清 → 37℃ 2 小时，洗涤 3 次、抛干。③ 加酶标抗原 → 37℃ 60 分钟，洗涤 3 次、抛干。④ 加底物液 → 37℃ 20 分钟，加终止液。⑤ 用 ELISA 检测仪测定 OD 值。

7. 斑点 ELISA（Dot-ELISA）

与常规的微量板 ELISA 比较，Dot-ELISA 具有简便、节省抗原等优点，而且结果可长期保存；但其也有不足，主要是在结果判定上比较主观，特异性不够高等。该方法的主要操作程序为：①载体膜的预处理及抗原包被：取硝酸纤维素膜用蒸馏水浸泡后，稍加干燥进行压圈。将阴性、阳性抗原及被检测抗原适度稀释后加入圈中，置 37℃使硝酸纤维素膜彻底干燥。每张 7cm×2.3cm 的膜一般可点加 40～53 个样品，每个压圈可加抗原液 1～20μl。②封闭：将硝酸纤维素膜置于封闭液中，37℃感作 15～30 分钟。封闭液多采用含有正常动物血清、pH 值 7.2 或 pH 值 7.4 的 PBS。③加被检血清：可直接在抗原圈上加，也可剪下抗原圈、置于微量板孔中，再加入一定量适度稀释的待检血清，37℃反应一定时间，用洗涤液洗 3 次，每次 1～3 分钟。洗涤液一般为一定浓度的 PBS-Tween 溶液。④加酶标抗体，37℃反应一定时间后，用洗涤液洗 3 次。⑤显色：加入新鲜配制的底物液，37℃反应一定时间后，去掉底物液，加蒸馏水洗涤终止反应。⑥结果判定：以阳性、阴险血清作为对照，膜片中央出现深棕红色斑点者为阳性反应，否则为阴性反应。

8. 布 ELISA

C – ELISA（Cloth-ELISA）是加拿大学者 Blais, B. W. 等于 1989 年建立的一种新型免疫检测技术。该方法是以疏水性聚酯布（Hydrophobic Polyester Cloth）即涤纶布为固相载体，这种大孔径的疏水布具有吸附样品量大，可为免疫反应提供较大的表面积，提高反应的敏感性，且容易洗涤，不需特殊仪器等优点。其基本原理与 Dot-ELISA 类似，只是载体不同。以对布氏杆菌抗原的检测为例，C – ELISA 的主要程序为：①首先把抗布氏杆菌的血清包被（吸附）在聚酯布上，并经洗涤及封闭；②加被检样品并于室温下感作 30 分钟，然后洗 5 次；③加酶标记的抗布氏杆菌抗体，于室温下感作 30 分钟，然后洗涤 5 次；④加入底物液显色；⑤测定 OD 值。

九、PCR 诊断技术

PCR 即多聚酶链式反应。是 DNA 的一种体外扩增技术。

（一）定义

聚合酶链式反应，简称 PCR。聚合酶链式反应，PCR 是体外酶促合成特异 DNA 片段的一种方法，由高温变性、低温退火及适温延伸等几步反应组成一个周期，循环进行，使目的 DNA 得以迅速扩增，具有特异性强、灵敏度高、操作简便、省时等特点。它不仅可用于基因分离、克隆和核酸序列分析等基础研究，还可用于疾病的诊断或任何有 DNA，RNA 的地方. 聚合酶链式反应（Polymerase Chain Reaction，简称 PCR）又称无细胞分子克隆或特异性 DNA

序列体外引物定向酶促扩增技术。

（二）PCR - 技术原理

DNA 的半保留复制是生物进化和传代的重要途径。双链 DNA 在多种酶的作用下可以变性解链成单链，在 DNA 聚合酶与启动子的参与下，根据碱基互补配对原则复制成同样的两分子拷贝。在聚合酶链式反应实验中发现，DNA 在高温时也可以发生变性解链，当温度降低后又可以复性成为双链。因此，通过温度变化控制 DNA 的变性和复性，并设计引物做启动子，加入 DNA 聚合酶、dNTP 就可以完成特定基因的体外复制。但是，DNA 聚合酶在高温时会失活，因此，每次循环都得加入新的 DNA 聚合酶，不仅操作烦琐，而且价格昂贵，制约了 PCR 技术的应用和发展。发现耐热 DNA 聚合同酶 - Taq 酶对于 PCR 的应用有里程碑的意义，该酶可以耐受 90℃以上的高温而不失活，不需要每个循环加酶，使 PCR 技术变得非常简捷、同时，也大大降低了成本，PCR 技术得以大量应用，并逐步应用于临床。

（三）PCR - 工作原理

类似于 DNA 的天然复制过程，其特异性依赖于与靶序列两端互补的寡核苷酸引物。PCR 由变性—退火—延伸 3 个基本反应步骤构成：①模板 DNA 的变性：模板 DNA 经加热至 93℃左右，在一定时间后，聚合酶链式反应使模板 DNA 双链或经 PCR 扩增形成的双链 DNA 解离，使之成为单链，以便它与引物结合，为下轮反应作准备；②模板 DNA 与引物的退火（复性）：模板 DNA 经加热变性成单链后，温度降至 55℃左右，引物与模板 DNA 单链的互补序列配对结合；③引物的延伸：DNA 模板—引物结合物在 TaqDNA 聚合酶的作用下，以 dNTP 为反应原料，靶序列为模板，按碱基配对与半保留复制原理，合成一条新的与模板 DNA 链互补的半保留复制链，重复循环变性—退火—延伸 3 个过程，就可获得更多的"半保留复制链"，而且这种新链又可成为下次循环的模板。每完成一个循环需 2 ~ 4 分钟，2 ~ 3 小时就能将待扩目的基因扩增放大几百万倍。

（四）反应体系与反应条件

（五）标准的 PCR 反应体系

10×扩增缓冲液 10μl

4 种 dNTP 混合物各 200μmol/L

引物各 10~100pmol

模板 DNA0.1~2μg

TaqDNA 聚合酶 2.5μl

Mg^{2+}1.5mmol/L

加双蒸或三蒸水至 100μl

PCR 反应 5 要素：参加 PCR 反应的物质主要有 5 种，即引物、酶、dNTP（脱氧核苷三磷酸）、模板和缓冲液（其中需要 Mg^{2+}）

（六）工作步骤

标准的 PCR 过程分为 3 步。

（1）DNA 变性（90~96℃）：双链 DNA 模板在热作用下，氢键断裂，形成单链 DNA。

（2）退火（25~65℃）：系统温度降低，引物与 DNA 模板结合，形成局部双链。

（3）延伸（70~75℃）：在 Taq 酶（在 72℃左右最佳的活性）的作用下，以 dNTP 为原料，从引物的 5′端→3′端延伸，合成与模板互补的 DNA 链。每一循环经过变性、退火和延伸，DNA 含量既增加一倍。

现在有些 PCR 因为扩增区很短，即使 Taq 酶活性不是最佳也能在很短的时间内复制完成，因此可以改为两步法，即退火和延伸同时在 60~65℃进行，以减少一次升降温过程，提高了反应速度。

（七）反应特点

特异性强

PCR 反应的特异性决定因素为：

①引物与模板 DNA 特异正确的结合；

②碱基配对原则；

③Taq DNA 聚合酶合成反应的忠实性；

④靶基因的特异性与保守性。

其中，引物与模板的正确结合是关键。引物与模板的结合及引物链的延伸是遵循碱基配对原则的。聚合酶合成反应的忠实性及 Taq DNA 聚合酶耐高温性，使反应中模板与引物的结合（复性）可以在较高的温度下进行，结合的特异性大大增加，被扩增的靶基因片段也就能保持很高的正确度。再通过选择特异性和保守性高的靶基因区，其特异性程度就更高。

（八）灵敏度高

PCR 产物的生成量是以指数方式增加的，能将皮克（pg = 10～12）量级的起始待测模板扩增到微克（μg = －6）水平。能从100 万个细胞中检出一个靶细胞；在病毒的检测中，PCR 的灵敏度可达 3 个 RFU（空斑形成单位）；在细菌学中最小检出率为 3 个细菌。

（九）简便、快速

PCR 反应用耐高温的 Taq DNA 聚合酶，一次性地将反应液加好后，即在 DNA 扩增液和水浴锅上进行变性-退火-延伸反应，一般在 2～4 小时完成扩增反应。扩增产物一般用电泳分析，不一定要用同位素，无放射性污染、易推广。

对标本的纯度要求低，不需要分离病毒或细菌及培养细胞，DNA 粗制品及 RNA 均可作为扩增模板。可直接用临床标本如血液、体腔液、洗漱液、毛发、细胞、活组织等 DNA 扩增检测。

循环参数

1. 预变性（Initial denaturation）

模板 DNA 完全变性对 PCR 能否成功至关重要，一般95℃加热3～5 分钟。

2. 引物退火（Primer annealing）

退火温度一般需要凭实验（经验）决定。

退火温度对 PCR 的特异性有较大影响。

3. 引物延伸

引物延伸一般在72℃进行（Taq 酶最适温度）。

延伸时间随扩增片段长短而定。

4. 循环中的变性步骤

循环中一般95℃，30秒足以使各种靶 DNA 序列完全变性；

变性时间过长损害酶活性，过短靶序列变性不彻底，易造成扩增失败。

5. 循环数

大多数 PCR 含 25～35 循环，过多易产生非特异扩增。

6. 最后延伸

在最后一个循环后，反应在72℃维持 5～15 分钟。使引物延伸完全，并使单链产物退火成双链。

（十）电泳检测时间

一般为48 小时以内，有些最好于当日电泳检测，大于48 小时后带型不规则甚至消失。

PCR 反应的关键环节有①模板核酸的制备，②引物的质量与特异性，③酶的质量及浓度，④PCR 循环条件。寻找原因亦应针对上述环节进行分析研究。

模板：①模板中含有杂蛋白质，②模板中含有 Taq 酶抑制剂，③模板中蛋白质没有消化除净，特别是染色体中的组蛋白，④在提取制备模板时丢失过多，或吸入酚。⑤模板核酸变性不彻底。在酶和引物质量好时，不出现扩增带，极有可能是标本的消化处理问题，模板核酸提取过程出了毛病，因而要配制有效而稳定的消化处理液，其程序亦应固定不宜随意更改。

酶失活：需更换新酶，或新旧两种酶同时使用，以分析是否因酶的活性丧失或不够而导致假阴性。需注意的是有时忘加 Taq 酶或溴乙啶。

引物：引物质量、引物的浓度、两条引物的浓度是否对称，是 PCR 失败或扩增条带不理想、容易弥散的常见原因。有些批号的引物合成质量有问题，两条引物一条浓度高，一条浓度低，造成低效率的不对称扩增，对策为：

① 选定一个好的引物合成单位。

② 引物的浓度不仅要看 OD 值，更要注重引物原液做琼脂糖凝胶电泳，一定要有引物条带出现，而且两引物带的亮度应大体一致，如一条引物有条带，一条引物无条带，此时做 PCR 有可能失败，应和引物合成单位协商解决。如一条引物亮度高，一条亮度低，在稀释引物时要平衡其浓度。

③ 引物应高浓度小量分装保存，防止多次冻融或长期放冰箱冷藏部分，导致引物变质降解失效。

④ 引物设计不合理，如引物长度不够，引物之间形成二聚体等。

Mg^{2+} 浓度：Mg^{2+} 离子浓度对 PCR 扩增效率影响很大，浓度过高可降低 PCR 扩增的特异性，浓度过低则影响 PCR 扩增产量甚至使 PCR 扩增失败而不出扩增条带。

反应体积的改变：通常进行 PCR 扩增采用的体积为 20μl、30μl、50μl 或 100μl，应用多大体积进行 PCR 扩增，是根据科研和临床检测不同目的而设定，在做小体积如 20μl 后，再做大体积时，一定要以小体积为参照进行条件摸索，否则容易失败。

（十一）物理原因

变性对 PCR 扩增来说相当重要，如变性温度低，变性时间短，极有可能出现假阴性；退火温度过低，可致非特异性扩增而降低特异性扩增效率退火温度过高影响引物与模板的结合而降低 PCR 扩增效率。有时还有必要用标准的温度计，检测一下扩增仪或水浴锅内的变性、退火和延伸温度，这也是 PCR 失败的原因之一。

靶序列变异：如靶序列发生突变或缺失，影响引物与模板特异性结合，或因靶序列某段缺失使引物与模板失去互补序列，其 PCR 扩增是不会成功的。假阳性出现的 PCR 扩增条带与目的靶序列条带一致，有时其条带更整齐，亮度更高。引物设计不合适：选择的扩增序列与非目的扩增序列有同源性，因而在进行 PCR 扩增时，扩增出的 PCR 产物为非目的性的序列。靶序列太短或引物太短，容易出现假阳性。需重新设计引物。

靶序列或扩增产物的交叉污染：这种污染有两种原因：一是整个基因组或大片段的交叉污染，导致假阳性。这种假阳性可用以下方法解决：操作时应小心轻柔，防止将靶序列吸入加样枪内或溅出离心管外。除酶及不能耐高温的物质外，所有试剂或器材均应高压消毒。所用离心管及进样枪头等均应一次性使用。必要时，在加标本前，反应管和试剂用紫外线照射，以破坏存在的核酸。二是空气中的小片段核酸污染，这些小片段比靶序列短，但有一定的同源性。可互相拼接，与引物互补后，可扩增出 PCR 产物，而导致假阳性的产生，可用巢式 PCR 方法来减轻或消除。

（十二）出现非特异性扩增带

PCR 扩增后出现的条带与预计的大小不一致，或大或小，或者同时出现特异性扩增带与非特异性扩增带。非特异性条带的出现，其原因：一是引物与靶序列不完全互补、或引物聚合形成二聚体。二是 Mg^{2+} 离子浓度过高、退火温度过低，及 PCR 循环次数过多有关。其次是酶的质和量，往往一些来源的酶易出现非特异条带而另一来源的酶则不出现，酶量过多有时也会出现非特异性扩增。其对策有：必要时重新设计引物。减低酶量或调换另一来源的酶。降低引物量，适当增加模板量，减少循环次数。适当提高退火温度或采用二温度点法（93℃变性，65℃左右退火与延伸）。

（十三）出现片状拖带或涂抹带

PCR 扩增有时出现涂抹带或片状带或地毯样带。其原因往往由于酶量过多或酶的质量差，dNTP 浓度过高，Mg^{2+} 浓度过高，退火温度过低，循环次数过多引起。其对策有：①减少酶量，或调换另一来源的酶。②减少 dNTP 的浓度。适当降低 Mg^{2+} 浓度。增加模板量，减少循环次数。

（十四）反应五要素

参加 PCR 反应的物质主要有 5 种，即引物、酶、dNTP（脱氧核苷三磷酸）、模板和 Mg^{2+}。

引物：引物是 PCR 特异性反应的关键，PCR 产物的特异性取决于引物与模板 DNA 互补的程度。理论上，只要知道任何一段模板 DNA 序列，就能按其设计互补的寡核苷酸链做引物，利用 PCR 就可将模板 DNA 在体外大量扩增。

（十五）设计引物应遵循以下原则

①引物长度：15 ~ 30bp，常用为 20bp 左右。

②引物扩增跨度：以 200 ~ 500bp 为宜，特定条件下可扩增长至 10kb 的片段。

③引物碱基：G + C 含量以 40% ~ 60% 为宜，G + C 太少扩增效果不佳，G + C 过多易出现非特异条带。ATGC 最好随机分布，避免 5 个以上的嘌呤或嘧啶核苷酸的成串排列。

④避免引物内部出现二级结构，避免两条引物间互补，特别是 3′端的互补，否则会形成引物二聚体，产生非特异的扩增条带。

⑤引物 3′端的碱基，特别是最末及倒数第二个碱基，应严格要求配对，以避免因末端碱基不配对而导致 PCR 失败。

⑥引物中有或能加上合适的酶切位点，被扩增的靶序列最好有适宜的酶切位点，这对酶切分析或分子克隆很有好处。

⑦引物的特异性：引物应与核酸序列数据库的其他序列无明显同源性。引物量：每条引物的浓度 0.1 ~ 1μmol 或 10 ~ 100pmol，以最低引物量产生所需要的结果为好，引物浓度偏高会引起错配和非特异性扩增，且可增加引物之间形成二聚体的机会。

（十六）酶及其浓度

目前，有两种 Taq DNA 聚合酶供应，一种是从栖热水生杆菌中提纯的天然酶；另一种为大肠菌合成的基因工程酶。催化一典型的 PCR 反应约需酶量 2.5U（指总反应体积为 100μl 时），浓度过高可引起非特异性扩增，浓度过低则合成产物量减少。

dNTP 的质量与浓度　dNTP 的质量与浓度和 PCR 扩增效率有密切关系，dNTP 粉呈颗粒状，如保存不当易变性失去生物学活性。dNTP 溶液呈酸性，使用时应配成高浓度后，以 1M NaOH 或 1M Tris. HCL 的缓冲液将其 pH 值调节到 7.0 ~ 7.5，小量分装，−20℃冰冻保存。多次冻融会使 dNTP 降解。在 PCR 反应中，

dNTP 应为 $50 \sim 200 \mu mol/L$，尤其是注意 4 种 dNTP 的浓度要相等（等摩尔配制），如其中任何一种浓度不同于其他几种时（偏高或偏低），就会引起错配。浓度过低又会降低 PCR 产物的产量。dNTP 能与 Mg^{2+} 结合，使游离的 Mg^{2+} 浓度降低。

模板（靶基因）核酸　模板核酸的量与纯化程度，是 PCR 成败与否的关键环节之一，传统的 DNA 纯化方法通常采用 SDS 和蛋白酶 K 来消化处理标本。SDS 的主要功能是：溶解细胞膜上的脂类与蛋白质，因而溶解膜蛋白而破坏细胞膜，并解离细胞中的核蛋白，SDS 还能与蛋白质结合而沉淀；蛋白酶 K 能水解消化蛋白质，特别是与 DNA 结合的组蛋白，再用有机溶剂酚与氯仿抽提掉蛋白质和其他细胞组分，用乙醇或异丙醇沉淀核酸。提取的核酸即可作为模板用于 PCR 反应。一般临床检测标本，可采用快速简便的方法溶解细胞，裂解病原体，消化除去染色体的蛋白质使靶基因游离，直接用于 PCR 扩增。RNA 模板提取一般采用异硫氰酸胍或蛋白酶 K 法，要防止 RNase 降解 RNA。

Mg^{2+} 浓度　Mg^{2+} 对 PCR 扩增的特异性和产量有显著的影响，在一般的 PCR 反应中，各种 dNTP 浓度为 $200 \mu mol/L$ 时，Mg^{2+} 浓度为 $1.5 \sim 2.0 mmol/L$ 为宜。Mg^{2+} 浓度过高，反应特异性降低，出现非特异扩增，浓度过低会降低 Taq DNA 聚合酶的活性，使反应产物减少。

（十七）PCR 反应条件的选择

PCR 反应条件为温度、时间和循环次数。

温度与时间的设置：基于 PCR 原理三步骤而设置变性—退火—延伸 3 个温度点。在标准反应中采用三温度点法，双链 DNA 在 $90 \sim 95℃$ 变性，再迅速冷却至 $40 \sim 60℃$，引物退火并结合到靶序列上，然后快速升温至 $70 \sim 75℃$，在 Taq DNA 聚合酶的作用下，使引物链沿模板延伸。对于较短靶基因（长度为 $100 \sim 300bp$ 时）可采用二温度点法，除变性温度外、退火与延伸温度可合二为一，一般采用 $94℃$ 变性，$65℃$ 左右退火与延伸（此温度 Taq DNA 酶仍有较高的催化活性）。

①变性温度与时间：变性温度低，解链不完全是导致 PCR 失败的最主要原因。一般情况下，93～94℃1 分钟足以使模板 DNA 变性，若低于 93℃则需延长时间，但温度不能过高，因为高温环境对酶的活性有影响。此步若不能使靶基因模板或 PCR 产物完全变性，就会导致 PCR 失败。

②退火（复性）温度与时间：退火温度是影响 PCR 特异性的较重要因素。变性后温度快速冷却至 40～60℃，可使引物和模板发生结合。由于模板 DNA 比引物复杂得多，引物和模板之间的碰撞结合机会远远高于模板互补链之间的碰撞。退火温度与时间，取决于引物的长度、碱基组成及其浓度，还有靶基序列的长度。对于 20 个核苷酸，G＋C 含量约 50% 的引物，55℃为选择最适退火温度的起点较为理想。引物的复性温度可通过以下公式帮助选择合适的温度：

Tm 值（解链温度）＝4（G＋C）＋2（A＋T）

复性温度＝Tm 值－（5～10℃）

在 Tm 值允许范围内，选择较高的复性温度可大大减少引物和模板间的非特异性结合，提高 PCR 反应的特异性。复性时间一般为 30～60sec，足以使引物与模板之间完全结合。

③延伸温度与时间：Taq DNA 聚合酶的生物学活性：70～80℃ 150 核苷酸/S/酶分子；70℃ 60 核苷酸/S/酶分子；55℃ 24 核苷酸/S/酶分子；高于 90℃时，DNA 合成几乎不能进行。

PCR 反应的延伸温度一般选择在 70～75℃，常用温度为 72℃，过高的延伸温度不利于引物和模板的结合。PCR 延伸反应的时间，可根据待扩增片段的长度而定，一般 1Kb 以内的 DNA 片段，延伸时间 1 分钟是足够的。3～4kb 的靶序列需 3～4 分钟；扩增 10kb 需延伸至 15 分钟。延伸时间过长会导致非特异性扩增带的出现。对低浓度模板的扩增，延伸时间要稍长些。

（十八）常见类型

①巢式 PCR：采用两对引物进行 PCR，其中，第二对引物位于第一对引物内。

②不对称 PCR：采用两种不同浓度的引物。分别称为限制性引物和非限制性引物，其最佳比例一般是 0.01：0.5，关键是限制性引物的绝对量。

③反向 PCR：是用反向的互补引物来扩增两引物以外的 DNA 片段对某个已知 DNA 片段两侧的未知序列进行扩增。

④等位基因专一 PCR：该法可用于检测点突变。如用于检测镰刀形贫血症。

⑤竞争引物 PCR：有一个碱基变化的两种引物在较宽松的复性条件下竞争 DNA 模板，其中只有完全互补的引物才能大量配对。该法可用于测定某一 DNA 片段上是否带有某一已知碱基置换。

⑥多重 PCR：用于检测特定基因序列的存在或缺失。

⑦原位 PCR：直接用细胞涂片或石蜡包埋组织切片在单个细胞中进行 PCR 扩增。可进行细胞内定位和检测病理切片中含量较少的靶序列。

⑧差示 PCR：利用特殊设计的引物，在 RT 的基础上进行 PCR，以研究不同基因的表达状况。

⑨实时定量 PCR：实时定量 PCR 技术，是指在 PCR 反应体系中加入荧光基团，利用荧光信号积累实时监测整个 PCR 进程，使每一个循环变得"可见"，最后通过 Ct 值和标准曲线对样品中的 DNA（or cDNA）的起始浓度进行定量的方法，实时荧光定量 PCR 是目前确定样品中 DNA（或 cDNA）拷贝数最敏感、最准确的方法。

第四章　鸡病的防治

第一节　鸡病毒性传染病

一、鸡新城疫（ND）

鸡新城疫一直是影响我国养鸡业健康发展的主要疾病之一，也是相关人员研究防治的重点。随着免疫措施的不断尝试，新城疫的流行特点也发生了相应的变化。根据生产实践中新城疫的发病特征，可将新城疫归纳为典型新城疫、非典型新城疫和高致死率新城疫。

（一）典型鸡新城疫

1. 典型新城疫的症状

①典型新城疫病程短，发病急，死亡率高。

②主要表现呼吸困难，咳嗽气喘，由于上呼吸道分泌大量黏液，呼吸时发出呼噜的声音，出现甩头动作。嗉囊蓄积大量酸臭液体，将鸡倒提时，嗉囊液从口中流出。由于呼吸困难导致缺氧使冠髯呈现青紫色。

③下痢严重，排绿色粪便，有时混有少量血液。

④病程稍长者，出现神经症状，如扭颈或腿翅麻痹。有的病鸡看似健康，受到刺激后突然出现神经症状。

2. 典型新城疫的病理变化特点

①腺胃乳头或乳头间点状出血，有时形成小的溃疡斑，从腺胃乳头可挤出豆腐渣样物质。部分病死鸡肌胃角质层下有出血。

②十二指肠及整个小肠黏膜有暗红色出血，有时可见到肠壁的

坏死；盲肠扁桃体肿大并有出血；肠黏膜上淋巴集结常出现枣核状肿大呈纤维素性坏死。

③泄殖腔黏膜充血，有出血点或弥漫性出血。

④产蛋鸡卵泡和输卵管充血、出血明显。

3. 目前典型新城疫的流行特点

近年来，多数人认为由于免疫接种的不断改进，暴发典型新城疫的可能性不大。很多人放松了对典型新城疫的警觉。事实上，由于多种免疫抑制性疾病的存在以及其他因素对免疫系统的损害，对新城疫的免疫控制造成了相当大的影响，甚至暴发典型的新城疫。

①有免疫抑制病毒感染的鸡群常暴发典型新城疫。最近在某些鸡场，先后暴发典型新城疫。通过调查发现这些鸡群普遍存在鸡传染性贫血因子和网状内皮增殖病病毒。

②黄曲霉毒素污染饲料引发鸡群暴发典型新城疫。某些鸡场常规新城疫免疫后，HI 效价一直不升。反复接种免疫后，HI 效价徘徊在 2 ~ 3log2。暴发典型新城疫后，仍然 HI 水平低下。经详细研究发现，饲料中黄曲霉毒素超标 20 倍。更换饲料或用硫酸铜脱毒后，鸡群状况好转，HI 水平上升。

③肉鸡低血糖—尖峰死亡综合征诱发典型新城疫。最近对某些肉鸡养殖场（户）调查发现，肉仔鸡低血糖—尖峰死亡综合征引起胸腺、法氏囊和肠道相关淋巴组织严重萎缩，具有免疫抑制的基础，在该病逐渐转归时部分鸡群暴发了典型新城疫。

（二）非典型性鸡新城疫

由于免疫程序或免疫方法不合理，或者出现免疫抑制现象，导致鸡群免疫水平不整齐或整体免疫水平偏低，遇新城疫强毒时发生非典型新城疫。其特点如下。

1. 缺乏明显的临床症状，连续死亡

由于鸡群的免疫水平高低不一，当新城疫流行时，个别免疫水平低或根本无免疫力的鸡发生死亡，但鸡群没有任何症状出现死亡，仅出现减食。鸡群较大时，每日死亡数只。用 I 系疫苗免疫后可终止鸡只死亡。

2. 突然发病，鸡产蛋下降

当鸡群的免疫水平较低时，若受到鸡新城疫病毒强毒侵袭，鸡群会突然发病，产蛋量急剧下降。患鸡厌食，精神不振，腹泻并伴有呼吸困难。发病率较高，死亡率很低（3%左右），除产蛋率外，恢复较快。

3. 患鸡衰弱无力

当雏鸡母源抗体水平低下，预防接种又未达到免疫效果时，会发生以衰弱为主，伴有轻微呼吸道症状的非典型新城疫。病雏鸡的死亡率一般较低。

4. 病理变化不明显，检查重点是消化道病变

病变特征与典型新城疫相同，但需要多剖检病死鸡，把所见到的病变凑到一起，可得出初步诊断。较具特征的变化是肠道淋巴集结枣核样肿胀、泄殖腔有刷状出血带。

（三）高致死率鸡新城疫

高致死率新城疫是临床症状典型，剖检病变明显，但疫苗紧急预防无效的一种新城疫，其主要特征是：

（1）发病急，传播快，死亡率高。潜伏期短，一般为2～5天。发现鸡舍某些鸡突然发病后，很快全舍或全场发病，发病率100%，死亡率80%～100%，在流行后期发病的鸡群死亡率较低，一般为30%～40%。鸽子、鹦鹉、鸵鸟等均可见发病。肉鸡主要发病为15～25日龄和26～40日龄两个日龄段的鸡群。

（2）疫苗紧急预防无效。一般情况下，鸡群发生新城疫后，用新城疫Ⅳ系疫苗紧急接种后3天，或用新城疫Ⅰ系疫苗紧急接种后36小时，病情可得到控制。而近期发生的高致死率新城疫强毒感染鸡群即高致病力新城疫，发病后用Ⅳ系或Ⅰ系疫苗紧急接种后几乎无效，反而由于接种后的应激反应，导致鸡群死亡率增加。未发病鸡群用新城疫Ⅰ系、Ⅳ系疫苗紧急防疫不能防止鸡群发病，发病仍然很严重。笔者曾经遇到一例20日龄鸡，发病后用新城疫疫苗紧急预防接种三天内死亡95%以上。

（3）临床症状典型。病鸡精神高度沉郁，呼吸困难，常张口

伸颈呼吸，拉水样黄绿色稀便。鸡产蛋量急剧下降，软壳蛋、畸形蛋明显增多。恢复期有典型的神经症状。

（4）剖检病变明显。气管内有黏液，气管严重充血、出血；嗉囊内充满酸臭的液体；腺胃乳头出血，肠道多处出血斑或枣核状溃疡灶，盲肠扁桃体出血肿胀；泄殖腔出血严重。

1. 诊断

（1）剖检诊断。对于典型新城疫，根据流行病学、临床症状和病理变化，淋巴集结肿大、出血、溃疡，可作出诊断。对非典型新城疫，应多剖检一些病死鸡，重点观察腺胃-肌胃交界处的出血、肠淋巴集结肿大，直肠黏膜的皱褶呈条状出血的变化，再结合流行病学和症状进行综合判断，确诊须进行实验室检查。

（2）血清学检查。红细胞凝集抑制试验（HI）是检测鸡群免疫状态，确定免疫时机和检查免疫效果的常用方法，在诊断鸡群是否发生新城疫方面亦有重要的参考价值。单纯应用新城疫弱毒苗免疫鸡群其 HI 抗体效价一般不超过 9log2，平均效价在 7 ~ 8log2。鸡群发病时平均效价在 5log2 以下，多数表现为 HI 抗体效价参差不齐，但发病后 15 天采血进行监测，HI 效价平均值可达 8log2 以上，部分鸡血血清抗体效价在 12log2 左右。应用血清学进行诊断，发病时以及发病后（15 天以上为宜）进行，当两次检测结果有明显的差异时，具有诊断意义。

（3）病原分离鉴定。病毒的分离和鉴定是检测新城疫的一种较为快速和准确的方法，发病后 3 ~ 5 天可采集病料进行病原分离鉴定。

①病料的采集，应视鸡的临床表现而定，呼吸道症状明显的可取气管和肺；神经症状明显的可采集脑和脊髓；有急性败血症经过的可取脑、肠、脾等器官。

②病料的处理。将病料制成 1：5 ~ 1：10 的乳剂，每毫升加青、链霉素各 1 000 单位，离心。

③接种鸡胚。取上清液接种 9 ~ 10 日龄的 SPF 鸡胚，37℃恒温箱孵化 72 小时左右，收集尿囊液。

④血凝和血凝抑制试验。用所收含毒尿囊液按常规方法做血凝试验以及血凝抑制试验，若两者都呈阳性，则证明病料内有新城疫病毒存在，这样可建立对新城疫的诊断。

（4）鉴别诊断。鸡新城疫在发病初期症状不典型，主要表现为呼吸道症状，这样很可能与呼吸道传染病如传染性支气管炎、传染性喉气管炎相混淆。有的呈现败血症很容易与禽霍乱相混淆。高致病性新城疫症状和病理变化与禽流感很相似应注意区别。

①与禽霍乱的区别。禽霍乱可侵害各种家禽，鸭最易感染。呈急性败血症经过时，病程短，病死率高。慢性病例有关节肿大，但无神经症状。剖检时见全身出血，肝有小点状坏死，肝组织作触片见有两极着色的巴氏杆菌。鸡新城疫在自然条件下不引起鸭发病，病程比急性禽霍乱长，但常常出现神经症状，剖检时肝脏没有灰白色小点坏死，腺胃黏膜出血，肝组织触片镜检未见细菌。

②与传染性喉气管炎的区别。该病传播很快，发病率较高，死亡率低。它主要症状是呼吸困难，咳嗽，喉头水肿、充血和出血，有时在喉头附着一层黄白色假膜，消化道没有变化，无神经症状，上述这些特征可以与新城疫相区别。

③与禽流感的区别。禽流感与新城疫区别较为困难。根据人工感染观察，此病的潜伏期和病程都比新城疫短，一般为 18～24 小时，强毒感染病程由 10 小时左右至 2 天，没有显著的呼吸困难，嗉囊内没有大量积液，无神经症状。头部常有水肿，眼睑、肉髯肿胀。剖检时常见皮下水肿和黄色胶样浸润。黏膜、浆膜和脂肪组织出血比新城疫更为明显和广泛，肠黏膜常不形成溃疡。但确切区别还须通过病毒分离和血清学试验等实验室检查。

2. 预防

（1）加强兽医卫生管理。包括定期消毒，焚烧和深埋病鸡，并使鸡舍尽量与外界隔离等。

（2）免疫接种。

①常用的疫苗种类。大致可分为两类，即弱毒菌和油乳剂灭活苗。Ⅰ系疫苗用中等毒力的病毒制成，主要用于 50 日龄以上的青

年蛋鸡，肉鸡一般用于 30 日龄以上（体重大于 1.25kg）的鸡。接种途径为肌肉注射或饮水。Ⅰ系疫苗的特点为注射后迅速产生免疫力（3~4）天，维持时间长（8 个月至 1 年），但不能于幼龄雏鸡。Clone-30 和Ⅳ系苗毒力较弱，常用于雏鸡的免疫，可饮水、滴鼻和滴眼。用后 7 天左右产生免疫力，免疫期为 1~2 个月。此外，Clone-30 也是目前常用的弱毒疫苗。油乳剂灭活苗不含活病毒，由于加入了乳剂，注射后可延缓吸收，延长抗原的作用时间，增进效果。油乳剂疫苗的突出特点为可突破母源抗体的干扰，并能产生强而持久的免疫力（用于成年鸡免疫期可达 1 年），目前已被广泛用于养鸡生产中。

②常用的免疫程序。

雏鸡的免疫程序：弱毒苗的免疫程序：1 周龄用新城疫传染性支气管炎 H120 或 Clone-30 系首免，21 日龄再重复一次，35 日龄用新城疫传染性支气管炎 H52 苗接种一次。

1 周龄和 4 周龄分别用Ⅳ系或Ⅳ系传染性支气管炎 H120 弱毒苗免疫一次；亦可在 1 周龄时用 Clone-30 或新城疫传染性支气管炎 H120 弱毒苗滴鼻、点眼，同时用新城疫油乳剂苗肌肉注射（0.3ml/羽）。

③突破母源抗体干扰的方法。种鸡的抗体可经种蛋传递给下一代，并维持一定时间才消失。如在消失前接种疫苗，抗原（特别是活苗）即被母源抗体中和而影响免疫效果。在新城疫免中常采用如下方法解决这一问题。其一是母源抗体消失后再进行免疫；其二是加大免疫剂量；三是增加免疫次数；四是用母源抗体影响较小的灭活苗，如油乳剂灭活苗。

（3）高致死率新城疫的预防。高致死率新城疫的病原血清型并未发生变化，只是致病力加强，有效的预防措施是定期检测 HI 抗体，保持 HI 在较高水平，用 Clone-30 疫苗接种同时做油苗注射可获得较高抗体水平。如抗体达不到理想状态，可增加免疫次数。

（4）建立免疫监测制度。为了保证各次免疫接种获得良好的免疫效果，避免免疫工作的盲目性，必须通过免疫监测方法，检查鸡群中 HI 效价。依 HI 水平确定免疫时机。

HI 抗体监测时，大鸡群抽样比例按 0.2%，500 羽鸡群按 3% ~5%。免疫后 10 ~14 天抽检 HI 水平，如果发现抗体没有上升，应及时检查疫苗品质，调查是否有其他疾病感染。及时采取补救措施。

3. 发病后采取的措施

目前，对新城疫尚无特效药物治疗。发现病情后，可采取以下措施救治。

（1）紧急接种。新城疫 IV 系或 Clone-30 饮水，25 日龄左右鸡 3~4 倍量，35 日龄左右鸡 5 倍量，成年鸡 6 倍量以上，同时在饮水中加入水溶性维生素。也可采用 I 系苗注射，见效快。紧急接种只能保护未感染鸡或轻度感染鸡。由于疫苗毒可以诱导干扰素的产生，抑制感染病毒的复制。如果感染严重并且病毒已经大量复制，紧急接种常常促进感染鸡发病死亡。

（2）高免卵黄抗体应用。用新城疫病毒反复给蛋鸡攻毒，体内产生高滴度抗体，使大量抗体富集在卵黄中。用这种卵黄抗体紧急注射可以中和体内病毒，对病鸡有一定治疗作用。

（3）使用抗病毒药物。有些药物对病毒具有一定的抑制或杀灭作用，如板蓝根、虎黄合剂（黑金）、新城壹百（河南大华生物技术公司生产）、欣多泰、干扰素 等，可试用于新城疫的治疗。我们临床上用虎黄合剂（黑金）＋肠呼宁饮水、欣多泰集中拌料，干扰素＋金康泰饮水、欣多泰集中拌料，新城壹百＋心肝宝饮水效果明显。

（4）使用抗菌药物。由于新城疫病毒对黏膜上皮细胞具有较强亲和力和破坏力，容易继发细菌（如大肠杆菌等）感染，因此，可投适当的抗菌药物以防止继发感染。如：心肝宝（石家庄永昌兽药公司生产）、金康泰、混感特治（河南大华生物技术公司生产）等。

（5）笔者临床治疗非典型新城疫，用抗病毒药物＋氨基比林＋左旋咪唑＋阿莫西林＋维生素 C 效果很好。

发生高致死率新城疫时，应按《中华人民共和国动物防疫法》规定，采取严格控制、扑灭措施，防止扩散。扑杀患病鸡和同群鸡，并作深埋或焚烧无害化处理，其他健康鸡紧急预防接种菌苗。鸡舍、场地和用具彻底消毒。

二、禽流感

禽流感是禽流行性感冒的简称，它是一种甲型流感病毒的一种亚型（也称禽流感病毒）引起的传染性疾病，被国际兽疫局定为甲类传染病，又称真性鸡瘟或欧洲鸡瘟。目前，在世界上许多国家和地区都有发生，给养禽业造成了巨大的经济损失。这种禽流感病毒，主要引起禽类的全身性或呼吸系统性疾病，鸡、火鸡、鸭和鹌鹑等家禽及野鸟、水禽、海鸟等均可感染，发病情况从急性败血性死亡到无症状带毒等极其多样，主要取决于带毒鸡体的抵抗力及其感染病毒的类型及毒力。

（一）病原与传播

禽流感是由 A 型流感病毒引起的家禽和野禽的一种从呼吸道病到严重性败血症等多种症状的综合病症，所有的禽流感病毒都是 A 型。A 型流感病毒也见于人、马、猪，偶可见于水貂、海豹和鲸等其他哺乳动物及多种禽类。按病原体类型的不同，禽流感可分为高致病性、低致病性和非致病性禽流感三大类。非致病性禽流感不会引起明显症状，仅使染病的禽、鸟体内产生病毒抗体。低致病性禽流感可使禽类出现轻度呼吸道症状，食量减少，出现零星死亡。高致病性禽流感最为严重，发病率和死亡率均高，人感染高致病性禽流感死亡率约是 60%，家禽感染的死亡率几乎是 100%。

（二）临床症状及解剖特征

禽流感潜伏期从几小时到几天不等，其长短与病毒的致病性、感染病毒的剂量、感染途径和被感染禽的品种有关。症状依感染禽类的品种、年龄、性别、并发感染程度、病毒毒力和环境因素等而有所不同，主要表现为呼吸道、消化道、生殖系统或神经系统的异常。20 日龄以后的鸡、成年蛋鸡多发，发病急，传播快，一般发病 2 ~ 3 天采食量明显下降，结膜炎、流泪、肿头、呼噜、体温升高，精神不好，怕冷聚堆、排水样稀便。头部肿胀、腿脚鳞片下出血、气囊有纤维素性渗出物。死亡的鸡只外表无明显异常，中等偏大的鸡偏多。

解剖特征：气管弥漫性出血，气管内有白色黏液，支气管一侧或两侧有白色或乳白色栓塞物，腺胃基部或黏膜出血，个别乳头出血，肌胃角质膜下出血，小肠各段有出血片，泄殖腔出血或坏死。头部皮下有黄色或紫色胶冻样物。在实际当中，非典型性禽流感较多，需要多解剖几只鸡综合起来判断。

这些症状中的任何一种都可能单独或以不同的组合出现。有时疾病暴发很迅速，在没有明显症状时就已发现鸡死亡。

（三）预防措施

1. 禽流感的免疫接种

有人认为，肉鸡疫苗接种还是很有必要的，同时，根据发病日龄提前用中药清热解毒，提高免疫力的中药提取物进行预防也是很有必要的。

也有人认为，由于肉鸡长得快，出栏早，接种的疫苗产生抗体的时间，鸡子已经出栏了，不建议应用疫苗，但是，在实际生产中，我们曾经做过对比，防疫的要比不防疫的发病少，而且病情轻也好治疗，不免疫的则发病重，死亡率高。

建议在 7 日龄注射一次新城疫和流感 H9 二联灭活苗，15 天之后产生的足够的抗体的时期正好是 20 ~ 30 天的高发病时期，对预防禽流感还是作用很大的。如果是肉杂鸡生长期比较长一些，可以在 7 日龄接种一次，20 日龄再接种一次，这样抗体更高，保护率更高些。同时在 30 日龄左右用蓝酥清毒散拌料饲喂，具有很好的效果。另外，还要注意加强饲管，保持通风，适当的密度，注意带鸡喷雾消毒。

2. 切实搞好饲养管理

采取封闭式饲养，严防野鸟从门、窗进入鸡舍；防止水源和饲料被野禽粪便污染；定期对鸡舍及周围环境进行消毒，加强带鸡消毒，定期消灭养禽场内的有害昆虫及鼠类；死亡鸡必须焚烧或深埋。

做好鸡群饲养管理，提高鸡只的抵抗力，尽量减少应激因素的发生，注意秋冬、冬春之交季节的变化，搞好防寒保暖工作；及时清理粪便，还可定期使用中药苍术、丁香、艾叶、茵陈、青蒿、红花等，熏蒸鸡舍，减少不良气体的刺激，从而达到减少呼吸道病和肠道病的发病率。

3. 及时对症治疗

对于出现死亡和产蛋率下降的鸡群可及时使用提高免疫力的中草药配合敏感的抗菌药物用于治疗肠炎和气囊炎，如并发呼吸道症状，再配合多西环素或泰乐菌素等，出现死亡率较高鸡群要用虎黄合剂、新城壹百、板青颗粒、排疫肽等治疗。

（四）治疗方案

对于怀疑高致病性禽流感，要上报上级主管部门，采取扑灭措施。

对于温和型流感，为使养殖场降低损失，建议以下防制方案。

（1）3 日龄颈部皮下注射 0.3ml 禽流感 H5H9 双价灭活疫苗，以获得特异性免疫力。

（2）加强饲养管理，提高机体抵抗能力，保持好鸡舍的内环境，提高舍温，加强通风换气。

（3）加强带鸡消毒制度，（免疫前后 3 天除外）每天带鸡消毒，首选碘制剂，过氧乙酸等。

（4）用中药、抗病毒药物和抗生素加强免疫空白期的鸡群保健工作，当鸡群中发现有眼睛变形，流眼泪时，应对病鸡剖检，当确诊后，要立即采取治疗措施。实践证明：诊断越及时给药越早，治疗效果越好，损失越小。

（5）具体治疗措施，用含有金丝桃素，绿原酸，薄荷脑，甘草酸等复方中药口服液加上氟苯尼考、强力霉素和维生素 C（或左旋氧氟杀星和头孢曲松钠），或者用禽毒克、新城壹百、排疫肽（石家庄永昌兽药公司生产）、肠呼宁饮水，蓝酥清毒散拌料，饲喂 5

天左右，具体办法，投药前首先计算出全天饮水量，然后除以4，按其中的1/4饮水量早晨给药，1/4的饮水量晚上给药，也就是每天给药两次，每次药的剂量是全天的一半，要求4小时内饮完，连用3~5天，可收到良好的效果。

（6）对低致病性禽流感笔者临床应用清热中药＋维生素C＋氨基比林＋抗过敏药物效果很好。发生本病时，应按《中华人民共和国动物防疫法》规定，采取严格控制、扑灭措施，防止扩散。扑杀患病禽和同群禽，并作深埋或焚烧无害化处理，其他健康禽紧急预防接种菌苗。禽舍、场地和用具彻底消毒。

三、鸡传染性法氏囊炎（IBD）

鸡传染性法氏囊病又称鸡传染性腔上囊病，是由传染性法氏囊病毒引起的一种急性、接触传染性疾病。该病于1957年在美国特拉华州甘布罗地区的肉鸡群中首次发现，因此又称甘布罗病。本病作为危害养鸡业的三大主要疫病之一，呈世界性分布，该病引起雏鸡的免疫抑制，使病鸡对病毒、大肠杆菌、沙门氏菌、鸡球虫等病原更易感，对马立克疫苗、新城疫疫苗等疫苗接种的反应能力下降，因此该病对养鸡业造成了巨大的危害。近几年来，该病流行面广、发病率高，临床症状及解剖病变发生了较大变化，如果用药不当，具有易反复、病程长、死亡率高等特点，给广大养鸡户造成了较大的经济损失。为了有效防治该病，根据临床解剖病变特征将本病分为经典型、肝炎型、腺胃炎型，并采取不同治疗方案，临床治疗效果很好。

（一）病原

法氏囊病病毒（IBDV）1986年归类于RNA病毒科。对物理、化学、温度有明显的抵抗力，但0.5%氯胺作用10分钟就可以杀死法氏囊病病毒（IBDV）。

（二）流行特点

自然条件下，本病所有品种的鸡均可感染，但不同品种的鸡中，轻型鸡比重型品种的鸡敏感，肉鸡较蛋鸡敏感。雏鸡群突然大批发病，2～3天内可波及 60%～70% 的鸡，发病后 3～4 天死亡达到高峰，7～8 天后死亡停止。新疫区死亡率最高，流行数年后死亡率渐低。本病多发生于 2～4 周内的肉鸡，3～7 周龄为蛋鸡发病高峰期。近几年 1 周内的雏鸡及 200 日龄蛋鸡均有发病，病毒主要随病鸡粪便排出，污染饲料、饮水和环境，使同群鸡经消化道、呼吸道和眼结膜等感染；各种用具、人员及昆虫也可受病毒污染，扩散传播，本病还可经蛋传递。本病的发生无季节性，但以 5～10 月份发病较多，只要有易感鸡的存在，全年都可以发病。若无继发感染、死亡率一般不超过 25%。

（三）临床症状

本病潜伏期为 2～3 天，易感鸡群感染后突然发病，病程一般在一周左右，典型发病鸡群的死亡曲线呈尖峰式。病初可见个别鸡突然发病，精神不振，1～2 天内可波及全群，精神沉郁，食欲下降，羽毛蓬松，翅下垂，闭目打盹，腹泻，排出白色稀粪或蛋清样稀粪，内含有细石灰渣样物，干涸后呈石灰样，肛门周围羽毛污染严重；畏寒、挤堆，严重者垂头、伏地，严重脱水，极度虚弱，对外界刺激反应迟钝或消失，后期体温下降。发病后 2～3 天病鸡死亡率明显增多且呈直线上升，4～6 天达到死亡高峰，其后迅速下降。一般情况感染后的第 7 天进入恢复期，鸡群逐渐恢复健康。

（四）病理变化

（1）经典型：可见病鸡脱水，肌肉发干、淤血，胸肌、大腿外侧有时可见点状、条状出血；法氏囊外观肿大，有胶冻样物附着，充血或质地较硬，色苍白，剪开后可见黏膜出血、坏死，囊内有灰白色或血色分泌物；严重时法氏囊肿大出血呈紫葡萄样，发病初期法氏囊肿大，后期萎缩，肝脏呈条文状，红白相间；肾脏常见苍白、肿大，有尿酸盐沉积，输尿管苍白、肿大、变粗；少数病例可见到腺胃与肌胃交界处有条纹状出血。

（2）肝炎型：可见肝脏肿大，整个肝脏呈灰白色、土黄色、灰黄色或灰青色透明样外观，并有乳白色坏死点；法氏囊外观肿大，有少量胶冻样物附着，充血或质地较硬，色苍白，剪开后可见黏膜出血、坏死，囊内有灰白色或血色分泌物；发病初期法氏囊肿大，后期萎缩。

（3）腺胃炎型：凡发生本病死亡鸡，体型较小，可见腺胃肿大，浆膜可见数量不等的绿豆大小的圆形出血点，黏膜可见到腺胃腺黏膜水肿，胃与肌胃交界处有片状出血，腺胃乳头及整个腺体出血，横切面腺体周边出血，腺体内有干酪样物，严重的整个黏膜出血，小肠水肿，肠壁变薄，黏膜脱落，肠腔内容物呈糨糊状。肾脏常见轻度肿大，有少量尿酸盐沉积，法氏囊病变不十分明显，少数鸡法氏囊有病变，个别鸡腿肌有线型出血。

（五）防制措施

针对以上问题，为有效防制鸡传染性法氏囊病，首先应抓好卫生防疫，特别是曾经发生过该病的鸡场，应坚持消毒和有效隔离，最大限度地消除病毒及其污染的可能性，在此基础上搞好鸡群的免疫工作。免疫是防制的关键，应着重抓好以下几个环节。

（1）制定合理的免疫程序。应根据鸡群特点、母源抗体（或免疫后抗体）的水平高低和疫苗种类来制定。①种鸡免疫。目的在于提高雏鸡的母源抗体水平，以保证雏鸡在易感日龄（3周龄前）免受野毒攻击而发病。一般在开产前和40~42周龄用法氏囊油剂灭活苗0.5~1ml肌注。②雏鸡免疫。首免可通过琼脂扩散试验（AGP）检测雏鸡母源抗体阳性率，当AGP阳性率达30%~40%时进行首免，5天后产生免疫力，抗体水平在1∶16以上时认为免疫成功。二免在首免后7~10天进行。在常发地区宜进行3次免疫，一般在二免后25天进行。

（2）选择好疫苗。疫苗有两类：第一类是活疫苗，其中一种为中毒力型，如以色列鸡胚苗Culm苗、BJ836苗、法国CT苗、细胞弱毒苗Lukee苗等，适用于较高母源抗体的鸡群，对低母源抗体的雏鸡有毒力；另一种为弱毒力型，如D78、DBC98、LKT、LZD228等，适用于未发病和低母源抗体的鸡群。弱毒苗均用饮水免疫，一般提倡首免用常量，二免用双倍量。第二类是灭活苗，一般用油佐剂制成油剂灭活苗，最理想、效果好的是现场采集典型病鸡法氏囊制作组织灭活苗现场应用，可有效控制本场法氏囊病。油苗剂量在雏鸡用 0.3ml 肌注，成鸡用 0.5ml 肌注。弱毒苗产生抗体快，维持时间短；而油苗产生抗体慢，一般需 15 天，但维持时间长，抗体水平高、均匀一致。实践证明，应用弱毒苗同时应用油剂苗联合免疫效果好，如肉仔鸡首免用弱苗点鼻滴口，同时，肌注 0.2～0.3ml 油剂苗可维持到出栏。

（3）消毒。消毒的目的是消除病毒对环境污染，在发病期间应坚持一日一消毒。常用消毒剂为：带鸡消毒用 0.2% 过氧乙酸、消毒灵、0.1% 菌毒净；鸡舍环境消毒除用上述药外，可选用 2% 火碱、0.5% 氯胺 消毒剂等。

（六）临床治疗

1. 经典型法氏囊病

（1）传染性法氏囊病高免血清注射液。1～2 周龄鸡，每只肌注 0.5ml；大鸡酌加剂量：成鸡注射 1.5ml，注射一次即可，疗效显著。

（2）鸡传染性法氏囊病高免蛋黄注射液，每千克体重 1ml 肌肉注射，禽毒克饮水，有很好的治疗作用。

（3）如果肌肉无出血现象单用禽毒克饮水，效果很好。

（4）中药治疗 党参、黄芪、金银花、板蓝根、板蓝根各 30g，蒲公英 40g，甘草（去皮）10g，蟾蜍 1 只（100g 以上）。先将蟾蜍置于沙罐中，加水 15kg，煎沸后，加入其他 7 味药，文火煎沸，放冷取汁，供 100 只雏 1 日用 3 次，药液可饮用或拌料，若制成粉末拌料，用量可酌减至 1/2 或 1/3。治疗法氏囊病病鸡效果满意。

2. 肝炎型法氏囊

（1）鸡传染性法氏囊病精制高免蛋黄注射液，每千克体重 1ml 肌肉注射，配合中药治疗有较好的治疗作用。

（2）在用鸡传染性法氏囊病精制高免蛋黄注射液同时用禽毒克饮水，或者用金银花 100g，连翘、茵陈、党参各 50g，地丁、黄柏、黄芩、甘草各 30g，艾叶 40g，雄黄、黄药子、白药子、茯苓各 20g，共为细末，混匀，按 6%～8% 拌入鸡饲料中，任其自由采食，少数病重不能采食者，可水煎取汁灌服，每次 5～10ml；每日 2 次。一般用药后 2～3 天病鸡采食饮水恢复，停止死亡，渐而痊愈。

3. 腺胃炎型法氏囊

（1）染性法氏囊病高免血清注射液。1～2 周龄鸡，每只肌注 0.6ml；3 周龄鸡，按 1.5ml 剂量：大鸡注射 2ml，注射一次即可，一般 3 天停止死亡，疗效显著。

（2）在用鸡传染性法氏囊病精制高免蛋黄的同时用腺胃康饮水，一般 3 天停止死亡，疗效明显，

（3）在用鸡传染性法氏囊病精制高免蛋黄的同时用穿心莲、甘草、吴茱萸、苦参、白芷、板蓝根、大黄共粉碎成细末，混匀。按 0.75% 混料，连喂 3～5 天，或将药物制成片剂，每千克体重 2 片（0.6g），维生素 B6 10mg，每日 2 次，连用 3～5 天。

四、鸡减蛋综合征

鸡减蛋综合征（Egg Drop Syndrome-1976，EDS-76）是一种由腺病毒引起的病毒性传染病，其主要特征是产蛋量骤然下降，蛋壳异常，蛋体畸形，蛋质低劣。鸡减蛋综合征（EDS-76）最早是由 Van Eck 于 1976 年首先报道该病在荷兰发生，1977 年分离到 EDS-76 病原体（病毒）。该病可使鸡群产蛋率下降 10%～50%，蛋的破损率可达 38%～40%（Darbyshire，1980），无壳蛋，软壳蛋达 15%，给养鸡业带来严重的经济损失，被列入鸡四大病毒性传染病之一。因此，世界各国对此极为重视。随着我国从国外引种频繁，近几年也被发现并引起高度重视的 EDS-76 新病，各方面的研究取得了很大进展。

（一）病原学

1. 病毒形态特征

EDS-76 的病原是腺病毒属无囊膜的双股 DNA 病毒，其粒子大小为 76～80nm，病毒颗粒呈正二十面体，衣壳有 12 个顶，30 个棱，252 个壳微粒。其中，240 个六聚体，12 个五聚体分别位于二

十面体顶角上（电子显微镜下的超微结构）。衣壳的结构，壳微粒的数量等均具有典型的腺病毒特征。病毒 DNA 的分子量为 22.6×10^6 道尔顿，这明显的小于鸡腺病毒代表毒株鸡胚致死孤儿病毒（CELO）的分子量 28.9×10^6 道尔顿，与哺乳动物的腺病毒相近。

2. 病毒免疫学及血清学特点

EDS-76 病毒经口接种后 7 天可在血清中检出 HI 抗体，14~21 天后 HI 抗体达到高峰，HI 滴度在 1：1 280~1：2 560，30 天后开始下降，但一直都能检测出 HI 抗体。AGP 试验抗体可在经口感染后 6~9 天检出，15 天后开始下降。VN 抗体可在接种后 6 天时检出。ELISA 抗体在接种后 6~7 天可以检出。EDS-76 病毒含有红细胞凝集素，能凝集鸡、鸭、鹅的红细胞。而其他禽腺病毒主要是凝集哺乳动的红细胞，这与 EDS-76 病毒不同。

3. 病毒的理化特性

EDS-76 病毒有抗醚类的能力，在 50℃ 条件下，对乙醚、氯仿不敏感。对不同范围的 pH 值性质稳定，即抗 pH 范围较广，如在 pH 值为 3~10 的环境中能存活。加热 56℃ 可存活 3 小时，60℃ 加热 30 分钟丧失致病力，70℃ 加热 20 分钟则完全消灭，在室温条件下至少存活 6 个月以上。0.3% 甲醛 24 小时，0.1% 甲醛 48 小时可使病毒完全消灭。

4. 病毒的生存特性

EDS-76 病毒能在鸭肾细胞、鸭胚成纤维细胞、鸡胚肝细胞、鸡肾细胞和鹅胚成纤维细胞上生长，且增殖良好；在雏鸡肝细胞、鸡胚成纤维细胞、火鸡细胞上生长不良；在哺乳动物细胞上不能生长。接种在 7~10 日龄鸭胚中生长良好，并可使鸭胚致死，其尿囊液具有非常高的血凝滴度，可达 2^{18}；而接种在 5~7 日龄鸡胚卵黄囊中，可使胚体萎缩，孵出率降低。

5. EDS-76 毒株分离

自 1976 年 Van Eck 在荷兰发现 EDS-76，1977 年分离出病毒以来，各国相继陆续分离出了 EDS-76 病毒株：①1978 年 McFerran J. B 在北爱尔兰从患鸡鼻黏膜病料中分离到 Mc-127 株，即"血凝因子 127"。②Baxendale（1978）在英格兰从鸡的外周血细胞中分离到了 BC-14 株。③由英国毫顿禽病研究所从病鸡的泄殖腔中分离到 D-61 株。④匈牙利学者分离到 B8/78 株。⑤台湾分离到 TN 株。⑥日本分离到 H-62 株，Jap-1、KE-80 及 ME-80 株。⑦法国从引进的鸡中分离到 38、77 株。⑧南京农业大学在中国大陆首次从外地引进的海赛克斯鸡中分离出 EDS-76 病毒株，命名为 NE4 株。江苏农学院分离出 H91-1 株（朱国强，1992）。江苏牧医所分离出 GS-1 株。四川省畜牧兽医研究所（1992）分离出 CH-1 株。

（二）流行病学

1. 分布

EDS-76 流行十分广泛，呈世界性分布。现除了中国大陆和台湾已发现有此病外，欧洲的荷兰、法国、英国、意大利、德国、西班牙、丹麦、比利时、瑞典、挪威、俄罗斯、南斯拉夫、奥地利、波兰、匈牙利、希腊、卢森堡、以色列等；美洲的美国、巴西、阿根廷、墨西哥等；非洲的安哥拉、尼日利亚；大洋洲的新西兰、澳大利亚；亚洲还有日本、印度、伊拉克、韩国、新加坡等都发现有该病发生。中国内地的北京，广州、鞍山、大连、天津、济南、广东、上海、无锡、山东、山西、河南、江苏、四川等省（市）地已发现有此病。

2. EDS-76 的易感动物

EDS-76 病毒除了可使不同品种，不同年龄的鸡感染外，在家鸭、家鹅、野鸭、珠鸡、火鸡、鹌鹑、俄罗斯鸭、北京鸭、天鹅、加拿大鹅、凫、海鸥、麻雀、猫头鹰、鹳和白鹭等也可产生不同程度的抗体和排出病毒。鸭感染后虽不发病，但长期带毒，带毒率可达 80% 以上。

3. 传采方式及传播途径

EDS-76 主要是经垂直传播，也可经水平传播。垂直传播是被感染的精液和有胚胎的种蛋传播给下一代（McFerran et al.，1978）。水平传播主要是通过唾液、泄殖腔排泄物排毒。而自然感染是经口感染。被污染的鸡蛋、盛蛋工具、鸡场、饲料、用具是经常性的传播媒介。

4. 流行形式

EDS-76 的流行一般发生在产蛋 50% 期与高峰期之间，即 25 ～ 35 周龄期间，产蛋下降幅度一般为 10% ～ 25%，高达 30% ～ 50%，持续 4 ～ 10 周，然后恢复到原来的产蛋水平，产蛋曲线呈 "马鞍形"。Pejkovski 等（1982）报道，发病鸡第一周变形占 33.9%，第二周占 49.4%，第三周占 39.6%，第四周占 26.1%，第五周逐渐恢复到正常。Baxendale（1977）对自然感染 EDS-76 的鸡群观察发现，EDS-76 流行主要发生在 26 ～ 32 周龄，病鸡的受精率正常，但孵化率则明显降低，死胚率由正常的 6% ～ 8% 增加到 10% ～ 12%。EDS-76 的水平传播速度缓慢，病毒在整个一栋鸡扩散大约需几周。鸡粪是水平传播的主要方式，故平地饲养比笼养传播迅速。

5. 流行因素

（1）鸡体内病毒的活化：鸡在性成熟前为隐性感染，当毒离开产时所遇到的一些应激因素，促使激素分泌发生改变，这样就成长 EDS-76 病毒活化的启动因子，从而导致发病。所以，在鸡开产时，才表现出临床症状。

（2）鸡的易感性：EDS-76 的流行，主要取决于病毒毒力的强弱和鸡对病毒的易感性。有人观察发现，EDS-76 病毒对 20 周龄以下的鸡感染率较低，仅为 8%；20 周龄以上的鸡感染率较高，这可能与卵巢的发育及产蛋有关。用微量血凝抑制（MHI）试验调查表明，公鸡的易感性比母鸡高（辛盛鹏，1993）。

（3）检疫不严：在进口种鸡未经严格疫和隔离观察，随进口种鸡而带入本病。国内许多地方从外省引进鸡尤其是种鸡种蛋时，未经严格检疫而带入本病。

（4）种蛋选择不利：在选择种蛋时，未把产蛋下降期的蛋和异常蛋彻底剔除，从而造成本病的垂直传播。

（5）消毒不严或消毒效果不确实：由于 EDS-76 病毒对一些化学消毒药物有较强的抵抗力，所以，一般消毒药物很难奏效。故而，消毒时必须选用合适的消毒药物和达到一定的消毒时间。

（6）未经免疫接种：由于该病是近几年来在国内才发生的新病，所以对本病容易忽视，大多未进行疫苗预防接种，或有的在预防接种时效果不确实，致使鸡群对本病毒有较高的易感性，一旦发病，容易流行。

（三）临床症状

鸡患有 EDS-76 主要表现出产蛋下降。患病鸡群部分鸡可出现精神差、厌食、羽毛蓬松、贫血、腹泻等症状。有的鸡在产蛋前已感染本病，终生不再出现产蛋高峰。在产蛋下降的同时，鸡常产各种畸形蛋，如蛋壳皱缩，蛋形改变，蛋壳表面附有数量不等的石灰斑沉着，蛋壳颜色改变，褐色蛋壳退色变成灰白色，也有出现软壳蛋，无壳蛋，甚至这种蛋在一天内可产数个。蛋清稀薄如水，内有部分混浊的絮状物附着。中雏感染本病后常无临床症状，老龄鸡感染本病时，在出现异常蛋前后可伴发轻度腹泻症状。由于患 EDS-76 的鸡日龄不同，因此，感染的轻重程度也不同，对日后产蛋量的影响也不同。据报道，以 174 日龄发病者最轻，214 日龄发病者次轻，259 日龄发病者最重（赵清，1992）。

（四）病理变化

发生本病的患鸡常缺乏明显的病理变化。其特征性病变是输卵管各段黏膜发炎、水肿、萎缩。病变的卵巢缩变小，或有出血，子宫黏膜发炎，肠出现卡他性炎症。病理组织学检查子宫输卵管腺体水肿，单核细胞浸润，黏膜上皮细胞变性坏死。子宫黏膜及输卵管固有层出现浆细胞、淋巴细胞和异嗜细胞浸润。输卵管上皮细胞核内有包涵体，核仁，核染色质偏向核膜一侧。包涵体染色有的呈嗜酸性，有的呈嗜鹅性。人工感染 SPF 鸡后，子宫出现淋巴滤泡，其他器官无明显变化。Moorthy（1987）报道用 127 株病毒感染来航鸡，曾典型的病理组织学变化是肺、肝、肾及腺胃出血和淋巴样细胞浸润，生殖器官只见输卵管萎缩，卵巢纤维化或有时有出血，卵泡软化，其他无明显病理变化。

（五）EDS-76 导致产蛋异常的发病机制

患有 EDS-76 的鸡出现产蛋异常是由于 EDS-76 病毒侵害靶器官及其复制场所——输卵管功能异常所致，健康鸡输卵管漏斗部和峡部黏膜的 pH 值为 6.5 ± 0.3，而患有 EDS-76 的鸡此处的 pH 值则为 6.0 ± 0.3（Van Eck，1979），这就表明了子宫黏膜内的 pH 值的改变，导致了黏膜分泌功能紊乱。又由于酸度增加，溶解了大量钙质，因而蛋壳形成受阻。荧光抗体的定位检查表明。EDS-76 病毒能使黏膜上皮细胞变性、脱落、细胞质内分泌颗粒减少或消失及子宫的腺体细胞萎缩，这样使得钙离子转运障碍和色素分泌量减少，并使输卵管内 pH 值明显降低，这种酸性环境可以溶解卵壳腺所分泌的碳酸钙，使钙盐沉着受阻，从而导致蛋壳形成紊乱而出现蛋壳异常。由于输卵管各部功能异常使鸡的正常产蛋周期和排泄机制受到干扰和破坏，导致产蛋率下降或产蛋停止。

（六）诊断

由于许多疾病和环境因素都可造成密集饲养的鸡群发生产蛋下降，因而诊断时必须根据病的流行特点，临床症状，病理变化，血清学及病原分离和鉴定等进行综合分析和断定。

1. 流行特点

一般发生在产蛋 50% 期与产蛋高峰期之间，即 25~35 周龄期间。

2. 临床症状和病理变化

在按照规定的正常的饲养管理条件下，鸡群突然发生不明原因的群体性产蛋下降，并同时伴有畸形蛋，蛋壳褪色，变薄，蛋质下降。剖检见有典型的生殖道病变。取病变黏膜压片，进行包涵体染色，观察其包涵体。临床上无其他特异性表现时，可初步怀疑本病，以便早期诊断。

3. 病毒分离与鉴定

从患鸡的输卵管，变形卵泡，无壳软蛋，泄殖腔、鼻咽黏膜，肠内容物，粪便等采集病料，经过常规灭菌处理后接种在鸡肾或鸭肾细胞上，孵育 72~96 小时后观察细胞病理变化及核内包涵体

（需进行包涵体染色），并用血凝（HA）及血凝抑制（HI）试验进行鉴定，用参比标准阳性 HI 血清检测出细胞培养物的效价。接种在 5 ～ 10 日龄鸭胚尿囊腔，可使鸭胚致死，其尿囊液有高的凝集滴度。从 EDS-76 血清阳性的鸡中，病毒的分离率约为 63%。从产蛋异常的鸡群中，病毒分离率可达 60%。

4. 血清学方法

（1）血凝抑制（HI）试验：这是诊断 EDS-76 最常用的血清学方法之一。其原理是，EDS-76 病毒含有红细胞凝集素，可凝集鸡、鸭、鹅的红细胞，其凝集作用可被相应的 EDS-76 病毒抗血清所抑制，具有很高的特异性和敏感性。HI 试验多采用微量法，所以，也有叫做微量血凝抑制试验（MHIT）。试验用的抗原来自鸭肾或鸡肾细胞培养物制备，也可用鸭胚尿囊液制备。抗原采用 4 个血凝单位（4HAU），用 pH 值 7.1PBS，指示系统所用红细胞为 0.8% ～ 1% 的鸡红细胞，采用常规操作程序进行。HI 阳性标准在目前尚未统一，有人把 1 : 32 作为阳性，也有人将 1 : 8 判为阳性。B. N. 布鲁耶夫报道，感染 EDS76 后 2 ～ 3 周内的新鲜鸡血清，HI 滴度可达 1 : 1 280 ～ 1 : 2 560。

（2）琼脂扩散（AGP）试验：EDS-76 病毒抗原与相应抗体在琼脂凝胶中双向扩散，在交接处形成肉眼可见的沉淀线，可用此法来检测 EDS-76 病毒的抗原或抗体。按 Darbyshire 提出的方法，是在含 1.5m NaCl PBS（0.01m，pH7.2）制备的 1% 琼脂板上进行。

（3）病毒中和（VN）试验：EDS-76 病毒能致细胞发生组织学病变，并产生核内包涵体，这种作用可被相应的抗血清中和而消除，故可采用本试验检验 EDS-76 抗原或血清抗体。

（4）免疫荧光（IF）法：Baxendale（1977）采用荧光法确定了 EDS-76 病毒与其他禽腺病毒有相同的抗原成分（抗原决定簇）。Adair（1978）采用荧光技术证明 EDS-76 病毒主要定位于感染细胞的细胞核。Mockett 等（1984）也得出了同样结果。

（5）酶联免疫吸附试验（ELISA）：采用常规操作程序，此法与 HI 试验相似，其敏感性好，特异性高。

（6）免疫斑点试验（IBT）：采用常规操作程序。

以上几种方法均可用于 EDS-76 的诊断，各有其优缺点。HI 法和 IF 同样敏感，AGP 法敏感性比 IF 和 HI 法稍差一些。采用 ELISA，AGP，HI 对 EDS-76 病毒感染的检测结果比较证实，ELISA 比 AGP 更为敏感，与 HI 结果相似，但 ELISA 可采用两种抗原包埋（被），简化了与其他禽腺病毒感染的鉴别诊断。Piele（1985）利用 HI，ELISA 和 AGP 检测实验感染后的鸡血清和蛋黄中不同时间的 EDS-76 抗体，认为氯仿提取的蛋黄适合于 HI，ELISA 和 AGP 试验。

5. 与其他能致产蛋下降病的鉴别

（1）EDS-76 与传染性支气管炎的区别：鸡传染性支气管炎除了有产蛋下降外，有明显的呼吸道症状，气管啰音，喘息，咳嗽等。

（2）EDS-76 与非典型鸡新城疫的区别：非典型鸡新城疫也能引起产蛋下降，产软壳蛋。但鸡群中还会同时出现病死鸡，当全鸡群测定鸡新城疫抗体时，能得出鉴别。死鸡剖检病变有鸡喉头气管黏膜，腺胃黏膜，盲肠扁桃体，直肠及泄殖腔等处黏膜出血。

（3）EDS-76 与脂肪肝综合征的区别：脂肪肝综合征是鸡的一种代谢病，以肝异常脂肪变性，产蛋突然下降，鸡冠苍白，死亡率高。主要发生在肥胖鸡。死鸡剖检发现肝大，易碎，呈黄褐色，肝破裂出血。

（4）EDS-76 与钙、磷、维生素 A，D 缺乏征的区别：钙、磷、维生素 A.D 缺乏征也引起产蛋下降，产无壳蛋，软壳蛋，早产。卵壳腺机能不正常，因而不能分泌充足的壳质而产软壳蛋，当饲料中加入添加剂钙磷和维生素 A.D 后，就很快恢复。

（七）防制

本病目前尚无有效的治疗药物的方法，故防制上仍然实行"以防为主"的方针，其主要措施是"净化、免疫、监测"。

（1）严格检疫：在从国外或外地引进鸡或蛋时，进行严格检疫，并将鸡隔离一段时间观察，及时做到早期防制。

（2）净化措施：当鸡在 40 周龄以上时，如果祖代鸡已有了抗体，出的蛋也正常了，此时取蛋孵雏，将雏鸡分成若干组，间隔 6 周测定 HI 抗体，淘汰阳性组。当这一世代的鸡达到 40 周龄时，从阴性组收集下一世代种蛋，直到达到清除之目的。McFerran J. B. 等建议，应长期进行血清学检查，用 HI 试验对鸡群进行感染有无的监测，扑杀阳性鸡，长期坚持，方能达到净化之目的。

（3）免疫接种：免疫接种是本病的主要预防措施。本病最早在欧洲大流行时，曾在消灭病毒中加入油类佐剂制成了 BC14 疫苗或用鸭胚细胞苗，接种收到了满意效果。现在应用较多的单苗中，也是 BC14 毒株油剂甲醛苗，该苗接种 18 周龄后的母鸡，经肌肉或皮下接种 0.5ml，15 天后产生免疫力，抗体可维持 12 ~ 16 周，以后开始下降，40 ~ 50 周抗体消失。在匈牙利采用的是 B8/78 株病毒制备的灭活苗，免疫后 3 周，95％ 的免疫鸡 HI 抗体可达最高峰。

在双价苗研制中，采用了 EDS-76 病毒 127 株和鸡新城疫消灭活二联油佐剂苗的研制，已取得了较好的效果。譬如 Bouquet 等用 127 株细胞培养物和新城疫病毒株的鸡胚尿囊液，经 β-丙酸内酯灭活后制成，对 17 ~ 18 周龄鸡接种表明，该苗有较好的保护作用和安全性。Zanella A. 研制的二联灭活苗，接种 16 ~ 20 周龄的蛋用鸡，其鸡新城疫和 EDS-76 的 HI 抗体滴度可达 $2^7 ~ 2^{10}$，至少在一年内可抵抗这两种强毒的攻击。

国外已有人研制出了 ND-EDS-76-IBD（鸡新城疫—减蛋综合征—传染性法氏囊病）三联灭活疫苗，取得了明显效果，并且互相间不产生免疫干扰产蛋鸡能产生坚强的免疫效果，免疫期在 6 个月以上，必要时可重复接种免疫。

（4）控制措施：当发生 EDS-76 时，虽然目前尚无有效的治疗办法，但可用 EDS-76 高免蛋黄注射液，给病鸡每只肌肉注射或皮下注射 2ml，同时配合补充维生素、钙、糖水等，改善营养条件，有一定的治疗效果，尤其早期使用，效果更佳。目前有的鸡场采取下列综合措施，收到了一定效果。

①对 21～35 周龄蛋鸡，可用饲料中添加土霉素，防止产蛋量下降。预防量：每吨饲料中加土霉素 50～75g 。治疗量：每吨饲料添加土霉素 200g。

②加大饲料中维生素与微量元素比例，每隔 1 周，增大 1 倍，可提高孵化率及雏鸡成活率。

③提高饲料质量，蛋白质要保持在 18%～19%，并提高赖氨酸，蛋氨酸和胱氨酸的比例；提高胆碱，$VitB_{12}$，Vit E 的水平，以保护肝脏。满足鸡对钙的需要量，将其中 30% 的贝壳，以颗粒形式饲喂。

五、鸡传染性喉气管炎

传染性喉气管炎病毒主要存在于病鸡的气管组织及渗出物中。本病毒对外界环境的抵抗力很弱，加热 55℃ 存活 10～15 分钟，37℃ 存活 22～24 小时，水煮沸后立即死亡。用 3% 来苏水或 1% 苛性钠消毒液消毒，1 分钟可以杀死。

（一）流行特点

在自然条件下，本病主要侵害鸡，而且各种年龄及品种均可感染，但以成年鸡症状最具特征。病鸡及康复后的带毒鸡是主要传染来源，一般经呼吸道及眼内传染。被呼吸器官及鼻腔分泌物污染的垫草、饲料、饮水及用具，可成为传染媒介。人及野生动物的活动，也可机械地传播。种蛋也可能传播。有少部分的康复鸡，带毒时间可长达两年。鸡群拥挤、通风不良、饲养管理不好、缺乏维生素和寄生虫感染等，都可促进本病的发生和传播。本病一旦传入鸡群，则迅速传开，感染率可达 90% 以上。死亡率因饲养条件和鸡群状况不同而异，低的 5% 左右，高的可达 50%～70%。各种日龄的鸡均可感染，但以成年鸡症状最典型。秋、冬季节多发。发病突然，群内传播迅速，群间传播速度较慢，感染率高，但致死率较低。

（二）临床症状

自然感染的潜伏期为 6～12 天，人工气管接种 2～4 天。病鸡初期有鼻液，呈半透明状，眼流泪，伴有结膜炎。其后表现为特征性的呼吸道症状，即呼吸时发生湿性啰音，咳嗽，有喘鸣音。病鸡蹲伏地面或栖架上。每次吸气时头和颈向前、向上、张口，呈尽力吸气的姿势，有喘鸣叫声。严重病例，高度呼吸困难，痉挛咳嗽，可咯出带血的黏液。若分泌物不能咳出而堵住气管时，可窒息死亡。病鸡食欲减少或消失，迅速消瘦，鸡冠发紫，有时还排出绿色稀粪，最后多因衰竭死亡。产蛋鸡的产蛋量迅速减少或停止，康复后 1 ~ 2 个月才能恢复。病程 5 ~ 10 天或更长，不死者多经 8 ~ 10 天恢复，有的可成为带毒鸡。

（三）病理变化

主要病变在气管和喉部。病初黏膜充血、肿胀，有黏液，进而发生出血和坏死管腔变窄。病程 2 ~ 3 天后，有黄白色纤维性干酪样伪膜，由于剧烈地咳嗽和痉挛性呼吸，咯出的分泌物中混有血凝块以及脱落的上皮组织。严重时炎症也可波及支气管、肺和气囊等部位，甚至上行至眶下窦。

（四）实验室诊断

刮取黏膜做成涂片，H. E 染色，在剥脱的上皮细胞内见核内红染包涵体；取气管黏膜渗出物进行鸡的气管接种试验；用发病期或恢复期的血清进行中和试验。

（五）临床诊断

本病常突然发生，传播快，成年鸡发生最多。发病率高，死亡率因条件不同差别较大。临床症状较为典型，张口呼吸，喘气有啰音，咳嗽时可咯出带血的黏液。气管呈现卡他性和出血性炎症病变。症状不典型时，可进行实验室检查。

（六）防治措施

目前尚无有效治疗药物。发病时，可对症治疗，并用抗菌药物防止继发感染。饲养管理用具及鸡舍要进行消毒。病愈鸡不可与易感鸡混群饲养。在本病流行地区，可通过点眼接种弱毒疫苗免疫鸡群。第一次免疫时间为 4 周龄左右，6 周后进行第二次免疫。

［处方1］

利巴韦林＋链霉素适量，用法：一次肌肉注射，每日2次，连用3～5天。说明：呼吸困难时，也可一次肌肉注射20%樟脑水注射液0.5～1ml。

［处方2］

笔者临床自拟中药方剂：桔梗、山豆根、板蓝根、大青叶、射干、牛蒡子、连翘、玄参、鱼腥草甘草各一份，另加冰片5%按每只成年鸡1～2g剂量，煎水饮用或者粉碎后热水浸泡拌料，防止细菌的继发感染：可用抗生素进行治疗，同时，增加维生素和电解质，效果很好。

［处方3］

预防鸡传染性喉气管炎弱毒疫苗1头份用法：30日龄点眼，滴鼻。注意：由于接种疫苗能使鸡带毒，本方法仅在该病流行地区使用。

六、鸡传染性支气管炎

（一）病原

传染性支气管炎病毒属冠状病毒科冠状病毒属。该病毒对环境抵抗力不强，对普通消毒药敏感，对低温有一定的抵抗力。传染性支气管炎病毒具有很强的变异性，目前，世界上已分离出30多个血清型。在这些毒株中多数能使气管产生特异性病变，但也有些毒株能引起肾脏病变、腺胃病变和生殖道病变。

本病主要通过空气传播，也可以通过饲料、饮水、垫料等传播。饲养密度过大、过热、过冷、通风不良等可诱发本病。雏鸡感染可使输卵管发生永久性的损伤，使其不能达到应有的产蛋量。

（二）临床症状

本病自然感染的潜伏期为36小时或更长一些。本病的发病率高，雏鸡的死亡率可达25%以上，但6周龄以上的死亡率一般不高，病程一般多为1～2周，雏鸡、产蛋种鸡、肾病变型的症状不尽相同，现分述如下。

（1）雏鸡：无前驱症状，全群几乎同时突然发病。最初表现呼吸道症状，流鼻涕、流泪、鼻肿胀、咳嗽、打喷嚏、伸颈张口喘气。夜间听到明显嘶哑的叫声。随着病情发展，症状加重，缩头闭目、垂翅挤堆、食欲缺乏、饮欲增加，如治疗不及时，有个别死亡现象。

（2）蛋鸡、种鸡：表现轻微的呼吸困难、咳嗽、气管啰音，有"呼噜"声。精神不振、减食、拉黄色稀粪，症状不很严重，有极少数死亡。发病第二天产蛋开始下降，1~2周下降到最低点，有时产蛋率可降到50%，并产软蛋和畸形蛋，蛋清变稀，蛋清与蛋黄分离，种蛋的孵化率也降低。产蛋量回升情况与鸡的日龄有关，产蛋高峰的成年母鸡，如果饲养管理较好，经两个月左右基本可恢复到原来水平，但老龄母鸡发生此病，产蛋量大幅下降，很难恢复到原来的水平，可考虑及早淘汰。

（3）肾病变型：多发于20~50日龄的鸡。在感染肾病变型的传染性支气管炎毒株时，由于肾脏功能的损害，病鸡除有呼吸道症状外，还可引起肾炎和肠炎。肾型支气管炎的症状呈两相性：第一阶段有几天呼吸道症状，随后又有几天症状消失的"康复"阶段；第二阶段就开始排水样白色或绿色粪便，并含有大量尿酸盐。病鸡失水，表现虚弱嗜睡，鸡冠褪色或呈紫蓝色。肾病变型传染性支气管炎病程一般比呼吸系统型稍长（12~20天），死亡率也高（20%~30%）。

（4）腺胃病变型：精神沉郁，低头缩颈、羽毛松乱、垂翅、流泪、肿眼、甩鼻（欲甩出口、鼻中的黏液），少数病鸡张口呼吸、有啰音，拉白色、黄绿色稀粪，个别鸡嗉囊内有积液，颈部膨大，消瘦，病情严重者出现衰竭死亡。

（三）解剖病变

主要病变在呼吸道。在鼻腔、气管、支气管内，可见有淡黄色半透明的浆液性、黏液性渗出物，病程稍长的变为干酪样物质并形成栓子。气囊可能浑浊或含有干酪性渗出物。产蛋母鸡卵泡充血、出血或变形；输卵管短粗、肥厚，局部充血、坏死。雏鸡感染本病则输卵管损害是永久性的，长大后一般不能产蛋。

1. 肾病变型支气管炎

除呼吸器官病变外，病鸡爪干瘪，鼻腔有黏液，喉头、气管及支气管黏膜水肿增厚，可见轻度出血，有的气管下 1/3 处有黏液堵塞。脱水严重，肌肉发绀，皮肤与肌肉不易分离。肾脏高度肿胀、苍白，肾小管和输尿管变粗，内充满白色尿酸盐，俗称"花斑肾"，严重者在心包、肝脏、肠道表面有白色霜样物沉积。泄殖腔内充满白色石灰样稀粪；病程较长者，继发大肠杆菌和支原体感染，形成气管炎、肝周炎等败血症变化。

2. 腺胃病变型传染性支气管炎

表现鸡体消瘦，肝、脾大，腺胃肿大如球，外观呈乳白色，严重者呈紫红色，腺胃壁极度增厚，切开后自行外翻，腺胃乳头弥漫性出血、水肿，挤压乳头可挤出黄白色脓性分泌物，个别乳头周缘黏膜充血、出血和溃疡。肌胃内无食物或有少量食物，肌胃角质膜个别有溃疡。胰腺肿大，有的有出血点，十二指肠黏膜有出血，空肠和直肠及泄殖腔黏膜有不同程度的出血，盲肠扁桃体肿大出血。喉头和气管出血，鼻腔中有黏性分泌物。

（四）防治措施

1. 预防

本病预防应考虑减少诱发因素，提高鸡只的免疫力。清洗和消毒鸡舍后，引进无传染性支气管炎病疫情鸡场的鸡苗，搞好雏鸡饲养管理，鸡舍注意通风换气，防止过于拥挤，注意保温，适当补充雏鸡日粮中的维生素和矿物质，制定合理的免疫程序。

2. 疫苗接种

疫苗接种是目前预防传染性支气管炎的一项主要措施。目前，用于预防传染性支气管炎的疫苗种类很多，可分为灭活苗和弱毒苗两类。

（1）灭活苗：采用当地分离的病毒株制备灭活苗是一种很有效的方法，但由于生产条件的限制，因此，目前未被广泛应用。

10～20 日龄，注射鸡腺胃型传染性支气管炎油乳剂灭活苗或组织灭活苗，0.3~0.5ml/只；产蛋前15~20日再注射1次，每只0.5ml，能很好预防本病。

　　对发病鸡群，全群鸡紧急注射鸡腺胃型传染性支气管炎油乳剂灭活苗，0.5ml/只，10~15只鸡换1个针头，先注射健康鸡，后注射病重鸡，以防通过针头传染扩散。

　　（2）弱毒苗：单价弱毒苗目前应用较为广泛的是引进荷兰的H120、H52株。H120对14日龄雏鸡安全有效，免疫3周保护率达90%；H52对14日龄以下的鸡会引起严重反应，不宜使用，但对30~120日龄的鸡却安全，故目前常用的程序为H120于10日龄、H52于30~45日龄接种。

　　新城疫、传染性支气管炎的二联苗由于存在着传染性支气管炎病毒在鸡体内对新城疫病毒有干扰的问题，所以，在理论上和实践上对此种疫苗的使用价值一直存有争议，但由于使用上较方便，并节省资金，故应用者也较多。

　　28/86株于1986年在意大利的波溪谷爆发肾型传染性支气管炎鸡场的28号鸡舍分离出的一株肾型毒株，因而命名为28/86株。该毒株被认为是致肾病变毒力最强的毒株之一，经过在SPF鸡胚的传代，达到满意的毒力致弱程度，但仍保留了很好的免疫原性。通过一系列鸡群回归试验，证明28/86株致弱后稳定、毒力不会返强，对免疫动物有很好的免疫原性和高度的安全性，能有效抵御肾型传染性支气管炎强毒的攻击。此毒株毒力低，可用于任何日龄的鸡，对肾型病变保护率较高，毒力稳定；4/91株，是用来预防鸡发生深层肌肉病变、产蛋率下降、有呼吸道症状、腹泻问题的一株变异性传染性支气管炎毒株。近两年来，一些地区使用含4/91株的疫苗用于肾型传染性支气管炎的免疫预防，发现有较好的预防效果。

　　（五）治疗措施

　　对传染性支气管炎目前尚无有效的治疗方法，人们常用中西医结合的对症疗法。由于实际生产中鸡群常并发细菌性疾病，故采用一些抗菌药物有时显得有效。对肾病变型传染性支气管炎的病鸡，有人采用口服补液盐、0.5%碳酸氢钠+维生素C等药物投喂能起到一定的效果。采用平喘止咳的一些中药如：双花、连翘、板蓝根、甘草、杏仁、陈皮等中草药配伍应用有一定效果。①欣多泰，开水煎汁半小时后，加入冷开水5～10kg拌料，连用3～5天。同时，每25kg饲料或50kg水中再加入抗病毒药物50g，效果更佳。②每克强力霉素原粉加水10～20kg任其自饮，连服3～5天。③每千克饲料拌入板青颗粒1g，任雏鸡自由采食，少数病重鸡单独饲养，并辅以少量雪梨糖浆，连服3～5天，可收到良好效果。④咳毒清颗粒（石家庄永昌兽药公司生产）、替米考星等有特效。肾型传支：在用上述药物治疗同时加通肾药如益肾康、新肾康、小苏打等，我们在临床用欣多泰+益肾康（石家庄光华兽药公司生产）拌料，0.15%小苏打饮水效果挺好。

腺胃病变型传染性支气管炎：用穿心莲45g、黄连30g、沉香30g、黄芩45g、黄柏40g、麻黄30g、柴胡50g、甘草40g、大青叶45g、板蓝根45g、连翘30g、玄参30g，共为末，加适量水熬开冷凉，1%拌料喂服，连用5天。采取以上方法3天后，鸡群病情明显好转，疫情得到控制，少数病重鸡死亡。

笔者临床自拟中药方剂：桔梗、山豆根、板蓝根、射干、牛蒡子、连翘、玄参、鱼腥草、甘草各一份按每只成年鸡1～2g剂量，煎水饮用或者粉碎后热水浸泡拌料效果很好。

七、鸡传染性腺胃炎

近几年，一种以鸡生长不良、消瘦、整齐度差、腺胃肿大呈乳白色球状、腺胃黏膜溃疡、脱落、腺-肌胃交界处糜烂为主要特征的鸡病给养鸡业造成了重大的经济损失。因为该病的临床症状、病理变化表现不尽相同，有人分离出了类细小病毒粒子、呼肠病毒、肿瘤诱生病毒、禽网状内皮增生症病毒、冠状病毒、多瘤病毒、弯状病毒、肠病毒、腺病毒、新城疫病毒、传染性法氏囊炎病毒、双RNA病毒和细菌等等。亦有人认为是真菌毒素造成的，病原众说不一。所以，我国在2002年以前称为腺胃性传支，近几年又称传染性腺胃炎、真菌性腺胃炎，目前，对其病原仍没有确实的定论。又因为本病没有太特效的药物治疗，有一些治疗组方只是缓解病情，很难在短时间彻底治愈，所以，鸡场一旦发生此病，损失就非常大。为了进一步探索该病的防治措施，我们根据临床解剖病变的不同，对该病采取不同分型防治方案，取得了满意的防治效果，现介绍如下，供同道参考。

（一）流行特点

鸡传染性腺胃炎可发生于不同品种、不同日龄的蛋鸡和肉鸡，以 20 日龄以前的肉鸡、蛋雏鸡和青年鸡发病较多且较严重，特别是青年蛋公鸡发病率最高，然后为肉用公鸡和杂交肉鸡。发病地区发病率一般为 7% ～60%，死亡率为 3% ～95%，多为 30% ～50%。最早发病日龄见于 7 ～8 日龄，肉鸡 15 日龄以前，杂交肉鸡、蛋鸡15 ～60 日龄为多发期。80 日龄以后的鸡较少发生该病，但也有100 日龄左右鸡发病的报道。病程 10 ～15 天，长者可达 30 天左右，发病后 4 ～8 天为死亡高峰。

本病无季节性，一年四季均可发生，但以秋、冬季最为严重，多散发。流行较广，传播速度较快。一群鸡一旦发生可感染很多只鸡，甚至全群感染，在 7 ～10 日龄感染的各品种雏鸡，一旦感染危害非常严重，育雏期温度较低、饲养管理条件较差、饲料品质低的鸡群更易发病，发病后继发大肠杆菌、支原体、球虫、肠炎等疾病，而引起死亡率上升。

（二）临床症状

本病潜伏期取决于病毒的致病力的大小、宿主日龄和感染途径。人工感染潜伏期一般为 15 ～20 天，自然感染的潜伏期长短不一，有母源抗体的幼雏潜伏期可达 20 天以上。在潜伏期内，鸡群精神和食欲没明显变化，仅表现生长缓慢和精神欠佳。

本病感染初期症状表现为精神不振、有的鸡群有呼吸道症状，咳嗽、张口呼吸、有啰音，有的甩头，流眼泪、大群内可听见有呼噜声。发病中后期呼吸道症状基本消失；有的鸡群无呼吸道症状仅表现病鸡精神沉郁，畏寒，闭眼呆立，给予惊吓刺激后迅速躲开，缩头垂尾，翅膀下垂或羽毛蓬乱不整，采食和饮水急剧减少；病鸡饲料转化率降低，排白色、白绿色、黄绿色稀粪，粪便呈油性"鱼肠"样或烂胡萝卜样，有的病鸡少数排出黄绿色粪便，粪便中有未消化的饲料和黏液，污染肛门周围羽毛。有的病鸡嗉囊内有积液，颈部膨大。病鸡渐进性消瘦，体型呈负增长趋势。爪干小；鸡群生产水平下降，少量病鸡可发生跛行，最终衰竭死亡。耐过鸡大小、体重参差不齐，产蛋鸡群无产蛋高峰。

（三）病理变化

1. 共性病变

病死鸡表现消瘦或发育不良，肌肉苍白松软，有的眼部肿胀，眼周围形成近似圆形的肿胀区，眼角有黏液性、脓性物。有的病鸡还骨质疏松断裂。

病死鸡特征性病变为腺胃肿大如球状，有半透明感，呈乳白色，仔细观察可见灰白色透明晶格状外观；切开可见腺胃壁增厚、水肿，指压可流出浆液性液体；腺胃黏膜肿胀变厚；乳头肿胀外翻、乳头基部呈粉红色，周边出血或出血不明显、溃疡。有的乳头已融合，界限不清。后期乳头穿孔或溃疡、凹陷，消失；肌胃瘪缩。胸腺、脾脏、胰腺、法氏囊萎缩尤为突出。但在心脏、肝脏、呼吸道等其他部位无明显的肉眼可见病变。当有细菌病继发感染时，肝脏肿大、个别有坏死点，颜色不匀，浅色与深色条状相间呈古铜色等。

2. 腺胃-肾脏病变型

除腺胃病变外，病死鸡可见肾肿大，有尿酸盐沉积。泄殖腔膨大，有不同程度的出血，内有黄白色或绿色稀粪等。

3. 腺胃-肠炎型

除腺胃病变外，病死鸡可见肠道前期肿胀，充血，呈暗红色，剖检肠壁外翻；后期肠黏膜脱离，肠壁变薄、肠内容物清晰可见，有的肠道有不同程度的出血性炎症，内容物为含大量水样的食糜。十二指肠轻度肿胀，空肠和直肠有不同程度的出血。胰腺肿大有出血点，也有的表现为胰腺萎缩，色泽变淡。

4. 腺胃-肠淋巴集结病变型

除腺胃病变外，病死鸡解剖可见肠道淋巴集结肿大或者出血、十二指肠 U 状弯曲中、后部黏膜有岛屿状肿大凸起、盲肠扁桃体肿大出血。

5. 腺胃-法氏囊病变型

腺胃病变主要表现为出血水肿、法氏囊发病早、中期增大、水肿、后期萎缩变小；脾脏早、中期充血或者出血；胰腺前期水肿、后期萎缩。

6. 马立克病腺胃病变型

本病除腺胃病变外，病死鸡解剖可见肝、肺、肾等也可见肿胀，且有黄豆大、蚕豆大灰白色油质样结节，有的还有灰白色肿块；有的病鸡坐骨神经干肿大变粗、横纹消失。

7. 腺胃-肌胃糜烂型

该型主要表现腺胃肿大黏膜水肿、溃疡，腺胃-肌胃交界处糜烂，肌胃的鸡鸡内金变黑色、脱落，角膜下有溃疡。

（四）鉴别诊断

根据流行病学调查，结合临床症状，剖检出现的肉眼病变和显微病变做出初步诊断。目前，还没有特异血清学试验用于该病的诊断，所以，新发病地区和有混合感染的鸡群很容易误诊，要特别注意鉴别诊断。

1. 腺胃-肾脏病变型

发病初期出现呼吸道症状，剖检肾型传染性支气管炎肾脏肿大苍白，外表呈槟榔花斑状，输尿管变粗，切开有白色尿酸盐结晶，并有腺胃病变。

2. 腺胃-肠炎病变型

发病鸡表现为易惊群、怪叫、排泄物呈鱼肠样、有西红柿样便、有不消化饲料，解剖病死鸡可见腺胃肿大、肠道前期肿胀，充血，呈暗红色，剖检肠壁外翻；后期肠黏膜脱离，肠壁变薄、肠内容物清晰可见，有的肠道有不同程度的出血性炎症，内容物为含大量水样的食糜。十二指肠轻度肿胀，空肠和直肠有不同程度的出血。胰腺肿大有出血点，也有的表现胰腺萎缩，色泽变淡。

3. 腺胃-肠淋巴集结病变型

发病中病鸡有神经症状，出现呼吸道症状，除腺胃乳头有水肿外，喉头、支气管、肠道、泄殖腔及心冠脂肪均见出血，肠道淋巴集结肿大或者出血、十二指肠"U"状弯曲后部黏膜有岛屿状肿大凸起、盲肠扁桃体肿大出血。多呈急性、全身性败血症，病死鸡往往不表现生长迟缓等症状而突然死亡。

4. 马立克病腺胃病变型

发病后期腺胃明显肿大，腺胃型 MD 主要发生于性成熟前后，病鸡以呆立、厌食、消瘦、死亡为主要特征，鸡群或许有眼型、皮肤型、神经型的病鸡出现。腺胃型 MD 腺胃肿胀一般超出正常的2～3倍，且腺胃乳头周围有出血，乳头排列不规则，内膜隆起，有的排列规则，但可能伴有其他内脏型 MD 发生，即除可见腺胃肿胀外，其他内脏器官如肝、肺、肾等也可见肿胀，且有黄豆大、蚕豆大灰白色油质样结节，有的还有灰白色肿块；有的病鸡坐骨神经干肿大变粗、横纹消失，所以通过临床症状和剖检病变可鉴别诊断。

5. 腺胃-法氏囊病变型

病鸡精神沉郁、缩头、垂翅、排黄白色稀粪，同时伴有肌肉出血，腺胃浆膜出血斑、腺体周围出血、腺胃与肌胃交界处出血，腺胃水肿、法氏囊肿胀，皱褶水肿、出血，内有浆液性渗出物等表现。用传染性法氏囊病高免卵黄抗体治疗效果明显。

6. 腺胃-肌胃糜烂型

饲料中毒引起腺胃肿大剖检时胃内有黑褐色、腐臭味的内容物，也可以通过检查饲料质量进行鉴别。

（五）临床治疗措施

1. 腺胃-肾脏病变型治疗方案

全群鸡紧急注射鸡腺胃型传染性支气管炎油乳剂灭活苗，0.5ml/只，10～15 只鸡换 1 个针头，先注射健康鸡，后注射病重鸡，以防通过针头传染扩散。

上午用腺胃炎康（广东广牧动物保健品有限公司生产）＋抗

病毒药物饮水，益肾康拌料，下午用大黄＋小苏打拌料，连用 3 ~ 5 天。中药用穿心莲 45g、黄连 30g、沉香 30g、黄芩 45g、黄柏 40g、麻黄 30g、柴胡 50g、甘草 40g、大青叶 45g、板蓝根 45g、连翘 30g、玄参 30g，共为末，加适量水熬开冷凉，按药物量的 1% 拌料喂服，连用 5 天。采取以上方法 3 天后，鸡群病情可明显好转，疫情基本能得到控制。

2. 腺胃-肠炎型

上午用腺胃炎康饮水，下午用肠毒安饮水，饲料中加小苏打 0.2% ~ 0.3%，连用 3 ~ 5 天。中药用白头翁、黄连、黄柏、地榆炭、山楂、麦芽、六神曲、党参、白术、蛇床子等，总剂量平均 1 ~ 2g/只。

3. 腺胃-肠淋巴集结病变型

用新城疫 VH 或者克隆 30 弱毒疫苗 3 ~ 5 倍量饮水。12 小时后用腺胃炎康＋左旋咪唑（西米替丁）饮水，药物连用 3 ~ 5 天。中药用荆芥、防风、板蓝根、黄芩、党参、黄芪、磁石等。

4. 腺胃-法氏囊病变型

精制用法氏囊病高免卵黄抗体肌肉注射 1.5ml/kg，全天用禽毒克＋腺胃炎康饮水，欣多泰拌料，药物连用 2 ~ 3 天。中药用党参、黄芪、茜草、蒲公英、紫花地丁、秦皮、白头翁、南沙参和麦冬水煎后饮水，另加口服补液盐。

5. 马立克病腺胃病变型

目前，无治疗药物。

6. 腺胃-肌胃糜烂型

主要是饲料霉变、中毒引起的，首先切断致病因素，用腺胃康＋维生素 C 饮水、亚硒酸钠维生素 E 拌料有一定效果。

7. 对不明原因引起的腺胃炎

上午：腺胃炎康（150kg 水/袋）饮水＋荆防败毒散（500g/100kg 料）开水焖烫 30 分钟后集中拌料，所拌料量在 2 ~ 3 小时用完，连用 4 ~ 5 天。

下午：左旋咪唑 1 片/kg 体重，或者西米替丁口服或拌料，连用 3 天。

晚上：用通肾药物饮水。

八、鸡肺病毒感染

20 世纪 70 年代末，禽肺病毒引起的疾病首次在南非报道，之后欧洲也报道了本病，二年后英国和法国对病原进行了鉴定，开始将其归类于肺副黏病毒科肺病毒属。近些年来，鸡群肺病毒感染时有所见，给一些禽业养殖集团和养殖户带来很多经济损失。

（一）病原学

禽肺病毒属于副黏病毒科肺病毒属，引起火鸡发生呼吸道疾病，称为火鸡鼻气管炎；感染鸡后引起的疾病主要有：病毒性气囊炎，鼻气管炎和肿头综合征。此病在非洲、北美、南美、中东、远东都有发生。美国是在 1989 年分离到此病毒。在分离此病毒的同时，往往可分离到大肠杆菌、波氏杆菌、巴氏杆菌、假单胞杆菌、鼻气管炎鸟疫杆菌、粪产碱杆菌等。病毒能使气管纤毛的活动受到抑制，气管中的灰尘向外排出困难，灰尘中所带的大量细菌很容易发生继发感染，侵害呼吸道。病原禽肺病毒可分为 3 个型：A 型感染火鸡，B 型感染肉鸡，COLORAD 型只在美国存在 A 和 B 两型有交叉保护作用，与 COLORADO 型无此作用。肺病毒对脂溶剂敏感，在 pH 值 3.0~9.0 范围稳定，56℃ 3 分钟可灭活病毒。对季铵盐类，乙醇，聚维酮碘，绿秀沙和次氯酸钠等消毒剂敏感，耐干燥。

（二）流行特点

鸡和火鸡是本病的自然宿主，雉鸡、珍珠鸡和鹌鹑可被感染。该病毒主要经接触传播，病禽及康复禽是主要传染源。污染的水源、饲料、工作人员、用具、感染禽和康复禽的流动等也可传播。空气传播未得到证实，而垂直传播可能发生。

（三）临床症状

临床症状与饲养管理、是否有并发症等因素有关，表现出很大的差异性。

幼龄鸡感染后临床症状：气管啰音，打喷嚏，流鼻液，泡沫性结膜炎，眶下窦肿胀和颈下水肿，严重者咳嗽、甩头。

（四）蛋鸡感染后临床症状

种鸡和产蛋鸡通常在产蛋高峰期发病，产蛋量下降 5% ~ 30%，有时下降 70%，严重者导致输卵管的脱垂；鸡蛋皮薄、粗糙，种蛋孵化率降低。病程一般为 10 ~ 12 天。个别伴有咳嗽等呼吸道症状。还影响蛋的质量，常与传染性支气管炎和大肠杆菌混和感染。除观察到头肿现象以外，还表现特异的神经症状，除部分病鸡只表现极度沉郁与昏迷外，大部分病例都出现脑的定向障碍，表现形式包括摇头、斜颈、运动失调、行动不稳及角弓反张等。一些鸡头往上仰呈现"观星"状。病鸡不愿走动，部分鸡只因不采食而死亡。

（五）肺病毒引起的肿头综合征的临床症状

肉鸡多在 4 ~ 5 周龄发病，感染率可达 100%，死亡率不同，在 1% ~ 20%。该病出现的第一个症状是喷嚏，一天内发生眼结膜潮红，泪腺肿胀，在以后 12 ~ 24 小时，头部开始出现皮下水肿，最先见于眼部周围，继而发展到头部，再波及下颌组织和肉垂。在早期鸡以爪抓面部，表示出局部瘙痒，接着精神沉郁，不愿走动，食欲降低。眶下窦肿大，斜颈，共济失调，角弓反张，普遍表现呼吸道症状。

肺病毒引起的病毒性气囊炎临床症状：呼吸困难，伸颈张口，咳嗽，后期继发大肠杆菌病，死亡率增加，甚至导致全军覆没。

（六）病理变化

剖检病变并非其特有，容易与鸡禽波氏杆菌、鼻气管鸟杆菌和支原体混合感染，造成误诊。首先出现鼻甲骨黏膜淤血，后发展到广泛的红色至紫色变化。组织学变化表现上皮扁平，纤毛逐渐消失，上皮下和泪腺充血和淋巴组织增生，泪腺浆细胞增多。病鸡肿头是由于眼眶周围皮下水肿并扩张所致。严重的病例出现肉髯发绀与肿胀。头皮下组织黄色水肿至化脓，眼睑由于水肿和结膜炎而关闭。肉鸡感染病变多表现气囊炎，心包炎，肺炎和肝周炎；开产蛋鸡感染后两周鼻腔内有水样或黏液性渗出物，气管黏液增多，有卵黄性腹膜炎，卵黄变形，甚至卵巢和输卵管退化，卵蛋白浓缩以及卵黄固化，输卵管有折叠的蛋壳膜等；疾病的发展可产生气管炎、肺坏死，组织学检查发现水肿部位有淋巴细胞和异嗜白细胞集结。

（七）诊断方法：病毒分离

SPF 鸡胚或火鸡胚分离法：选 6~7 日龄鸡胚或火鸡胚卵黄囊或尿囊腔接种，病毒经 3~5 次传代后可引起胚胎发育受阻、胚体表面出血，甚至死亡。

气管环培养法：用 18 日龄鸡胚气管环组织培养，纤毛生长停滞。

细胞培养：鸡和火鸡肾细胞，鸡胚肝或成纤维细胞，VERO 细胞，病毒增殖后可用电镜检查、中和试验、ELISA 和间接荧光抗体技术等来鉴定。

病毒分离能分离到大肠杆菌或嗜血杆菌、支原体、波氏杆菌等的存在。

血清抗体的测定：以 ELISA、间接荧光抗体试验和病毒中和试验等测定。

病料组织免疫荧光染色法。

动物接种试验取病料接种敏感鸡和火鸡，应复制出相应的肿头症状与病变。

（八）防治措施

饲养管理因素的好坏对本病的感染与传播影响很大，例如，温控不良、密度大、垫料质量差，卫生不达标，不同日龄混养，疾病感染后未痊愈等都可以引发肺病毒感染。在非安全期进行断喙或免疫接种，可能增加肺病毒感染的严重程度，增加死亡率。

加强饲养管理：加强饲养管理制度，要认真不折不扣地执行，并且，良好的生物安全措施是防止肺病毒传入养殖场的关键。

卫生管理措施：强化消毒制度，轮换使用多种成分的消毒剂，改善鸡舍卫生条件，减少空间饲养密度，减少空气中的氨气浓度，保持鸡舍良好的通风等措施，对于防止或减少疾病的发生及危害程度均有较好效果。

笔者临床自拟中药方剂：桔梗、山豆根、板蓝根、射干、牛蒡子、连翘、玄参、鱼腥草、甘草各一份按每只成年鸡 1~2g 剂量，煎水饮用或者粉碎后热水浸泡拌料，防止细菌的继发感染：可用抗生素进行治疗，同时，增加维生素和电解质。效果很好。

笔者应用抗病毒药物 +抗生素效果明显。

免疫：有疫苗的地方可以考虑疫苗的免疫，根据疫苗的使用说明及自己鸡群的实际情况制定合理的免疫程序。

（1）肉鸡。1~7 日龄，用弱毒苗通过点眼、饮水或大雾滴气雾免疫。不能与新城疫或传染性鼻炎苗同时免疫。

（2）蛋鸡和种鸡。1~18 日龄用弱毒苗免疫，16~18 周龄用灭活苗免疫，肌肉或颈后皮下注射，每只 0.5ml。

九、鸡传染性脑脊髓炎

鸡传染性脑脊髓炎（Avian Encephalomyelitis，AE）是一种主要侵害幼鸡的传染病，以共济失调和快速震颤特别是头部震颤为特征。AE 很大程度上是一种经蛋传播的疾病。

（一）病原

鸡传染性脑脊髓炎病毒（AEV）属于小 RNA 病毒科的肠道病毒属。病毒粒子具有六边形轮廓，无囊膜，病毒直径有（26 ± 0.4）nm，呈 20 面体对称，病毒对氯仿、乙醚、酸、胰酶、胃蛋白酶及 DNA 酶有抵抗力，所有 AEV 的不同分离株属同一血清型，但各毒株的致病性和对组织的亲嗜性不同，大部分野外分离株为嗜肠性，且易经口传染给鸡并从粪便排毒，通过垂直传播或出壳早期水平传播使易感雏鸡致病，在这些病例中，一般表现有神经症状。野外分离株通过易感小鸡的脑内接种也能产生神经症状。胚适应毒株与野毒株的致病性有明显的不同，鸡胚适应株已失去野毒株的嗜肠道特性，因此，经口给予胚适应株是不会传染的，病毒也不能在肠道中复制。非经口途径接种胚适应株不会在粪便中排毒。胚适应株是高度嗜神经性，通过脑内、皮下、肌肉等非经口方法接种可引起严重的神经症状。这种毒株一般不能水平传播。常用的胚适应毒株是 VR 株，用胚适应株接种易感鸡胚孵育至 18 天可出现特征性病变，如严重肌肉营养不良、胚体矮化、无论是自然野毒株或胚适应株，均可在敏感的雏鸡、鸡胚和鸡胚的多种细胞如脑细胞、成纤维细胞、肾细胞和胰细胞及神经胶质细胞上生长。细胞培养一般无细胞病变，用易感鸡胚于 5 ~ 6 天龄经卵黄囊接种是繁殖 AEV 最常用的方法。

（二）流行病学

自然感染见于鸡、雉、鹌鹑和火鸡，但雏禽才有明显的临诊症状。雏鸭、珍珠鸡等，鸡对本病最易感。各种日龄均可感雏鸽可被人工感染，但小鼠、豚鼠、家兔和猴对病毒的脑内接种有抵抗力。经脑内接种很易在小鸡复制 AE，此病可通过垂直传播，也能水平传播。AE 的主要传播方式是消化道传播，感染鸡通过粪便排出病毒，其排毒时间为 5 ~ 14 天，感染时鸡龄越小，排毒时间越长。病毒在环境中有较强的抵抗力，在垫料中可存活 4 周以上，易感鸡接触到被污染的饲料、饮水、用具等而被感染。垂直传播是本病主要的传播方式，产蛋鸡感染 3 周内所产的蛋带有病毒。一些严重感染的胚蛋在孵化后期死亡。大部分的鸡胚可以孵化出壳，但出壳的雏禽在出壳数天内陆续出现典型的临诊症状。一般在感染之后 3 ~ 4周，种蛋内的母源抗体可保护雏鸡顺利出壳并不出现 AE 的临诊症状。本病一年四季均可发生，发病率及死亡率随鸡群的易感鸡多少、病原的毒力高低、发病的日龄大小不同而有所不同。雏鸡发病率一般为 40% ~ 60%，死亡率 10% ~ 25%，甚至有更高 。

（三）临床症状

经垂直传播而感染的小鸡潜伏期 1 ~ 7 天，经水平传播感染的小鸡，其潜伏期为 11 天以上（12 ~ 30 天）。本病主要发生于 3 周龄以内的雏鸡，有人曾多次确诊过于 6 ~ 7 周龄的石岐杂鸡发生 AE的病例。在自然暴发的病例中，雏鸡出壳后就陆续发病，病雏最初表现为迟钝，精神沉郁，小鸡不愿走动或走几步就蹲下来，常以跗关节着地，继而出现共济失调，走路蹒跚，步态不稳，驱赶时勉强用跗关节走路并拍动翅膀。

病雏一般在发病 3 天后出现麻痹而倒地侧卧，头颈部震颤一般在发病 5 天后逐渐出现，一般呈阵发性音叉式的震颤；人工刺激如给水加料、驱赶、倒提时可激发。有些病鸡趾关节卷曲、运动障碍、羽毛不整和发育受阻，平均体重明显低于正常水平。部分存活鸡可见一侧或两侧眼球的晶状体混浊或浅蓝色褪色，眼球增大及失明。发病早期小鸡食欲尚好，但因运动障碍，病鸡难以接近食槽和水槽而饥渴衰竭死亡。在大群饲养条件下，鸡只也会互相践踏或继发细菌性感染而死亡。中成鸡感染除出现血清学阳性反应外，无明显的临诊症状及肉眼可见的病理变化。产蛋鸡感染后产蛋下降 16% ~43%。产蛋下降后 1~2 周恢复正常。孵化率可下降 10% ~35%，蛋重减少，除畸形蛋稍多外，蛋壳颜色基本正常。

（四）病理变化

一般内脏器官无特征性的肉眼病变，个别病例能见到脑膜血管充血、出血。如细心观察可偶见病雏肌胃的肌层有散在的灰白区。成年鸡发病无上述病变。

组织学病变

主要病变集中在中枢神经系统和部分内脏器官如肌胃、腺胃、胰腺、心肌和肾脏等，而周围神经无病变，这是一个重要的鉴别诊断要点。中枢神经主要显示病毒性脑炎的病变，如神经元变性，胶质细胞增生和血管套现象。在延脑和脊髓（特别是腰脊髓）灰质中可见神经元中央染色质溶解、神经元细胞肿大、树突和轴突消失、细胞核偏移或消失，仅剩下染色均匀的粉红色或紫红色神经元残迹。在中脑、小脑的分子层、延脑和脊髓中发现有胶质细胞增生灶。脑组织内有以淋巴细胞性管层为主的血管套现象。内脏器官的病变表现为淋巴细胞灶性增生，在腺胃黏膜和肌层、胰腺、肌胃、肾等器官切片中均有发现。1 日龄脑内接种发病的鸡及 6 日龄鸡胚卵黄囊接种后孵出的病鸡，其相应器官的组织切片均不同程度地发现上述的病理学变化。

（五）鉴别诊断

1. 初步的诊断

根据雏禽出壳后陆续出现瘫痪、早期食欲尚好、剖检无明显的特征性肉眼变化，追踪到其种鸡有短暂的产蛋下降，且某段时间内孵出的多批小鸡需分发到不同地方饲养，但均出现麻痹、震颤和死亡等情况，结合组织病理学特征性变化，即可作出初步的诊断。确诊应进行实验室诊断。

（1）病原的分离。采多只出现典型症状的小鸡脑组织混合，按常规方法制备脑组织悬液，脑内接种1日龄无AE母源抗体或SPF雏鸡，每只接种0.03ml，接种后1～4周龄内出现典型的症状。收集有典型症状的病鸡的脑、胰腺作继代用的种毒。也可将病料通过卵黄囊途径接种5～7日的易感鸡胚，接种后12天检查部分鸡胚是否有胚胎萎缩、爪卷曲、肌营养不良等特征性变化，但野外分离病毒常不能使SPF鸡胚产生病变，需盲传3～4代，才能适应鸡胚产生病变。其余让其孵化至出雏，出壳后10天内便可见AE的症状出现，此时，取其病雏的脑、腺胃、胰腺等作病理组织学的检查。

（2）病原的鉴定。病毒的检查可用荧光抗体技术（FA），直接从病鸡的脑、胰腺和腺胃中检出AE病毒抗原。其方法是将病料制成6～7 nm厚的冷冻切片，固定于载玻片上．空气干燥；用4℃丙酮固定10分钟，倾去丙酮液，空气干燥；用抗AEV的特异性荧光抗体于室温染色30分钟，经pH值7.4的磷酸盐缓冲盐水冲洗20分钟，然后加盖玻片，并用pH值7.4的缓冲甘油封片。在荧光显微镜下检查，阳性鸡的组织中可见黄绿色的荧光。此时，还可用琼脂扩散凝集试验（AGP），将病料接种SPF鸡或鸡胚，取发病鸡或鸡胚的脑、胃肠和胰等制备待检琼扩抗原，用已知AE阳性血清检查病毒的存在。

2. 血清学诊断

（1）病毒中和试验（VN）：将VR株10倍系列稀释的病毒液0.5ml中加等量的5倍稀释的被检血清，置37℃作用60分钟后，各取约 0.2ml，接种于 SPF 鸡胚的卵黄囊内，置 37℃ 孵育观察，至 18 日胚龄时，观察鸡胚的特征性病变，计算 EID50。从病毒对照的 EID50 减去上述的 EID50 值的对数差异计算中和指数，中和指数在 1.0 以上，视为抗体阳性。

（2）鸡胚敏感试验：经蛋黄囊途径对 6 日龄的鸡胚接种 100EID50/0.1ml 的 AE 鸡胚适应株，接种后观察 12 天，检查鸡胚有无特征性病变，如果 100% 鸡胚有病变，种鸡被认为易感的，50% 以下有病变表明鸡群有免疫力，中间数表明鸡群免疫不全或有近期的感染。

（3）琼脂扩散凝集试验（AGP）：利用 AE-VR 鸡胚适应株或分离的野毒株分别接种 SPF 鸡胚，收集发病胚的脑、胃肠和胰腺制成琼脂扩散抗原。在含 20%NaCl 和 0.5% 苯酚的 0.8% 琼脂凝胶中，用这种抗原进行 AGP 试验检测 AE 抗体，结果稳定，特异性强，方法简便迅速。

（4）酶联免疫吸附试验（ELISA）：此法已广泛被国外采用于评价母鸡 AE 抗体的水平或作免疫效果的监测。美国 IDEXX 公司有商品化的试剂盒面市。此法与 VN 有良好的可比性，能定量检测血清中的 AE 抗体水平，加上每次可同时检测大量的血清样品，并容易将结果输入计算机软件程序中进行处理，因此，适用于禽场进行 AE 抗体的快速检测和评价 AE 抗体水平。其 ELISA 滴度用 ET 表示，同时，用协同变异百分率（CV）表示群体内抗体的整齐度。此外，还有间接免疫荧光和被动血凝抑制试验检测鸡血清中 AE 抗体的报道。

3. 鉴别诊断

（1）与有脚弱、瘫痪等症状的疾病区别鸡新城疫：有呼吸道症状，拉绿粪，存活鸡有头颈扭曲的症状，腺胃及消化道有出血。HI 抗体明显增高，组织学虽有病毒性脑炎的病变，但腺胃、肌胃、胰腺等内脏器官组织学无淋巴细胞灶性增生，分离病毒能凝集鸡的红细胞。马立克氏病：临诊死亡一般发生在 70 日龄以后，而有内脏肿瘤病变和外周神经病变，如单侧性的坐骨神经肿大。AE 无外周神经系统的病变。

（2）病毒性关节炎：自然感染多发于 4 ~ 7 周龄鸡，病鸡跛行，跗关节肿胀，鸡群中有部分鸡呈现发育迟缓、嘴脚苍白、羽毛生长不良等，心肌纤维间有异噬细胞浸润。其他细菌感染如葡萄球菌、大肠杆菌等引起的关节炎可引起关节的红肿热疼等炎症症状。维生素 E、硒缺乏：肉眼可见脑软化，小脑充血、出血、肿胀和脑回不清等病变，组织学病变如局部缺血性坏死，脱髓鞘等。硒缺乏病可见腹部皮下有多量液体积聚，有时呈蓝紫色，有些鸡肌肉苍白，胸肌有白线状坏死的肌纤维。补充维生素 E、硒合剂能控制病情。

（3）维生素 B2 缺乏：常发生于 2 周龄雏鸡。雏鸡脚趾向内弯曲，腿麻痹，行走困难，剖检时见坐骨神经比正常肿大 3 ~ 4 倍。幼雏维生素 B2 缺乏是由种鸡群 B2 缺乏引起的，每只鸡每天喂服维生素 B25mg 可得到改善。

（4）维生素 B1 缺乏、烟酸缺乏、维生素 D_3 缺乏也会引起脚弱症状，适当地补充能控制病情，改善症状。

（5）中毒性因素：药物中毒如抗球虫药拉沙星菌素使用时间过长或与氯霉素合用；莫能霉素或盐霉素与红霉素、氯霉素、枝原净等同时使用，会使雏鸡脚软，共济失调等。另外，近年来因使用含氟过高的磷酸氢钙而造成的氟中毒，雏鸡腿无力，走路不稳，严重时出现跛行或瘫痪，剖检见鸡胸骨发育与日龄不符，腿骨松软，易折而不断，主要原因是高氟进入机体后与血钙结合成不溶性氧化物使血钙降低，为补充血钙，骨钙不断释放而导致骨钙化不全。

（6）与引起产蛋下降疾病的鉴别：但无明显的症状和不引起鸡死亡的疾病的区别产蛋下降综合征：产蛋严重下降，持续时间长，恢复后产蛋很难达到原来水平，且蛋壳变白色，产无壳蛋、软壳蛋或畸形蛋。减蛋后 1 周取输卵管的刮落物作病料接种鸭胚，可分离到能凝集鸡血细胞的腺病毒。传染性支气管炎：有呼吸性症状，产蛋下降，畸形蛋增加，蛋的品质变化，蛋清稀薄如水。非典型新城疫：只有产蛋下降，鸡无明显的症状，减蛋 1 周后，HI 抗体明显上升。低致病力毒株引起的禽流感：只有产蛋下降，通过血清学及病原分离进行鉴别。

（六）防制措施

1. 防制措施

①加强消毒与隔离措施，防止从疫区引进种苗和种蛋。②鸡感染后一个月内的蛋不宜孵化。③AE 发生后，目前尚无特异性疗法。将轻症鸡隔离饲养，加强管理并投与抗生素预防细菌感染，维生素 E、维生素 B_1、谷维素等药可保护神经和改善症状。重症鸡应挑出淘汰。全群还可用抗 AE 的卵黄抗体（康复鸡或免疫后抗体滴度较高的鸡群所产的蛋制成）作肌肉注射，每只雏鸡0.5～1.0ml，每日 1 次，连用 2 天。

2. 免疫接种

（1）活毒疫苗一种用 1143 毒株制成的活苗，可通过饮水法接种，鸡接种疫苗后 1～2 周排出的粪便中能分离出 AE 病毒，这种疫苗可通过自然扩散感染且具有一定的毒力，故小于 8 周龄的鸡只不可使用此苗，以免引起发病。处于产蛋期的鸡群也不能接种这种疫苗，否则可能使产蛋量下降10%～15%，持续时间从 10 天至 2 周。建议于 10 周以上，但不能迟于开产前 4 周接种疫苗。在接种后不足 4 周所产的蛋不能用于孵化，以防仔鸡由于垂直传播而导致发病。另一种 AE 活苗常与鸡痘弱毒苗制成二联苗。一般于 10 周龄以上至开产前 4 周之间进行翼膜刺种，接种后 4 天，在接种部位出现微肿，结出黄色或红色肿起的痘痂，并持续 3～4 天，第 9 天于刺种部位形成典型的痘斑为接种成功。因制苗的种毒为鸡胚适应毒株，病毒难以在个体间扩散，那些没接种的鸡就会处于易感状态。为了避免遗漏接种鸡，应至少抽查鸡群中 5% 的鸡只作痘痂检查，无痘痂者应再次接种。使用这种胚适应苗，疫苗在鸡胚白色结节界限不明，切面细致呈白色连续传代会发生神经适应性，故偶见部分后备鸡群翼翅接种 AE 苗后 2 周内可能出现神经系统疾病的免疫副反应。

（2）灭活疫苗 AE 灭活苗用 AEV 野毒或 AR-AE 胚适应株接种

SPF 鸡胚，取其病料灭活制成油乳剂苗。这种疫苗安全性好，免疫接种后不排毒、不带毒，特别适用于无 AE 病史的鸡群。可于种鸡开产前 18～20 周或产蛋鸡作紧急预防接种。灭活苗价格较高，且要逐只抓鸡注射，但免疫效果良好，从而达到通过母源抗体保护雏鸡的目的。

十、鸡马立克病

鸡马立克病（ Marek's Disease）是由疱疹病毒引起的一种淋巴组织增生性疾病，其特征是病鸡的外周神经、性腺、虹膜、各种脏器、肌肉和皮肤等部位的单核细胞浸润和形成肿瘤病灶。

（一）病原学

马立克氏病病毒 属于细胞结合性疱疹病毒 B 群。病毒有两种存在形式，即裸体粒子（核衣壳）和有囊膜的完整病毒粒子。前者病毒核衣壳呈六角形，直径为 85～100nm，有严格的细胞结合性，离开细胞致病性即显著下降和丧失，在外界环境中生存活力很低，主要见于肾小管、法氏囊、神经组织和肿瘤组织中。大多数裸体病毒粒子存在于细胞核中，偶见于细胞质或细胞外液中。后者主要存在于细胞核膜附近或者核空泡中，直径 130～170nm，主要见于羽毛囊角化层中，多数是有囊膜的完整病毒粒子，非细胞结合性，可脱离细胞而存在，对外界环境抵抗力强，在本病的传播方面起重要作用。

（二）流行病学

易感动物为 鸡 和 火鸡，另外雉、鸽、鸭、鹅、金丝雀、小鹦鹉、天鹅、鹌鹑 和猫头鹰等许多禽种都可观察到类似马立克氏病的病变。本病最易发生在 2～5 月龄的鸡。主要通过直接或间接接触经空气传播。绝大多数鸡在生命的早期吸入有传染性的皮屑、尘埃和羽毛引起鸡群的严重感染。带毒鸡舍的工作人员的衣服、鞋靴以及鸡笼、车辆都可成为该病的传播媒介。发病率和病死率差异很大，可在 10% 以下或 50%～60%。

（三）临床症状

据症状和病变发生的主要部位，本病在临床上分为 4 种类型：神经型（古典型）、内脏型（急性型）、眼型和皮肤型。有时可以混合发生。

（1）神经型。主要侵害外周神经，侵害坐骨神经 最为常见。病鸡步态不稳，发生不完全麻痹，后期则完全麻痹，不能站立，蹲伏在地上，臂神经受侵害时则被侵侧翅膀下垂，呈一腿伸向前方另一腿伸向后方的特征性姿态；当侵害支配颈部肌肉的神经时，病鸡发生头下垂或头颈歪斜；当迷走神经受侵时则可引起失声、嗉囊扩张以及呼吸困难；腹神经受侵时则常有腹泻症状。

（2）内脏型。多呈急性暴发，常见于幼龄鸡群，开始以大批鸡精神委顿为主要特征，几天后部分病鸡出现共济失调，随后出现单侧或双侧肢体麻痹。部分病鸡死前无特征临床症状。很多病鸡表现脱水、消瘦和昏迷。

（3）眼型。出现于单眼或双眼，视力减退或消失。虹膜失去正常色素，呈同心环状或斑点状以至弥漫的灰白色。瞳孔边缘不整齐，到严重阶段瞳孔只剩下一个针头大的小孔。

（4）皮肤型。此型一般缺乏明显的临诊症状，往往在宰后拔毛时发现 羽毛囊增大，形成淡白色小结节或瘤状物 。此种病变常见于大腿部、颈部及躯干背面生长粗大羽毛的部位。

（四）病理变化

病鸡最常见的病变表现在 外周神经，腹腔神经丛、坐骨神经丛、臂神经丛和内脏大神经，这些地方是主要的受侵害部位。受害神经增粗，呈黄白色或灰白色，横纹消失，有时呈水肿样外观 。病变往往只侵害单侧神经，诊断时多与另一侧神经比较。内脏器官中以卵巢的受害最为常见，其次为肾、脾、肝、心、肺、胰、肠系膜、腺胃、肠道和 肌肉 等。在上述组织中长出 大小不等的肿瘤块，呈灰白色，质地坚硬而致密 。有时肿瘤组织在受害器官中呈弥漫性增生，整个器官变得很大 。皮肤病变多是炎症性的，但也有肿瘤性的，病变位于受害羽囊的周围，除羽囊周围滤泡有单核细胞的大量积聚外，在真皮的血管周围常有增生细胞、少量浆细胞和组织细胞的团块聚集。胸腺有时严重萎缩，累及皮质和髓质，有的胸腺亦有淋巴样细胞增生区，在变性病变细胞中有时可见到考德里氏（Cowdry）A 型核内包涵体。

（五）诊断

根据临床症状、典型病理变化可进行初步诊断，对于临床上较难判断的可送实验室进行病毒分离鉴定、血清学方法、组织学检查及核酸探针等方法进行确诊。

琼脂扩散试验方法简单易行，适宜现场及基层单位采用，是用马立克氏病抗血清确定病鸡羽毛囊中有无该病毒存在借以确诊。具体方法是，用含 8% 氯化钠溶液配成 1% 琼脂倒板，打孔，中央孔及周围 6 个孔，在中央孔内滴加定量的抗血清，在周围孔置少量生理盐水，然后从病鸡腋下拔下羽毛，从根部尖端剪下 2cm 长的一段，每个周围孔内只放一根羽毛的材料，在保持湿润的平皿中于室温孵育 2~3 天后，观察，若放羽毛和血清的中央孔之间出现一条白不透明的沉淀线即为阳性反应。但它只能确定是否感染，不能确定是否发生肿瘤。内脏型马立克氏病应与鸡淋巴性白血病进行鉴别，二者眼观变化很相似，其主要区别是马立克氏病常侵害外周神经、皮肤、肌肉和眼睛的虹膜，法氏囊被侵害时可能萎缩，而淋巴细胞性白血病则不是这样，且法氏囊被侵害时常见结节性肿瘤。

（六）防制措施

（1）加强饲养管理和卫生管理。坚持自繁自养，执行全进全出的饲养制度，避免不同日龄鸡混养；实行网上饲养和笼养，减少鸡只与羽毛粪便接触；严格卫生消毒制度，尤其是种蛋、出雏器和孵化室的消毒，常选用熏蒸消毒法；消除各种应激因素，注意对 IBD、ALV、REV 等的免疫与预防；加强检疫，及时淘汰病鸡和阳性鸡。

（2）疫苗接种。疫苗接种是防制本病的关键。在进行疫苗接种的同时，鸡群要封闭饲养，尤其是育雏期间应搞好封闭隔离，可减少本病的发病率。疫苗接种应在 1 日龄进行，有条件的鸡场可进行胚胎免疫，即在 18 日胚龄时进行鸡胚接种。所用疫苗，主要为火鸡疱疹病毒冻干苗（HVT）；二价苗（Ⅱ型和Ⅲ型组成），常见的双价疫苗为 HVT + SB1 或 HVT + HPRS-16 或 HVT + Z4，以及血清Ⅰ型疫苗，如 CVI988 和 "814"。HVT 不能抵抗超强毒的感染，二价苗与血清Ⅰ型疫苗比 HVT 单苗的免疫效果显著提高。由于二价苗与血清Ⅰ型疫苗是细胞结合疫苗，其免疫效果受母源抗体的影响很小，但一般需在液氮条件下保存，给运输和使用带来一些不便。因此，在尚未存在超强毒的鸡场，仍可应用 HVT，为提高免疫效果，可提高 HVT 的免疫剂量；在存在超强毒的鸡场，应该使用二价苗和血清Ⅰ型疫苗。

十一、鸡传染性贫血

鸡传染性贫血是由鸡传染性贫血病毒（CIAV）引起的，以雏鸡再生障碍性贫血、全身淋巴组织萎缩、皮下和肌肉出血及高死亡率为特征的传染病。

（一）流行病学特点

鸡是鸡传染性贫血病毒的唯一自然宿主，至今未发现其他禽类对本病易感。各年龄鸡都易感，但主要发生在 2~3 周龄的雏鸡，其中 1~7 日龄雏鸡最易感。随着日龄的增加，其易感性、发病率和死亡率逐渐降低。

（二）临床症状

鸡传染性贫血病毒感染后，鸡是否表现临床症状，与鸡的年龄、鸡传染性贫血病毒的毒力及是否伴发或继发其他疾病有关。主要临床特征是贫血。病鸡皮肤苍白，发育迟缓，精神沉郁，消瘦，喙、肉髯和可视黏膜苍白，翅膀皮炎或蓝翅，全身点状出血，2~3天后开始死亡，死亡率不一，通常为 10%~50%，濒死鸡可见腹泻。继发性感染可阻碍病鸡康复，加剧死亡。

（三）病理变化

病理组织学特征性变化是再生障碍性贫血和全身淋巴组织萎缩。骨髓造血细胞严重减少，几乎完全被脂肪组织所代替。法氏囊、脾脏、盲肠、扁桃体及其他器官的淋巴细胞严重缺失，网状细胞增生。

（四）诊断要点

根据流行特点（主要发生于 2 ~ 3 周龄以内的雏鸡）、临床症状（严重贫血、红细胞数显著降低）和病理变化（骨髓呈现黄至白色，胸腺萎缩等），可作出初步诊断，但确诊需进行实验室病毒的分离与鉴定，血清学检测及鉴别诊断等检查。

（五）防制技术

（1）加强检疫、饲养管理和兽医卫生措施：防止从外地引入带毒鸡，以免将本病传入健康鸡群。重视日常的饲养管理和兽医卫生措施，防止环境因素及其他传染病导致的免疫抑制。

（2）切断鸡传染性贫血病毒的垂直传播：对基础种鸡群施行普查，了解鸡传染性贫血病毒的分布以及隐性感染和带毒状况，淘汰阳性鸡只，切断鸡传染性贫血病毒的垂直传播源。

（3）免疫接种：用鸡传染性贫血弱毒冻干苗对 12 ~ 16 周龄鸡饮水免疫，能有效抵抗 CIAV 攻击，在免疫后 6 周产生强的免疫力，并持续到 60 ~ 65 周龄。种鸡免疫 6 周后所产的蛋可留作种蛋用。也可用病雏匀浆提取物饲喂未免疫种鸡，或鸡传染性贫血病毒耐过鸡的垫料掺和于未免疫青年种鸡的垫料中进行人工感染，均可取得满意的免疫效果。鸡传染性贫血病毒的母源抗体极易产生，并对子代鸡提供免疫保护。种鸡在 13 ~ 14 周龄时免疫，能有效预防子代鸡传染性贫血病毒的爆发。但不能在首次产蛋前 3 ~ 4 周实施免疫接种，以防止通过种蛋传播疫苗病毒。

十二、网状内皮组织增生病

网状内皮组织增生病是由反转录病毒科禽网状内皮组织增生病病毒引起的禽类以淋巴—网状细胞增生为特征的肿瘤性疾病。其特征为病禽免疫抑制、生长抑制（矮小）综合征、致死性网状细胞瘤、淋巴组织和其他组织慢性肿瘤。

（一）病原与流行情况

网状内皮组织增生病是由网状内皮组织增生症病毒引起的一种肿瘤性传染病，本病能侵害机体的免疫系统，可导致机体免疫机能下降继发其他疾病。肉鸡发病日龄多在 30 日龄左右，本病毒是低温病毒，高温季节不易发病，鸡群中的发病率和死亡率不高，呈慢性死亡。患病鸡是本病的主要传染源，可从口、眼分泌物及粪便中排出病毒，通过水平传播使易患鸡感染。本病亦可通过种蛋垂直传播，但传播能力较弱。

（二）临床症状

病鸡精神委顿，食欲不振。羽毛粗乱，贫血，生长停滞，发育不良，感染后数天到数周病鸡急性死亡，感染约 3 周可见羽毛中间部出现"一"字形排列的空洞，感染 1 个月后出现运动失调和麻痹。

（三）病理变化

由不完全复制 T 株病毒引起的急性网状细胞肿瘤形成，肝脏被大空泡状，原始网状细胞所浸润。由完全复制毒株引起的慢性肿瘤，肝和法氏囊有肉眼可见的淋巴瘤，翼神经、坐骨神经、颈神经均肿大变粗。

病鸡法氏囊重量减轻，严重萎缩，滤泡缩小，滤泡中心淋巴细胞减少和坏死。胸腺充血、出血、萎缩、水肿。肝、脾、肾、心、胸腺、卵巢、法氏囊、胰腺和性腺等（肝最早出现病变），有灰白色点状结节和淋巴瘤增生。特征变化是器官组织中网状细胞弥散性和结节性增生。

（四）防制

目前对本病尚无有效治疗方法。加强种蛋（包括 SPF 种蛋）疫病监测，用酶联免疫吸附试验检出种蛋中的病毒抗原，淘汰潜在的病母鸡，消除垂直传播。加强种鸡群（包括 SPF 鸡群）监管措施，注意环境卫生，防止水平传播。加强种鸡用疫苗（特别是马立克氏病、禽痘和禽白血病）质量监测与管理，严防本病毒污染，以免引起本病的人工传播和造成重大经济损失。迄今尚无用于免疫预防的市售疫苗。

十三、鸡白血病

鸡白血病是由禽白血病病毒引起的慢性传染性肿瘤病，也叫做鸡淋巴细胞白血病，俗称"大肝、大脾病"。

（一）病原

禽白血病病毒属于反转录病毒科，C 型肿瘤病毒属，禽白血病/肉瘤病毒群。该病毒还可分为 A、B、C、D、E 5 个亚群。其中，A 亚群是最主要的致病毒株。该病毒对乙醚和氯仿敏感，对热不稳定，高温下可快速灭活。

（二）流行病学

鸡是禽白血病病毒（ALV）群的自然宿主。虽从某些品种的野鸡、鹧鸪中分离到禽白血病病毒毒株，但属于其他亚群病毒，与从鸡群中分离的禽白血病病毒亚群不同。至今尚未见从其他禽类中分离到禽白血病病毒的报道。但禽白血病病毒中某些毒株的实验室宿主范围较广；劳斯肉瘤病毒可人工感染野鸡、珍珠鸡、鸭、鸽、日本鹌鹑、火鸡、石鸡。肉瘤中某些毒株甚至可使哺乳动物，包括猴产生肿瘤。据报道，成骨髓细胞增殖病病毒（AMV）血管内注射 1 日龄鹌鹑可产生淋巴瘤、肾细胞瘤及慢性骨髓细胞瘤，不表现急性成髓细胞增生症。据王建宁（1989）报道，不同品种鸡对成骨髓细胞增殖病病毒的易感差异很大。AA 鸡和艾维因鸡对成骨髓细胞增殖病病毒易感性高，而罗斯鸡、星布罗鸡和京白鸡易感性较低。

经卵垂直传播是禽白血病病毒（ALV）的主要传播方式。鸡蛋的感染频率较低，但用感染的鸡蛋孵出的雏鸡将终生带毒，有免疫耐受性，不会产生成骨髓细胞增殖病病毒抗体，增加了禽白血病死亡的危险性，而且可使后代鸡群的产蛋量下降，并将感染通过鸡蛋而一代代重复下去。白血病也可通过接触水平传播，但一般来说这种传播是十分重要的。多发生在某些鸡，特别是由于内源病毒感染而有较多易感性鸡或缺乏母源抗体，一旦孵出后，很快通过接触感染。

　　某些品种鸡群接种马立克氏病毒血清 2 型 + 3 型的二价苗后，会出现鸡白血病的发病率上升的现象，这种现象目前已被证实，但确切发病机理尚不清楚，应特别加以注意。

　　（三）临床症状

　　病鸡无特异的临诊症状。有的病鸡可能完全没有症状。许多患有肿瘤的病鸡表现不健壮或消瘦，头部苍白，由于肝部肿大而导致患鸡腹部增大。法氏囊肿大，用手指经泄殖腔可触摸到肿大的法氏囊。禽白血病感染率高的鸡群产蛋量很低。据王建宁报道，用成骨髓细胞增殖病病毒 BAI—A 株血浆毒感染 1 日龄雏鸡，接种后 2 周左右开始出现并非特异性的临诊症状，此后陆续发病死亡，一般 16 天开始，有的鸡死亡很快，死前无明显临诊症状。一直延续到接种后第 8 周左右才停息。禽白血病一般发生在 16 周龄以上性成熟或即将性成熟的鸡群，呈渐进性发生。

　　（四）病理变化

　　病死鸡，在许多组织器官中可见到淋巴瘤，尤其肝、肾、卵巢和法氏囊中最为常见。肿瘤病变呈白色到灰白色，可能是弥散性的，有时呈局灶性的。法氏囊切开后可见到小结节状病灶，但并不十分明显。镜检肿瘤细胞为均一的成淋巴细胞，并且是嗜派络宁染色的。据王建宁报道，用 AMV 感染 1 日龄雏鸡，待鸡发病死亡后剖检，病变主要是肝、脾显著肿大，尤其脾脏体积可达正常体积的 3 ~ 4 倍。血液凝固不全，皮下毛囊局部或广泛出血。血象变化往往早于临诊表现，主要成髓细胞的急剧增加，且血象的变化与病程发展及预后密切相关。

　　从组织病理学检查来看，本病侵害脾、肝、心、肾、肺、法氏囊、胸腺、盲肠、胰腺等，几乎波及所有内脏器官，病变主要特征是：成髓细胞的弥散性和结节性增生。典型的急性病鸡以成髓细胞弥散性增生为主。超微结构观察发现，脾、肝、心、肾、法氏囊及外周血细胞均有明显变化，线粒体内有包含物，多为脂滴及空泡状膜性结构（细胞器退行变化产物）。粗面内质网肿胀明显，常发生脱颗粒，网池中也见到上述的包含物。滑面内质网的扩张，往往使胞浆内出现许多大小不同的空泡，这在心肌细胞中尤为明显。

（五）鉴别诊断

诊断鸡白血病应特别注意与马立克氏病和网状内皮组织增生病相区别。应该注意的是无论病毒学方法还是血清学方法对鸡的上述3 种病毒性肿瘤病的区别诊断帮助不大，因为白血病在鸡群中广泛传播，而有临诊症状的却不一定是白血病。但病毒学方法和血清学方法对于净化种鸡场、原种鸡场，特别是 SPF 鸡场白血病是十分有用的方法。国内对禽白血病的诊断研究起步较晚，但有较好的进展。主要有哈尔滨兽医研究所报道的半微量补体稀释法、补体结合试验、酶联免疫吸附试验（ELISA）和琼脂扩散试验（AGP）。

（六）治疗

目前，对鸡白血病尚无有效的治疗方法。

（七）预防

因为鸡白血病的传播主要是垂直传播，水平传播仅占次要地位。所以国内外控制鸡白血病都从建立无鸡白血病的净化鸡群着手，即每批即将产蛋的鸡群，经 ELISA 或其他血清学方法检测，阳性鸡进行一次性淘汰。每批蛋鸡只需这样淘汰一次，经 3 ~4 代淘汰后，鸡群的鸡白血病将会显著降低，并逐步消灭。某些商品鸡场也进行了这方面工作，包括肉鸡场，目的是提高生产力。目前，正努力研制疫苗防制鸡白血病，但尚无有效疫苗可降低鸡白血病肿瘤死亡率。疫苗主要是提高雏鸡的母源抗体 。

十四、蛋鸡血管瘤病

蛋鸡血管瘤病，以往在蛋鸡中主要呈散发性、皮肤型血管瘤病偶有出现，内脏型血管瘤病很少发生。但近几年，蛋鸡的皮肤型血管瘤病和内脏型血管瘤病的发病率明显上升，并且在一些地方常伴随着"大肝病"发生，严重影响了产蛋率，增加了死淘率，有的患病鸡群死亡率可达 20% ~30%，给养鸡业已造成了很大的经济损失。

（一）发病原因

蛋鸡血管瘤病和以往较为常见的鸡的淋巴细胞白血病（即"大肝病"）、骨的硬化病均是由鸡白血病、肉瘤群病毒（ALV）所引起的疾病。病毒经由母鸡的卵巢或输卵管移至卵内造成垂直感染，或对无病毒的种蛋所孵化的雏鸡引起水平感染，并终生从粪便排出病毒，而且于体内各脏器及组织保有病毒，像这种带有病毒的小鸡，部分发育及生长都正常，但有部分鸡在产蛋开始前形成肿瘤性病变。

（二）临床症状

陆续出现鸡冠由红色逐渐变黄、萎缩现象，病鸡食欲下降、不产蛋、精神不振，最后死亡。经询问得知，与该户从同一孵化场购鸡的其他养鸡户的鸡群也出现同样症状。病鸡精神萎靡，鸡冠萎缩，色黄，一指裆，检查皮肤、羽毛，分别在胸部、颈部、脚趾、尾部皮肤处，发现有似绿豆大至酸枣大的血液凝固物，周围羽毛被血液污染。

（三）剖检变化

有的病死鸡在皮肤和皮下组织有散在或密集的暗红色的血疱；有的在眼结膜、肝脏、肺脏、脾脏、胃、肾脏等内脏器官的表面及实质内有散在或密集的暗红色的血疱，患内脏型血管瘤的病鸡，有时可见腹腔内有血凝块；有的在胸骨、颈部肌肉、腿肌的肌膜表面和腿部肌肉的深层、胸腹气囊、卵巢、肠道、肠系膜、输卵管、输卵管系膜、子宫壁及子宫黏膜有大小不一的血管瘤。有的血管瘤病鸡还同时出现"大肝病"典型病变，即肝脏、脾脏、肾脏极度肿大，表面和切面有许多大小不一的灰白色的肿瘤病灶。

（四）防控措施

（1）培育无本病的净化鸡群。目前，本病既无有效的疫苗预防，也无有效的药物治疗。由于传播途径以垂直传播为主，因此最根本的防控措施是培育无本病的种鸡群。采用 ELISA 或其他血清学方法（最近国外推出 PCR 诊断试剂，检出率高）经过批批反复检查，淘汰阳性带毒鸡，以达到净化目的。

（2）把好引种关。祖代和父母代种鸡场，净化本病并不现实，因此引种要严格把关，绝不从有本病流行或没有经过净化的原种场引入鸡苗或种蛋。此外，种蛋的收集、保存、孵化时应严格消毒，特别是熏蒸消毒。

（3）搞好卫生消毒，防止早期感染。由于雏鸡对本病易感性高，可水平感染，特别是早期感染后，可能会长期或永久带毒和排毒，并导致最终死亡，因此要特别注意。雏鸡与成年鸡必须隔离饲养，防止交叉感染。提高饲养管理水平，尽可能减少应激，增强机体抵抗力。

此外，还应做好其他疾病的防治工作，加强对注射器的消毒，防疫过程中切实做到注射一只鸡，更换一个针头，严防因注射、采血传播本病。

十五、肉鸡传染性矮小综合征

本病是一种主要侵害肉用仔鸡，引起肉用仔鸡严重生长抑制的传染性疾病。主要特征是肉用仔鸡发育迟缓或停滞，饲料报酬低，鸡冠和胫部苍白，羽毛生长不良，腿软、运动障碍等多种临床症状。

（一）病原学

目前，对于传染性发育障碍综合征在病原或发病原因方面尚无一致意见。许多研究者证实，用病鸡小肠组织匀浆的无菌滤液给无母源抗体的易感雏鸡口服接种，能复制出与自然病例相同的病鸡，因此认为本病的病原可能是病毒。此外，许多学者还从病鸡的肠道组织中分离到呼肠孤病毒、冠状病毒、细小病毒、披膜病毒、肠道病毒和禽反转录病毒等。多数学者认为本病的主要病原是禽呼肠孤病毒。但是将这些病毒提纯后做致病试验，任何一种病毒都不能单独完全复制成功。因此，有人认为除病毒外，还可能有细菌参与致病，亦即多种病原共同致病的结果。当然不排除存在新的病毒的可能性。也有报告认为传染性发育障碍综合征是一种与缺少硒微量元素有关的代谢性疾病。

研究表明，传染性发育障碍综合征的病原体的主要靶器官是小肠，可致肠绒毛和肠腺发炎肿胀，甚至坏死。发病鸡对营养的利用率下降，可能是由于吸收不良或消化不良所引起。病鸡的胰脏也受到损伤，腺管阻塞，可能是引起消化不良或吸收不良的原因。但研究人员通过用电镜观察，在胰腺管中发现披盖病毒样粒子，认为可能是引起腺管阻塞的原因。

此外，在临床中真菌毒素及其他一些毒素也能引起类似的综合征。它们也可能是这种发育障碍综合征的病因之一，应引起高度重视。

（二）流行病学

病鸡和带毒鸡是主要传染源，病毒主要从肠道排出，通过污染的鸡舍、饲料和饮水，经消化道感染。也可通过种蛋垂直传播。本病在一个地区或鸡场一旦发生则很难彻底消灭，水平传播迅速，曾报道将 1～3 日龄健康雏鸡放入病鸡群中，很快发生同居感染，出现明显症状。通常发病率为 5%～20%，而 6～14 日龄死亡率可达 15% 左右，发病率和死亡率与饲养管理条件有密切关系。另一研究显示，当把 1～3 日龄内的健康雏鸡与 50% 或 25% 的病鸡放在一起时，同居鸡可 100% 发病，出现典型的临床症状，包括发生骨骼异常等病症，其严重程度相同。由于 7 日龄时感染鸡就不会发生骨骼发育异常，因此，可以认为该病由一只鸡到另一只鸡的传播是相当迅速的，很可能在一天之内就发生。多数资料表明，鸡场发生本病主要是由于与病鸡直接接触而引起的。

（三）临床症状

本病主要发生于肉用仔鸡，特别是 3 周龄以内的幼龄肉用仔鸡最易发生，但于不同地区不同时期以致不同的鸡群中所发生的发育障碍综合征的症状，其报道也不一致，总之可有多种症状出现。肉用仔鸡最早发生于 3～7 日龄，开始表现为精神倦怠，水样腹泻，粪便内含未消化的食物，病鸡腹部膨胀下垂，体重迅速下降，仅为正常鸡体重的 1/3，个体矮小，生长明显受阻。羽毛发育异常，受感染的小鸡绒毛保持较长时间，主翼羽生长推迟，羽毛蓬松、干枯

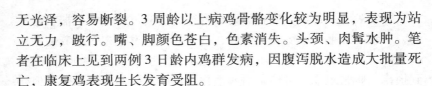

无光泽，容易断裂。3周龄以上病鸡骨骼变化较为明显，表现为站立无力，跛行。嘴、脚颜色苍白，色素消失。头颈、肉髯水肿。笔者在临床上见到两例3日龄内鸡群发病，因腹泻脱水造成大批量死亡，康复鸡表现生长发育受阻。

特征性的临床表现是，整个鸡群生长不均匀，大小不一，1周龄或更小时表现较为明显，一群鸡中一般有5%～20%的鸡受感染，这些鸡到4周龄时只有同栏鸡的一半那么大，甚至更小。在6～14日龄时，可见死亡率有所升高。病鸡过量饮水、下痢、排黄色至橙咖啡色带黏液的稀粪。羽毛粗乱、无光泽，颈部单留有绒毛，翅膀上常伴有位置不整的羽毛，或断裂，故称为"直升飞机病"。

（四）病理变化

剖检时急性死亡鸡可见肠道肿胀、苍白，胃肠道充满未消化的食物。腺胃肿大且增厚，有炎性反应，甚至坏死。肌胃缩小并糜烂，心包发炎，心包液增多，可见局灶性心肌炎，肝脏苍白和炎症，胰腺通常有不同程度的损害。慢性病死鸡矮小、消瘦。见胰腺萎缩，腺管堵塞，苍白而坚实，尤其是在胰脏远侧1/3段表现更为明显。胸腺和法氏囊萎缩变小。胫骨或肋骨变形，呈佝偻样变化，大腿骨骨质疏松，股骨坏死，易断裂。长骨变软，生长板变厚。

显微病理变化主要是肠道可见绒毛变钝，肠腺肿胀。腺胃内腺间组织有单核细胞浸润，这种腺胃炎可能是发育迟缓的原因之一。法氏囊小叶萎缩，胸腺见皮质部分变少，难以将皮质和髓质区分开来。胰脏早期损伤见外分泌细胞皱缩和空泡化，从而引致细胞萎缩，后期多数外分泌组织被纤维组织所取代。胰岛周围见散在的淋巴样细胞灶以及残留的外分泌组织。不正常的长骨生长板见一增殖变厚区，与肥大区界限不清，肥大区来自干骺端的血管明显减少。

生化测定表明，病鸡血浆中类胡萝卜素含量降低，而碱性磷酸酶活性升高。血液中的血浆蛋白升高而血浆色素减少。肝脏及血浆中的维生素A、D、E含量都下降，肝脏中的糖原含量升高，血浆中的淀粉酶活性上升，但血浆中的谷胱甘肽过氧化物酶活性降低。

（五）诊断

由于目前对本病的病原尚未最后确定，因此，在诊断上只能根据临床观察到的生长发育迟缓，结合病理解剖学上的变化来作出初步诊断，如发病年龄、腹泻、羽毛蓬乱、体形矮小、跛行以及腿骨的变化等。进一步确诊需要进行病原分离和电镜观察，在有条件的实验室可采取小肠、胰脏、腺胃等进行组织切片观察。也可测定血浆中碱性磷酸酶的活性和类胡萝卜素的浓度作为辅助诊断方法。

确诊时也应与其他类似疾病如饲料、营养消化不良等相区别。

（六）防制

由于病因复杂，在防治方面目前仍没有特异性的措施，需采用综合性防疫措施。但据试验显示，采取综合性防疫措施会有利于减少本病的发生并减少经济损失。具体如下。

（1）加强鸡场的综合防疫工作，育雏舍育雏工作结束后，必须更换垫料，并进行认真的清洁和消毒。通过污染场地传播是本病主要的传播方式，因此，雏鸡舍的清洁消毒对杜绝本病的传播就显得相当重要。

（2）做好饲料的贮存工作，防止贮存饲料受真菌污染和腐烂。真菌可在饲料中产生真菌毒素，引起鸡群的中毒、腹泻及生长抑制等类似于本病的症状。因此，妥善保管饲料就显得非常重要。在肉用仔鸡的日粮中添加 0.05% 的硫酸铜，可减少饲料的受潮。

（3）消除免疫抑制因素。免疫抑制因素如传染性法氏囊病等对本病有重要影响。所以种鸡和肉用仔鸡均应做好传染性法氏囊病的免疫接种工作，减少鸡群可能出现的免疫抑制现象。

（4）防制球虫病。在大型养鸡场，球虫病对鸡是一种严重威胁的疾病。球虫病的侵袭可损伤肠道上皮使营养物质的吸收减少，生产性能降低。发生传染性发育障碍综合征的鸡群肠壁不同程度都受到损伤，受球虫的感染就显得更容易，发病也严重得多。为了减少两者之间的这种相互加强的效应，必须严格控制球虫病的发生。

（5）改善饲料的营养水平，提供质优价全的配合饲料对预防本病有一定效果。饲料必须含有高度可消化的营养物，最好添加足量的必需氨基酸，以提高饲料的利用率。此外，维生素量的增加一般也是有益的，而脂溶性维生素好处更多。但维生素 A 的含量要限制在 12 000 单位/kg 饲料以下，以避免阻碍维生素 D 的吸收。每千克饲料中添加 0.25mg 硒和 25～100mg 维生素 E，可防止胰脏的损害。

十六、鸡病毒性关节炎

病毒性关节炎也称病毒性腱鞘炎，是由鸡呼肠弧病毒引起的一种传染病，以侵害关节滑膜、腱鞘、关节软骨和心肌为特征，多发生于肉鸡。本病仅发生于鸡，分布于美国、欧洲各国及日本，我国各地亦有不同程度的发生，造成鸡群死亡、生长停滞、饲料利用率降低，给养鸡业造成重大损失。

（一）临床症状

病肉鸡精神不振、双眼紧闭、食欲减退、跛行、贫血、消瘦，胫关节、趾关节及连接的肌腱肿胀。后期出现单侧或两侧性腓肠肌腱断裂，足关节扭转弯曲。严重时瘫痪。

（二）剖检病变

鸡跖屈肌腱和跖肌腱肿胀，从跗关节上部的触诊能明显感觉到跖伸肌腱的肿胀，爪垫和跗关节一般不出现肿胀。跗关节常含有少量草黄色或血样渗出物，

个别病鸡有大量脓性渗出物，与传染性滑膜炎病相似，感染早期跗关节和跖关节腱鞘有明显水肿，跗关节内滑膜经常有点状出血。

（三）诊断

（1）根据症状和病变可做出初步诊断。病变主要涉及跖伸肌和屈肌及心脏组织内异嗜细胞浸润，这些有助于与细菌和霉形体性滑膜炎区分开。

（2）荧光抗体技术能检查腱鞘内的呼肠弧病毒，或用鸡胚、鸡胚肝细胞分离病毒提供进一步诊断。

（3）通过爪垫接种一日龄易感鸡，从受感染关节分离的呼肠

孤病毒确定其相对致病性。如果有致病性，在接种后 72 小时内病毒可诱发爪垫出现明显炎症反应。

（4）根据病毒的典型理化特点和由琼脂沉淀试验证明群特异性抗原，本病毒不同于其他病毒。通过 CAM 接种 9～11 日龄鸡胚，接种后 7 天内收获死亡或有病变的 CAM 经过匀浆制备成抗原。可用沉淀试验鉴定呼肠孤病毒分离物或用作受感染鸡群的抗体测定。

（四）预防和控制

（1）该病毒以水平和垂直方式传播，由于对外界和部分消毒剂有抵抗力，增加了通过各种机械方式传播的可能性。因此，对鸡舍彻底清洗消毒，可防止由上批感染鸡留下的有致病性病毒的感染，最有效的消毒剂是碱性溶液和 0.5% 有机碘液。

（2）最有效的预防方法是接种疫苗。对 1 日龄幼鸡接种弱的呼肠孤病毒，以提高主动免疫力。

（3）种鸡免疫。提高母源抗体以保护种鸡所产仔鸡免受野毒侵袭。

十七、鸡痘

鸡痘通常有 3 种类型：①干燥型（皮肤型）：在鸡冠、脸和肉垂等部位，有小泡疹及痂皮。②潮湿型：感染口腔和喉头黏膜，引起口疮或黄色伪膜。皮肤型鸡痘较普遍，潮湿型鸡痘之死亡率较高（可达 50%，但通常不会这样高）。③两类型可能同时发生，也可能单独出现；任何鸡龄都可受到鸡痘的侵袭，但它通常于夏秋两季侵袭肉雏鸡及育成鸡。本病可持续 2～4 周。通常死亡率并不高，但患病后生长速度会降低达数周。

（一）传播途径

健康鸡因与病鸡接触而传染。蚊子与野鸟皆是本病的传播者。虽然鸡痘由病毒引起，但传播却相当缓慢。

（二）临床症状

主要发病日龄在 20 日龄以后，35 日龄发病最多，临床可分为：

（1）干燥型鸡痘的病变部分很大，呈白色隆起，后期则迅生长变为黄色，最后才转为棕黑色。2～4 周后，痘泡干化成痂。本病症状见于鸡冠、脸和肉垂出现最多。但也可出现于腿部、脚部以及身体皮肤和其他部位。

（2）潮湿型鸡痘会引起呼吸困难、流鼻涕、眼泪、脸部肿胀、口腔及舌头有黄白色至溃疮。

（3）混合型鸡痘。上述两种症状同时存在，死亡率较高。

（三）解剖病变

在潮湿型鸡痘中可发现位于口腔、喉头、气管开口处的黏膜及气管黏膜有增生和溃疮现象。这些黏膜上的溃疮很难除去，所以黏膜上常遗留出血裂口。溃疮往往形成干酪状伪膜。肺部偶尔充血而气囊呈混浊状。

（四）预防措施

鸡只以鸡痘疫苗实施翼膜穿刺法接种。若鸡只处于危险地区，应尽量提早（甚至 1～2 日龄）。若补充鸡群于二日龄接种温和鸡痘疫苗，则 6～12 周龄须再次以毒力较强的鸡痘疫苗接种，以强化免疫。

（1）免疫接种痘苗，适用于 7 日龄以上各种年龄的鸡。用时以生理盐水或冷开水稀释 10～50 倍，用刺种针（或大针头）蘸取疫苗刺种在鸡翅膀内侧无血管处皮下。接种 7 天左右，刺种部位呈现红肿、起泡，以后逐渐干燥结痂而脱落，免疫期 5 个月。

（2）搞好环境卫生，消灭蚊、蠓和鸡虱、鸡螨等。

（3）及时隔离病鸡、甚至应淘汰，并彻底消毒场地和用具。

（五）治疗

目前没有特效药物治疗，一般采用对症疗法。发生鸡痘时：第一天用新城疫 1 系做紧急接种；第二天用鸡痘散（25kg 料／袋）开水焖烫 30 分钟后集中拌料，痘病灵（河南大华生物技术公司生产）饮水，连用 3～5 天。

十八、鸡包涵体肝炎

鸡包涵体肝炎是由禽腺病毒引起的鸡的一种急性传染病，以病鸡突然死亡增多，严重贫血、黄疸、肌肉出血、肝脏肿大出血和有坏死灶，镜检可见肝细胞核内有包涵体。该病又称贫血综合征。本病于 1951 年首次发生于美国，随后流行于欧美，我国也有该病的发生。

（一）病原

鸡腺病毒属于腺病毒科 I 型禽腺病毒群，迄今证明至少有 12 个血清型，各血清型的病毒粒子均能侵害肝脏，该病毒对热稳定，对紫外线、阳光及一般消毒药品均有一定抵抗力。甲醛、100% 乙醇、碘酊对其有灭活作用。

病毒粒子无囊膜，直径为 70～90nm，核酸为双股 DNA。病毒在核内复制，产生嗜酸、碱性包涵体。

对乙醚、氯仿、胰蛋白酶、5% 乙醇有抵抗力，可耐受 pH 值 3～9，对热有抵抗力，56℃ 2 小时、60℃ 40 分钟不能致死病毒，有的毒株 70℃ 30 分钟仍可存活。能被 1：1 000 的甲醛灭活。

有个别血清型的毒株能凝集大鼠红细胞，多数血清型毒株都无血凝性。病毒分离可用鸡肾或鸡胚肝细胞，病毒在鸡肾细胞上形成蚀斑。

流行病学

（1）易感动物。只有鸡易感，肉鸡多发。

（2）发病年龄。多发生在 3～7 周龄的肉鸡，蛋鸡也有发生。

（3）传染源。病鸡、带毒鸡。病毒通过粪便、气管和鼻排出病毒而感染健康鸡。

（4）传播途径。主要经呼吸道、消化道及眼结膜感染，也可通过种蛋传染给下一代。

（5）感染本病的种母鸡，种蛋孵化率，下降和雏鸡死亡率增高，发生过传染性法氏囊病的鸡易发本病。

（二）临床症状

本病主要感染鸡和鹑、火鸡，其中，以 3 ~ 9 周龄的鸡最常见。在种鸡群或成年鸡群中往往不能察觉其临床症状，主要表现隐性感染，种蛋孵化率低和雏鸡的死亡率增高。病鸡则显现典型的肝炎和贫血，本病可通过鸡蛋传递病毒，也可从粪便排出，因接触病鸡和污染的鸡舍而传递，感染后如果继发大肠杆菌病或梭菌病，则死亡率和肉品废弃率均会增高。本病的发生往往与其他诱发条件如传染性法氏囊病有关。以春夏两季发生较多。病愈鸡能获终身免疫。

（三）病理学

（1）大体解剖病变。肝脏苍白、质脆、肿胀、肝脏、骨骼、骨骼肌有点状或斑状出血。肝细胞内有包涵体，呈圆形。肾、脾大，肾高度肿胀，呈灰白色。临床病理学 主要表现为肝脏肿大，呈土黄色，质脆，表面有不同程度的出血斑点，有时可见大小不等的坏死灶。一些病例可见到骨髓病变，股骨骨髓出血呈桃红色，同时，胸肌和腿肌苍白并有出血斑点，皮下组织、脂肪组织和肠浆膜、黏膜可见明显出血。此外，还常见法氏囊萎缩，胸腺水肿，脾和肾脏肿大，脾呈土黄色，易碎。

（2）病理组织学。本病特征性的组织学变化是肝细胞内出现包涵体，常见的是呈圆形均质红染的嗜酸性包涵体，与核膜间有一透明环，少数病例可见到嗜碱性包涵体，其肝细胞核比正常大 2 ~ 3 倍。肝组织结构完全破坏，肝细胞严重空泡变性，部分坏死，并见大量红细胞。胆管上皮细胞显著增生，形成条索状的伪胆管，在汇管区，淋巴细胞呈局灶性增生。在人工感染病例中还可见脾脏白髓内动脉淋巴细胞散在性坏死，鞘毛细血管周围网状细胞显著增生。法氏囊和胸腺中淋巴细胞坏死、减少。骨髓红髓内造血细胞减少，脂肪组织增多。肾小管上皮细胞空泡样变性，并见大量坏死。脑水肿，神经细胞变性。

（四）诊断方法

（1）病料的采取和处理。在包涵体肝炎的早期，肝脏、法氏囊产生的病毒浓度最高。可以无菌采取病变肝脏、法氏囊、肾以及粪便作为病料。将病料制成 1：5 乳剂（粪便作适当处理），3 000 转/分离心 15 分钟，取上清液用 50% 氯仿室温下处理 15 分钟，3 000转/分离心 15 分钟，取最上层水相加入抗生素，37℃ 作用 2 小时，即可供接种用。

（2）分离培养和鉴定。禽腺病毒可在鸡胚肝细胞及鸡肾细胞内增殖。对鸡胚成纤维细胞不敏感，所以一般常用鸡胚肝、鸡肾细胞来分离病毒。病料接种已长成单层的鸡胚肝细胞或鸡肾细胞，培养 7 天，盲传 2 代，细胞出现 CPE 时，细胞变圆、折光性增强、脱落。另外，可用伊红—苏木精染色单层细胞，来证实核内嗜碱性包涵体的存在。

用鸡胚接种分离病毒时，应选用 SPF 胚或来自腺病毒阴性鸡群的胚，将病料接种 5～7 日龄鸡胚的卵黄囊内，在接种后 2～10 天可见胚胎死亡和发育停滞，胚体出血，肝坏死灶，在肝细胞中存在核内包涵体。

此外，可以应用已知包涵体肝炎阳性血清做病毒中和试验或琼脂扩散试验对病毒进行鉴定。

（五）防治措施

（1）本病是多血清型病毒而引起的疾病，制作疫苗时，应使作多种类血清型病毒进行研制。

（2）避免从易发病的孵化场引进种蛋和雏鸡。

（3）注意日常卫生管理，作好消毒工作。

（4）发病时，饲喂多种维生素和其他营养丰富的饲料。

（5）对 AVV 比较有效的消毒药有碘制剂、次氯酸钠、甲醛蒸气等。

（6）加强新城疫、法氏囊、贫血因子、大肠杆菌等病的防疫，避免并发或继发感染。

（六）治疗措施

发病鸡用维生素 C 针剂（每支 2ml，含 100mg）、庆大霉素（每支 1ml，含 20mg）、维生素 K3 或维生素 K4 针剂（每支 1ml，含 4mg）各 1 支，加凉开水 250ml，让病鸡自由饮用 1 周。停药 3

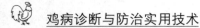

天后，再用上述药物加凉开水 500ml，饮 1 周后停药。病重鸡同时肌注庆大霉素 2mg，早晚各 1 次。

第二节　细菌性传染病

一、鸡白痢

鸡白痢是由沙门氏菌属的某些致病性细菌引起的雏鸡的一种急性、败血性传染病，症状是排灰白色粥样或水样稀便；成年鸡多为局限性生殖系统的慢性或隐性传染。

（一）临床症状

（1）急性败血型。发生于 4 周以内的雏鸡。死前无临床症状，突发性死亡。病程略长的可见到精神萎靡、不吃不喝，病后 2～3 天死亡。

（2）亚急性型。见于 4 周龄以后育成鸡和成年产蛋鸡。以开产前后死亡最多。这时可见死亡率突增，可持续数周。有的拉稀，也有的无特殊症状而突然死亡。仅腹部膨大较明显，有的鸡冠发紫，死后鸡冠多苍白。

（3）慢性型。见于成年鸡。多数体重特别大，腹部膨大，停止产卵，死亡突然；少数表现瘦弱、拉稀、精神沉郁。

以上 3 种类型均很少见到拉白痢症状。

（二）剖检变化

1. 鸡胚

在第 5 日照蛋可见到死亡的血胚增加很多，打开后见到血丝粘连在蛋壳上，同时，发育迟缓的鸡胚比例增多。在第 18 天照蛋，可见死胚增加，并出现有臭蛋，发育比同期正常鸡胚慢 1～2 天。打开后鸡胚表面多呈粉红色充血，尿囊液混浊黏稠，有的头部肿胀。未吸收完的卵黄囊大，且呈现绿色，鸡胚腹腔内的肠道中有少量深绿色粪便。病鸡胚比正常鸡胚晚 24～48 小时破壳，弱雏无力啄破蛋壳，或啄破部分蛋壳后死于壳内。已出壳的弱雏身上黏满蛋壳，不易剥落。部分弱雏脐部发育不好且与蛋壳粘连，也有的腹部膨大。血蛋与毛蛋所占比例增加，毛蛋多于血蛋。

2. 雏鸡

（1）急性败血型。内脏多无明显变化，卵黄吸收不良，残留卵黄囊大，呈现绿色，有些雏鸡患有脐炎。

（2）亚急性型。卵黄吸收不全，肝脏肿大，有的紫红色，有的土黄色，肝表面有点状或条纹状出血；脾脏比正常肿大 2 ~ 3 倍，表面有点状出血；肾脏肿大，有点状出血；胸肌有出血点；心包内有黄色浆液性渗出物，血凝不良；十二指肠壁增厚。

3. 成鸡

（1）急性型（溶血型）。死亡突然，且许多是肥胖鸡，腹腔内各脏器可见因破裂而出血。其中，以肝破裂最多。也有的出血发生在皮下或肌内，血液不凝固，稀薄如水状存留于腹腔内，肝脏肿大，卵巢多无变化，输卵管中有待产出的卵。

（2）亚急性型（肝破裂型）。肝脏肿大，黑红色，无白点，有 3 ~ 5cm 长的不规则破裂口，有的在肝包膜下形成血肿。卵泡少，有的变性、萎缩，或在输卵管中有已成型的卵。

（3）慢性型（腹膜炎型）。腹大，肠胃与输卵管粘连在一起，可见到落入腹腔中已干化的卵黄，外面被干酪样物质粘连，有的形成团块，卵巢变性、萎缩，肠黏膜坏死、脱落。常见输卵管中停留多个已变性的卵泡，腹膜增厚、混浊，有的包住卵黄和小肠。

（三）诊断

用心、肝、血液进行细菌培养，在营养琼脂平板上 24 ~ 28 小时后可见细小并呈露滴样菌落、革兰氏阴性杆菌。在 S-S 平板上生长，呈圆型中间凹陷的菌落。血清学反应：沙门氏菌多价 O 抗原阳性。多价 H 抗原阳性。其他实验阴性，培养无大肠杆菌生长。

（四）治疗

（1）在雏鸡 1 ~ 5 日龄时在饲料中拌入庆大霉素、卡那霉素及喹诺酮类药物，连拌 5 日；成鸡采用庆大霉素粉拌料，每只鸡 5 万单位。

（2）常用的抗白痢药有氟苯尼考、磺胺、土霉素、链霉素等，按说明书使用。治疗效果明显。

（3）对种鸡群用鸡白痢平板凝集抗原作血检后，淘汰全部阳性鸡。

用抗生素能抑制病菌的活力，单靠治疗用药往往不能根治，尤其发病后投药往往效果不理想。如果长期大量服用抗生素，不仅疗效差，而且还能导致抗药菌株的出现，因此，根据发病规律与气候变化，按疗程认真实施预防用药和联合用药方案，以增强疗效，一般用药两个疗程为宜。

二、鸡伤寒

鸡伤寒是鸡的一种传播很快的败血性传染病，呈急性或慢性经过，其他家禽如鸭、鹅、鸽等也能够感染。

（一）病原及流行病学

病原体为禽伤寒沙门氏菌。它的形态、培养特性、抵抗力和抗原结构与鸡白痢沙门氏菌几乎完全相同，两者之间具有交叉凝集作用。主要鉴别方法是通过生化特性的检查。

一般消毒药和直射日光都能很快杀死此细菌，但在土壤里可生存较长时间，在死鸡的骨髓里可以存活3个月。

鸡伤寒的传染源主要是带菌鸡，也能通过蛋内传染。带菌鸡不断从粪便排出病菌，污染土壤、饮水和用具，传染本病。雏鸡感染主要是种蛋带菌，在孵化器和育雏器内相互传染；也可在孵出后直接或间接接触病鸡或带菌鸡而感染。此外，野禽、动物或苍蝇等以及饲养人员都是传播鸡伤寒的重要媒介。本病的传染途径以消化道为主。

（二）临床症状

一般先发现少数死鸡，以后渐多，病鸡精神沉郁，不爱活动，羽毛松乱，喜离群独处，眼半闭，个别鸡把头藏在翅膀下，病初拉黄绿色稀粪，肛门附近的羽毛被粪便污染。病鸡采食量减少或者食欲废绝，极度口渴，这可能是由于高烧的结果（体温43～44℃）。

急性病程 2～10 天，慢性型的可拖延数周，死亡率较低，康复后成为带菌鸡。

（三）病理变化

最急性病例，肉眼很少见到病变，病程较长时最具特性的变化是肝和脾的红肿，慢性阶段，肝脾极度肿大，呈现绿棕色，或青铜色，肝和心肌散布着一种灰白色的小坏死点。其他病变包括心包炎、胆囊扩张，充满浓厚的胆汁。病鸡发生心包炎，母鸡由于卵壳破裂而常引起腹膜炎，卵泡发生出血、变形、变色和变性，肠道出现卡他性炎症等，通常以小肠病变比较严重。

（四）诊断

根据病鸡的发病年龄（一般在一个月以上），病状以及病理解剖变化，可以作出初步诊断。在剖检上肝和脾脏极度肿大，呈青铜色是其特征性变化。

（五）防治

鸡伤寒治疗的用药磺胺类、呋喃类和抗生素均有一定的疗效。其中，以复方新诺明、氟苯尼考效果较为理想。而且要加强场地消毒，重病鸡淘汰，轻病鸡隔离治疗。鸡场要铲除旧土，换上新土。定期在鸡群中进行鸡伤寒凝集试验，将带菌鸡检出淘汰。鸡粪要堆积发酵，进行生物热消毒。

三、禽霍乱

禽霍乱（又称禽巴氏分枝杆菌病）是由多杀性巴氏杆菌引起家禽和野禽的一种急性败血性传染病。以突然发病、下痢，出现急性败血症症状；慢性型以鸡冠、肉髯水肿和关节炎为特征。OIE 将其列为 B 类疫病。

（一）病原学

多杀性巴氏杆菌，为巴氏杆菌科巴氏杆菌属成员。本菌为两端钝圆、中央微凸的革兰氏阴性短杆菌，多单个存在，不形成芽孢，无鞭毛，新分离的强毒菌株具有荚膜。病料涂片用瑞氏、姬姆萨或美蓝染色呈明显的两极浓染，但其培养物的两极染色现象不明显。

我国禽霍乱多由5：A血清型引起。

本菌的抵抗力很低，在干燥空气中2～3天死亡，在血液、排泄物和分泌物中能生存6～10天，直射阳光下数分钟死亡；一般消毒药在数分钟内均可将其杀死。

（二）流行病学

病死鸡及康复带菌鸡、慢性感染鸡是主要传染源。主要通过消化道、呼吸道及皮肤伤口感染。动物感染谱非常广，鸡、鸭、鹅、火鸡及其他家禽以及饲养、野生鸟类均易感。家禽中以火鸡最为易感。鸡以产蛋鸡、育成鸡和成年鸡发病多，雏鸡有一定抵抗力。

本病一年四季均可发病，但以春、秋两季发生较多。多种家禽，如鸡、鸭、鹅等都能同时发病。病程短，经过急。

本病病原是一种条件性致病菌，可存在于健禽的呼吸道中，当饲养管理不当、气候突变、营养不良及其他疾病发生，致使机体抵抗力下降，可引起内源性感染。

（三）临床症状

自然感染潜伏期为2～9天，《陆生动物卫生法典》规定为14天。

临床上分最急性、急性和慢性三型。

最急性型：见于流行初期，多发生于肥壮、高产鸡，表现突然发病，迅速死亡。

急性型：此型最常见，表现为高热（43～44℃）、口渴，昏睡，羽毛松乱，翅膀下垂。常有剧烈腹泻，排灰黄甚至污绿、带血样稀便。呼吸困难，口鼻分泌物增多，鸡冠、肉髯发紫。病程1～3天。

慢性型：见于流行后期，以肺、呼吸道或胃肠道的慢性炎症为特点。可见鸡冠、肉髯发紫、肿胀。有的发生慢性关节炎，表现关节肿大、疼痛、跛行。

（四）病理变化

最急性病例常无特征性病变。急性型病例以败血症为主要变化，皮下、腹腔浆膜和脂肪有小出血点；肝大，表面布满针尖大小黄色或灰白色坏死灶。肠道充血出血，尤以十二指肠最严重；产蛋鸡卵泡充血、出血、变形，呈半煮熟状。慢性病例可见鸡冠和肉髯淤血、水肿、质地变硬，有的可见关节肿大、变形，有炎性渗出物和干酪样坏死。多发性关节炎，常见关节面粗糙，关节囊增厚，内含红色浆液或灰白色、混浊的黏稠液体。

（五）诊断

根据临床症状和病理变化可做出初步诊断，确诊需进一步做实验室诊断。

1. 实验室诊断

病原分离与鉴定：涂片镜检（病料涂片，用瑞氏、美蓝或姬姆萨染色液染色，可见两极着色的小杆菌）、动物接种试验（接种小鼠、鸽或鸡，观察病变、镜检或做血液琼脂培养）、血液琼脂分离培养。

2. 血清学检查

通常不采用血清学试验进行诊断。

病料采集：病原分离鉴定可采取病禽肝、脾、心血等病料。

3. 鉴别诊断

鸡霍乱应与新城疫，鸭霍乱应与鸭瘟相鉴别。

（六）防治

做好平时的饲养管理，使家禽保持较强的抵抗力。增加营养，补足各种维生素，避免饲养密度过大和鸡舍潮湿。

严格执行定期消毒卫生制度，尽量做到自繁自养。引进种禽或幼雏时，必须从无病禽场购买，新购进的鸡、鸭必须隔离饲养2周，确认无病时才可混群。

常发本病的地方应用禽霍乱菌苗进行预防接种。

治疗可用庆大霉素、环丙沙星、青霉素、链霉素、阿米卡星等药物，均有较好疗效。

发生本病时，应按《中华人民共和国动物防疫法》规定，采取严格控制、扑灭措施，防止扩散。扑杀患病禽和同群禽，并作深埋或焚烧无害化处理，其他健康禽紧急预防接种菌苗。禽舍、场地和用具彻底消毒。

四、鸡传染性鼻炎

（一）病原学

鸡嗜血杆菌（Haemophilus gallinarum）呈多形性。在初分离时为一种革兰氏阴性的小球杆菌，两极染色，不形成芽孢，无荚膜无鞭毛，不能运动。24 小时的培养物，菌体为杆状或球杆状，大小为（0.4~0.8）μm×（1.0~3.0）μm，并有成丝的倾向。培养 48~60 小时后发生退化，出现碎片和不规则的形态，此时将其移到新鲜培养基上可恢复典型的杆状或球杆状状态。

本菌为兼性厌氧，在含 10% 二氧化碳的大气条件下生长较好。对营养的需求较高，近来的分离菌株已证明只需要 V 因子。鲜血琼脂或巧克力琼脂可满足本菌的营养需求。经 24 小时培养后，在琼脂表面形成细小、柔嫩、透明的针尖状小菌落，不溶血。本菌可在血琼脂平板每周继代移植保存，但多在 30~40 次继代移植后失去毒力。有些细菌，如葡萄球菌在生长过程中可排出 V 因子。因此，鸡副嗜血杆菌在葡萄球菌菌落附近可长出一种卫星菌落。若把鸡副嗜血杆菌均匀涂布在 2% 蛋白胨琼脂平板上，再用葡萄球菌作一直线接种，则在接种线的边缘有鸡副嗜血杆菌生长，这可作为一种简单的初步鉴定。若用含 5%~10% 鸡血清的糖发酵管，可测定本菌的生化特性。

本菌的抵抗力很弱，培养基上的细菌在 4℃ 时能存活两周，在自然环境中数小时即死。对热及消毒药也很敏感，在 45℃ 存活不过 6 分钟，在真空冻干条件下可以保存 10 年。

（二）流行病学

本病可发生于各种年龄的鸡，老龄鸡感染较为严重。7 天的雏鸡，以鼻腔内人工接种病菌可发生本病，而 3~4 天的雏鸡则稍有抵抗力。4~28 周龄的鸡易感，但有个体的差异性。人工感染 4~8 周龄小鸡有 90% 出现典型的症状。13 周龄和大些的鸡则 100% 感染。在较老的鸡中，潜伏期较短，而病程长。

病鸡及隐性带菌鸡是传染源，而慢性病鸡及隐性带菌鸡是鸡群中发生本病的重要原因。其传播途径主要以飞沫及尘埃经呼吸感染，但也可通过污染的饲料和饮水经消化道传染。

雏鸡、珍珠鸡、鹌鹑偶然也能发病，但病的性质与鸡不同，具有毒性反应。

本病的发生与一些能使机体抵抗力下降的诱因密切相关。如鸡群拥挤，不同年龄的鸡混群饲养，通风不良，鸡舍内闷热，氨气浓度大，或鸡舍寒冷潮湿，缺乏维生素 A，受寄生虫侵袭等都能促使鸡群严重发病。鸡群接种禽痘疫苗引起的全身反应，也常常是传染性鼻炎的诱因。本病多发于冬、秋两季，这可能与气候和饲养管理条件有关。

（三）临床症状

本病的损害主要在鼻腔和鼻窦，发病鸡表现鼻腔流稀薄清液，常不令人注意。一般常见症状为鼻孔先流出清液以后转为浆液黏性分泌物，鼻孔粘有饲料，有时打喷嚏。眼结膜炎、眼睑肿胀。食欲及饮水减少，或有下痢，体重减轻。病鸡精神沉郁，脸部浮肿，缩头，呆立。仔鸡生长不良，成年母鸡产卵减少；公鸡肉髯常见肿大。如炎症蔓延至下呼吸道，则呼吸困难，病鸡常摇头欲将呼吸道内的黏液排出，并有啰音。咽喉亦可积有分泌物的凝块。最后常窒息而死。

（四）病理变化

本病发病率虽高，但死亡率较低，尤其是在流行的早、中期鸡群很少有死鸡出现。但在鸡群恢复阶段，死淘增加，但不见死亡高峰。这部分死淘鸡多属继发感染所致。病理剖检变化也比较复杂多样，有的死鸡具有一种疾病的主要病理变化，有的鸡则兼有 2～3 种疾病的病理变化特征。具体说在本病流行中由于继发症致死的鸡中常见鸡慢性呼吸道疾病、鸡大肠杆菌病、鸡白痢等。病死鸡多瘦弱，不产蛋。

育成鸡发病死亡较少，流行后期死淘鸡不及产蛋鸡群多。主要病变为鼻腔和窦黏膜呈急性卡他性炎，黏膜充血肿胀，表面覆有大量黏液，窦内有渗出物凝块，后成为干酪样坏死物。常见卡他性结膜炎，结膜充血肿胀。脸部及肉髯皮下水肿。严重时可见气管黏膜炎症，偶有肺炎及气囊炎。

（五）诊断方法

本病和慢性呼吸道病、慢性鸡霍乱、禽痘以及维生素缺乏症等的症状相类似，故仅从临床上来诊断本病有一定困难。此外，传染性鼻炎常有并发感染，在诊断时必须考虑到其他细菌或病毒并发感染的可能性。如群内死亡率高，病期延长时，则更须考虑有混合感染的因素，须进一步作出鉴别诊断。

（六）防治措施

鉴于本病发生常由于外界不良因素而诱发，因此平时养鸡场在饲养管理方面应注意以下几个方面。

（1）鸡舍内氨气含量过大是发生本病的重要因素。特别是高代次的种鸡群，鸡群数量少，密度小，寒冷季节舍内温度低，为了保温门窗关得太严，造成通风不良。为此应安装供暖设备和自动控制通风装置，可明显降低鸡舍内氨气的浓度。

（2）寒冷季节气候干燥，舍内空气污浊，尘土飞扬。应通过带鸡消毒降落空气中的粉尘，净化空气，对防治本病起到了积极作用。

（3）饲料、饮水是造成本病传播的重要途径。加强饮水用具的清洗消毒和饮用水的消毒是防病的经常性措施。

（4）人员流动是病原重要的机械携带者和传播者，鸡场工作人员应严格执行更衣、洗澡、换鞋等防疫制度。因工作需要而必须多个人员入舍时，当工作结束后立即进行带鸡消毒。

（5）鸡舍尤其是病鸡舍是个大污染场所，因此，必须十分注意鸡舍的清洗和消毒。对周转后的空闲鸡舍应严格按照一清：即彻底清除鸡舍内粪便和其他污物；二冲：清扫后的鸡舍用高压自来水彻底冲洗；三烧：冲洗后晾干的鸡舍用火焰消毒器喷烧鸡舍地面、底网、隔网、墙壁及残留杂物；四喷：火焰消毒后再用2%火碱溶液或0.3%过氧乙酸或2%次氯酸钠喷洒消毒；五熏蒸：完成上述四项工作后，用甲醛按每立方米 42ml，对鸡舍进行熏蒸消毒，鸡舍密闭 24～48 小时，然后闲置 2 周。进鸡前采用同样方法再熏蒸一次。经检验合格后才可进入新鸡群。

鸡舍外环境的消毒以及清除杂草、污物的工作也容忽视。因此综合防治是防止本病发生不可缺少的重要措施。

本病防治的另一重要方面，就是进行免疫接种。据报道，中国兽药监察所等单位和中国农业科学院哈尔滨兽医研究所分别研制成功了鸡传染性鼻炎油佐剂灭活苗，通过实验室和区域试验证明本菌苗对不同地区、不同品种、不同日龄的鸡群应用是安全的，对鸡群生产性能无影响。不论是本病安全区还是疫区的鸡群免疫后均能获得满意效果。该疫苗的免疫程序一般是在鸡只 25～30 日龄时进行首免，120 日龄左右进行第二次免疫，可保护整个产蛋期。仅在中鸡时进行免疫，免疫期为 6 个月。

（七）治疗措施

副鸡嗜血杆菌对磺胺类药物非常敏感，是治疗本病的首选药物。

一般用复方新诺明或磺胺增效剂与其他磺胺类药物合用，或用 2～3 种磺胺类药物组成的联磺制剂均能取得较明显效果。亦可用磺胺六甲进行治疗，一般 3～4 天治愈，具体使用时应参照药物说明书。如若鸡群食欲下降，经饲料给药血中达不到有效浓度，治疗效果差。此时可考虑用抗生素采取注射的办法同样可取得满意效果。一般选用链霉素或青霉素、链霉素合并应用。红霉素、土霉素及喹诺酮类药物也是常用治疗药物。总之磺胺类药物和抗生素均可用于治疗，关键是给药方法能否保证每天摄入足够的药物剂量，这是值得注意的问题。

目前，我国已研制出鸡传染性鼻炎油佐剂灭活苗，经实验和现场应用对本病流行严重地区的鸡群有较好的保护作用。根据本地区情况可自行选用。

鸡病诊断与防治实用技术

五、鸡大肠杆菌病

鸡大肠杆菌病是由大肠杆菌引起的一种常见、多发病。其中，包括大肠杆菌性腹膜炎、输卵管炎、脐炎、滑膜炎、气囊炎、肉芽肿、眼炎等多种疾病，对养鸡业危害较大。

（一）流行特点

各种年龄的鸡均可感染，但因饲养管理水平、环境卫生、防治措施的不同，有无继发其他疫病等因素的影响，本病的发病率和死亡率有较大差异。集约化养鸡场在主要疫病得到基本控制后，大肠杆菌病有明显的上升趋势，已成为危害鸡群主要细菌性疾病之一，应引起足够重视。大肠杆菌在自然环境中、饲料、饮水、鸡的体表、孵化场、孵化器等各处普遍存在，该菌在种蛋表面、鸡蛋内、孵化过程中的死胚及羽毛中分离率较高。已经构成了养鸡全过程的威胁。本病在雏鸡阶段、育成期和成年产蛋鸡均可发生，雏鸡呈急性败血症经过，火鸡则以亚急性或慢性感染为主。多数情况下因受各种应激因素和其他疾病的影响，本病感染更为严重。成年产蛋鸡往往在开产阶段发生，淘死率增多，影响产蛋，生产性能不能充分发挥。种鸡场发生，直接影响到种蛋孵化率、出雏率，造成孵化过程中死胚和毛蛋增多，健雏率低。本病一年四季均可发生，每年在多雨、闷热、潮湿季节多发。大肠杆菌病在肉用仔鸡生产过程中更是常见多发病之一。

（二）临床表现

鸡大肠杆菌病没有特征的临床表现，但与鸡只发病日龄、病程长短、受侵害的组织器官及部位、有无继发或混合感染有很大关系。①初生雏鸡脐炎，俗称"大肚脐"。其中，多数与大肠杆菌有关。病雏精神沉郁，少食或不食，腹部膨大，脐孔及其周围皮肤发红、水肿。此种病雏多在一周内死亡或淘汰。另一种表现为下痢，除精神沉郁、食欲差，可见排出泥土样粪便，病雏1~2天内死亡。死亡不见明显高峰。②在育雏期间，其中包括肉用仔鸡的大肠杆菌病，原发感染比较少见，多是由于继发感染和混合感染所致。尤其是当雏鸡阶段发生鸡传染性法氏囊病的过程中，或因饲养管理不当引起鸡慢性呼吸道疾病时常有本病发生。病鸡食欲下降、精神沉郁、羽毛松乱、拉稀。同时，兼有其他疾病的症状。育成鸡发病情况大致相似。③产蛋阶段鸡群发病，多由饲养管理粗放，环境污染严重，或正值潮湿多雨闷热季节发生。这种情况一般以原发感染为主。另外可继发于其他疾病如鸡白痢、新城疫、禽流感、传染性支气管炎、传染性喉气管炎和慢性呼吸道疾病发生的过程中，鸡群死淘率增加。

（三）病理剖检变化

初生雏鸡脐炎死后可见脐孔周围皮肤水肿、皮下淤血、出血、水肿，水肿液呈淡黄色或黄红色。脐孔开张，新生雏以下痢为主的病死鸡以及脐炎致死鸡均可见到卵黄没有吸收或吸收不良、卵囊充血、出血、囊内卵黄液黏稠或稀薄，多呈黄绿色。肠道呈卡他性炎症。肝脏肿大，有时见到散在的淡黄色坏死灶，肝包膜略有增厚。与霉形体混合感染的病死鸡，多见肝脾肿大，肝包膜增厚，不透明呈黄白色，易剥脱。在肝表面形成的这种纤维素性膜有的呈局部发生，严重的整个肝表面被此膜包裹，此膜剥脱后肝呈紫褐色；心包炎，心包增厚不透明，心包积有淡黄色液体；气囊炎也是常见的变化，胸、腹等气囊囊壁增厚呈灰黄色，囊腔内有数量不等的灰白色或者黄白色纤维素性渗出物或干酪样物，有的如同蛋黄。肉种鸡有的病死鸡可见输卵管炎，黏膜充血，管腔内有不等量的干酪样物，严重时输卵管内积有较大块状物，输卵管壁变薄，块状物呈黄白色，切面轮层状，较干燥。有的腹腔内见有外观为灰白色的软壳蛋。较多的成年种鸡还见有卵黄性腹膜炎，腹腔中见有蛋黄液广泛地布于肠道表面。稍慢死亡的鸡腹腔内有多量纤维素样物黏在肠道和肠系膜上，腹膜发炎，腹膜粗糙，有的可见肠粘连。大肠杆菌性肉芽肿较少见到。小肠、盲肠浆膜和肠系膜可见到肉芽肿结节，肠粘连不易分离，肝脏则表现为大小不一、数量不等的坏死灶。其他如眼炎、滑膜炎、肺炎等只是在本病发生过程中有时可以见到。总之，根据本病流行特点和较典型的病理变化，可以作出诊断。

（四）临床诊断

用实验室病原检验方法，排除其他病原感染（病毒、细菌、支原体等），经鉴定为致病性血清型大肠杆菌，方可认为是原发性大肠杆菌病；在其他原发性疾病中分离出大肠杆菌时，应视为继发性大肠杆菌病。

（五）防治方法

鉴于本病的发生与外界各种应激因素有关，预防本病首先是在平时加强对鸡群的饲养管理，逐步改善鸡舍的通风条件，认真落实鸡场兽医卫生防疫措施。另外，应搞好常见多发疾病的预防工作。所有这些对预防本病发生均有重要意义。鸡群发病后可用药物进行防治。近年来在防治本病过程中发现，大肠杆菌对药物极易产生抗药性，如青霉素、链霉素、土霉素、四环素等抗生素几乎没有治疗作用。氟苯尼考、庆大霉素、氟哌酸、新霉素有较好的治疗效果。但对这些药物产生抗药性的菌株已经出现且有增多趋势。因此，防治本病时，有条件的地方应进行药敏试验选择敏感药物，或选用本场过去少用的药物进行全群给药，可收到满意效果。早期投药可控制早期感染的病鸡，促使痊愈。同时，可防止新发病例的出现。鸡已患病，体内已造成上述多种病理变化的病鸡治疗效果极差。本病发生普遍，各种年龄的鸡均可发病，药物治疗效果逐渐降低而且又增加了养鸡的成本。近年来国内已试制了大肠杆菌死疫苗，有鸡大肠杆菌多价氢氧化铝苗和多价油乳佐剂苗，经现场应用取得了较好的防治效果。由于大肠杆菌血清型较多，制苗菌株应该采自本地区发病鸡群的多个菌株，或本场分离菌株制成自家苗使用效果较好。种鸡在开产前接种疫苗后，在整个产蛋周期内大肠杆菌病明显减少，种蛋受精率、孵化率，健雏率有所提高，减少了雏鸡阶段本病的发生，在给成年鸡注射大肠杆菌油佐剂苗时，注苗后鸡群有程度不同的注苗反应，主要表现精神不好，喜卧，吃食减少等。一般1~2天后逐渐消失，无须进行任何处理。因此，应在开产前注苗较为合适。开产后注苗往往会影响产蛋。

（六）药物防治

应选择敏感药物在发病日龄前 1～2 天进行预防性投药，或发病后作紧急治疗。

1. 抗生素

①青霉素类。A. 氨苄青霉素（氨苄西林）：按 0.2g/L 饮水或按 5～10mg/kg 拌料内服。B. 阿莫西林：按 0.2g/L 饮水。②头孢菌素类。头孢菌素类是以冠头孢菌培养得到的天然头孢菌素做原料，经半合成改造其侧链而得到的一类抗生素，常用的有 20 种，按其发明年代的先后和抗菌性能不同而分为 1～4 代。第三代有头孢噻肟钠（头孢氨噻肟），头孢曲松钠（头孢三嗪），头孢呱酮纳（头孢氧呱唑或先锋必），头孢他啶（头孢羧甲噻肟、复达欣），头孢唑肟（头孢去甲噻肟），头孢肟（世伏素，FK207），头孢甲肟（倍司特），头孢木诺纳、拉氧头孢钠（羟羧氧酰胺菌素、拉他头孢）。头孢氧呱唑 1g/10L 水，饮水，连用 3 天，首次为 1g/7L 水。头孢曲松钠：0.5g/L 水，连用 3 天，首次为 1g/7L 水。③氨基糖苷类。庆大霉素：2 万～4 万 μ/L 饮水。卡那霉素：2 万 μ/L 饮水或 1 万～2 万 μ/kg 肌注，每日一次，连用 3 天。硫酸新霉素：0.05% 饮水或 0.02% 拌饲。链霉素：30～120mg/kg 饮水，13～55g/吨拌饲，连用 3～5 天。④四环素类。土霉类：按 0.1%～0.6% 拌饲或 0.04% 饮水，连用 3～5 天。强力霉素：0.05%～0.2% 拌饲，连用 3～5 天。四环素：0.03%～0.05% 拌饲，连用 3～5 天。⑤酰胺醇类。氟苯尼考按 0.01%～0.02% 饮水，连用3～5 天。⑥大环内脂类。红霉素：50～100g/t 拌饲，连用 3～5 天。泰乐菌素：0.2%～0.5% 拌饲，连用 3～5 天。泰妙菌素：125～250g/t 饲料，连用 3～5 天。

2. 合成抗菌药

（1）喹诺酮类。环丙沙星、恩诺沙星、洛美沙星、氧氟沙星等，预防量为 250mg/kg，治疗量 500mg/kg，连用 3～5 天。

（2）抗感染植物药（中草药）。黄连、黄岑、黄柏、秦皮、双花、白头翁、板蓝根、大青叶、穿心莲、大蒜、鱼腥草。

3. 临床常用复方药物

金康泰、心肝宝、百菌消、混感特治、杆菌必治、气囊必治等均有很好疗效。

六、鸡鼻气管鸟疫分枝杆菌病

鼻气管鸟疫杆菌（Ornithobacterium rhinotracheale，ORT）病常发生坏死性肺炎、胸膜炎、气囊炎、支气管炎，鸡群死亡率升高、孵化率下降、采食量减少、肉禽增重减少、生长抑制以及较高的淘汰率，也常合并、继发和加重病毒（如 NDV），细菌（如博代杆菌）和真菌性感染，从而引起急性死亡。该病在 1981 年由德国学者首先发现，最初人们把这种病菌称为类巴氏杆菌（Paste urella-like、类金氏菌（Kingella-like）、秦肯 28（Taxon28）或多形革兰氏阴性杆菌，后来 Vandmme 等建议将此菌划分为 rRNA 科，并命名为鼻气管炎鸟疫芽孢杆菌。直至 1994 年，比利时学者 Vandamme 等人经过详细的分类研究，才建议使用鼻气管鸟杆菌这个新名词。虽然本病是 20 世纪 90 年代中后期才确认的一种疾病，但已在美国、德国、英国、法国、以色列、荷兰、南非、匈牙利和日本等许多国家发生，严重危害养禽业的发展。最近几年鼻气管鸟杆菌感染在南非肉鸡中出现两次大流行，导致欧洲火鸡、肉鸡养殖业重大的经济损失，引起人们的广泛注意，并认为本病是肉鸡和火鸡主要的呼吸道传染病之一。

我国陈小玲等在 2000 年首次报道分离出两株鼻气管鸟杆菌。泰国、伊朗、中国台湾等国家地区对该病进行流行病学或血清学调查，发现阳性率都很高，说明该病呈蔓延趋势，可能呈世界性分布。其他国家尚未发现 ORT 的报道，这并不意味着这些国家不存在 ORT，可能是由于 ORT 较难分离培养，这些国家尚未分离到 ORT 或尚未对 ORT 进行研究。

（一）病原特征

鼻气管鸟杆菌为一种生长缓慢、高度多形性、无运动性、无芽孢的革兰氏阴性短小杆菌，有化学器官趋化性和嗜常温的新陈代谢特性，是否有菌毛、纤毛、鞭毛、质粒等特殊结构以及特异的毒力活性还不清楚。分离培养现还无最适宜的培养基，利用 5% 血液琼脂、巧克力琼脂培养基，37℃培养 24～48 小时形成一种针尖大小、灰白色、不透明、无溶血的菌落。5%～10% CO_2 条件下，在绵羊血液琼脂上生长良好，培养 18～24 小时后形成一种边缘整齐、表面光滑隆起、直径为 0.1～0.2mm 的灰白色圆形菌落，48 小时后形成圆形灰色到灰白色奶酪状的小菌落，有时颜色稍变浅红并产生类似酪酸的气味。菌落在分离初期大小不等，反复继代后形成均一大小菌落。为抑制生长快的大肠杆菌等杂菌，可在微生物培养基中加入庆大霉素和多黏霉素选择性的分离培养该菌。该菌在麦康凯琼脂平板、远藤氏琼脂平板、Gassner 琼脂平板、Qrigalski 琼脂平板或西蒙柠檬酸盐平板上均不生长。

Lopes 研究 ORT 的环境中存活力，结果为 37℃存活 1 天，22℃存活 6 天，4℃存活 40 天，-12℃存活 150 天。ORT 对低温的存活力大小与其病发率成正比。

（二）流行病学

鸡可自然感染该病，死亡率通常为 2%～11%。此外，火鸡、野鸡、鹌鹑、山鸡、鸵鸟、麻雀、鹧鸪、鸭、白嘴鸭、山鹑、欧石鸡、雉和鸽子等也可感染发病。不同年龄的鸡均可感染，3 周龄以上肉鸡和 5 周龄以上火鸡，特别是在产蛋高峰期最易感染，而且肉用鸡的易感性高于蛋鸡。14 周龄以上的成年火鸡和母火鸡感染本病时可见更严重的病症，常呈急性感染。肉仔鸡的感染通常发生在 3～6 周龄期间，呈现亚临床症状，或出现临诊症状。水平传播是鼻气管鸟杆菌感染的主要传播途径，主要通过空气传播，也可通过污染的粪便传播。该菌也可垂直传播感染，可经蛋、卵巢、输卵管和泄殖腔传播，这或许就是其迅速和世界性传播的原因。但在孵化期间，该菌不能经过鸡蛋垂直传播。某些康复鸡能否成为带菌、排菌者，目前，尚不清楚。此外，各种应激和不利的环境因素对本病有促发或加重的作用。

（三）临床症状

在雏鸡和青年鸡，鼻气管鸟杆菌感染主要呈亚临床表现，或表现出呼吸道疾病，通常是在 3～6 周龄期间。所见的症状主要是流涕、喷嚏、面部水肿、精神沉郁、死亡率增加、生长减慢。在蛋鸡、肉种鸡，ORT 引起的临床疾病一般只见于产蛋初期，呼吸道症状通常较为轻微，主要表现为产蛋量下降 2%～5%、蛋重降低、蛋壳质量下降。幼龄鸡呼吸道症状轻微，死亡率稍增，淘汰率增高。与病毒病、细菌病等并发或继发感染，或气候条件等可加重鼻气管鸟杆菌感染的严重程度。最常见的是与大肠杆菌并发感染，与 NDV 混合感染可导致比 NDV 单独感染更为严重的呼吸道疾病综合征和更高的死亡率。此外，各种应激和不利因素可促进本病的发生和加重病情。其临床症状严重程度、病程、死亡率常受各种环境因素如饲养管理、气候、通风、垫料、饲养密度、应激、卫生条件、氨浓度及尘埃量的高低、环境温度等的影响而有很大差异。

（四）剖检变化

气囊炎和肺炎是 ORT 感染最常见的特征。常表现为单侧或双侧纤维素性坏死性、化脓性肺炎、胸膜炎、气囊炎，也见气管炎、脑膜炎、鼻炎、心包炎、骨炎、关节炎等。有人认为腹膜气泡状变化及气囊蓄积的干酪样渗出物是本病的典型特征。肺肿大、实变，肝脏中度肿大，脾肿大。鸡感染 ORT，典型病变是胸腔、腹腔气囊混浊，呈黄色云雾状。气囊内有浓稠、黄色泡沫样渗出物，并有干酪样残留物，同时，可见肺部单侧或双侧感染，肺变红、湿润、大块萎缩、实变，里面充满褐色或白色黏性分泌物。严重者胸、腹腔中有大量纤维素性渗出物，还可见气管出血，管腔内含有大量带血的黏液，或有黄色、干酪样渗出物。可见心包炎，心包膜上有出血斑点，心包腔积有大量混浊液体，心外膜出血，有的发生肠炎、关节炎，肝脏、脾脏肿大。亚临床感染的鸡仅可见到严重的气囊炎。蛋鸡剖检可见支气管炎、气囊炎、心包炎及卵巢卵泡破裂和卵黄性腹膜炎。静脉接种能引起关节炎、脑膜炎和骨炎等，但观察不到气囊炎病变。显微镜检查，可见气管上皮细胞弥漫性增生、充血、纤毛丧失。肺脏血管和副支气管管腔内积聚大量的纤维细胞、蛋白，并混有巨噬细胞，偶见少量革兰氏阴性细菌。软组织极度充血，肺间质可见巨噬细胞和少量的异嗜细胞浸润，副支气管管腔周围可见弥漫性坏死灶，且波及邻近的肺实质，坏死灶内有大量坏死的异嗜细胞充盈，呈散在分布。毛细血管扩张，管内充满红细胞，细胞急性凝固性坏死，或形成纤维蛋白性血栓。胸膜和气囊明显膨胀，有间质性纤维蛋白性渗出，并有弥漫性异嗜细胞浸润。肺泡、气囊严重纤维嗜异性炎症，肺血管周围间质水肿。肝白细胞浸润，肝细胞急性坏死，肝小叶外周偶见形成血栓，肝脾淋巴细胞减少。

（五）诊断方法

根据流行病学、临床症状和病理变化可对鼻气管鸟分枝杆菌病作出初步诊断，但该病的临床症状和病变与由其他细菌及病毒引起的呼吸系统疾病非常相似，不易区分，确诊要依赖实验室诊断。常用方法如下。

1. 病原的分离培养

鼻气管鸟杆菌在感染后 10 天内最容易分离，感染鸡或火鸡的气管、肺和气囊是分离鼻气管鸟杆菌的最佳组织，也可从眶下窦、鼻腔、肝、脾脏和心血等部位分离。由于该菌易被生长旺盛的其他细菌所掩盖，要进行选择性培养和纯培养，结合细菌染色、生化反应特征作出鉴定，还要注意与巴氏杆菌的鉴别。也可把病料制成匀浆，经气囊接种火鸡，出现典型症状和病变，并可检出 ORT 抗体即可确诊。

2. 血清学方法

（1）目前，最常用的血清学方法为玻片凝集试验。该方法应用全菌体作抗原，适于检测感染初期产生的 IgA 抗体，且效果理想，但在感染后期效果不佳，敏感性不是很高，有时也易出现自凝现象。

（2）AGP（琼脂凝胶扩散沉淀）试验是用特异性抗血清检测抗体，可作为血清学鉴定的首选方法，适用于鼻气管鸟杆菌的血清分型，也可用于抗体检测。

（3）目前，已有商品化 ELISA 试剂盒出售，可以对 ORT 大部分血清型进行检测。可用于抗体检测和血清分型。用已知抗原作 ELISA 检测抗体时，其血清型特异性依赖于提取抗原的方法。煮沸提取的抗原具有较高的血清特异性，而用其他方法提取的抗原如 SDS 提取的抗原进行 ELISA 时，都非常容易出现交叉反应。由于自然感染后 1~4 周，抗体水平达到高峰，随后迅速下降，因此，要从不同日龄的禽群收集血清。ELISA 方法敏感性相当高，主要用于鼻气管鸟杆菌感染后抗体的监测，对有无临床症状的感染禽类或是一日龄的鸡，都可用 ELISA 来检测其抗体水平，所以，具有一定的临床诊断意义。并已有 ELISA 诊断试剂盒问世，用 ELISA 诊断试剂盒可以检测目前已知的所有血清型。德国学者建立了间接 ELISA，用于监测鸡群的感染状况，但 ELISA 的特异性尚有待加强。

（4）血凝（HA）及血凝抑制试验（HI）。根据 ORT 有凝血特性，可用戊二醛固定的红细胞对未经过任何处理的鼻气管炎鸟杆菌进行鉴定，但该法仍处于实验摸索阶段。

（六）防制措施

做好该病的预防工作是很艰巨的。加强和重视鸡群的日常饲养管理和生物安全措施，如合理的饲养密度，清洁的饮水，良好的环境卫生，适宜的温度、通风、垫料，严格的消毒制度，减少氨浓度、尘埃量等各种应激等对于减少疾病的发生有重要作用。因为该病易于与其他疾病并发或继发感染，所以，应同时注意免疫抑制性疾病和其他呼吸道传染病的控制。目前，已研制了一些疫苗用于临床，已有灭活疫苗、弱毒疫苗被证实有一定的防治效果，特别是油乳剂灭活苗效果显著。在现场生产条件下，鸡的 ORT 感染确实造成了经济损失，而通过对种鸡进行免疫接种即可减轻损失，如果鸡再配合接种 ORT 弱毒疫苗，则可有效控制 ORT 的危害。

（七）治疗方法

应加强对家禽群体的饲养管理和生物安全。

①改善鸡舍的小环境，加强舍内的通风换气，按照科学的密度

来饲养，防止过度拥挤，不要让舍内过于潮湿。

②注意饲料中不要缺乏维生素 A 及控制好应激因素；

③坚持消毒制度（该菌对化学消毒剂高度敏感），保持饮水、鸡舍和各种用具的清洁卫生。

综合防治对于减少疾病的发生和促进病鸡的康复具有重要作用。同时，应注意免疫抑制性疾病和其他呼吸道传染病的控制。应用药物治疗可减轻临床症状，降低死亡率。但由于 ORT 对抗菌药物的敏感性差异较大，极易产生抗药性，在养禽业控制本病非常困难，特别是对火鸡 ORT 感染的治疗效果很差，尤其是存在肺炎时。所以在治疗前，应先做药敏试验，以便治疗时可选用敏感性较强的药物；同时，应注意采用合适的投药方法和对症治疗。一般可采用拌料或饮水投药，但肌肉注射效果更好；在生产周期内，鸡舍整体的清洁消毒非常重要。推荐使用含醛的有机酸消毒药如甲酸和乙醛酸等进行消毒。ORT 对抗生素易产生耐药性，在很大程度上取决于菌株的来源和地区抗生素的用药途径。药敏试验证明，多种抗生素和磺胺类药物对鼻气管鸟杆菌都有不同的治疗和预防作用。一般来说，对阿莫西林、氟苯尼考、四环素高敏；对林可霉素、土霉素、恩诺沙星中敏；对青霉素、金霉素、硫酸新霉素、青霉素 G、氨苄青霉素、红霉素、泰乐菌素、泰莫林、头孢噻呋、磺胺二甲氧嘧啶低敏；对安普霉素、新霉素、大观霉素、多黏霉素、庆大霉素和磺胺类药物不敏。

七、肉鸡肠毒综合征

肠毒综合征的发病原因很多，涉及细菌性、病毒性、原虫、环境、季节性、各种应激反应、药物毒副作用、饲料（劣质饲料、发霉）、小肠球虫等各种因素，笔者通过大量临床涂片镜检和细菌分离均为革兰氏阳性梭形杆菌故把本病列为细菌性疾病介绍，这类疾病的发病机理及过程复杂，治疗难度大，用一般的抗菌药物治疗效果并不理想，给养鸡业带来了很大的危害。

（一）临床症状

发病初期，大群鸡精神、食欲均正常，排黄色粪便，个别粪便不成型，粪便中含有少量未消化的饲料。随着病情的发展，鸡群表现采食量下降，个别鸡出现两腿发软，昏睡，有的病鸡尖叫、奔跑、倾斜身体，一侧翅膀着地，有的呈角弓反张或犬坐势。

本病最突出的变化还是粪便异常，粪便中含有未消化的饲料，排黄色或者西红柿样、胡萝卜样且带有肠黏膜的粪便。

（二）剖检变化

初期十二指肠、空肠肿胀，肠壁增厚，有的增厚处颜色呈灰白色，像一层厚厚的麸皮，极易剥离。后期十二指肠、空肠处的肠壁变薄，肠黏膜脱落，肠内容物稀薄，呈白色粥状或胡萝卜泥样，与小肠球虫病混合感染时，肠内容物呈西红柿样，肠黏膜上有针尖大小或小米粒大小的出血点，肠道内有少量的未消化的饲料。

（三）治疗措施

主要是从抗厌氧菌、抗球虫、消炎以及纠正电解质的平衡和修复肠黏膜来进行综合治疗。同时配合清洁垫料、隔离淘汰残鸡、彻底消毒等管理措施。

具体治疗：每袋禽毒克＋肠毒快克或者粘康素药物配合饮水，2次/日集中饮用；使用"超浓缩鱼肝油"全天自由饮水，以提高机体抵抗力，修复被损伤肠黏膜；磺胺氯吡嗪钠可溶性粉＋白头翁口服液＋黄芪多糖（100kg水/瓶）＋硫酸新霉素的复方制剂，连用3天，治疗后，用益生菌制剂，连用5天。调理肠道，修复肠道黏膜，加快康复，防止复发。

八、雏鸡志贺氏菌病

志贺氏菌（Shigella）是人类细菌性痢疾最为常见的病原菌，俗称痢疾杆菌．属于革兰氏阴性细胞内致病菌，主要侵害结肠，引发炎症并形成溃疡，可引起频繁的黏液性出血性腹泻，儿童和幼龄动物有较高的感染率和死亡率。目前，志贺氏菌病的临床治疗很困难。2003年河南农业大学许兰菊等在国内首次发现了鸡志贺氏菌病，首次从肠炎腹泻病鸡中分离获得了致病性鸡志贺氏菌，经系统鉴定证明该菌为鲍氏血清型，对喹喏酮类和头孢类等抗生素敏感，通过对 3 日龄雏鸡人工感染试验，证明该菌对雏鸡具有明显的致病作用，使雏鸡发生脓血性痢疾和出血性肠道病变。应用所研制的该菌平板凝集抗原和微量平板凝集试验，首次在国内对该病进行了大面积的血清学调查，通过对河南、山东等 4 省 9 县市 35 家鸡场 670 份鸡血清样本的检测，结果发现该病的抗体阳性率达 28.3% ~ 33.7%，远远超过鸡白痢和鸡伤寒，不同日龄和品种的鸡均可感染，尤其对雏鸡的危害最大，可 100% 发病，病死率用药后仍高达 3.8% ~ 33.3%。

（一）病原

志贺氏菌（Shigella）是人类细菌性痢疾最为常见的病原菌，俗称痢疾杆菌，根据 O 抗原的不同，志贺氏菌属可分为痢疾志贺氏菌（S. dysenteriae）、福氏志贺氏菌（S. flexneri）、鲍氏志贺氏菌（S. boy-dii）和宋内氏志贺氏菌（S. sonnei）4 个群。

志贺氏菌属细菌的形态与一般肠道杆菌无明显区别，为革兰氏阴性杆菌，长 2 ~ 3μm，宽 0.5 ~ 0.7μm。不形成芽孢，无荚膜，无鞭毛，有菌毛。DNA 的 G + C 为 49% ~ 53% · 摩尔（Tm 法）。

需氧或兼性厌氧。营养要求不高，能在普通培养基上生长，最适温度为 37℃，最适 pH 值为 6.4 ~ 7.8。37℃培养 18 ~ 24 小时后菌落呈圆形、微凸、光滑湿润、无色、半透明、边缘整齐，直径约 2nm，在液体培养基中呈均匀浑浊生长，无菌膜形成。

本菌属都能分解葡萄糖，产酸不产气。大多不发酵乳糖，仅宋内氏菌迟缓发酵乳糖。靛基质产生不定，甲基红阳性，VP 试验阴性，不分解尿素，不产生 H_2S。根据生化反应可进行初步分类。

志贺氏菌属的细菌对甘露醇分解能力不同，可分为两大组。

（1）不分解甘露醇组：主要为志贺氏菌。又根据能否产生靛基质，进一步分靛基质阳性（1 型、3 型、4 型、5 型、6 型、9 型、10 型）和靛基质阴性（2 型、7 型、8 型）的志贺氏痢疾菌。

（2）分解甘露醇组：包括福氏、鲍氏、宋内氏菌。再按乳糖分解情况，分为迟缓分解乳糖的宋内氏和不分解乳糖的福氏和鲍氏菌。后者进一步再根据靛基质产生与否，分靛基质阳性（福氏菌1型、2型、3型、4型、5型和鲍氏菌5型、7型、9型、11型、13型、15型）和靛基质阴性（福氏菌6型和鲍氏菌1型、2型、3型、4型、6型、8型、10型、12型、14型）两类。

（二）流行病学

志贺氏菌主要引起雏鸡的细菌性痢疾，主要通过消化道途径传播。经调查该病流行广泛，发病率高，可感染不同品种、不同年龄的鸡群，以幼龄雏鸡死亡较为严重。根据宿主的健康状况和日龄，只需少量病菌（至少为10个细胞）进入，就有可能致病。志贺氏菌在拥挤和不卫生条件下能迅速传播，志贺氏菌带菌者有3种类型。A. 健康带菌者，是指临床上无肠道症状而又能排出痢疾杆菌者。这种带菌者是主要传染源，潜在的危险性更大。B. 恢复期带菌者，是指临床症状已治愈的病鸡，仍继续排菌达2周之久者。C. 慢性带菌者，是指临床症状已治愈，但长期排菌者。

（三）临床表现及病理变化

本病潜伏期为数小时或者1~7天，多数1~2天

本病是近几年发现的一种新的急性传染病（鸡志贺氏菌病），临床上以轻者拉稀、痢疾，粪便黏稠带脓，重者有脓血便且有肠黏膜脱落。雏鸡呈典型菌痢症状，有腹痛、腹泻、脓血粘便、里急后重、发热等症状。如治疗不彻底，可转为慢性。非典型菌痢症状不典型，易诊断错误延误治疗，常导致带菌或慢性发展。急性中毒性菌痢雏鸡多见，各型菌都可发生，雏鸡主要为福氏菌型和鲍氏菌。主要呈现中毒性菌痢一系列的病理生理变化，肠道出血坏死，在所有剖检鸡只中脾和法氏囊均无明显眼观病变，而肝出现了出血、充血、周边坏死、色发黄、质变脆等病变；组织学病变主要有出血、淤血、变性、坏死，法氏囊大面积上皮细胞脱落、变性、坏死及炎性浸润等病变。主要是内毒素造成机体微循环障碍的结果。导致内脏淤血、周围循环衰竭（休克），主要功能器官灌注不足，发生心力衰竭、脑水肿，急性肾衰竭。严重微循环障碍，再加上内毒素损

伤血管内皮细胞、激活凝血因子等，而发生弥散性血管内凝血
（DIC）。

（四）预防

控制志贺氏菌流行最好的措施是良好卫生和健康条件，水源和
污水的卫生处理能防止水源性志贺氏菌的爆发。

菌痢的防治除对急性菌痢、慢性菌痢和各种带菌者进行"三
早"措施（早期诊断、早期隔离和早期治疗）以消灭传染源外，
应采取以切断传染途径为主的综合性措施。搞好鸡场的消毒工作，
对鸡群定期作带菌检查。

（五）治疗

治疗可用磺胺类药、氨苄青霉素、阿米卡星、黄连素等。中药
黄连、黄柏、白头翁、马齿苋等均有疗效。

九、雏鸡奇异变形分枝杆菌病

奇异变形杆菌（Pr oteus mir abilis）广泛分布于自然界，常见
于污水、土壤与堆肥中，偶尔可致人和畜禽腹泻。近年来，不断
有鸡群暴发流行鸡奇异变形分枝杆菌病的报道。

（一）发病情况

该病主要发生于雏鸡，一年四季均有发生，该病是近几年新发
生的一种雏鸡传染病，据有人对发病鸡场统计，某鸡场先后有三批
雏蛋鸡共计 17 000 只，都在 4 日龄发病，呈流行性。5 日龄开始出
现死亡，流行时间长达 15 天，在流行期间总死亡 2 372 只，7～13
日龄达死亡高峰，占总死亡率的 69%。本次的发病率为 45%，致
死率达 31%。病情来势较凶、急，造成较高的死亡率。该场曾使
用多种药物进行防治，均无法控制，造成严重的经济损失。

（二）临床症状

病鸡精神沉郁，羽毛松乱，缩颈闭目，呆立，病重的鸡脚软、
麻痹，卧地不起，个别有歪头症状，拉白色稀便，粪便混有血液，
呼吸较急，可听到喘鸣音。病情较急，急性病例当天食欲很正常，
第二天就死亡。

（三）病理解剖

主要表现为败血症。肠道呈弥散性出血，严重的呈出血斑，尤以直肠、泄殖腔最为严重。肝脏变脆易碎，稍肿。胆囊肿大，充盈胆汁，呈墨绿色。肾脏肿大充血、出血，尿酸盐沉积，肾脏呈大理石花斑状，输尿管充盈尿酸盐。有的腹水增多。胸腺有点状出血。肺呈暗红色。脑膜充血、出血，脑软化，大脑额骨边缘严重出血。

（四）实验室诊断

（1）抹片观察：取病死鸡肝脏抹片，革兰氏染色。镜检发现有呈球杆状、短杆状、长丝状，形态不一，革兰氏阴性菌。无芽孢、无荚膜。

（2）培养特性：无菌取病死鸡肝脏于营养肉汤，置37℃培养24小时。肉汤呈均匀浑浊，液面有一层菌膜，管底有白色沉淀，打开盖子后，嗅到一股强烈的腐臭味。再接种于普通营养平板培养基，37℃培养24小时，见其呈蔓延膜状生长，布满整个培养基表面。取培养后的细菌染色镜检为革兰氏阴性菌，呈球杆状、短杆状，形态不一，无芽孢和荚膜，与上述抹片相似，只是未见到长丝状菌。分离菌接种于烘干冷凝水的营养平板，置40℃培养24小时，能抑制细菌的蔓延生长。同时，接种于8%营养琼脂上也能抑制蔓延生长。接种于鸡血琼脂平板，未见溶血现象发生。

（3）生化特性：取上述纯培养菌，作上列生化试验，于37℃培养24小时，结果，接种三糖铁，斜面变红、底部为黄色、产生 H_2S、不产气，氰化钾阳性，不发酵乳糖，吲哚、丙二酸、卫茅醇、V.P 试验阴性，发酵葡萄糖产酸产气，液化明胶，不水解七叶苷，接触酶阳性，氧化酶阴性，o-f 试验加蜡和不加蜡都产酸。

（4）药敏试验：用药敏纸片法，结果证明该菌对很多药有耐药性，不敏感。给疾病的防治带来很大的难度。因而在使用药物进行防治时，最好先作药敏试验，以免赔误防治时机。

（五）防治措施

加强饲养管理提高鸡群的抵抗能力，搞好环境消毒和带鸡消毒、防止垫料霉变。对发病鸡群用复方新诺明、氟苯尼考等治疗有一定疗效。

十、鸡葡萄球菌病

（一）病原

葡萄球菌为圆形或卵圆形，在新鲜病料中常单个、成对或葡萄状排列。在固体培养基上生长的细菌呈葡萄串状，致病性菌株的菌体稍小，且各个菌体的排列和大小较为整齐。本菌易被碱性染料着色，革兰氏染色阳性。衰老、死亡或变性的细胞吞噬的菌体为革兰氏阴性。无鞭毛，无荚膜，不产生芽孢。

（二）流行病学

本病一年四季均可发生，以雨季、潮湿时节发生较多。鸡的品种对本病发生有一定关系，肉鸡和蛋用鸡都可发生，但肉鸡发病后危害严重。鸡的发病日龄较为特征，以 30～60 日龄的鸡发病最多，研究者报道在 1981～1986 年有详细记载的 11 群（次）发病中均为中雏，其中，40～60 日龄发病达 48 群（次）近 80%。

皮肤或黏膜表面破损，常导致葡萄球菌的侵入。对于家禽来说，皮肤创伤是主要的传染途径。也可以通过直接接触和空气传播。雏鸡脐带感染也是常见的途径。在我们统计中有以下的一些发病因素。

（1）鸡痘在本病发生中起主导作用，几乎 60% 以上发病鸡群中有鸡痘发生，多数情况是在鸡痘先已发生，尚不被重视时就暴发葡萄球菌病，当有较多鸡只死亡仔细检查时才知道鸡群中已有鸡痘发生。当然，也有鸡痘发生明显后出现葡萄球菌病的。

（2）现在普遍采用刺种方法接种鸡痘疫苗，部分鸡场以刺种方法预防鸡新城疫，在刺种时绝大多数情况下，由于被刺种鸡数较多，常不进行局部消毒，由于刺种后暴发葡萄球菌者为数不少。

（3）网刺、刮伤和扭伤 有的鸡场笼架编织粗糙，交接处不齐，常有"毛刺"致伤，或有的肉鸡在网上平养，各网眼交接处装配不齐或缝隙过大，常有夹住鸡脚而致伤的现象，也有的因设备不合适，或经改造后而引起，这些因素使鸡造成伤裂后都有利于葡萄球菌的侵入。

（4）啄伤：鸡场由于某些原因未进行断喙，或光照过强、或营养不全等，鸡只互啄现象较为严重，啄伤后葡萄球菌很容易感染。

（5）脐带感染，在进行雏鸡死亡原因的研究中，观察到1周龄内雏鸡死亡一部分是由于脐带感染葡萄球菌所致。

（6）感染鸡传染性贫血病毒鸡群多继发本病。

（7）饲养管理上的缺点鸡群过大、拥挤，通风不良，鸡舍空气污浊（氨气过浓），鸡舍卫生太差，饲料单一、缺乏维生素和矿物质及存在某些疾病等因素，均可促进葡萄球菌的发生和增大死亡率。

（三）临床症状

本病常以急性或慢性发作，这取决于侵入鸡体血液中的细菌数量、毒力和卫生状况。

1. 急性败血型

病鸡出现全身症状，精神不振或沉郁，不爱跑动，常呆立一处或蹲伏，两翅下垂，缩颈，眼半闭呈嗜睡状。羽毛蓬松零乱，无光泽。病鸡饮、食欲减退或废绝。少部分病鸡下痢，排出灰白色或黄绿色稀粪。较为特征的症状是，捉住病鸡检查时，可见腹胸部，甚至波及嗉囊周围，大腿内侧皮下水肿，潴留数量不等的血样渗出液体，外观呈紫色或紫褐色，有波动感，局部羽毛脱落，用手一摸即可脱掉。其中有的病鸡可见自然破溃，流出茶色或紫红色液体，与周围羽毛粘连，局部污秽，有部分病鸡在头颈、翅膀背侧及腹面、翅尖、尾、脸、背及腿等不同部位的皮肤出现大小不等的出血、炎性坏死，局部干燥结痂，暗紫色，无毛；早期病例，局部皮下湿润，暗紫红色，溶血，糜烂。以上表现是葡萄球菌病常见的病型，多发生于中雏，病鸡在2~5天死亡，快者1~2天呈急性死亡。

2. 关节炎型

病鸡可见到关节炎症状，多个关节炎性肿胀，特别是趾、跖关节肿大为多见，呈紫红或紫黑色，有的见破溃，并结成污黑色痂。

有的出现趾瘤，脚底肿大，有的趾尖发生坏死，黑紫色，较干涩。发生关节炎的病鸡表现跛行，不喜站立和走动，多伏卧，一般仍有饮、食欲，多因采食困难，饥饱不匀，病鸡逐渐消瘦，最后衰弱死亡，尤其在大群饲养时最为明显。此型病程多为 10 天左右。有的病鸡趾端坏疽，干脱。如果发病鸡群有鸡痘流行时，部分病鸡还可见到鸡痘的病状。

3. 脐带炎型

是孵出不久雏鸡发生脐炎的一种葡萄球菌病的病型，对雏鸡造成一定危害。由于某些原因，鸡胚及新出壳的雏鸡脐环闭合不全，葡萄球菌感染后，即可引起脐炎。病鸡除一般病状外，可见腹部膨大，脐孔发炎肿大，局部呈黄红紫黑色，质稍硬，间有分泌物。饲养员常称为"大肚脐"。脐炎病鸡可在出壳后 2~5 天死亡。某些鸡场工作人员因鉴于本病多归死亡，见"大肚脐"雏鸡后立即摔死或烧掉，这是一个果断的做法。当然，其他细菌也可以引起雏鸡脐炎。

4. 眼型葡萄球菌病

是 1987 年国内首次新见到的一种病型，除在败血型发生后期出现，也可单独出现。其临诊表现为上下眼睑肿胀，闭眼，有脓性分泌物粘闭，用手掰开时，则见眼结膜红肿，眼内有多量分泌物，并见有肉芽肿。时间较久者，眼球下陷，后可见失明。有的见眼的眶下窦肿大突出。最后病鸡多因饥饿、被踩踏、衰竭死亡。

5. 肺型葡萄球菌病

主要表现为全身症状及呼吸障碍。所见病鸡为 20~42 日龄。死亡率10%左右。

（四）病理变化

1. 急性败血型

特征的肉眼变化是胸部的病变，可见死鸡胸部、前腹部羽毛稀少或脱毛，皮肤呈紫黑色水肿，有的自然破溃则局部沾污。剪开皮肤可见整个胸、腹部皮下充血、溶血，呈弥漫性紫红色或黑红色，积有大量胶冻样粉红色或黄红色水肿液，水肿可延至两腿内侧、后腹部，前达嗉囊周围，但以胸部为多。同时，胸腹部甚至腿内侧见有散在出血斑点或条纹，特别是胸骨柄处肌肉弥散性出血斑或出血条纹为重，病程久者还可见轻度坏死。肝脏肿大，淡紫红色，有花纹或驳斑样变化，小叶明显。在病程稍长的病例，肝上还可见数量不等的白色坏死点。脾亦见肿大，紫红色，病程稍长者也有白色坏死点。腹腔脂肪、肌胃浆膜等处，有时可见紫红色水肿或出血。心包积液，呈黄红色半透明。心冠状沟脂肪及心外膜偶见出血。有的病例还见肠炎变化。腔上囊无明显变化。在发病过程中，也有少数病例，无明显眼观病变，但可分离出病原。

2. 关节炎型

可见关节炎和滑膜炎。某些关节肿大，滑膜增厚，充血或出血，关节腔内有或多或少的浆液，或有浆性纤维素渗出物。病程较长的慢性病例，后变成干酪样性坏死，甚至关节周围结缔组织增生及畸形。

幼雏以脐炎为主的病例，可见脐部肿大，紫红或紫黑色，有暗红色或黄红色液体，时间稍久则为脓样干涸坏死物。肝有出血点。卵黄吸收不良，呈黄红或黑灰色，液体状或内混絮状物。

病鸡体表不同部位见皮炎、坏死，甚至坏疽变化。

如有鸡痘同时发生时，则有相应的病变。

3. 肺型病例

肺部则以淤血、水肿和肺实变为特征。甚至见到黑紫色坏疽样病变。其他组织器官病变为全身败血症病变。

组织学检查：肝细胞分离，不呈腺团结构，散在局灶肝细胞坏死、溶解，枯否氏细胞局灶性增生，也可见到坏死、核碎，窦状隙中可见凝血现象，汇管区血管周围可见淋巴细胞浸润，较大的血管内积有多量单核细胞及异嗜性白细胞。脾脏白髓消失，或滤泡坏死，网状纤维红染融合成一片，鞘毛细血管管壁增厚，周围网状细胞增生，偶见局灶坏死。红髓高度充血，淋巴细胞减少，网状细胞增生并吞噬红细胞，小血管内有凝血。心肌细胞颗粒变性，血管周围及间质中性白细胞浸润。肾曲细管上皮细胞颗粒变性。肾上腺充血，血窦中有多量单核细胞。胸腺皮质髓质界限不清，有局灶性淋巴细胞集聚。胸腺小体中常见多量核碎的白细胞，小血管有透明血栓形成。胰腺、肺、胃肠道、睾丸、脑（大、小脑）、腔上囊均无明显异常。

（五）预防措施

葡萄球菌病是一种环境性疾病，为预防本病的发生，主要是做好经常性的预防工作。

（1）发生外伤创伤是引起发病的重要原因，因此，在鸡饲养过程中，尽量避免和消除使鸡发生外伤的诸多因素，如笼架结构要规范化，装备要配套、整齐，自己编造的笼网等要细致，防止铁丝等尖锐物品引起皮肤损伤的发生，从而消除葡萄球菌的侵入和感染门户。

（2）做好皮肤外伤的消毒处理，在断喙、剪趾及免疫刺种时，要做好消毒工作。除了发现外伤要及时处置外，还需针对可能发生的原因采取预防办法，如避免刺种免疫引起感染，可改为气雾免疫法或饮水免疫；鸡痘刺种时作好消毒；进行上述工作前后，采用添加药物进行预防等。

（3）适时接种鸡痘疫苗，预防鸡痘发生从实际观察中表明，鸡痘的发生常是鸡群发生葡萄球菌病的重要因素，因此，平时做好鸡痘免疫是十分重要的。

（4）搞好鸡舍卫生及消毒工作：做好鸡舍、用具、环境的清洁卫生及消毒工作，这对减少环境中的含菌量，消除传染源，降低感染机会，防止本病的发生有十分重要的意义。

（5）加强饲养管理喂给必需的营养物质，特别要供给足够维生素和矿物质；鸡舍内要适时通风、保持干燥；鸡群不易过大，避免拥挤；有适当的光照；适时断喙；防止互啄现象。这样，就可防止或减少啄伤的发生，并使鸡只有较强的体质和抗病力。

（6）做好孵化过程的卫生及消毒工作 要注意种卵、孵化器及孵化全过程的清洁卫生及消毒工作，防止工作人员（特别是雌雄鉴别人员）污染葡萄球菌，引起雏鸡感染或发病，甚至散播疫病。

（7）预防接种发病较多的鸡场，为了控制该病的发生和蔓延，可用葡萄球菌多价苗给 20 日龄左右的雏鸡注射。

（六）临床治疗

一旦鸡群发病，要立即全群给药治疗。一般可使用以下药物治疗。

（1）庆大霉素 如果发病鸡数不多时，可用硫酸庆大霉素针剂，按每只鸡每千克体重 3 000～5 000 单位肌肉注射，每日 2 次，连用 3 天。

（2）卡那霉素 硫酸卡那霉素针剂，按每只鸡每千克体重 1 000～1 500 单位肌肉注射，每日 2 次，连用 3 天。

（3）氨苄西林 可按 0.2% 的量混入饲料中喂服，连服 3 天。如用粉针剂，按每只每千克体重 20～40mg 计算，1 次肌肉注射，或配成 0.1% 水溶液，让鸡饮服，连用 3 天。

（4）红霉素 按 0.01%～0.02% 药量加入饲料中喂服，连用 3 天。

（5）四环素、金霉素按 0.2% 的比例加入饲料中喂服，连用 3～5 天。

（6）青霉素、链霉素 肉鸡按每千克体重 20 万单位青霉素、5 万单位链霉素肌肉注射，每日 2 次，连用 3～5 天。或按 0.1%～0.2% 浓度饮水。

（7）黄芩、黄连、焦大黄、板蓝根、茜草、大蓟、建曲、甘草 各等份用法：混合粉碎，每鸡口服 2g，每日 1 次，连服 3 天。

十一、鸡绿脓分枝杆菌病

（一）病原

绿脓杆菌属假单胞菌属，革兰氏染色阴性，为两端钝圆的短小杆菌，能运动，菌体一端有一根鞭毛，细菌大小为（1.5～3.0）×（0.5～0.8），单在或成双排列，偶见短链。

（二）流行病学

该病主要危害雏鸡，发病多为 1～25 日龄，发病率和死亡率高低不一，有时高达 50%，发病无明显季节性。据刘尚高等（1987）报道，我国流行的鸡绿脓杆菌主要是血清Ⅳ型，属于 IATS9 型。

绿脓杆菌广泛分布于土壤、水和空气中，并可在正常人、畜肠道及皮肤上发现，本菌通常多见于创伤感染，因此，该病的发生与环境的污染及疫苗注射消毒不严有一定关系。

（三）临床症状

病鸡主要表现为采食量减少，精神不振，不同程度下痢，粪便水样，呈淡黄绿色，严重病鸡粪便中带血；腹部膨大，手压柔软，病鸡后期呈腹式呼吸；有的病鸡眼周围发生不同程度水肿，水肿部位破裂流出液体，形成痂皮，眼全闭或半闭，流泪；颈部皮下水肿。严重病鸡两腿内侧部皮下可见胶冻样水肿。

魏华德（1992）报道雏鸡绿脓杆菌性关节炎，病鸡表现跗关节和跖关节明显肿胀、微红，跛行，严重者不能站立，以跗关节着地。

（四）病理变化

病鸡颈部、脐部皮下呈黄绿色胶冻样浸润，肌肉有出血点或出血斑。内脏器官不同程度充血、出血。肝脏肿大易碎，呈土黄色，有淡灰黄色小点状坏死灶。胆囊充盈。肾脏肿大，表面有散在出血点。肺脏充血，有的见出血点，肺小叶炎性病变，呈紫红色或大理石样变化。心冠脂肪出血，并有胶冻样浸润，心内、外膜有出血斑点。腺胃黏膜脱落，肌胃黏膜有出血斑，易于剥离，肠黏膜充血、严重出血。脾肿大，有出血小点。气囊混浊、增厚。

人工感染病鸡的病变为注射部位呈现绿色的蜂窝织炎，免疫器官淋巴组织萎缩，淋巴细胞空泡。脾鞘毛细血管周围纤维素性变性，多数病死鸡见化脓性脑膜脑炎，少数见局灶性肝坏死和间质性心肌炎，个别鸡肺小叶呈出血性坏死性病变。

（五）鉴别诊断

本病的诊断，除结合流行特点、临诊症状和病理变化外，主要靠采集病料作病原体的分离和鉴定。

1. 病料的采集与分离培养

取病死鸡心血、肝、脾、肺及胸腹部皮下水肿液，分别接种于可供本菌分离用的普通肉汤、普通琼脂平板、血琼脂平板、麦康凯琼脂平板、SS 琼脂平板等培养基，于 37℃恒温箱中培养 18～24 小时，观察菌落的特性和颜色。菌落呈蓝绿色者，可初步诊断为绿脓杆菌。

2. 实验室诊断

（1）形态观察：取纯培养物作抹片，革兰氏染色镜检。本菌形态特征见病原体部分描述。

（2）培养特性及生化特性检查：必要时可做生化鉴定。

（3）动物试验：取 24 小时肉汤培养液，腹腔接种健康雏鸡，每只 0.2ml（2×109CFU/ml）。同时设立对照。从死亡的试验鸡心、肝、脾、肾等脏器中能重新分离到绿脓杆菌，即可确诊。

（4）血清型鉴定：包括免疫血清的制备，玻片凝集试验，血清学分型法和绿脓菌素分型法 。

（六）防制措施

（1）加强饲养管理，搞好卫生消毒工作。

（2）应用抗生素治疗，根据药敏试验结果选择用药。多数报道认为，绿脓杆菌对庆大霉素、多黏菌素、羧苄青霉素和磺胺嘧啶敏感，可用于治疗本病。

（3）绿脓杆菌对多数抗菌药物极易产生耐药性，有必要开发研制生物制品。但至今尚未见有以高免血清或疫苗来防治该病的报道。然而我国流行的主要绿脓杆菌血清型是一定的，为今后生产高免血清或研制疫苗提供了科学依据。

十二、鸡坏死性肠炎

鸡坏死性肠炎是由魏氏梭菌引起的一种急性传染病。主要表现为病鸡排出黑色或混有血液的粪便，病死鸡以小肠后段黏膜坏死为特征。律祥君 1988 年和 1997 年从发生鸡坏死性肠炎和黏液性红痢病鸡中均分离到魏氏梭菌。

（一）病原学

革兰氏阳性细菌，长 4～8μm，宽 0.8～1μm，为两端钝圆的粗短杆菌，单独或成双存在，在自然界中形成芽孢较慢，芽孢呈卵圆形，位于菌体中央或一端，在机体内形成荚膜，是本菌的重要特点，但无鞭毛，不能运动，人工培养基上常不形成芽孢。其最适培养基为血液琼脂平板，37℃厌氧培养 24 小时，便能分离出魏氏梭菌。魏氏梭菌在血液琼脂平板上形成圆形、光滑的菌落，直径 2～4mm，周围有两条溶血环，内环呈完全溶血，外环不完全溶血（兔血、绵羊血最好）。

亦可用鉴别培养基进行魏氏梭菌的鉴定。魏氏梭菌能发酵葡萄糖、麦芽糖、乳糖和蔗糖，不发酵甘露醇，不稳定发酵水杨苷。主要糖发酵产物为乙酸、丙酸和丁酸。液化明胶，分解牛乳，不产生吲哚，在卵黄琼脂培养基上生长显示可产生卵磷脂酶，但不产生脂酶。毒素与抗毒素的中和试验可用于鉴定魏氏梭菌的型别。

A 型魏氏梭菌产生的 α 毒素，C 型魏氏梭菌产生的 α、β 毒素，是引起感染鸡肠道坏死这一特征性病变的直接原因。这两种毒素均可在感染鸡粪便中发现。试验证明由 A 型魏氏梭菌肉汤培养物的上清液中获得的 α 毒素可引起普通鸡及无菌鸡的肠道病变。此外，本菌还可产生溶纤维蛋白酶、透明质酸酶、胶原酶和 DNA 酶等，它们与组织的分解、坏死、产气、水肿及病变扩大和全身中毒症状有关。

（二）流行病学

正常动物的肠道就有魏氏梭菌，它是多种动物肠道的常住寄居者，因此，正常粪便内就有它的存在，粪便可以污染土壤、水、灰尘、饲料、垫草、一切器具等。发病的鸡多为 2～3 周龄到 4～5 月龄的青年鸡，它们受体内外的各种应激因素的影响，如球虫的感染，饲料中蛋白质含量的增加，肠黏膜损伤，长期口服抗生素，环境中魏氏梭菌的增多等都可造成本病的发生。

（三）临床症状

2 周到 6 个月的鸡常发生坏死性肠炎，尤以 2～5 周龄雏鸡、肉鸡多发。临床症状可见到精神沉郁，食欲减退，不愿走动，羽毛蓬乱，病鸡尖叫、早期可见带血丝或者坏西红柿样粪便，一般病程较短，常呈急性死亡。

（四）病理变化

病变主要在小肠后段，尤其是回肠和空肠部分，盲肠也有病变。肠壁脆弱、扩张、充满气体，内有黑褐色内肠容物。肠黏膜上附着疏松或致密的黄色或绿色的假膜，肠壁出血。病变呈弥漫性，并有病变形成的各种阶段性景象。一般感染早期十二指肠呈现肠黏膜增厚、肿胀，充血；感染后 5 天肠黏膜发生坏死，并随病程进展表现严重的纤维素性坏死，继之出现白喉样的伪膜。肝脏充血肿大，有不规则的坏死灶。有的心、肝、肾等实质器官有出血点或者出血斑。

（五）诊断

临床上可根据症状及典型的剖检及组织学病变作出诊断。进一步确诊可采用实验室方法进行病原的分离和鉴定及血清学检查。

（六）鉴别诊断

本病应与溃疡性肠炎和球虫病相区别。溃疡性肠炎的特征是肠道特征溃疡主要在后端，大肠杆菌与魏氏梭菌在培养特性上有明显区别。球虫病与魏氏梭菌病可以并发，可通过细菌培养与球虫检查来加以区分。

（七）防治

（1）预防。加强饲养管理和环境消毒工作，减少饲养密度和垫料堆积，科学贮藏饲料，减少细菌污染，严格控制各种内外因素应激对机体的影响，可有效地预防和减少本病的发生。

（2）治疗。甲硝唑、二甲硝唑、复方新诺明、杆菌肽、土霉素、青霉素、泰乐菌素、林可霉素、克林霉素等对本病具有良好的治疗和预防作用，一般通过饮水或混饲给药。

十三、鸡溃疡性肠炎

溃疡性肠炎是雏鸡、鹌鹑、幼火鸡和野鸟的一种急性细菌性传染病，本病最早发生于鹌鹑，呈地方性流行，故称"鹑病"。以后发现多种禽类也可感染，并以病变特点称为"溃疡性肠炎"。病的特征为突然发生，死亡率高，小肠后段发生出血性肠炎、溃疡和坏死。

（一）发病情况

多发于 60～80 日龄的鸡，鸭不易感染。产蛋鸡发病亦较多，病及和带菌鸡是本病的主要传染源。鸡群早期精神较好，采食量无明显下降，看不到明显症状，只有个别鸡只嗉囊充盈，伴有白色水样下痢，胸肌萎缩，最后极度消瘦而死亡。此病表现为散发，病程较长，一般死亡率为 5% 左右。

（二）发病因素

在自然条件下，禽类因吃食被病鸡粪便污染的饲料、饮水或垫料而经消化道传播。肠梭菌能形成芽孢，因此，一旦发病后，鸡舍就可被长期污染，不易控制和扑灭，使疫病持续发生。慢性带菌鸡的存在，也是造成本病持续发生的一个重要原因。饲料突变，开始产卵、高温、潮湿、球虫病等因素，均可促使本病的发生。

（三）临床症状

病鸡食欲减退，精神不振，远离大群，独居一隅，蹲腿缩颈，羽毛松乱而无光泽。排出的粪便常附有黏液，多呈黄绿色或淡红色的稀便，常具有一种特殊的恶臭味。有时肛门周围的羽毛也被黄色混有颗粒状粪便污染。急性死亡鸡不表现临床症状，几天前还欢蹦乱跳，第 2 天早上就死在鸡舍里。死亡鸡肌肉丰满，嗉囊中充满食物，排水样便。慢性病鸡不安和驼背，眼半闭，羽毛暗淡蓬松，鸡冠失去血色呈苍白或蜡黄色，排出白色透明如蛋清样便。病程达 1 星期时，胸肌明显萎缩，导致极度消瘦。

（四）剖检病变

剖检病死鸡只，可见嗉囊充盈，肌胃中充满食物。肝脏肿大呈浅土黄色，肝脏表面有大小不一的黄白色坏死斑点；脾脏肿大呈紫黑色；十二指肠肠壁增厚，在浆膜面和黏膜面均可见出血点和出血斑，并与周边组织界限明显；空肠和回肠黏膜上有散在的枣核状溃疡灶，溃疡深达肌层，上覆一层伪膜。盲肠扁桃体坏死、脱落，直肠黏膜有密集的粟粒状突出于表面的出血溃疡。

（五）细菌学检验

无菌采集肝脏心血抹片，姬姆萨氏染色，镜检可见两端钝圆单个或成对排列的梭状芽孢杆菌。

将分离获得的纯培养物涂片，革兰氏染色镜检，见有多数成对、少数呈单个排列、两端钝圆的粗大杆菌，革兰氏染色阳性。

生化试验，本菌能发酵葡萄糖、蔗糖、乳糖、麦芽糖、产酸产气，不发酵甘露醇、鼠李糖、阿拉伯糖和木糖，并能分解牛奶引起暴烈发酵。

将分离菌株的 18 小时肉汤培养物，口腔接种于 3 只 21 日龄健康小鸡，每羽口服 1ml，结果于 70 小时内发病死亡，并从病死鸡肝脏中分离到相同的革兰氏阳性粗大杆菌。

取 3g 进口鱼粉加 6ml 无菌蒸馏水，摇匀后置恒温箱内浸取 8 小时后，无菌采取浸出液，依上法同样分离出本菌。

根据抹片镜检、病理剖检、细菌学检验结果表明，病原为致病性产气荚膜梭菌。

（六）鉴别诊断

根据病禽的症状和典型的病变有助于本病的诊断。如肠管的坏死，溃疡及伴发肝脏的坏死和脾脏的肿大、出血等，对本病的诊断有实际意义。为了与其他类似疾病（球虫病、盲肠肝炎等）鉴别，应采取肝脏做细菌学检查。

坏死性肠炎由魏氏梭菌引起，与溃疡性肠炎是 2 种不同的症候群，但症状十分相似。病死鸡以小肠后段黏膜坏死为特征。在肝组织涂片中，溃疡性肠炎病料可见到菌体和芽孢，坏死性肠炎仅见有菌体。给健康鸡饲喂患溃疡性肠炎病鸡的粪便或肠混悬液，可引起人工感染。而坏死性肠炎以同样方法不能引起鸡的人工感染。

感染组织滴虫后，盲肠壁增厚、充血，渗出物常发生干酪化，形成干酪样的盲肠肠心，肝内形成大小不等的坏死区。取肝或盲肠内容物作病原学检查，病料用加温至 40～42℃ 的生理盐水稀释后做成悬滴标本，在显微镜旁放置1个小灯泡加温，即可在显微镜下见到能活动的组织滴虫。溃疡性肠炎的特征是可见到肿大和出血的脾以及肠管溃疡。

（七）治疗措施

发病鸡群每羽每次用青霉素钠盐5万～10万国际单位饮水，每天2次，连用3天。病情可有效得到控制。庆大霉素针剂1次性肌肉注射，每羽每次2万国际单位，每天2次，连用3天。甲硝唑、复方新诺明等均有良好的疗效。

（八）预防措施

预防本病主要是加强饲养管理，保持禽舍的清洁卫生，及时清除粪便、垫料，避免因过于拥挤而引起的应激反应，有效地控制球虫病和病毒性疾病。加强禽舍消毒，可应用各种含氯消毒剂和2%氢氧化钠溶液，连续消毒2～3次。要改变地面平养为笼养，适当增加蛋白质饲料。

幼禽多发本病并表现急性发作，无明显临床症状突然死亡，发病后用药物治疗往往不能取得良好的治疗效果，可出现大批死亡。故发生过该病的养殖场采用疫苗免疫接种是预防本病的重要措施。

十四、鸡弯曲分枝杆菌病

（一）病原

鸡弯曲分枝杆菌病又称为鸡弧菌性肝炎，是由弯曲杆菌感染引起的幼鸡或成年鸡传染病，本病以肝出血坏死性肝炎伴发脂肪浸润，发病率高，死亡率低，常呈慢性经过为特征。该菌对各种消毒药较敏感，5%过氯酸钠的1：2 000稀释液，0.25%甲醛溶液可在15分钟内杀死本菌；0.15%有机酚，1：500季胺化合物及0.125%戊二醛均可在1分钟内杀死本菌。

（二）流行病学

本病在自然条件下只感染鸡和火鸡，较常见于初产或已开产数月的母鸡，偶尔也发生于雏鸡。感染途径主要是消化道。病原菌随粪排出，污染饲料、饮水和用具，被健康鸡采食后而感染。多呈散发性或地方性流行。本病发病率高，死亡率一般为2%~5%。

（三）临床症状

本病多呈慢性经过，病鸡表现精神不振，体重减轻，鸡冠皱缩并常有水泻，排黄色粪便。该病进展缓慢，但也有很肥壮的鸡急性死亡，死前48~72小时内还在产蛋。鸡群不能达到预期的产蛋高峰，产蛋率下降25%~35%。仔鸡发育受阻，腹围增大，并出现贫血和黄疸。

（四）病理变化

鸡弯曲杆菌性肝炎的主要病变见于肝脏，肝脏开始不规则，肿大、土黄、质脆、有大小不等的出血点和出血斑，且表现散布星状坏死灶及菜花样黄白色坏死区，有的肝被膜下有出血囊肿，或肝破裂而大出血。值得注意的是，表现临诊症状的病鸡不到10%在肝有肉眼病变，即使表现病变，也不易在一个病变肝脏上见到全部典型病变，应剖检一定数量的鸡才能观察到不同阶段的典型病变。

1. 急性型

肝脏稍肿大，边缘钝圆，淤血，呈淡红褐色，肝被膜常见较多的针尖样出血点，偶见血肿，甚至肝破裂，致使肝表现附有大的血凝块或腹腔积聚大量血水和血凝块。肝表面常见少量针尖黄白色星状坏死灶，无光泽，与周围正常肝组织界限明显。

镜检发现肝细胞排列紊乱，呈明显的颗粒变性和轻度坏死。多数病列在窦状隙可见到细菌栓塞积聚，中央静脉淤血，汇管区小叶间动脉管壁平滑肌玻璃样变或纤维素样变。汇管区和肝小叶内的坏死灶内偶见异嗜性细胞或淋巴细胞浸润。用免疫过氧化物酶染色，在窦状隙内可见弯杆菌栓塞集落，菌体棕褐色。

2. 亚急性型

肝脏呈不同程度的肿大，病变重者肿大1~2倍，呈红黄色或黄褐色，质地脆弱。在肝脏表现和切面散在或密布针尖大、小米粒大乃至黄豆粒大灰黄色或灰白色边缘不整的病灶。有的病例病灶互相融合形成菜花样病灶。

镜检可发现肝细胞排列紊乱，呈明显的颗粒变性、轻度脂肪变性和空泡变性。肝小叶内散在大小不一、形态不规则的坏死增生与脱落，胆小管增生。汇管区和小叶间有多量的异嗜细胞、淋巴细胞，少量浆细胞浸润以及髓细胞样细胞增生。用免疫过氧化物酶染色，空肠弯杆菌位于肝细胞内、坏死、脂肪变性区、窦状隙等内。

3. 慢性型

肝体积稍小，边缘较锐利，肝实质脆弱或硬化，星状坏死灶相互连接，呈网络状，切面发现坏死灶布满整个肝实质内，也呈网格状坏死，坏死灶黄白色至灰黄色。这是肉眼诊断本病的依据。镜检，较大范围的不规则坏死，有大量淋巴细胞及网状细胞增生。

各种类型均可能出现的病变为胆囊肿大，充盈浓稠胆汁，胆囊黏膜上局部坏死，周围有异嗜性细胞浸润，并有黏膜上皮增生性变化。心脏出现间质性心肌炎，心肌纤维脂肪变性甚至坏死、崩解。脾脏肿大明显，表现有黄白色坏死灶，呈现斑驳状外观，个别慢性病例可见非特异性肉芽肿。肾脏肿大，呈黄褐色或苍白，慢性肾小球肾炎，有时见肾小球坏死和间质性肾炎。卵巢的卵泡发育停止，甚至萎缩、变形、变性等。

（五）防治措施

预防主要通过加强饲养管理，严格消毒，减少应激等综合措施，也可在饲料中添加药物预防。对发病鸡群可用链霉素，每只5万国际单位，肌肉注射，每日2次。也可用四环素或土霉素拌料，每千克饲料加2g，连喂3～5天。

十五、鸡的念珠菌病

鸡的念珠菌病又称真菌性口炎、白色念珠菌病。本病是由白色念珠菌引起的禽类上消化道的一种霉菌病，其特征是在上消化道黏膜发生白色假膜和溃疡。

（一）病原

白色念珠菌在自然界中广泛存在，可在健康畜禽及人的口腔、上呼吸道和肠道等处寄居。该菌是半知菌纲中念珠菌属的一个成员，为类酵母菌。病料接种于沙氏琼脂平板上，形成2～3mm大小、奶油色、凸起的圆形菌落。菌落表面湿润，光滑闪光，边缘整齐，不透明，较黏稠略带酿酒味。涂片镜检可见两端钝圆或卵圆形的菌体。菌体粗大，呈杆状酵母样芽生。菌体呈单个散在。培养时间久后，菌落呈蜂窝状并可见到假菌丝。在玉米琼脂培养基37℃培养数天可产生分枝的菌丝，呈束状卵圆形芽生孢子和圆形厚膜孢子。本菌革兰氏染色阳性，但有些芽生孢子着色不均，用乳酸酚棉蓝真菌染色法，芽生孢子和厚膜孢子为深天蓝色，厚膜孢子的膜和菌丝不着色，老菌丝有隔。这是鉴别是否为病原性菌株的方法之一。应该提出的是各地自不同禽类分离的菌株其生化特性有较大差别。该菌对外界环境及消毒药有很强的抵抗力。

（二）流行病学

我国主要有鸡、火鸡、鸽、鸭发病的报道。本病以幼龄禽多发，成年禽亦有发生。鸽以青年鸽易发，且病情严重。该病发生以夏秋炎热多雨季节为甚。病禽和带菌禽是主要传染来源。病原通过分泌物、排泄物污染饲料、饮水经消化道感染。雏鸽感染主要是通过带菌大鸽的"鸽乳"而传。本病发病率、死亡率在火鸡和鸽均很高。禽念珠菌病的发生与禽舍环境、卫生状况差，饲料单纯和营养不足有关。鸽群发病往往与鸽毛滴虫并发感染。

（三）临床症状

雏鸡、成年鸡均可发生。病鸡精神不振，食量减少或停食，消瘦，羽毛松乱。有的鸡在眼睑、口角出现痂皮样病变，开始为基底潮红，散在大小不一的灰白色丘疹样，继而扩大蔓延融合成片，高出皮肤表面凹凸不平。病鸡嗉囊胀满，但明显松软，挤压时有痛感，并有酸臭气体自口中排出。有的病鸡下痢，粪便呈灰白色。一般1周左右死亡。

（四）病理变化

病理变化主要集中在上消化道，可见喙缘结痂，口腔和食道有干酪样假膜和溃疡。嗉囊内容物有酸臭味，嗉囊皱褶变粗，黏膜明显增厚，被覆一层灰白色斑块状假膜呈典型"毛巾样"，易刮落。假膜下可见坏死和溃疡。少数病禽病变可波及腺胃，引起胃黏膜肿胀、出血和溃疡。有的报道在腺胃和肌胃交界处形成一条出血带，肌胃角质膜下有数量不等的小出血斑。其他器官无明显变化。

病理组织学检查在嗉囊黏膜病变部位，可见复层扁平上皮薄，表层红染，核消失，上皮细胞间散在多量圆形或椭圆形厚垣孢子，尚见少数分枝分节，大小不一的酵母样假菌丝。黏膜上皮深层细胞肿胀或水泡样变性。上皮下组织血管轻度扩张充血，未见炎性细胞反应。食管、咽、腭和舌等黏膜病变如同嗉囊，但食管部病变较轻。咽部病变严重，并有出血和异嗜细胞浸润等炎性反应，这可能与继发感染有关。

（五）诊断鉴别

一般根据流行病学特点，典型的临诊症状和特征性的病理变化可以做出诊断。确诊还需结合实验室检查。常用的方法有细菌学检查，如取病料镜检，刮取嗉囊或食管分泌物制成压片，在600倍显微镜下弱光进行检查，可见边缘暗褐、中间透明，一束束短小枝样菌丝和卵圆形芽生孢子。另外，取同样病料进行分离培养观察形态和培养特性。有条件的还可以进行动物接种试验，用纯培养物口服接种健康雏鸡或青年鸽，每只0.5ml。鸡感染后3~5天口腔出现不同程度病变。

（六）防制措施

本病一旦发生，单纯的治疗效果往往不佳。在治疗的同时应改善饲养管理条件，加强动物卫生措施可望收到满意效果。

治疗本病常用1：（2 000~3 000）硫酸铜溶液或在饮水中添加0.07%的硫酸铜连服1周，对大群防治有一定效果。有报道，用5×10^{-4}~1×10^{-3}丙酸铜或1×10^{-4}龙胆紫液有一定疗效。

制霉菌素按每千克饲料加入50~100mg连用1~3周，或每只每次20mg，每天2次连喂7天。有报道认为，在投服制霉菌素时，还需适量补给复合维生素B。

本病没有特异性的防治办法。鸡场应认真贯彻生物综合防制措施，加强饲养管理，减少应激因素对禽群的干扰，做好防病工作，提高鸡群抗病能力。特别应注意的是防止饲料霉变，不用发霉变质饲料。搞好禽舍和饮水的卫生消毒工作，不同日龄鸡只不要混养等项工作是防制本病的重要措施。

十六、鸡亚利桑那菌病

鸡亚利桑那菌病又名副大肠杆菌病、副结肠病，是一种主要发生于幼鸡、幼火鸡的急性或慢性败血症，其特征是眼球皱缩、失明，下痢，肝大呈浅黄色斑驳状，十二指肠充血，盲肠内有干酪样物。本病是一种经蛋传递性疾病。

亚利桑那菌与沙门氏菌相似，广泛分布于自然界，在人类大部分环境中均有本菌存在。本菌不但感染火鸡和鸡，尚可感染鸭、鹅、珍禽、野鸟、爬虫类、哺乳类和人类。因此据信世界绝大多数国家和地区都有本病存在。

亚利桑那菌病除引起雏火鸡、雏鸡大量发病死亡外，尚可使病雏生长发育不良，药费大量增加。成年火鸡和成年鸡感染虽无明显的临诊症状，但产蛋率和孵化率下降。由于本病是一种蛋传递疾病，其危害显得更为严重。亚利桑那菌还可以感染哺乳类和人类。人感染时发生胃肠炎，或更为严重的肠热症与灶性感染等，因此，本病具有重要的公共卫生意义。

（一）病原

亚利桑那菌是革兰氏阴性、不产生芽孢的杆菌，有周鞭毛，能运动，大多数菌株的最适生长温度为37℃，兼性厌氧。

亚利桑那菌在普通液体和固体培养基上容易生长。与沙门氏菌最明显的区别是，沙门氏菌不能发酵乳糖，而大多数从家禽分离到的亚利桑那菌在培养7～10天发酵乳糖；沙门氏菌不液化明胶，对缩苹果酸及β-半乳糖苷酶呈阴性反应，而亚利桑那菌则能缓慢液化明胶，缩苹果酸及β-半乳糖苷酶呈阳性反应。

亚利桑那菌易被热及普通消毒药物杀灭。但据报道，在本菌污染的水样中5个月、污染的饲料中17个月仍可分离到本菌，在已空闲6～7个月的火鸡牧场土壤中可分离到亚利桑那菌。

亚利桑那菌和沙门氏菌相似，能侵入血流，对幼禽危害较大，其死亡率也较高。据报道，4~6日龄的雏火鸡对本病最易感，一般在孵出后3~5天发病，3周内大量死亡，死亡率为1%~50%。本菌能透入肠壁并于该处无限期地居留，亚利桑那菌还有一个突出的特性就是不需要宿主也能生存下去。

（二）流行病学

自然发病主要见于4周龄以下的雏火鸡和雏鸡，鸽也常见，雏鸭、雏鹅也会发病；其他多种禽类、两栖类、哺乳类动物和人类均可感染。Martin等（1967）报告了他们18年半中调查研究的4 438个亚利桑那菌培养物，从鸡分离的只有4.2%，火鸡45%，爬虫类21.1%，人类12.2%，其他动物6.2%。我国律祥君1989年曾报道本病。

本病没有明显的季节性，但与雏火鸡及雏鸡的大量饲养有密切关系。

本病的病禽及受感染的成年禽常成为肠道带菌者，能长期散播本菌。此外，野鸟、家鼠、鼷鼠、爬虫等是鸡群中亚利桑那菌的最常见来源。也曾从家禽的商品饲料中分离到本菌。已经证明本病是一种蛋传递性疾病。成年母禽的卵巢及公禽的精液均可分离到本菌，表明本病蛋传性质。但据认为，火鸡蛋及鸡蛋内经常出现亚利桑那菌，是由于含菌的粪便沾污蛋壳表面，本菌透入蛋内所致。从消化道分离细菌或泄殖腔棉拭法检查均证明，通过粪便排菌是本病传播的重要途径。粪便污染可使亚利桑那菌由其他动物传播给家禽、各种野鸟、爬虫及许多常见的动物也能将本病传给禽群。亚利桑那菌病能在孵化器与育雏器内经直接接触以及由污染的饲料和水而传播。本病在雏鸡和雏火鸡中通过直接接触而传播，亦已得到证明。

（三）临床症状

本病的临诊症状与鸡副伤寒基本相同，病雏精神沉郁，不安，食欲减退或废绝，羽毛松乱，体温升高，腹泻，粪便黄绿色，有时带血，肛门周围粘有粪便。有些病雏出现运动失调与颤抖等症状。死亡多发生于20日龄以前，4周龄后很少死亡。病雏鸡和青年鸡主要表现为眼部发炎畏光、流泪、眼部有脓性分泌物，严重的失明。成年鸡感染一般无临诊症状表现。

（四）病理变化

病雏鸡呈典型的全身败血症，腹膜炎，卵黄吸收不良，肝大发炎带有淡黄色斑点。心脏变色，心肌细胞浊肿。脾、肺、肾充血，肺可能有细小的脓肿。十二指肠黏膜明显充血。盲肠内有干酪样物。此外，病雏的气囊、腹腔及胸腔可能有淡黄色干酪状物。受侵害的眼失明，不能恢复正常。

雏鸡自然感染亚利桑那菌所出现的病变，与由副伤寒菌所引起的变化有许多相似之处。多数器官都有炎性、退行性与坏死性的变化。中枢神经和眼组织的变化常为急性，其他器官的变化为亚急性。

（五）诊断

由于亚利桑那菌病与沙门氏菌病有许多相似之处，单纯根据症状和病变是不足以将二者相区别的。确诊应以细菌分离为准。

进行细菌分离时，可用病雏的肝、脾、心血、肺、肾以及未被吸收的卵黄囊作为病料。如对孵化后期的死胚进行细菌学检查，则可对本病作出早期诊断，病料可用死胚的肝、脾、心血及卵黄囊，也可以用蛋壳和蛋壳膜。许多报道认为，用蛋壳及蛋壳膜分离本菌更易获得成功。

（六）防治措施

1. 防治措施

本病的防治可采取与副伤寒相同的措施。其要点是：经常集蛋，最好每天不少于 4 次；集蛋后尽早用甲醛作孵前熏蒸；产于地面上的蛋不用作种蛋入孵；经常清拭产蛋箱，以保持其干净清洁；如蛋壳沾有小污斑，可用清洁干净的细河沙加以擦拭，切忌用水洗或湿布揩抹；蛋盘、孵化机和出雏机使用前必须彻底清洁消毒，并以甲醛熏蒸；如有必要，临孵前蛋已入盘时可再用甲醛重复熏蒸一次；贮蛋室应与其他房舍相隔离；怀疑种鸡患有本病，可进行预防性或治疗性投药，雏火鸡及雏鸡群亦可投药预防。

2. 治疗

抗生素、磺胺类和呋喃类药物在减少本病急性暴发造成的死亡以及阻止本病的传播方面均有很好的作用。但许多报道认为，药物治疗不能彻底杀灭病鸡体内的病原菌，治愈鸡常常仍是带菌者。

治疗可用：磺胺甲基嘧啶，0.25%的剂量混料，连喂 3 天；呋喃唑酮，1×10^{-4}的剂量混料，每月喂饲 1 周，可作成年火鸡预防本病之用。雏火鸡急性暴发本病，可用同剂量连喂 5～7 天作为治疗。对怀疑患有本病的母火鸡群的后代雏，在育雏的头 2 周也可使用此剂量的呋喃唑酮作预防。有报道认为，若呋喃唑酮的剂量增至2×10^{-4}在减少雏火鸡的死亡和消除病后存活鸡带菌方面均更为有效。如在感染前按1×10^{-4}的剂量投药，有阻止本病发生的功用。此外，庆大霉素、土霉素、新霉素及合霉素在治疗临诊型亚利桑那菌病方面效果良好。

十七、鸡结核病

鸡结核病是由禽型结核杆菌引起禽的一种慢性传染病。以消瘦、贫血、受侵器官组织结核性结节为特征。OIE 将其列为 B 类动物疫病。

（1）病原学。禽型结核杆菌为分枝杆菌属成员，本菌具有抗酸染色的特性，多采取姜—尼（Ziehl-Neelsen）氏染色法染色，在镜检抹片病料时，见到单个、呈对、成堆、成团的红色分枝杆菌，

（2）流行病学。传染源为病禽及带菌动物。主要经过消化道和呼吸道感染。鸡、火鸡、鸭、鹅、孔雀、鸽、捕获的鸟类和野鸟均可感染。其中鸡尤以成年鸡最易感。牛、猪和人也可感染。

（一）临床症状

潜伏期 2～12 个月。

以渐进性消瘦和贫血为特征。病鸡表现胸肌萎缩、胸骨突出或变形，鸡冠、肉髯苍白。如果关节和骨髓发生结核，可见关节肿大、跛行，肠结核可引起严重腹泻。

（二）病理变化

病变部位有大小不等、灰黄色或灰白色结核结节，常见于肝、脾、肠和骨髓等。肠壁、腹膜、卵巢、胸腺等处也可见到结核结节。

（三）诊断

鸡结核病虽在生产上造成一定损失，但多不进行专门的检查和检疫。当在剖检死鸡时，见到结核病变，才引起兽医工作者注意所管理的鸡群的发生情况。因此，本病的诊断，要结合流行病学、临床症状、病理变化、微生物学检查及变态反应等方法，进行综合分析和判定。

1. 现场诊断

患结核病的鸡，多无明显的症状，即使被感染后发病，也是一般的病状，不具有特征的诊断价值。仅根据临诊症状很难确诊。临诊上，可见病禽不明原因的日渐消瘦，贫血，产蛋下降或停止，又不能确诊为其他慢性病时，可怀疑有结核病的存在。

2. 病理学诊断

在病鸡死亡或扑杀时，在禽体的有关组织器官，多常见于肝、脾、肠道等脏器上，有典型的结核病灶。采取结核结节进行病理组织学检查时，可见到典型的肉芽肿变化。需要强调地说，病理变化有很好的诊断价值。

3. 微生物学诊断

（1）涂片、镜检。采取病死禽或扑杀禽的结核病灶病料，直接作成抹片，染色，镜检。由于本菌具有抗酸染色的特性，多采取姜—尼（Ziehl-Neelsen）氏染色法染色，在镜检抹片病料时，见到单个、呈对、成堆、成团的红色杆菌，可初步诊断为禽结核病。

（2）分离培养。取病死禽或扑杀病禽的病料，经用一定浓度的酸或碱（4% NaOH 或 6% H_2SO_4）处理 30 分钟（以除去其他微生物污染）离心沉淀，取沉淀物作成乳剂，进行培养。初次分离多用固体培养基，要满足 5% ~10% CO_2 的培养条件。结核杆菌生长较慢，要经 2 周以上培养，才能见到细菌生长。

对分离的结核杆菌，要进一步鉴定时，还可进行生化特性的检查。

4. 动物接种

病料经处理稀释后，给鸡或家兔静脉接种 0.1ml 细菌，可在 30～60 天死亡，剖检可见肝、脾肿大病变。皮下或肌肉注射同剂量时，则病程缓慢，最后仍可发生死亡。王锡祯等 1979 年用禽型结核杆菌，人工感染鸡、家兔、豚鼠、鸽获得成功，不同的感染途径，病变不相同。他们还用禽结核杆菌进行人工感染绵羊、山羊和猪的试验观察。

5. 变态反应

变态反应是对鸡结核检疫的较好的一种方法。

诊断禽结核时，用禽型结核菌素 0.1ml，注射于鸡的肉髯皮内，48 小时检查时，与对侧肉髯比较，注射侧出现肿胀和发红，判定为阳性反应。

变态反应主要用于鸡和火鸡，水禽少用。鸡只患病，消瘦、贫血、缺乏蛋白饲料，病鸡也可不出现反应。

6. 血清学方法

用于鸡结核诊断的方法有酶联免疫吸附试验（ELISA）、全血凝集试验、平板凝集试验等。

7. 鉴别诊断

诊断本病的最简单、最方便、又最特异的方法是尸体剖检，但某些细菌病、真菌病和肿瘤等，可出现部分与结核相似的肉眼病变，细菌病如禽伤寒、副伤寒、亚利桑那病、大肠杆菌病（肉芽肿）、禽霍乱、弯杆菌病等；盲肠肝炎；真菌病如曲霉菌病等。

鉴别要点可从以下几个方面考虑：①流行病学特点、症状、病理变化及防治；②尸体剖检及组织学检查；③病原检查，包括寄生虫检查，病原学检查十分重要，在已知的鸡病中的其他疾病，没有抗酸染色特性的病原；④血清学检查。应用以上几个方面的知识和检查，综合分析，作出诊断。

（四）防治

1. 预防

因为病程长，治疗费用高，所以，做好预防工作更显得重要。

（1）发现结核病时，必须清除病鸡（深埋），对鸡场要进行彻底消毒，还要把运动场表面土铲去20cm，撒布生石灰，充分晾晒，再盖新土。最好几个月内不放鸡。

（2）建立无结核病鸡群，新鸡进舍前要严格消毒，按鸡大小分群饲养，并与其他鸡分开饲养。定期采用鸡结核菌素变态反应检查隐藏的病鸡

（3）据试验，口服卡介苗（干粉苗）预防有一定效果。方法：2~2.5月龄鸡，每只0.25~0.5ml干粉苗，混在饲料中喂给，隔天1次，连喂3次。

2. 治疗

为防止人感染本病，一般不主张治疗。若有治疗必要，使用链霉素效果较好；每千克体重肌注2万单位，每天1~2次，连注5天，停药1天，再注5天。

十八、鸡伪结核病

鸡伪结核病是由伪结核耶氏菌引起的家禽和野禽的一种接触性传染病。其特征是出现短期的急性败血症和随后的慢性局灶性感染，这种慢性局灶性感染表现为内脏器官尤其是肝脏和脾脏出现干酪性坏死和结节。

（一）临床症状

本病临床表现差异很大，最急性病例往往无任何先驱症状而突然死亡，或在首发症状后存活数小时或几天，这类病例通常以突发腹泻和急性败血性变化为主；多数情况下，病例常呈慢性经过，病程延至2周以上，这类病例死前2~4天出现症状，表现为虚弱、羽毛颜色暗淡而蓬乱、呼吸困难，有些病例往往出现腹泻症状；还有些病例病程会拖得更长，病鸡出现消瘦、极度虚弱或麻痹，行走困难、强直、嗜睡、便秘等。慢性病例的早期，病禽可能采食正

常，但通常在死前 1～2 天食欲完全丧失。

（二）病理变化

对于早期死亡的病例，仅可能观察到肝、脾肿大和肠炎。病程稍长的病例，肝脏、脾脏和肌肉可观察到粟粒大小的坏死灶，心脏、肺脏和肾脏有时可见到小出血点。肠炎从卡他性到出血性，程度不同，有时浆膜腔内含有多量液体。

（三）鉴别诊断

本病和禽霍乱、鸡结核病、鸡白痢在病理变化上具有相似之处，确诊时需进行病原分离与鉴定。

（四）防治

1. 预防

本病目前尚无疫苗可以预防，故只能采取一般预防措施，如加强饲养管理、定期消毒等。

2. 治疗

本病的治疗报告很少。研究表明，伪结核耶氏菌对庆大霉素、卡那霉素高度敏感，四环素中度敏感，青霉素、链霉素、红霉素和黄连素不敏感。

十九、鸡链球菌病

鸡链球菌病（Avian Streptococcosis）是鸡的一种急性败血性或慢性传染病。雏鸡和成年鸡均可感染，多呈地方流行。病鸡的特征是昏睡，持续性下痢，跛行和瘫痪或有神经症状。剖检可见皮下组织及全身浆膜水肿、出血，实质器官如肝、脾、心、肾的肿大，有点状坏死。该病在我国的鸡、鸭、鹅、鸽有发病的报告，引起相当数量的病禽死亡，造成较大的经济损失。

（一）病原

链球菌属的细菌，种类较多，在自然界分布很广。引起鸡链球菌病的病原为禽链球菌，通常为兰氏（Lancefield）血清群 C 群和 D 群的链球菌引起。链球菌为圆形的球状细菌，菌体直径为 0.1～0.8&micro；m，革兰氏染色阳性，老龄培养物有时呈阴性。不形成芽孢，不能运动，呈单个、成对或短链存在。本菌为兼性厌氧菌，在普通培养基上生长不良，在含鲜血或血清的培养基上生长较好。最适生长温度为 37℃，pH 值 7.4～7.6。在血液琼脂培养基上，生长成无色透明、圆形、光滑、隆起的露滴状小菌落。C 群的兽疫链球菌能产生明显的 β 型溶血；D 群链球菌呈 a 型溶血或不溶血。培养物涂片、染色、镜检，呈双球状或呈短链，菌体周围有荚膜。

在液体培养基中不形成菌膜，血清肉汤培养基中，多数管底呈绒毛状或呈颗粒状沉淀物生长，上清液清亮。在麦康凯培养基上不生长。禽源链球菌可发酵甘露醇、山梨醇和 L-阿拉伯糖。除兽疫链球菌外，均可在麦康凯培养基上生长和能发酵糖类，通常产酸，不产生接触酶。实验动物中，以家兔和小鼠最敏感，小鼠腹腔接种很快死亡。家兔静脉注射和腹腔注射，在 24～48 小时死亡。大鼠和豚鼠对本菌有抵抗力。

（二）流行病学

家禽中鸡、鸭、火鸡、鸽和鹅均有易感性，其中以鸡最敏感。各种日龄的禽都可感染。兽疫链球菌主要感染成年鸡，粪链球菌对各种年龄的鸡均有致病性，但多侵害幼龄鸡。

链球菌在自然界广泛存在，在鸡饲养环境中分布也广。因为链球菌是禽类和野生禽类肠道菌群的组成部分。通过病鸡和健康鸡排出病原，污染养鸡环境，通过消化道或呼吸道感染。也可发生内源性感染。还可经皮肤和黏膜伤口感染，特别是笼养鸡多发。新生雏可通过脐带感染。孵化用蛋被粪便污染，经蛋壳污染感染胚胎，可造成晚期胚胎死亡及孵出弱雏，或成为带菌雏。

本病的发生往往与一定的应激因素有关，如气候变化，温度降低等。本病多发生在鸡舍卫生条件差，阴暗、潮湿，空气混浊的鸡群。本病发生无明显的季节性。一般为散发或地方流行。发病率有差异，死亡率多在 10%～20% 或以上。

（三）临床症状

根据病鸡的临诊表现，分为急性和亚急性/慢性两种病型。

（1）急性型：主要表现为败血症病状。突然发病，病鸡精神委顿，嗜睡或昏睡状，食欲下降或废绝，羽毛松乱，无光泽，鸡冠和肉髯发紫或变苍白，有时还见肉髯肿大。病鸡腹泻，排出淡黄色或灰绿色稀粪。成年鸡产蛋下降或停止。急性病程 1～5 天。

（2）亚急性/慢性型：主要是病程较缓慢，病鸡精神差，食欲减少，嗜睡，重者昏睡，喜蹲伏，头藏于翅下或背部羽毛中。体重下降，消瘦，跛行，头部震颤，或仰于背部，嘴朝天，部分病鸡腿部轻瘫，站不起来。有的病鸡发生眼炎和角膜炎。眼结膜发炎，肿胀、流泪，有纤维蛋白性炎症，上覆一层纤维蛋白膜。重者可造成失明。

（四）病理变化

剖检主要呈现败血症变化。皮下、浆膜及肌肉水肿，心包内及腹腔有浆液性、出血性或浆液纤维素性渗出物。心冠状沟及心外膜出血。肝脏肿大，淤血，暗紫色，见出血点和坏死点，有时见有肝周炎；脾脏肿大，呈圆球状，或有出血和坏死；肺淤血或水肿；有的病例喉头有干酪样粟粒大小坏死，气管和支气管黏膜充血，表面有黏性分泌物；肾肿大；有的病例发生气囊炎，气囊混浊、增厚；有的见肌肉出血；多数病例见有卵黄性腹膜炎及卡他性肠炎；少数腺胃出血或肌胃角质膜糜烂。

（1）急性型：皮下、浆膜有肌肉水肿，纤维素性心包炎，卵黄性腹膜炎，卡他性肠炎。肝、脾、肾肿大，有出血点和坏死。肺淤血或水肿。气囊混浊、增厚。雏鸡：卵黄吸收不良，肝肿质软，黄褐色，胆囊肿大，盲肠扁桃体出血，纤维素性心包炎和脑膜充血、出血。

（2）慢性型：主要是纤维素性关节炎，腱鞘炎，输卵管炎和卵黄性腹膜炎，纤维素性心包炎，肝周炎。实质器官（肝、脾、心肌）发生炎症、变性或梗死。

（五）诊断

发生本病的病鸡，在发病特点、临诊症状和病理变化方面，与多种疫病相近似，如沙门氏菌病、大肠杆菌性败血症、葡萄球菌病、禽霍乱等易混淆。因此，根据本病的发生特点、临诊症状和病理变化只能作为疑似的依据，要进行确诊时，必须依靠细菌的分离与鉴定。

1. 病料涂片、镜检

采取病死鸡的肝、脾、血液、皮下渗出物、关节液或卵黄囊等病料，涂片，用美蓝或瑞氏和革兰氏染色法染色，镜检，可见到蓝、紫色或革兰氏阳性的单个、成对或短链排列的球菌，可初步诊断为本病。

2. 病原分离培养

将病料接种于鲜血琼脂平板上，24～48 小时后，可生长出透明、露滴状、G 溶血的细小菌落，涂片镜检，可见典型的链球菌。

3. 病原鉴定

用纯培养物进行培养特性和生化反应鉴定。根据在血液琼脂上生长及鉴别培养和糖发酵进行鉴定。禽源链球菌可发酵甘露醇、山梨醇和 L-阿拉伯糖。除兽疫链球菌外，均可在麦康凯培养基上生长。兽疫链球菌在血液琼脂平板上有 β 型溶血环，D 群链球菌呈 a 溶血或不溶血。

（六）类症鉴别

本病与沙门氏菌病、大肠杆菌性败血症、葡萄球菌病、禽霍乱等疫病，有相似的临诊症状和病理变化，要注意与之鉴别诊断。

（1）大肠杆菌病：症状与病变多样性（雏鸡脑炎、卵黄性腹膜炎、气囊炎、关节炎、眼炎、大肠杆菌肉芽肿、败血症等），镜检可见革兰氏阴性、无芽孢、有周身鞭毛、两端钝圆的小杆菌。

（2）鸡副伤寒：病鸡饮水增加，排白色水样粪便，怕冷喜近热源。剖检可见肝、脾、肾有条纹状出血斑或针尖大小坏死灶，小肠出血性炎症，镜检可看到革兰氏阴性、两端稍圆的细长杆菌。

（3）葡萄球菌病：外伤感染明显，跛行（跗、跖关节炎），胸腹部皮下有多量紫黑色血样渗出液或紫红色胶冻物（"大肚脐"），镜检可见葡萄串状堆集的革兰氏阳性球菌。

（4）禽霍乱病鸡鸡冠、肉髯呈暗紫色；剖检可见心冠脂肪及

心外膜出血，肝脏表面有多量灰白色小坏死点。镜检见有革兰氏阴性、两极着色的圆形小杆菌。

（七）防治措施

链球菌在自然环境中、养鸡环境中和鸡体肠道内较为普遍存在。本病主要发生于饲养管理差，有应激因素或鸡群中有慢性传染病存在的养鸡场。因此，本病的防治原则，主要是减少应激因素，预防和消除降低鸡体抵抗力的疾病和条件。

认真做好饲养管理工作，供给营养丰富的饲料，精心饲养；保持鸡舍的温度，注意空气流通，提高鸡体的抗病能力。

认真贯彻执行兽医卫生措施，保持鸡舍清洁、干燥，定期进行鸡舍及环境的消毒工作；勤捡蛋，粪便玷污的蛋不能进行孵化；入孵前，孵化房及用具应清洗干净，并进行消毒；入孵蛋用甲醛液熏蒸消毒。

对鸡舍及环境进行清理和消毒，带鸡消毒是常采用的有效措施。通过消毒工作，减少或消灭环境中的病原体，对减少发病和疫情控制有良好作用，应作为一种防疫制度坚持执行。

（八）治疗

经确诊后，立即用药物进行治疗。本病可用青霉素、氨苄青霉素、氯霉素、新霉素、庆大霉素、卡那霉素、红霉素、氟哌酸、四环素、土霉素、金霉素等抗菌药物，都可能有好的治疗效果。

近些年来，各地养鸡场都广泛而持久地使用各种抗菌药物，因而，所分离的菌株对抗菌药物敏感性不尽相同，应进行药敏试验，选择敏药物进行治疗，才可能获得良好的治疗效果。

在治疗期间，也应该加强饲养管理，消除应激因素，才能使治疗获得满意的结果，尽快控制疫情。

二十、鸡波氏分枝杆菌病的防治

鸡波氏分枝杆菌病是由鸡波氏杆菌引起的一种细菌性传染病，该病主要造成鸡胚胎死亡，弱雏增多，孵化率降低，死胎率最高可达8.97%，各品种鸡都可感染。

（一）发病症状

成年鸡感染该病后基本上无异常表现，个别表现轻度气喘。健康带菌的鸡所产种蛋进行孵化，孵化率降低10%～40%，死胚率一般在30%～40%，高者可达60%。出雏者，弱雏率占5%左右，弱雏表现气喘、拉稀、饮食欲降低或废绝，精神沉郁，多数因衰竭而死。雏鸡可水平传播，主要造成1周龄之内雏鸡死亡，1月龄以上的鸡具有坚强抵抗力。

（二）病理变化

死亡胚胎大小不一，相差2～3倍，胎毛易脱落，体表有弥漫性出血点或出血斑。死亡雏鸡剖检可见胸部及大腿两侧皮下呈黄色胶冻状，有坏死灶和出血斑，肝局部或全部淡黄色，肺深红色，有出血斑，肾有出血点，腺胃黏膜多数坏死，有陈旧坏死灶，肌胃黏膜多数坏死，肌胃内含有深咖啡色样物，胃浆膜层有出血点，个别鸡肠道出血坏死。

（三）诊断

根据孵化情况，若孵化率降低，死胎增多，弱雏率高，雏鸡死亡率高，可初步怀疑该病。然后用病死雏、胚进行细菌分离，能分离到禽波氏杆菌可确诊。鸡白痢沙门菌、大肠杆菌、某些病毒也可造成孵化率降低，死胎增多，有时也可能混合感染，应注意鉴别诊断。种鸡检疫可采用禽波氏杆菌全血平板凝集试验进行，方法是先在载玻片或玻璃板上滴上一滴禽波氏杆菌平板凝集抗原，然后取一滴被检鸡全血，混匀。室温下放置3～5分钟，若出现肉眼可见的凝集块，则判断为禽波氏杆菌病阳性。采用荧光抗体染色法或酶标抗体染色法来诊断鸡波氏杆菌病。应注意该病与绿脓杆菌病相区别，两者主要在生化特性、血清学特性等方面差异较大。

（四）防治

（1）该病为传染性疾病，感染种鸡最好及时淘汰，因为用药物难以完全除去在卵巢等处存在的鸡波氏杆菌。

（2）一般鸡场发生该病时，应及早投喂敏感药物，如链霉素、卡那霉素、PPA等，可望减少损失，防止生产性能降低。

（3）为预防该病，种鸡可在产蛋前注射禽波氏杆菌油乳剂灭活苗或蜂胶灭活苗，使后代能够获得高水平母源抗体，产生被动免疫，避免早期感染。对鸡波氏杆菌病这种经卵传播的疾病，最重要的预防措施是从种鸡群中剔除带菌鸡，生产完全没有波氏杆菌污染的雏鸡，供给普通的养鸡场。因此，种鸡捡疫净化很重要，可用全血平板凝集试验，检出阳性鸡，及时淘汰，阳性鸡产的蛋不可作为种蛋用。

（4）为阻断该病的传播，应对鸡舍和器具进行定期消毒，特别是在孵化场，每次上孵种蛋前孵化器要用甲醛熏蒸消毒，并且注意加强饲养管理，增强机体抵抗力。

第三节　其他微生物引起的疾病

一、鸡慢性呼吸道病

鸡慢性呼吸道疾病病原体为败血支原体，又称鸡毒霉形体，是介于病毒和细菌之间的较小病原微生物，其结构不同于细菌也不同于病毒。没有细胞壁，体外生存比较脆弱，但37℃时，在蛋黄内能存活18周以上，因此，可以垂直传播。

（一）病原

慢性呼吸道疾病原发病原体为鸡毒霉形体，是介于病毒和细菌之间的较小病原微生物，没有细胞壁，体外生存比较脆弱，它具有两套遗传物质，DNA和RNA，体内繁殖快，生命力强。具有小泡状体结构吸盘。支原体靠吸盘与呼吸道上皮细胞的叶酸受体结合而寄生在细胞外，大部分支原体并不进入组织或细胞内部，这与细菌和病毒不同。支原体是鸡体上的常在菌，只要感染过支原体的鸡通常终生带菌。

（二）流行病学

支原体广泛地存在于鸡体内，在肉鸡群中有一定比例的鸡体内带有这种病原体。但是，在正常情况下，没有其他疾病发生时，支原体不会引起鸡群发病。因此，支原体能够引起鸡群发病，必须具备一定的条件，或者说必须在多种应激因素的作用下，才可能发生。在昼夜温差比较大或受寒流的袭击，由于没有及时做好防寒工作，鸡群由于受寒而发病。鸡舍通风不良，舍内有毒有害气体，如氨气、二氧化碳、硫化氢浓度过高时，可引起鸡群发病。饲养密度过大，也可引起鸡群发病。某种疾病，如鸡新城疫、禽流感、传染性支气管炎、传染性喉气管炎、传染性鼻炎等发生时，可继发慢性呼吸道疾病。不适当的接种方式，如新城疫、传染性喉气管炎、传染性支气管炎等疫苗的滴鼻和喷雾免疫等，也可激发本病的发生。因此，一切不利因素均可成为本病发生的诱因。

（三）临床症状

鸡慢性呼吸道疾病的特点是发病急，传播慢，病程长，呈慢性经过。在没有其他疾病发生，只是由于气温的变化，饲养密度过大或鸡舍通风不良发生单纯性支原体感染，多数患鸡精神、食欲变化不大，少数病鸡呼吸音增强，只能在夜间听到。发病诱因过强时则多数鸡只发病，这时采食量减少，鸡群中可以看到有些病鸡流泪，多为一侧性，也有双眼流泪，甩鼻，打喷嚏，颜面肿胀。如果治疗不及时，转为慢性，病鸡表现咳嗽，呼噜，有明显的湿性啰音。患鸡的食欲时好时坏，眼内有渗出物，有的引起眼睑肿胀，向外凸出如肿瘤，严重时可造成眼睛失明。少数病鸡由于喉头阻塞窒息而死亡，如没有继发感染，死亡率很低，但肉鸡生长缓慢。在实际生产中，本病发生后常继发大肠杆菌感染，使鸡群死淘率增加。

（四）剖检变化

剖检时可见鼻腔、气管、支气管和气囊中含有黏液性渗出物，气囊有不同程度混浊、增厚、水肿。随着病程发展，气囊上有大量大小不等干酪样增生性结节，外观上呈念珠状，有的出现肺部病变。在慢性病例中可见病鸡眼部有黄色渗出物，结膜内有灰黄色似豆腐渣样物质。气管内黏液较多，鼻腔黏膜潮红发炎，气囊内有泡沫样或干酪样物质。如继发大肠杆菌，则会表现为肝周炎、心包炎等。

（五）防治

因为慢性呼吸道疾病是条件性疾病，一旦内因和外因发生变化，极易诱发本病。在肉鸡生产中，预防本病要从管理着手。合理计划进雏数量，避免密度过大。保持鸡舍温度，避免忽冷忽热。搞好鸡舍内环境，注意通风，降低舍内氨气浓度。免疫前后建议饮用黄芪多糖，快速提高机体抗体水平，减缓疫苗应激反应，增强免疫效果。该病一旦发生，应尽最大努力除去发病诱因，改善环境。这样有利于控制疾病的发展和提高治疗效果。治疗时关键是选择用药，因为支原体没有细胞壁结构，对细胞壁起作用的药物，如青霉素，对慢性呼吸道疾病没有效果。由于支原体是鸡体上的常在菌，当用抗生素控制后不久，呼吸道疾病很容易复发，再次感染的病菌就对用过的抗生素产生了不同程度的耐药性，所以，在治疗时不要重复用药。治疗原则以大群投药和个别治疗相结合。个别病鸡可用链霉素，5万国际单位/kg体重，2次/天，肌肉注射；或用卡那霉素，0.5万国际单位/kg体重，2次/天，肌肉注射，连用2～3天。全群投药可用红霉素、恩诺沙星、泰乐菌素、螺旋霉素、林肯霉素、壮观霉素、泰妙菌素等饮水，连用3～4天。如与大肠杆菌混合感染，应用控制支原体和大肠杆菌的药物配合使用，以治疗大肠杆菌病的药物为主。如果有其他的病毒性疾病发生，则以控制病毒性疾病为主。临床上应当及时分析病因，进行对症治疗，不要盲目用药。

二、鸡疏螺旋体病

（一）病原

包柔氏螺旋体是螺旋体科疏螺旋体的一员，呈螺旋弯曲，疏松不规则排列5～8个螺旋；易着染，厌氧，能运动，属寄生菌，病原存在血液中。螺旋体对外界环境抵抗力不强。

（二）流行特点

鸡、火鸡、鸭、鹅、麻雀等均可自然感染，鸽有较强抵抗力。各日龄禽类均易感。由蜱和吸血昆虫叮咬后传播，蜱可通过卵将本病原垂直传递给其后代。鸡螨和虱能机械传播。多发于 4～7 月炎热季节。康复禽不携带病原菌，随病痊愈该菌在血液和组织中同时消亡。也经皮肤伤口和消化道感染。死亡率较高。

（三）主要症状

潜伏期 5～9 天。

急性：突然发病，体温升高，精神不振，此刻做血涂片镜检，可见到较多螺旋体。这时排浆液性绿色稀粪，贫血，黄疸，消瘦，抽搐，很快死亡。

亚急性：鸡多见，体温时高时低，呈弛张热。随体温升高，血液中连续数日查到螺旋体。

一过性：较少见，发热，厌食，1～2 天体温下降，血中螺旋体消失，不治可康复。

（四）剖检特征

病死鸡可见脾明显肿大，有淤斑性出血。外观斑点状，呈暗紫色或棕红色，表面有坏死灶。肝大，表面有出血点和黄白色坏死点。小肠黏膜充血、出血。心包有浆液性、纤维素性渗出物。

（五）实验室诊断

取病鸡血、肝、脾等制作涂片，在暗视野镜下观察，见到螺旋体即可确诊。还可取病料接种鸡胚尿囊腔，2～3 天后在尿囊腔中可看到病原体。

（六）防制要点

消灭传播媒介——蜱。常用药喷洒或药浴。注意环境卫生，做好检疫工作，加强饲养管理，喂全价饲料。

泰乐菌素、土霉素、青霉素有较好的治疗作用；中药石榴皮、黄连和大蒜也有疗效。

用自制菌苗可预防本病发生。

三、鸡衣原体病

鸡衣原体病又名鹦鹉热、鸟疫，是由鹦鹉衣原体引起的一种急性或慢性传染病。该病主要以呼吸道和消化道病变为特征，不仅会感染家禽和鸟类，也会危害人类的健康，给公共卫生带来严重危害。由火鸡、鸭和鸟类衣原体病在养禽业中引起的经济损失已为人们所重视，而对鸡衣原体病在养鸡业中造成的损失长期以来尚未引起足够的重视。

（一）病原

衣原体是介于立克次体和病毒之间的一种病原微生物，以原生小体和网状体两种独特形态存在。原生小体是一种小的、致密的球形体，不运动，无鞭毛和纤毛，是衣原体的感染形态。网状体是细胞内的代谢旺盛形态，通过二分裂方式增殖。网状体比原生小体大，渗透性差，在发育过程中能合成自己的 DNA、RNA 和蛋白质。将感染组织的压印涂片经适当固定后，用姬姆萨染色呈现深紫色，圆形，单个或纵状排列。用 5%碘和 16%碘化钾酒精溶液染色感染衣原体的组织切片或感染衣原体的单层细胞培养物，可以看到包涵体。衣原体可以在鸡胚、细胞培养物和常用的哺乳动物细胞中生长繁殖，也能在小白鼠、豚鼠中培养。四环素、氯霉素和红霉素对衣原体具有强烈的抑制作用，青霉素抑制能力较差。衣原体对杆菌肽、庆大霉素和新霉素不敏感。衣原体对能影响脂类成分或细胞壁完整的化学因子非常敏感，容易被表面活性剂如季铵类化合物和脂溶剂等灭活。70%酒精、3%过氧化氢、碘配溶液和硝酸银等几分钟便可将其杀死。

（二）流行病学

鸡衣原体病主要通过空气传播，呼吸道可能是最常见的传播途径。其次是经口感染。吸血昆虫也可传播该病。该病一年四季均可发生，以秋冬和春季发病最多。饲养管理不善、营养不良、阴雨连绵、气温突变、禽舍潮湿、通风不良等应激因素，均能增加该病的发生率和死亡率。该病是一种世界性疾病，流行范围很广，已发生于亚洲、欧洲、美洲、大洋洲等 60 多个国家和地区。感染禽类近140 多种。美国禽类中衣原体阳性率，家鸽达 47.63%，野鸽51.4%，野鸡 23%，鹅 22.2%。李云峰等（1989）对山东、河南两省 7 个地区的 16 个鸡场进行了鸡衣原体病的血清学调查，阳性率为 3.45% ~ 32.14%。楼雪华等（1988）对浙江省 78 个县市的 13 552 份鸡血清进行鸡病调查的结果，发现衣原体阳性率为 71.4%。宁夏的调查结果，鸡感染衣原体的血清阳性率为 42.05%，连云港市为 25% ~ 87.5%。由此可见，衣原体的感染在我国普遍存在。

（三）临床症状和病理变化

鸡对鹦鹉衣原体引起的疾病具有很强的抵抗力。只有幼年鸡发生急性感染，出现死亡，真正发生流行的较少。急性病鸡发生纤维素性心包炎和肝脏肿大。大多数自然感染的鸡症状不明显，并且是一过性的。感染衣原体的火鸡症状是恶病质、厌食，体温升高。病鸡排出黄绿色胶冻状粪便，严重感染的母火鸡产蛋率迅速下降。死亡率 4% ~ 30%。剖检病变为心脏肿大，心外膜增厚、充血，表面有纤维素性渗出物覆盖。肝脏肿大，颜色变淡，表面覆盖有纤维素。气囊膜增厚，腹腔浆膜和肠系膜静脉充血，表面覆盖泡沫状白色纤维素性渗出物。

（四）诊断

用病鸡的肝、脾表面，气囊、心包和心外膜触片，空气干燥或火焰固定后，姬姆萨染色镜检，衣原体原生小体呈红色或紫红色，网状体呈蓝绿色。只有包涵体中的原生小体具有诊断意义。因为网状体易于同细胞正常结构相混淆，也不易与背景颜色区分。丙酮固定的组织或干燥分泌物印片可以用适当的荧光抗体进行荧光抗体染色，然后荧光镜下检查。也可将病料经卵黄囊接种于 6 ~ 7 日龄鸡胚，收集接种后 3 ~ 10 天内死亡的鸡胚卵黄囊。观察鸡胚病变，制备触片，染色镜检。可通过间接补体结合反应、间接血凝反应或酶标抗体法来检出抗体。采取发病初期和康复后的双份血清，测出的抗体效价有意义。衣原体病有高度的接触传染性，诊断时应尽量避免感染自己，许多粗心的实验室工作人员往往在触摸病鸡或其组织时被传染上此病。怀疑为衣原体病时必须与巴氏杆菌病区别开来，特别是火鸡的巴氏杆菌病其症状和病理变化与衣原体病相似。火鸡的衣原体病还易与大肠杆菌病、支原体病、禽流感等相混淆，因而在诊断上应注意鉴别，以免误诊。

（五）预防和治疗

该病尚无有效疫苗，预防应加强管理，建立并严格执行防疫制度。经常清扫环境，鸡舍和设备在使用之前进行彻底清洁和消毒，严格禁止野鸟和野生动物进入鸡舍。发现病鸡立即淘汰，并销毁被污染的饲料，鸡舍用 2% 甲醛溶液、2% 漂白粉或 0.1% 新洁尔灭喷雾消毒。清扫时应避免尘土飞扬，以防止工作人员感染。引进新品种或每年从国外补充种鸡的场家，尤其是从国外引进观赏珍禽时，应严格执行国家的动物卫生检疫制度，隔离饲养，周密观察。四环素、土霉素、金霉素对该病都有很好的治疗效果，剂量为每 100kg 饲料中加 20 ~ 30g。红霉素每 100kg 饲料中加 5 ~ 10g 或 1L 水中加 0.1 ~ 0.2g，连用 3 ~ 5 天，效果明显。

四、鸡曲霉菌病

根据发病部位不同，分别称作肺曲霉菌病、眼曲霉菌病、脑曲霉菌病、皮肤曲霉菌病。然而肺曲霉菌病病灶不仅局限在肺，也在气囊和气管中发生，还可转移到脑，故把它单称作霉菌病。

（一）病原

一般常见而且致病性最强的为烟曲霉菌。其孢子在自然界分布较广，常污染垫草及饲料。此外，在混合感染的病例中，还有黄曲霉、黑曲霉、构巢曲霉、土曲霉和青霉菌等。烟曲霉菌生长能力很强，接种后 24 ~ 30 小时可产生孢子。对理化作用的抵抗力也很强，在无菌的小米粒上，置于实验室条件下，长达 4 年仍保持致病力。120℃ 干热 1 小时或在 100℃ 沸水中煮 5 分钟，才能使其失掉发芽能力。对一般消毒药抵抗力较强，仅能致弱不能将其杀死。2% 甲醛 10 分钟、3% 石碳酸 1 小时、3% 苛性钠 3 小时，方可使之致弱。

（二）流行特点

本病多发生在 1 周龄以内，尤其是在 1 ~ 4 日龄的雏鸡，所以有人称此病为育雏肺炎。初生雏鸡的感染，是由于在孵化过程中污染了真菌造成，呈现急性流行过程，死亡率高达 50%，慢性时死亡率不高。成年家鸡患病者很少，而且主要是慢性型，本病的发生几乎都与生长真菌的环境有关系，一旦感染、则会有大批病鸡发生。常因饲料或垫料被曲霉菌污染，加之鸡群密度过大，通风不良而诱发雏鸡发病。

（三）临床症状

雏鸡发病多呈急性经过，病鸡表现呼吸困难，张口呼吸，喘气，有浆液性鼻漏。食欲减退，饮欲增加，精神委顿，嗜睡。羽毛松乱，缩颈垂翅。后期病鸡迅速消瘦，发生下痢。若病原侵害眼睛，可能出现一侧或两侧眼睛发生灰白混浊，也可能引起一侧眼肿胀，结膜囊有干酪样物。若食道黏膜受损时，则吞咽困难。少数鸡由于病原侵害脑组织，引起共济失调，角弓反张，麻痹等神经症状。一般发病后 2～7 天死亡，慢性者可达 2 周以上，死亡率一般为 5%～50%。若曲霉菌污染种蛋及孵化器后，常造成孵化率下降，胚胎大批死亡。成年鸡多呈慢性经过，引起产蛋下降，病程可拖延数周，死亡率不定。

（四）病理变化

病理变化主要在肺和气囊上，肺脏可见散在的粟粒，大至绿豆大小的黄白色或灰白色的结节，质地较硬，有时气囊壁上可见大小不等的干酪样结节或斑块。随着病程的发展，气囊壁明显增厚，干酪样斑块增多，增大，有的融合在一起。后期病例可见在干酪样斑块上以及气囊壁上形成灰绿色真菌斑。严重病例的腹腔、浆膜、肝或其他部位表面有结节或圆形灰绿色斑块。

（五）诊断

在 1～4 日龄的雏鸡出现上述症状和急性死亡时，支气管发现栓塞和肺淤血、结节，可怀疑本病。如出现圆盘状结节并附有菌丝，将其与乳酸酚（结晶石炭酸 20ml、乳酸 20ml、甘油 40ml、水 20ml）1 滴混合后镜检、如发现有顶囊、梗子、孢子等。则可判定为曲霉菌病。然而要确定曲霉菌的种类，必须通过培养鉴定。

（六）预防措施

（1）加强饲养管理，搞好环境卫生，注意鸡舍内通风换气，防止潮湿和积水。

（2）不用发霉饲料，严禁饲喂霉败饲料。

（3）防止孵化器受霉菌污染。

（4）如发现禽舍已被霉菌污染，须及时隔离病雏，清除垫草，然后铲除地面一层土后，用20%石灰乳彻底消毒，更换新垫料、并在饲料中加0.1%硫酸铜溶液。

治疗　对病鸡可试用碘化钾口服治疗，每升饮水中加碘化钾5～10g，每只鸡口服2～3滴。制霉菌素对本病有一定疗效，其用量，成鸡15～20mg，雏鸡3～5mg，混于饲料喂服3～5天。每天给家禽1：（2 000～3 000）的硫酸铜溶液代替饮水，连饮2～3天，有治疗作用。也可在饲料中加喂大蒜，每只5克，每天2次，连喂2～3天。

第四节　鸡寄生虫病

一、鸡球虫病

鸡球虫病是危害养鸡业最严重的疾病之一，对雏鸡的危害特别严重，如不预防，8～50日龄的肉鸡发病率可达60%以上。病愈的雏鸡，生长受阻，增重缓慢。

（一）临床症状

病鸡精神沉郁，羽毛蓬松，头卷缩，食欲减退，嗉囊内充满液体，鸡冠和可视黏膜贫血、苍白，逐渐消瘦，病鸡常排胡萝卜色粪便，若感染柔嫩艾美耳球虫，开始时粪便为咖啡色，以后变为完全的血便，如不及时采取措施，致死率可达50%以上。若多种球虫混合感染，粪便中带血液，并含有大量脱落的肠黏膜。

1. 急性球虫病

精神沉郁、食欲缺乏，饮欲增加；被毛粗乱；腹泻，粪便常带血；贫血，可视黏膜、鸡冠、肉垂苍白；脱水，皮肤皱缩；生产性能下降；严重的可引起死亡，死亡率可达80%，一般为20%～

30%。恢复者生长缓慢。

2. 慢性球虫病

见于少量球虫感染，以及致病力不强的球虫感染（如堆型、巨型艾美耳球虫）。拉稀，但多不带血。生产性能下降，对其他疾病易感性增强。

（二）病理变化

病鸡消瘦，鸡冠与黏膜苍白，内脏变化主要发生在肠管，病变部位和程度与球虫的种别有关。柔嫩艾美耳球虫主要侵害盲肠，两支盲肠显著肿大，可为正常的 3～5 倍，肠腔中充满凝固的或新鲜的暗红色血液，盲肠上皮变厚，有严重的糜烂。毒害艾美耳球虫损害小肠中段，使肠壁扩张、增厚，有严重的坏死。在裂殖体繁殖的部位，有明显的淡白色斑点，黏膜上有许多小出血点。肠管中有凝固的血液或有胡萝卜色胶冻状的内容物。巨型艾美耳球虫损害小肠中段，可使肠管扩张，肠壁增厚；内容物黏稠，呈淡灰色、淡褐色或淡红色。堆型艾美耳球虫多在上皮表层发育，并且同一发育阶段的虫体常聚集在一起，在被损害的肠段出现大量淡白色斑点。哈氏艾美耳球虫损害小肠前段，肠壁上出现大头针头大小的出血点，黏膜有严重的出血。若多种球虫混合感染，则肠管粗大，肠黏膜上有大量的出血点，肠管中有大量的带有脱落的肠上皮细胞的紫黑色血液。

（三）诊断方法

用饱和盐水漂浮法或粪便涂片查到球虫卵囊，死后取肠黏膜触片或刮取肠黏膜涂片查到裂殖体、裂殖子或配子体，均可确诊为球虫感染，但由于鸡的带虫现象极为普遍，因此，是不是由球虫引起的发病和死亡，应根据临诊症状、流行病学资料、病理剖检情况和病原检查结果进行综合判断。

（四）防治措施

1. 加强饲养管理

保持鸡舍干燥、通风和鸡场卫生，定期清除粪便，堆放发酵以杀灭卵囊。保持饲料、饮水清洁，笼具、料槽、水槽定期消毒，一般每周一次，可用沸水、热蒸汽或 3% ~ 5% 热碱水等处理。据报道：用球杀灵和 1∶200 的农乐溶液消毒鸡场及运动场，均对球虫卵囊有强大杀灭作用。每千克日粮中添加 0.25 ~ 0.5mg 硒可增强鸡对球虫的抵抗力。补充足够的维生素 K 和给予 3 ~ 7 倍推荐量的维生素 A 可加速鸡患球虫病后的康复。

2. 免疫预防

据报道，应用鸡胚传代致弱的虫株或早熟选育的致弱虫株给鸡免疫接种，可使鸡对球虫病产生较好的预防效果。亦有人利用强毒株球虫采用少量多次感染的涓滴免疫法给鸡接种，可使鸡获得较强的免疫力，但此法使用的是强毒球虫，易造成病原散播，生产中应慎用。此外有关球虫疫苗的保存、运输、免疫时机、免疫剂量及免疫保护性和疫苗安全性等诸多问题，均有待进一步研究。

3. 药物防治

迄今为止，国内外对鸡球虫病的防治主要是依靠药物。使用的药物有化学合成的和抗生素两大类，从 1936 年首次出现专用抗球虫药以来，已报道的抗球虫药达 40 余种，现今广泛使用的有 20 种。如百球清、球灭、球速杀和球迪等。我国养鸡生产上使用的抗球虫药品种，包括进口的和国产的，共有十余种。

地克珠利：地克珠利属三嗪苯乙腈化合物，为新型、高效、低毒抗球虫药，广泛用于鸡球虫病。对鸡柔嫩、堆型、毒害、布氏、巨型艾美耳球虫作用极佳，用药后除能有效地控制盲肠球虫的发生和死亡外，甚至能使病鸡球虫卵囊全部消失，实为理想的杀球虫药。地克珠利对和缓艾美耳球虫也有高效。据临床试验表明，地克珠利对球虫的防治效果优于其他常规应用的抗球虫药和莫能菌素等离子载体抗球虫药。

地克珠利 1mg/kg 饲料浓度可有效地防治火鸡艾美耳球虫、火鸡艾美耳球虫、孔雀艾美耳球虫和分散艾美耳球虫感染。

妥曲珠利：主用于家禽球虫病。本品对鸡堆型、布氏、巨型、柔嫩、毒害、和缓艾美耳球虫；火鸡腺艾美耳球虫；火鸡艾美耳球虫以及鹅的鹅艾美耳球虫、堆形艾美耳球虫均有良好的抑杀效应。

一次内服 7mg/kg 或以 25mg/kg 浓度饮水 48 小时，不但有效地防止球虫病，使球虫卵囊全部消失，而且不影响雏鸡生长发育以及对球虫免疫力的产生。

氨丙啉：可混饲或饮水给药。混饲预防浓度为 100～125mg/kg，连用 2～4 周；治疗浓度为 250mg/kg，连用 1～2 周，然后减半，连用 2～4 周。应用本药期间，应控制每千克饲料中维生素 B1 的含量以不超过 10mg 为宜，以免降低药效。

用加强氨丙啉预防，按 66.5～133mg/kg 浓度混饲，治疗浓度加倍。强效氨丙啉和特强效氨丙啉的用法同加强氨丙啉，但产蛋鸡限用。

硝苯酰胺（球痢灵）：混饲预防浓度为 125mg/kg，治疗浓度为 250～300mg/kg，连用 3～5 天。

莫能霉素：预防按 80～125mg/kg 浓度混饲连用。与盐霉素合用有累加作用。

盐霉素（球虫粉，优素精）：预防按 60～70mg/kg 浓度混饲连用。

奈良菌素：预防按 50～80mg/kg 浓度混饲连用。与尼卡巴嗪合用有协同作用。

马杜拉霉素（抗球王、杜球、加福）：预防按 5～6mg/kg 浓度混饲连用。

阿波杀：按 40～60mg/kg 浓度混饲或饮水给药均可。

常山酮（速丹）：预防按 3mg/kg 浓度混饲连用至蛋鸡上笼，治疗用 6mg/kg 混饲连用 1 周，后改用预防量。

杀球灵：主要作预防用药，按 1mg/kg 浓度混饲连用。

百球清：主要作治疗用药，按 25～30mg/kg 浓度饮水，连用 2 天。

磺胺类药：对治疗已发生感染的优于其他药物，故常用于球虫病的治疗。

常用的磺胺药有：

磺胺增效剂—二甲氧苄氨嘧啶（DVD）或三甲氧苄氨嘧啶

（TMP），按 1 :（3～5）比例与磺胺类药合用，对磺胺类药有明显的增效作用，而且可减少磺胺类药的用量。

二、鸡组织滴虫病

组织滴虫病也叫盲肠肝炎或黑头病，是由组织滴虫属，组织滴虫寄生于禽类盲肠或肝脏引起的。多发于火鸡雏和鸡雏，成鸡虽也能感染，但病情轻微，有时不显症状；野鸡、孔雀、珍珠鸡及鹌鹑等，有时也能感染。该病的主要特征是盲肠发炎和肝脏表面产生一种具有特征性的坏死性溃疡病灶。

（一）病原

鸡组织滴虫为多形性虫体，大小不一，近似圆形和变形虫样，伪足钝圆。无包囊阶段，有滋养体。在盲肠腔中的数量不多，形态与在培养基中的相似，直径 5～30μm，常见有一根鞭毛，作钟摆样运动，核呈泡囊状。在组织细胞内的虫体呈圆形或卵圆形，虽有动基体，但无鞭毛。侵袭期虫体直径 8～17μm，生长期虫体直径 12～21μm，静止期虫体直径 4～11μm。电镜下观察，虫体前后贯穿一根轴柱，有一近于圆形的核，紧靠核的前面是一个倒“V”字形副基体，上连一根副基丝，靠“V”形副基体的前方有一个小的盾状物。

（二）生活史与流行病学

组织滴虫进行二分裂法繁殖。寄生于盲肠内的组织滴虫，可进入鸡异刺线虫体内，在卵巢中繁殖，并进入卵内。异刺线虫卵到外界后，组织滴虫因有卵壳的保护，故能生存较长时间，成为重要的感染源。该病系通过消化道感染，发生于夏季，3～12 周龄的火鸡雏与鸡雏易感性最强、死亡率也高，成鸡多为带虫者。蚯蚓吞食土壤中的鸡异刺线虫卵或幼虫后，组织滴虫随同虫卵或幼虫进入蚯蚓体内，鸡吃到这样的蚯蚓时，也可感染该病。在该病急性暴发流行时，病鸡粪便中含有大量病原，沾污了饲料、饮水和用具及土壤，被有易感性的鸡吃到后，就可以感染。该病常发生在卫生和管理条件不好的鸡群。鸡群过分拥挤，鸡舍和运动场不清洁，通风和光线不足，饲料中营养缺乏，尤其是缺乏维生素 A，都是诱发和加重该病流行的重要因素。

（三）临床症状

潜伏期 13~21 天，最短 3 天。取决于感染的方式，是直接吃到了鸡粪中的原虫，还是吃到了含有原虫的异刺线虫卵，因为后一种方式虫卵在鸡肠道内需经数天释放出原虫，所以潜伏期较长些。病鸡首先表现精神委顿，食欲减退，以后食欲废绝，羽毛粗乱，翅膀下垂，身体蜷缩，怕冷，打瞌睡，下痢，排出淡黄绿色稀粪。在急性严重病例，排出的粪便带血或完全是血液。有些病鸡，特别是病火鸡的面部皮肤变成紫蓝色或黑色，故有"黑头病"之名。该病的病程通常为 1~3 周，病愈康复鸡的粪便中仍含有原虫，带虫时间可达数月，5~6 月龄的成年鸡很少呈现临床症状。

（四）病理变化

该病的病变主要局限于盲肠和肝脏，一般仅一侧盲肠发生病变，不过也有两侧盲肠同时受损害的。在最急性病鸡、仅见盲肠发生严重的出血性炎症，肠腔中含有血液。在典型的病鸡，可见盲肠肿大，肠壁肥厚和紧实，像香肠一般。剖开肠腔，内容物干燥坚实，变成一段干酪样的凝固栓子，堵塞在肠腔内。把栓子横断切开，可见切面呈同心层状，中心是黑色的凝固血块，外面包裹着灰白色或淡黄色的渗出物和坏死物质。如果病鸡痊愈，这种栓子状物可随粪便排出体外。盲肠黏膜发炎出血，形成溃疡，表面附有干酪样的坏死物质。这种溃疡可达到肠壁的深层，偶可见发生肠壁穿孔，引起腹膜炎而死亡。肝脏的病变具有特征性，体积增大。表面形成一种圆形或不规则的、稍稍凹陷的溃疡病灶，溃疡处呈淡黄色或淡绿色，边缘稍为隆起，形状十分特殊。溃疡病灶的大小和多少不一定，有时可互相连成大片的溃疡区。

（五）诊断

该病单凭临床症状是不容易诊断的，应根据流行病学、症状及病理变化进行综合诊断。尤其是肝脏的溃疡病灶具有特征性，可作为诊断的根据。确诊必须检查出病原组织滴虫，方法是采取病鸡的新鲜盲肠内容物，用温生理盐水稀释做成悬滴标本，放在显微镜下检查，可发现活动的原虫，显现钟摆状的往返运动。该病在症状上与雏鸡的球虫病很相似，应注意区别。在鸡患球虫病时，采取盲肠内容物检查，很容易发现球虫卵囊，可以作为鉴别。还应注意这两种原虫病，有时可同时发生。

（六）防治

平时严格做好鸡群的卫生和管理工作。成年鸡体内能够携带原虫，必须与幼鸡分开饲养。异刺线虫的虫卵能够携带组织滴虫，定期给鸡驱除异刺线虫，对于预防盲肠肝炎的发生具有很重要的意义。鸡群一旦发生该病，应立即将病鸡隔离治疗。重病鸡宰杀淘汰，鸡舍内地面用 3% 氢氧化钠溶液消毒。复方敌菌净 300mg/kg 饲料，甲硝唑 25mg/kg 连续喂 5~7 天。

三、鸡住白细胞原虫病

鸡住白细胞原虫病又称白冠病，是由住白细胞原虫引起的以内脏和肌肉组织广泛出血为特征的一种寄生虫病。已知的鸡住白细胞原虫有很多种，其中对鸡危害性较大的有两种，即卡氏住白细胞原虫和沙氏住白细胞原虫。本病多呈地方性流行，成年鸡发病率低，症状较轻或不明显，为带虫者。1~3 月龄的雏鸡发病率高，症状明显，可造成大批死亡。发病多见于蛋鸡特别是产蛋期的鸡，可导致产蛋量下降，软壳蛋增多，甚至死亡，各内脏严重出血，机体贫血，冠苍白。本病往往在暴雨季节过后的 20 天前后开始发生。住白细胞原虫病的传播媒介为库蠓、蚋，通过叮咬而传播。如果夏季天气炎热，雨水较多，就给昆虫的生长繁殖提供了优良的环境，由它们传播而引起的住白细胞原虫病呈上升趋势。

（一）病原

住白细胞原虫病是禽类的一种血液原虫病。其病原属于原虫科、白细胞原虫属。危害鸡的住白细胞原虫主要有卡氏住白细胞原虫和沙氏住白细胞原虫，其中又以卡氏住白细胞原虫分布最广、危害最大。

卡氏住白细胞原虫的成熟配子体近于圆形，整个细胞几乎全为核所占有。宿主细胞为圆形，细胞核形成一深色狭带，围绕虫体1/3。沙氏住白细胞原虫的成熟配子体为长形，宿主细胞呈纺锤形，细胞核呈深色狭长的带状，围绕于虫体的一侧。

（二）流行特点

鸡住白细胞原虫必须以吸血昆虫为传播媒介，卡氏住白细胞原虫由库蠓传播，沙氏住白细胞原虫由蚋传播。当蠓或蚋吸食病鸡血时，在鸡体内发育到大小配子体的原虫随血液进入蠓或蚋的体内，在其胃内进一步发育为大小配子，在肠内大小配子结合为合子，然后进行孢子生殖，形成许多子孢子，并集聚在唾液腺。当此种蠓或蚋再吸食健康鸡血时，即可把子孢子注入鸡体内引起感染发病。因此，本病的发生、流行与库蠓等吸血昆虫的活动有直接关系，一般气温在20℃以上时，库蠓和蚋繁殖快、活动力强，本病流行也就严重，因此，本病的流行有明显的季节性，各地的流行季节随气候的差异有很大的不同，南方多发生于4～10月份，北方多发生于7～9月份。各个年龄的鸡都能感染，但以3～6周龄的雏鸡发病率较高。本病的传染源主要是病鸡及隐性感染的带虫鸡（成鸡），另外，栖息在鸡舍周围的鸟类如雀、鸦等也可能成为本病的感染来源。

（三）临床症状

鸡住白细胞原虫病自然感染病例潜伏期为6～12天，病初体温升高，食欲不振甚至废绝；羽毛蓬乱，精神沉郁，运动失调，行走困难。最典型的症状为贫血，口流涎、下痢，粪便呈绿色水样。贫血从感染后15天开始出现，18天后最严重。由本病引起的贫血，可见鸡冠和肉髯苍白，黄疸症状不严重。在贫血症状期间，可出现发育迟缓和产蛋率下降等症状。肉鸡感染本病后鸡只消瘦，增重减慢。

本病的另一特征是突然咯血，呼吸困难，常因内出血而突然死亡。特征性症状是死前口流鲜血，因而常见水槽和料槽边沾有病鸡咯出的红色鲜血。病情稍轻的鸡卧地不动，1～2天后死于内出血，也有病鸡耐过而康复。

（四）剖检变化

病死鸡血液稀薄，不易凝固，皮下、肌肉出血，尤其是胸肌、腿肌有大小不等的出血点和出血斑；法氏囊有针尖大小的出血点。脏器官广泛出血，肝脾肿大、出血，表面有灰白色的小结节，肾肿大、出血，心肌有出血点和灰白色小结节，气管、胸腹腔、腺胃、肌胃和肠道有时见有大量积血，十二指肠有散在出血点。

（五）诊断

根据流行特点、特征性的临床症状和剖检变化可对该病作出初步诊断，确诊需进行实验室检验。

住白细胞原虫病应与新城疫进行鉴别诊断：住白细胞原虫病患鸡胸肌出血，腺胃、直肠和泄殖腔黏膜出血，这与新城疫相似。但患住白细胞原虫病时，患鸡鸡冠苍白，整个腺胃、肾脏出血，肌肉和某些器官有灰白色小结节。而新城疫仅见腺胃乳头出血。

（六）防治

1. 预防措施

扑灭传播者——蠓、蚋。防止蠓、蚋等昆虫进入鸡舍，同时要进行喷药杀虫，在发病季节即蠓、蚋活动季节，应每隔 5 天，在鸡舍外用 0.01％溴氰菊酯或戊酸氰醚酯等杀虫剂喷洒，以减少昆虫的侵袭。对感染鸡群，应每天喷雾 1 次。在饲料中加乙胺嘧啶（0.00025％）或磺胺喹噁啉（0.005％）有预防作用，这些药物能抑制早期发育阶段的虫体，但对晚期形成的裂殖体或配子体无作用。

2. 治疗措施

（1）杀灭体内原虫。由于住白细胞原虫属于孢子虫纲、球虫目，一般对球虫有效的药物对其都较为敏感。可选择的药物包括：磺胺二甲氧嘧啶 0.05％饮水两天，然后再用 0.03％饮水两天。氯羟吡啶每千克饲料 250mg 混饲给药。磺胺喹噁啉每千克 50mg 混水或混饲给药。马杜拉霉素每千克饲料 5mg 药物拌料。

在选择上述药物时应注意以下几点：在产蛋期要考虑到对产蛋

的影响，对蛋鸡、种鸡要限制使用；使用磺胺类药物时，由于其在尿中易析出磺胺结晶，导致肾脏损伤，因此，应在饲料中添加小苏打，以减少磺胺类药物的结晶形成。

为了增强治疗效果，可以选用不同种类的两种药物同时应用，如磺胺类药物和马杜拉霉素的混合使用；治疗时间一般为 5~7 天，以获得满意的治疗效果。

（2）止血。由于住白细胞原虫寄居于小血管内皮细胞内，引起血管壁损伤，导致各内脏器官出血，因此，要适当使用增强血液凝固能力的药物，以减少出血。可以使用 VK3（拌料 5mg/kg 饲料），止血敏（拌料 0.1g/kg 饲料）、VBl2（拌料 3mg/kg 饲料）等。

（3）补充维生素。由于发病阶段，采食量减少，各种维生素添加剂量应提高，以保证维生素的供应，防止发生应激性死亡。添加剂剂量应提高 1~2 倍。在发生本病时，由于维生素 C 的消耗量增加，故需另外适当补充维生素 C 以增加机体的抗病能力，使用剂量为拌料 0.05g/kg 饲料。

四、鸡隐孢子虫病

鸡隐孢子虫病（Cryptosporidiosis）是由隐孢子虫寄生于呼吸道和消化道黏膜上皮微绒毛而引起的疾病。我国已发现禽类有两个种，即引起鸡、鸭、鹅、火鸡、鹌鹑法氏囊和呼吸道的贝氏隐孢子虫以及引起火鸡、鸡、鹌鹑肠道感染的火鸡隐孢子虫。

（一）病原

隐孢子虫属原生动物门，复顶亚门，孢子虫纲，真球虫目，艾美耳亚目，隐孢科，隐孢属。贝氏隐孢子虫：卵囊的大小平均为 6.3&micro；m × 5.1&micro；m（大小范围为 6.64~5.2&micro；m ×（5.6~4.64）&micro；m），卵囊指数为 1.24，呈卵圆形，卵囊壁光滑，无色，厚度为 0.5&micro；m。无微孔、极粒和孢子囊。孢子化卵囊内含有 4 个裸露的香蕉形子孢子和 1 个颗粒状的残体。经人工感染试验证明，贝氏隐孢子虫可感染鸡、鸭、鹅和鹌鹑等多种禽类，并能引起严重的呼吸道疾病。虫体主要的寄生部位为呼吸道、法氏囊和泄殖腔黏膜的上皮细胞表面。火鸡隐孢子虫：卵囊的大小平均为 4.72&micro；m×4.01&micro；m（大小范围为 5.2～4.0&micro；m×（4.16～3.84）&micro；m），较贝氏隐孢子虫小，近似于球形。卵囊壁光滑，无色，厚度约 0.5&micro；m。无微孔、极粒和孢子囊。孢子化卵囊内含有 4 个裸露的香蕉形子孢子和 1 个大的颗粒状的残体。经人工感染试验证明，火鸡隐孢子虫可感染鸡、火鸡和鹌鹑。寄生部位为十二指肠、空肠和回肠，它可引起家鸡的腹泻。

（二）生活史

根据观察，隐孢子虫的发育可分为下列 4 个阶段。①脱囊：即感染性子孢子从卵囊中释放出来。在鸡体内全部卵囊脱囊约需 8 小时。②裂殖生殖：即在上皮细胞上进行无性繁殖。从卵囊中释出的子孢子，钻入宿主上皮细胞，头部变圆，子孢子缩短，尔后形成滋养体。由滋养体进一步发育为含 8 个裂殖子的第一代裂殖体。成熟的裂殖体破裂，释放出 8 个裂殖子。第一代裂殖子经滋养体发育为第二代裂殖体，每个裂殖体内含有 4 个第二代裂殖子。第二代裂殖子以类似的方式形成含有 8 个裂殖子的第三代裂殖体。③配子生殖：由第三代裂殖子发育为小配子体和大配子。成熟的小配子体含有 16 个子弹形的小配子和 1 个大残体，小配子无鞭毛。小配子附着于大配子上受精，受精后大配子即发育为合子。合子外层形成卵囊壁后即发育为卵囊。④孢子生殖：即在卵囊内形成感染性的子孢子。隐孢子虫卵囊有厚壁型和薄壁型两种。厚壁型的数量多，薄壁型的数量少。孢子化卵囊内含有 4 个裸露的子孢子。薄壁型卵囊外覆一层单位膜，当卵囊从宿主细胞的带虫空泡中释出时，单位膜破裂，感染性的子孢子立即钻入附近的宿主细胞，重新开始新的发育过程，这样就造成了隐孢子虫的自身感染，以至于即使在摄入少量的隐孢子虫卵囊后也能引起严重的感染。大多数卵囊则发育为多层的、对外界环境有抵抗力的厚壁型卵囊，并随粪便排出体外，由此而引起其他易感禽类的感染。根据人工感染的结果，贝氏隐孢子虫在接种鸡后的第 3 天，首次在粪便中发现卵囊（即潜隐期为 3 天），排卵囊的时间可长达24～35 天，排卵囊的高峰期为接种后的第 9～17 天。雏鸡在接种后的第 7 天即开始出现临诊症状。火鸡隐孢子虫在接种雏鸡后的潜隐期为 3 天，排卵囊的时间可长达 18 天。

（三）流行病学

我国各地的鸡、鸭、鹅的隐孢子虫感染是普遍存在的。隐孢子虫既可通过消化道，也可通过呼吸道引起感染。在生产上，消化道感染是由于鸡啄食了粪便污染的垫草、饲料或饮水中的卵囊；呼吸道感染是由于吸入环境中存在的卵囊。贝氏隐孢子虫卵囊不需在外界环境中发育，一经排出便具有感染性，迄今也尚未发现有传播媒介。由于贝氏隐孢子虫和火鸡隐孢子虫可感染多种禽类宿主，因而野禽也有可能作为本病的携带者。已知禽类隐孢子虫不感染哺乳动物，但是啮齿类动物（如大鼠和小鼠），可能还有昆虫都有可能作为机械传播者，因而研究转运或传递宿主对传播隐孢子虫病的作用是很有必要的。

（四）临床症状

本原虫在上部气道寄生时会出现呼吸困难、咳嗽和打喷嚏等呼吸道症状。严重发病者可见呼吸极度困难、伸颈、张口、呼吸次数增加，饮、食欲减少或废绝，精神沉郁，眼半闭，翅下垂，喜卧一隅，多在严重发病后 2～3 日内死亡。肠道感染主要表现为腹泻，抗球虫药物、抗生素治疗效果不明显。

（五）病理变化

剖检可见喉头、气管水肿，有较多的泡沫状渗出物，有时气管内可见灰白色凝固物，呈干酪样。肺脏腹侧充血严重，表面湿润，常带有灰白色硬斑，切面渗出液较多。气囊混浊，外观呈云雾状。用喉头、气管、法氏囊和泄殖腔黏膜制成涂片，染色，在显微镜下可见到大量淡红色的隐孢子虫虫体。作病理组织学观察，在喉头、气管、肺脏、法氏囊和泄殖腔表面可见大量球状虫体，似图钉样附着于黏膜表面。虫体寄生部位的黏膜上皮绒毛萎缩或脱落，上皮细胞破溃，并伴有较多的白细胞。在透射电镜下观察可见虫体寄生在黏膜上皮细胞表面，外周包有两层由宿主上皮细胞形成的带虫空泡膜，且与上皮细胞相邻处形成锯齿状突起，在突起内部虫体表膜反复折叠形成营养器。

（六）诊断

鸡隐孢子虫病主要通过粪便和从呼吸道收集的黏液中鉴定出卵囊来进行生前诊断。收集卵囊的方法为饱和糖溶液漂浮法，即用饱和的食用白糖溶液将卵囊浮集起来作显微镜检查。因隐孢子虫卵囊很小，往往容易被忽略，因此需用放大至 1 000 倍的显微镜检查。在镜下见有圆形或椭圆形的卵囊，内含 4 个裸露的香蕉形子孢子和一个大残体。死后剖检时可刮取法氏囊、泄殖腔或呼吸道黏膜，做成涂片，再用姬氏液染色。胞浆呈蓝色，内含数个致密的红色颗粒。最好的染色方法是齐—尼氏染色法。本染液由甲液和乙液组成。甲液的成分为：纯复红结晶 4g，结晶酚 12g，甘油 25ml，95% 乙醇 25ml，二甲亚砜 25ml 加蒸馏水 160ml。乙液的成分为：孔雀绿（2% 水溶液）220ml，99.5% 冰乙酸 30ml。配制后静置 2 周待用。染色前先用甲醇固定涂片 10 分钟，空气干燥后加甲液染色 2 分钟，用自来水冲洗；再加乙液染色 1 分钟，后再用自来水冲洗。干燥后即可镜检。在绿色的背景上可见到红色的卵囊，内有一些小颗粒和空泡。此法适用于肠道和呼吸道黏膜的组织学检查。

（七）防治措施

大量试验，证明现有的一些抗生素、磺胺类药物和抗球虫药物均属无效。最新的一些高效抗球虫药，如杀球灵（Diclazuril）和马杜霉素（Maduramicin）等，防治鸡的隐孢子虫病均未获得成功。因此，目前只能从加强卫生措施和提高免疫力来控制本病的发生，且尚无可值得推荐的预防方案。

五、鸡线虫病

鸡线虫病（Nematodosis）是由线形动物门，线虫纲（Nematoda）中的线虫所引起的寄生虫病。线虫外形一般成线状、圆柱状或近似线状，故得名，虫体两端较细，其中，头端偏钝，尾部偏尖。雌雄异体，一般是雄虫小，雌虫大，雄虫的尾部常弯曲，雌虫的尾部比较直。大小差异很大，从 1～10cm。内部器官位于假体腔内。线虫主要寄生于鸡的小肠，放养鸡群常普遍感染。患鸡有精神萎靡，头下垂，食欲缺乏，常做吞咽动作，消瘦，下痢，贫血等症。雏鸡发病，造成饲料报酬的下降。成鸡是线虫病的携带者和传播者，一般不发病，但增重和产蛋能力下降。寄生在鸡体内的线虫主要有鸡蛔虫、比翼线虫、胃线虫、异刺线虫、毛细线虫等。

（一）病原学

1. 鸡蛔虫病

鸡蛔虫病是由禽蛔科禽蛔属的鸡蛔虫寄生于鸡小肠内引起的一种常见寄生虫病。鸡蛔虫是鸡体内最大的线虫，呈淡黄白色，头端有 3 个唇片。雄虫长 26～70mm，尾端向腹面弯曲，有 2 根近等长的交合刺；雌虫长 65～110mm，尾端尖而直。虫卵呈深灰色，椭圆形，卵壳厚。虫卵大小为（70～90）μm×（47～51）μm。

2. 比翼线虫病

本病又称交合虫病、开嘴虫病、张口线虫病，其病原属比翼科比翼属，寄生于鸡的气管内。虫体因吸血而呈红色。雌虫大于雄虫，主要有斯克里亚平比翼线虫和气管比翼线虫。虫卵大小为（78～110）μm×（43～46）μm。危害幼鸡，死亡率极高。

3. 胃线虫病

鸡胃线虫病是由华首科华首属和四棱科四棱属的线虫寄生于鸡的食道、腺胃、肌胃和小肠内引起的。

4. 斧钩华首线虫

虫体前部有 4 条饰带，由前向后延伸，几乎达到虫体后部，但不折回亦不相互吻合。雄虫长 9～14mm，雌虫长 16～19mm。虫卵大小为（40～45）μm×（24～27）μm。寄生于鸡的肌胃角质膜下。中间宿主为蚱蜢、象鼻虫和赤拟谷盗。

5. 旋形华首线虫

虫体常卷曲呈螺旋状，前部的 4 条饰带，由前向后，在食道中部折回，也不吻合。雄虫长 7～8.3mm，雌虫长 9～10.2mm。虫卵大小为（33～40）μm×（18～25）μm。寄生于鸡的腺胃和食道，偶尔可寄生于小肠。中间宿主为鼠妇（潮虫）。

6. 美洲四棱线虫

虫体无饰带，雄虫纤细，长5～5.5mm；雌虫血红色，长3.5～4mm，宽3mm，在纵线部位形成4条纵沟。虫卵大小为（42～50）μm×24μm。寄生于鸡腺胃内。中间宿主为蚱蜢和德国小蠊蠊（蟑螂）。

7. 异刺线虫病

异刺线虫病又称盲肠虫病，是由异刺科异刺属的异刺线虫寄生于鸡的盲肠内引起的一种线虫病。虫体较小，呈白色，头端略向背面弯曲，食道末端有一膨大的食道球，长约10mm，头端向背侧弯曲，尾部尖且直。虫卵呈灰褐色，椭圆形，大小为（65～80）μm×（35～46）μm，卵壳厚，内含一个胚细胞，卵的一端较明亮，可区别于鸡蛔虫卵。本病在鸡群中普遍发生。

8. 毛细线虫病

鸡毛细线虫病是由毛首科毛细线虫属的多种线虫寄生于禽类消化道引起的。我国普遍发生，严重时可致鸡死亡。

9. 有轮毛细线虫

前端有一球状角皮膨大。雄虫长15～25mm，雌虫长25～60mm。寄生于鸡的嗉囊和食道。中间宿主为蚯蚓。

10. 膨尾毛细线虫

雄虫长9～14mm，尾部两侧各有一个大而明显的伞膜；雌虫长14～26mm。寄生于鸡的小肠。中间宿主为蚯蚓。

（二）流行病学

1. 鸡蛔虫

雌虫在鸡的小肠内产卵，随鸡粪排到体外。虫卵抗逆力很强，在适宜条件下，约经10天发育为含感染性幼虫的虫卵，在土壤内生存6个月仍具感染能力。鸡因吞食了被感染性虫卵污染的饲料或饮水而感染。幼虫在鸡胃内脱掉卵壳进入小肠，钻入肠黏膜内，经血液循环和一段时间后返回肠腔发育为成虫，此过程需35～50天。

除小肠外，在鸡的腺胃和肌胃内，有时也有大量虫体寄生。3～4月龄以内的雏鸡最易感染和发病。

2. 比翼线虫

雌虫在气管内产卵，卵随气管黏液到口腔，或被咳出，或被咽入消化道，随粪便排到外界。在适宜条件下，虫卵约经3天发育为感染性虫卵，再被蚯蚓、蛞蝓、蜗牛、蝇类及其他节肢动物等吞食，在其肌肉内形成包囊而具有感染鸡的能力。鸡因吞食了这些动物被感染，幼虫钻入肠壁，经血流移行到肺泡、细支气管、支气管和气管，于感染后18～20天发育为成虫并产卵。

3. 胃线虫病

以上3种线虫的流行基本相似：雌虫在寄生部位产卵，卵随粪便排到外界，被中间宿主吞入后，经20～40天发育成感染性幼虫，家鸡因吃这些动物而感染。在鸡胃内，中间宿主被消化而释放出幼虫，并移行到寄生部位，经27～35天发育为成虫。

4. 异刺线虫病

成熟雌虫在盲肠内产卵，卵随粪便排于外界，在适宜条件下，约经2周发育成含幼虫的感染性虫卵，鸡吞食了被感染性虫卵污染的饲料和饮水而感染，在盲肠内而发育为成虫，共需24～30天。此外，异刺线虫卵常因感染组织滴虫而使鸡并发组织滴虫病。

5. 鸡蛔虫

感染的雏鸡表现为生长缓慢、羽毛松乱、行动迟缓、无精打采、食欲缺乏、消瘦、下痢、贫血、黏膜和鸡冠苍白等症，最终可因衰弱而死亡。大量感染者可造成肠堵塞而死亡。

6. 比翼线虫病

病鸡不断伸颈、张嘴呼吸，并能听到呼气声，头部左右摇甩，以排出口腔内的黏性分泌物，有时可见虫体。病初食欲减退，精神不振，消瘦，口内充满泡沫性唾液。最后因呼吸困难，窒息死亡。本病主要危害幼鸡，死亡率几乎达100%。

7. 胃线虫病

虫体寄生量小时症状不明显，但大量虫体寄生时，则翅膀下垂，羽毛蓬乱，消化不良，食欲缺乏，无精打采，消瘦，下痢，贫血。雏鸡生长发育缓慢，严重者可因胃溃疡或胃穿孔而死亡。

8. 异刺线虫病

病鸡消化机能减退而食欲缺乏，下痢，贫血，雏鸡发育受阻，消瘦，逐渐衰竭而死亡。

（三）病理变化

1. 鸡蛔虫

尸体剖检在小肠内发现有大量虫体阻塞肠道，消瘦，贫血。由于其虫体大，特征明显，不会与其他虫体混淆。

2. 比翼线虫病

可见肺淤血、水肿和肺炎等病变；气管黏膜上有虫体附着及出血性卡他性炎症，气管黏膜潮红，表面有带血黏液覆盖。

3. 胃线虫病

剖检发现胃壁发炎、增厚，有溃疡灶。

4. 异刺线虫病

心脏为暗红色，其内充满血凝块；肺淤血，肝脏呈土黄色，胆囊周围为黄绿色；小肠肠壁增厚，盲肠肿大，盲肠壁有数个大小不等的溃疡痕迹，盲肠末端黏膜密布出血点。

（四）鉴别诊断

可根据下述 3 方面的情况进行综合判断：

（1）观察临诊症状，如支气管杯口线虫病时发生典型的呼吸困难的症状；

（2）剖检病禽，以发现虫体和相应的病变；

（3）粪便检查，以发现大量虫卵，常用的方法为饱和盐水漂浮法。

（五）防制措施

1. 预防

在现代化养禽场，特别是肉鸡的封闭式饲养方式与蛋鸡的笼养方式，禽类线虫的感染种类和数量已大为减少，它对养禽业已不构成重要的威胁。但在广大农村，采用旧式的平养方式的养禽场，禽类线虫和其他寄生虫的感染仍相当严重，因之必须加以预防。

对于大多数线虫，较好的控制措施在于搞好环境卫生，严格执行清洁卫生制度，及时清除粪便并堆集发酵；尽可能地消灭或避开中间宿主，处理土壤和垫料以杀死中间宿主是行之有效的。另外，应将幼禽和成年禽分开饲养，因成年禽常常是线虫的带虫者。在线虫病流行的养禽场，应实施预防性的驱虫。

2. 治疗

对病禽的治疗务必考虑经济效益问题，对那些大群流行，且危害严重的寄生虫病应当进行全群驱虫，否则会造成巨大的经济损失。在驱虫药的使用方面，发达国家均有严格规定，如美国规定，未经食品和药物管理局（FDA）批准的药物用于商品蛋鸡或肉鸡是非法的。我国尚无禽类驱虫药物使用的严格规定，但在选择使用何种药物驱除何种寄生线虫时，也应参照国际上的有关规定和文献资料，采取慎而又慎之的态度，以免引起病禽的中毒，或因使用药物而造成禽类产品的药品残留问题。

在使用任何药物之前，都应了解有关方面的最新的可靠信息，必须严格遵照标签上的说明和剂量。

（1）蛔虫。

①驱蛔灵（枸橼酸哌哔嗪，Piperazine）。配成1%水溶液任其饮用，或以200mg/kg体重混入饲料。哌哔嗪能对虫体产生麻痹作用，从而借助肠管的自然蠕动将活的虫体排出体外。

②磷酸左咪唑（Levamisole phosphate）。以 20～25mg/kg 体重，一次性口服。

③噻苯唑（Thiabendazole）。以 500mg/kg 体重，一次性口服。

④丙硫苯咪唑（Albendazole）。以 10～20mg/kg 体重，一次性口服。

⑤潮霉素 B（Hygromicin B）。按 0.00088%～0.00132% 混入饲料。

（2）异刺线虫。

①硫化二苯胺（Phenothiazine）。以 0.5～lg/kg 体重，混入饲

料，可驱除94%的异刺线虫。

②也可使用左咪唑或丙硫苯咪唑等药物驱虫。当饲喂0.0018%~0.0026%潮霉素B 2个月或更长的时间，可完全清除异刺线虫。

（3）毛细线虫。

①哈乐松（Haloxon）　25~50mg/kg体重，可驱除全部毛细线虫。但本药对禽类的毒性较大，使用时务必控制剂量。

②甲氧啶（Methyridine）　根据对鸽毛细线虫的试验，每只禽注射25~45mg，驱虫效果为99%~100%，但每只禽的剂量为23mg时，则仅有62%的效果。本药驱虫作用快，治疗后24小时内大多数线虫即被排除。

③噻苯唑（Thiabendazole）　按饲料量含药0.1%，可驱除13日龄幼虫，对18~26日龄虫体无效。1 000mg/kg体重可驱除93%的11日龄虫体和36%~81.1%的成虫。

④左唑咪（Levamisole）　25mg/kg体重，对成虫有93%~96%疗效，对16日龄虫体有89%的疗效，但对3~10日龄虫体无效。可混入饲料给予。

⑤甲苯唑（Mebendazole）　每千克体重70mg和100mg，对6日龄、12日龄和24日龄虫体有极高的疗效。

此外，还可使用蝇毒磷和潮霉素B等药物来控制毛细线虫，但只限用于鸡。

（4）气管比翼线虫和支气管杯口线虫。

①噻苯唑（Thiabendazole）　以0.05%混入饲料，连用2周。

②甲苯唑（Mebendazole）　以0.044%混入饲料，连用2周。对杯口线虫，按lg/kg体重，连用3天，驱虫率为100%。

③康苯咪唑（Cambendazole）　以50mg/kg体重分别在感染后3~4.6天、7天和16~17天服用3次，对鸡气管比翼线虫的驱虫效果为94.9%。对鹅裂VI线虫以60mg/kg体重最为有效。

（5）其他线虫。

对长鼻分咽线虫使用四咪唑无效，但可试用甲苯唑。左咪唑对鸟类圆线虫有一定效果。哌哔嗪可用于驱四棱线虫。对寄生于眼的孟氏尖尾线虫，可用 1% ~2% 克辽林溶液冲洗；或先对眼部麻醉，再用手术方法取出虫体。

六、鸡毛细线虫病

成熟雌虫在寄生部位产卵，虫卵随鸡粪便排到外界，直接型发育史的毛细线虫卵在外界环境中发育成感染性虫卵，其被禽类宿主吃入后，幼虫逸出，进入寄生部位黏膜内，约经 1 个月发育为成虫。间接型发育史的毛细线虫卵被中间宿主蚯蚓吃入后，在其体内发育为感染性幼虫，鸡啄食了带有感染性幼虫的蚯蚓后，蚯蚓被消化，幼虫释出并移行到寄生部位黏膜内，约经 19 ~ 26 天发育为成虫。

（一）病原

虫体细小，呈毛发状。前部细，为食道部；后部粗，内含肠管和生殖器官。雄虫有一根交合刺，雌虫阴门位于粗细交界处。虫卵呈棕黄色，腰鼓形，卵壳厚，两端有卵塞，卵内含一椭圆形胚细胞。

（1）有轮毛细线虫（C. annulata）：前端有一球状角皮膨大。雄虫长 15 ~ 25mm，雌虫长 25 ~ 60mm。寄生于鸡的嗉囊和食道。中间宿主为蚯蚓。

（2）膨尾毛细线虫（C. caudinflata）：雄虫长 9 ~ 14mm，尾部两侧各有一个大而明显的伞膜；雌虫长 14 ~ 26mm。寄生于鸡、火鸡、鸭、鹅和鸽的小肠。中间宿主为蚯蚓。

（3）捻转毛细线虫（C. contorta）：雄虫长 8 ~ 17mm，一根交合刺细而透明；雌虫长 15 ~ 60mm，阴门呈圆形，突出。寄生于火鸡、鸭等的食道和嗉囊。直接型发育史，不需中间宿主。

（二）临床症状

患鸡精神萎靡，头下垂；食欲缺乏，常做吞咽动作，消瘦，下痢，严重者，各种年龄的鸡均可发生死亡。

（三）解剖病变

虫体寄生部位黏膜发炎、增厚，黏膜表面覆盖有絮状渗出物或黏液脓性分泌物，黏膜溶解、脱落甚至坏死。病变程度的轻重因虫体寄生的多少而不同。

（四）防治

（1）预防：搞好环境卫生；勤清除粪便并作发酵处理；消灭禽舍中的蚯蚓；对禽群定期进行预防性驱虫。

（2）治疗：下列药物均有良好疗效：

①左旋咪唑：按每千克体重 20～30mg，一次内服。

②甲苯咪唑：按每千克体重 20～30mg，一次内服。

③甲氧啶：按每千克体重 200mg，用灭菌蒸馏水配成 10% 溶液，皮下注射。

第五节　鸡普通病

一、鸡低血糖症

（一）发病情况

健康雏鸡个头特别大，公鸡比母鸡发病多。一般在 7 日龄开始发病，死亡高峰在 10～15 日龄，死亡率在 3%～6% 持续 3～5 天，以后死亡率下降。

（二）临床症状

鸡只突然发病主要表现神经症状，共济失调、乱穿乱蹦、尖叫、头部震颤、瘫痪、昏迷、拉白色稀粪。正常鸡群惊吓后死亡更快，无其他症状。

（三）解剖病变

肌肉苍白，鸡血浆呈暗红色（健康鸡血鲜红或者深红色），肝脏暗红色肿大、胰脏萎缩苍白有坏死点。肌胃交界处发黑，出血或溃疡。泄殖腔有大量米汤样白色稀粪，肾脏肿大出血，输尿管有尿酸盐沉积。

（四）诊断

根据死亡情况诊断为肉鸡低血糖病。必要时可做血糖测定

（五）治疗方案

首先控制鸡的光照，每天需控光 4～6 小时，让鸡得到充分休息，减少应激。可间断性让鸡采食饮水。

（1）红糖水 每天给鸡一定量 3% 的红糖水 连用 3 天。

（2）补充葡萄糖及好的多维素。

因本病目前尚无特异性治疗方法，只有减少应激及加糖原分解辅助治疗。以上方法用三天后大群得到控制，死亡率减少。

二、肉鸡腹水综合征

肉鸡腹水综合征又称肉鸡肺动脉高压综合征（pulmonary hypertension syndrome，PHS），是一种由多种致病因子共同作用引起的以右心肥大扩张和腹腔内积聚大量浆液性淡黄色液体为特征，并伴有明显的心、肺、肝等内脏器官病理性损伤的非传染性疾病。

（一）发病原因

（1）饲喂高能日粮或颗粒料：在高海拔地区，饲喂高能日粮（12.96MJ/kg）的 0～7 周龄肉鸡腹水综合征发病率比喂低能日粮（11.91MJ/kg）鸡高 4 倍。饲喂颗粒料，使肉鸡采食量增加，可导致因消耗能量多，需氧多而发病。

（2）遗传因素：肉鸡对能量和氧的消耗量多，尤其在 4～5 周龄，是肉用仔鸡的快速生长期，易造成红细胞不能在肺毛管内通畅流动，影响肺部的血液灌注，导致肺动脉高血压及其后的右心衰竭。

（3）继发因素：鸡呼吸道疾病、某些营养物质的缺乏或过剩（如硒和维生素 E 缺乏或食盐过剩），环境消毒药剂用量不当，呋喃唑酮过量或真菌素中毒等，均可导致肉鸡腹水综合征。

（4）慢性缺氧：饲养在高海拔地区的肉鸡，由于空气稀薄，氧的分压低，或者在冬季门窗关闭，通风不良，二氧化碳、氨、尘埃浓度增高导致氧气减少，因慢性缺氧易引起肺毛细血管增厚、狭

窄，肺动脉压升高，出现右心肥大而衰竭。此外，天气寒冷，肉鸡代谢率增高，耗氧量大，腹水综合征的死亡率明显增加。

（二）临诊症状

病鸡生长发育受阻。脑、腹部的羽毛稀少，腹部膨胀，充满液体，皮肤发红或发绀，斜卧，呼吸困难，缩颈，行动迟缓，食欲减退，逐渐死亡。

最急性型患鸡多突然拍翅倒地死亡。急性型腹水症，肉鸡精神不振，步样异常，肉冠发绀，腹部膨大，腰部凹陷，蹲地不愿走动呈企鹅状。触诊腹部有波动，腹上侧松弛，下侧紧张。听诊有击水声，呼吸粗厉急促，心跳加快。叩诊腹侧下部水平浊音，上部膨音。鸡食欲减退，体重减轻，羽毛蓬乱，生长停滞，便秘下痢交替出现，可视黏膜发绀，抓鸡时突然抽搐死亡。

（三）剖检变化

肉鸡腹部膨隆，触摸有波动感，腹部皮肤变薄发亮，严重的发红。剖开腹部，从腹腔中流出多量淡黄色或清亮透明的液体，有的混有纤维素沉积物；心脏肿大、变形、柔软，尤其右心房扩张显著。右心肌变薄，心肌色淡并带有白色条纹，心腔积有大量凝血块，肺动脉和主动脉极度扩张，管腔内充满血液。部分鸡心包积有淡黄色液体；肝脏肿大或萎缩、质硬，淤血、出血，胆囊肿大，突出肝表面，内充满胆汁；肺淤血、水肿，呈花斑状，质地稍坚韧，间质有灰白色条纹，切面流出多量带有小气泡的血样液体；脾呈暗红色，切面脾小体结构不清；肾稍肿，淤血、出血。脑膜血管怒张、充血；胃稍肿、淤血、出血；肠系膜及浆膜充血，肠黏膜有少量出血，肠壁水肿增厚。

（四）组织学变化

（1）心脏：心肌纤维肿胀，排列紊乱，心肌细胞颗粒变性、空泡变性甚至肌原纤维大部分断裂，肌浆溶解消失，右侧心肌纤维细长，左侧心肌纤维较粗。肌纤维间或间质内充满大量液体，其中毛细血管管腔闭塞，小动脉管壁变形，血管外膜细胞增生，有的小动脉腔内充满红细胞或呈凝集状态。间质中疏松结缔组织散乱，多数小动脉、毛细血管均与心肌纤维分离。静脉极度扩张，内充满红细胞。并见管壁破裂而出血，局部可见新生毛细血管增多，管腔空虚，少数腔内只有 1 个红细胞，心外膜与心肌之间充满液体，可见结缔组织增生，断裂、散乱。

（2）肝脏：肝被膜增厚、水肿，被膜表面附有纤维素，肝被膜下淋巴管及窦状隙扩张，肝细静脉萎缩，毛细胆管增生。肝细胞肿大，呈颗粒变性、空泡变性、脂肪变性，偶有坏死灶，肝窦壁增厚，部分肝细胞萎缩，肝窦及中央静脉扩张、淤血，并有出血，小叶间静脉或汇管区血管扩张充血或淤血。血管周围结缔组织增生，其周围肝细胞溶解消失。

（3）肺脏：支气管黏膜复层上皮细胞部分脱落，固有层结缔组织疏松、增宽，其毛细血管、小动脉及小静脉扩张，充满大量红细胞或呈凝集状态。平滑肌层肌纤维疏松、紊乱或断裂。最外层结缔组织纤维散乱、增宽，其小动脉、小静脉及毛细血管高度扩张，充满大量红细胞。肺小叶间质中部分血管壁破裂出血，静脉血管高度淤血。肺副支气管管腔扩张或狭窄，充满浆液和红细胞，周围的平滑肌萎缩，黏膜单层上皮增生，部分结缔组织增生。肺泡内有多量红细胞和液体。呼吸性毛细支气管萎缩，而其毛细血管网极度扩张充血，其内均见只有 1 个红细胞。每个肺小叶内，均出现数量不等、大小不一、形态多样的骨样组织或非骨样纤维组织的粉红色小体（或结节）。

（4）肾脏：肾小球充血，血管丛内皮细胞肿胀，肾小管上皮细胞肿胀，颗粒变性、空泡变性、脂肪变性甚至坏死，管腔中可见透明管型；间质水肿，疏松、血管充血，并有少量出血。

（5）脾脏：整个脾的淋巴细胞减少，脾小体缩小，髓窦中淤积大量红细胞及水肿液，髓索及脾小体淋巴细胞中也散在有红细胞，窦内皮细胞肿胀。

（6）胸腺、法氏囊的淋巴细胞数量减少。胃、肠：黏膜上皮细胞坏死脱落，固有层淤血、水肿、出血．腺细胞增生黏膜下层水肿、淤血及出血。脑：血管扩张、淤血，个别神经元空泡变性。

（五）诊断

（1）病料来源：对因腹水症自然死亡肉鸡，进行病理学剖检及病理组织学检查。

（2）病理诊断方法：①眼观检查：通过病理剖检，眼观详细检查各器官的变化。②触诊检查：肉鸡腹部有液体波动。③组织学检查：取心、肝、肺、脾、胃、肠、肾、大脑、胸腺、法氏囊等组织，用10%甲醛固定，常规石蜡切片，HE染色，镜检。

（六）防治措施

肉鸡腹水综合征的发生是多种因素共同作用的结果。故在2周龄前必须从卫生、营养状况、饲养管理、减少应激和疾病以及采取有效的生产方式等各方面入手，采取综合性防治措施。

（1）预防：①选育抗缺氧，心、肺和肝等脏器发育良好的肉鸡品种。②加强鸡舍的环境管理，解决好通风和控温的矛盾，保持舍内空气新鲜，氧气充足，减少有害气体，合理控制光照。另外保持舍内湿度适中，及时清除舍内粪污，减少饲养管理过程中的人为应激，给鸡提供一个舒适的生长环境。③低能量和蛋白水平，早期进行合理限饲，适当控制肉鸡的生长速度。此外，可用粉料代替颗粒料或饲养前期用粉料，同时减少脂肪的添加。④料中磷水平不可过低（＞0.05%），食盐的含量不要超过0.5%，Na^+水平应控制在2 000mg/kg以下，饮水中Na^+含量宜在1 200mg/L以下，否则易引起腹水综合征。在日粮中适量添加$NaHCO_3$代替$NaCl$作为钠源。⑤饲料中维生素E和Se的含量要满足营养标准或略高，可在饲料中按0.5g/kg的比例添加维生素C，以提高鸡的抗病、抗应激能力。⑥执行严格的防疫制度，预防肉鸡呼吸道传染性疾病的发生。另外要合理用药，对心、肺、肝等脏器有毒副作用的药物应慎用，或在专业技术人员的指导下应用。

（2）治疗：一旦病鸡出现临床症状，单纯治疗常常难以奏效，多以死亡而告终。但以下措施有助于减少死亡和损失。①用12号针头刺入病鸡腹腔先抽出腹水，然后注入青链霉素各2万国际单位，经2～4次治疗后可使部分病鸡恢复基础代谢，维持生命。

②发现病鸡首先使其服用大黄苏打片（20 日龄雏鸡 1 片/只/日，其他日龄的鸡酌情处理），以清除胃肠道内容物，然后喂服维生素 C 和抗生素。以对症治疗和预防继发感染，同时，加强舍内外卫生管理和消毒。③给病鸡皮下注射 1 次或 2 次 1g/L 亚硒酸钠 0.1mL，或服用利尿剂。④应用脲酶抑制剂，用量为 125mg/kg 饲料，可降低患腹水征肉鸡的死亡率。采取上述措施约一周后可见效。

三、肉鸡猝死症

鸡猝死症是指健康鸡群在没有明显可辨的原因，突然发生急性死亡的一种疾病，又称急性死亡症。在肉食鸡中又称肺水肿。

（一）发病情况

本病一年四季都可发生，但在夏、冬两季发病严重，死亡率为 0.5%～4%。以肉仔鸡、肉种鸡多发。肉仔鸡发病有两个高峰，2～3 周和 6～7 周，肉用种鸡在 27 周前后是本病的发病高峰；体重越大，发病率越高；公鸡发病率比母鸡高约 3 倍；采食颗粒饲料者比采食粉料者高。

（二）病因

（1）本病的发生与鸡的遗传育种有关；目前肉鸡培育品种逐步向快速型发展，生长速度快，体重大（尤其是对 2～3 周的雏鸡，采食量大而不加限制，造成急性快速生长），而相对自身内脏系统 如心脏、肺脏、消化系统发育不完全，导致体重发育与内脏不同步。

（2）与饲养方式、营养、饲料状态有关：营养较好、自由采食和吃颗粒饲料的鸡发病严重。

（3）与环境因素有关：温度高、潮湿大、通风不良、连续光照者死亡率高。

（4）与新陈代谢、酸碱平衡失调有关：猝死症病鸡体膘良好，嗉囊，肌胃装满饲料，导致血液循环向消化道集中，血液循环发生了障碍出现心力衰竭。

（5）与药物有关：肉食鸡喂离子载体类抗球虫药物时，猝死症发生率显著高于喂其他抗球虫药物。

（三）临床与解剖学诊断

本病以肌肉丰满，外观正常且个体大的鸡突然死亡为特征。发病前没有明显的征兆。发病时尖叫，平衡失调、惊厥。强力拍动翅膀，有的离地跳起，从发病到死亡，持续时间一分多钟左右，死亡鸡多数两脚朝天，呈仰卧或者是俯卧，腿向外、后伸直。死亡的鸡常位于料盘附近。解剖肌肉苍白，胃肠道（嗉囊、肌胃和肠道）都充满食物。肝脏肿大，苍白易碎，胆囊一般都是空虚，肺脏淤血水肿，心尖有黑点，心脏发硬圆心型、右心房扩张，比正常的大几倍。

（四）防治措施

（1）改善饲养环境，增加鸡舍的通风设备，降低鸡群的饲养密度。

（2）调整饲养程序：从第二周开始，对鸡只采取限饲制饲喂，不能任其采食。可利用调整光照的方式来控制采食，7~21 日龄采用 12~16 小时的光照，22 日龄以后每天 20 小时光照，应注意晚上一旦关灯，就不要随意开灯，以防应激扎堆。

（3）8~12 日龄或者本病易发日龄段的鸡群，用维生素 E-亚硒酸钠拌料，进行预防和治疗。

四、新母鸡病

新母鸡病是近几年来我国蛋鸡生产中最为突出的条件病之一，给养鸡业带来很大损失。刚开产的鸡群当产蛋率超过 20% 时陆续暴发，该病一年四季均能发生，冬夏秋季尤为严重。

（一）发病原因

（1）血氧太低：当夏季室内外温差太小或通风不良时造成血氧含量过低。

（2）呼吸性碱中毒。当鸡群靠呼吸排热的同时造成大量 CO_2 流失，导致体内 pH 值上升，碱性偏高中毒。

（3）血液黏稠度增高：鸡舍夜间关灯后鸡群要继续排尿散热，

血液水分迅速减少而黏稠，心力衰竭死亡。

（4）营养不足：主要是饲料配方不合理和采食量减少所致的缺乏钙磷。

（5）热应激造成体温升高：由于新母鸡羽毛丰厚，晚间活动量减少，热量不易散出，凌晨1：00~2：00为死亡高峰。

（6）疾病因素：非典型新城疫、鸡肠道疾病、球虫病等因素造成的发热，肠道吸收不良。

（二）临床症状

该病症状可分为急性和慢性两种。

（1）急性症状：病鸡往往突然死亡，死亡多发生在凌晨1：00~3：00。在表面健康、产蛋较好的鸡群内白天检查不出病鸡，但在第二天早晨可见鸡死在笼中或栅栏内。死鸡冠髯呈紫色，泄殖腔外翻，体况良好。

（2）慢性症状：病鸡肌肉神经麻痹瘫痪。将病鸡拿出笼外，排出较多黄绿色稀粪，产出软壳蛋或沙壳蛋，病鸡有皮肤干燥、眼睛下陷等脱水表现，饲养1~3天投服抗生素、维生素等药物后有80%的病鸡能够康复，但也有部分鸡死亡。鸡群发病严重时全群产蛋率下降10%以上，如与其他病混合感染则产蛋下降幅度更大。

（三）病理变化

死鸡冠尖发紫，颈发软，肛门外翻，体重膘情很好，剖检可见肝脏质脆淤血，肺淤血，肠系膜黑色，卵黄膜充血。输卵管内有时存一个软壳或硬壳蛋。腺胃糜烂、盲肠发黑和卵黄充血破裂等现象，鸡肋骨、腿骨变软。

（四）防治措施

（1）由于该病是一种条件病，因此，夏秋季节在饮水中加入抗热应激的药物，维生素类药物，加强通风，午夜开灯1小时左右，增加鸡群的采食饮水量，及时挑出病鸡，可减少鸡群的发病死亡率。

（2）净化鸡场环境，减少环境中病源微生物的污染。严禁使用腐败变质的饲料，防止肉毒梭菌毒素给鸡群造成危害。

（3）针对新母鸡生理生殖机能的特点，鸡群开产后至产蛋高峰这一阶段进行调整饲养，保证饲料中的能量、蛋白、钙磷、维生素等能满足鸡群生产的需要。

（4）鸡群一旦发病，为排除肉毒梭菌毒素可内服5%葡萄糖水、氨基维他等促进毒素排出体外。同时，在饲料或饮水中加入抗生素控制肉毒梭菌的繁殖。使用胃肠黏膜修复剂，修复损伤的胃肠黏膜。

（5）控制饲料中碳酸氢钠的使用量，不得超过1/‰，以防诱发本病。

（6）饲料中补充磷酸氢钙、鱼肝油，根据疾病因素进行治疗，如有非典型新城疫感染用抗病毒药物；有肠道疾病用肠毒治疗药物；有小肠球虫病用抗球虫病药物。

五、鸡输卵管炎

各种年龄的产蛋鸡均可感染，但因饲养管理水平、环境卫生、防治措施的不同，受有无其他疫病继发本病等因素的影响，本病的发病率和死亡率有较大差异。集约化养鸡在主要疫病得到基本控制后，大肠杆菌病有明显的上升趋势，已成为危害蛋鸡群输卵管炎的主要细菌性疾病之一，应引起足够重视。本病一年四季均可发生，每年在多雨、闷热、潮湿季节多发。成年产蛋鸡往往在开产阶段发生，死淘率增多，影响产蛋，生产性能不能充分发挥。种鸡场发生，直接影响到种蛋孵化率、出雏率，造成孵化过程中死胚和毛蛋增多，健雏率低。由本病造成鸡群的死亡虽没有明显的高峰，但病程较长。

鸡舍卫生条件太差，泄殖腔被细菌（如白痢沙门氏菌、副伤寒杆菌、大肠杆菌等）污染而侵入输卵管；或饲喂动物性饲料过多，产蛋过大或产双黄蛋，有时蛋壳在输卵管中破裂，损伤输卵管；或产蛋过多、饲料中缺乏维生素A、维生素D、维生素E等均可导致输卵管炎。

（一）临床表现

鸡卵巢炎、输卵管炎及腹膜炎是鸡的一种常见病，产蛋鸡尤甚。病鸡主要表现为疼痛不安，产出的蛋其蛋壳上往往带有血迹。输卵管内经常排出黄、白色脓样分泌物，污染肛门周围及其下面的羽毛，产蛋困难。随着病情的发展，病鸡开始发热，痛苦不安，呆立不动，两翅下垂，羽毛松乱，有的腹部靠地或昏睡，当炎症蔓延到腹腔时可引起腹膜炎，或输卵管破裂引起卵黄性腹膜炎。

（二）病理剖检变化

临床解剖病变以卵巢炎、输卵管炎、腹膜发炎为特征，严重时卵泡变形、充血、出血，呈红褐色或灰褐色，甚至破裂，破裂于腹腔中的蛋黄液，味恶臭，有时卵泡皱缩，形状不整齐，呈金黄色或褐色，无光泽，病情稍长时，肠道粘连，输卵管有黄白色干酪样物。

有的病死鸡可见输卵管炎，黏膜充血，管腔内有不等量的干酪样物，严重时输卵管内积有较大块状物，输卵管壁变薄，块状物呈黄白色，切面轮层状，较干燥。有的腹腔内见有外观为灰白色的软壳蛋。较多的成年鸡还见有卵黄性腹膜炎，腹腔中见有蛋黄液广泛地分布于肠道表面。稍慢死亡的鸡腹腔内有多量纤维素样物粘在肠道和肠系膜上，腹膜发炎、粗糙，有的可见肠粘连。大肠杆菌性肉芽肿较少见到。小肠、盲肠浆膜和肠系膜可见到肉芽肿结节，肠粘连不易分离，肝脏则表现为大小不一、数量不等的坏死灶。

（三）防治措施

平时注意加强饲养管理，改善鸡舍卫生条件，合理搭配日粮，并适当喂些青绿饲料。由于本病大多由细菌感染引起，因此，痊愈后的鸡不宜留作种用。

鸡输卵管炎主要是由继发引起的，其实只要是把呼吸道病、肠道病控制好了，就会减少输卵管炎发病率。加强饲养管理，确保饮水卫生，饲料中经常添加防治呼吸道、肠道疾病的中草药，微生态制剂拌料，调整肠道菌群平衡，减少肠炎发生，尽量少用抗生素。要双管齐下。

建议使用抗病毒药＋抗菌消炎＋维生素混合饮水，综合治疗 3 天，可有效控制本病。

六、鸡热应激

1. 热应激的概念

当环境温度超过鸡等热区的上限（过高温度、鸡的过高温度一般在 34℃左右，与鸡的品种、年龄、饥饿状态等有密切关系）时，机体散热受阻、物理调节不能维持体温恒定、体内蓄热、体温升高、代谢率也升高，产热的增加进一步加重了体热的蓄积，最终导致高热稽留，出现精神异常、内分泌失调、张口呼吸、食欲废绝、饮水增加、生产性能大幅度下降甚至死亡的现象。简单来讲热应激就是短期内的环境温度的过度升高或长期的相对较高给家禽造成的伤害（危及鸡的健康、生长和生命）。

2. 导致热应激的原因

主要的原因应该说是季节性的气象因素，集中在每年的 5～8 月份，来自太阳火辣辣的直射和来自空气热腾腾的闷热。其次是人为的原因：如鸡舍的防暑降温条件和设施、饲养管理对减少和控制热应激的具体要求等都存在不到位的地方。

3. 干热

天气干旱少雨，烈日当头，地面干燥导致的；湿热：即闷热，天气潮湿多雨、云层薄、气压低，地面湿度大，让人感到像被"蒸"的感觉；持续高温：连续两天以上的高温对鸡造成严重的伤害；间断性高温：每天几个小时的高温是一般意义上的应激；在夏季育雏由于取暖炉管理不善、炉火太旺、外环境温度高散热慢，人为地造成育雏舍高温，鸡舍降温设备不良、鸡舍的防暑降温条件差等。

4. 热应激与饲喂

当鸡受到热应激的情况下，最常见的生理反应是呼吸频率加快、饮水增加、采食量下降、拉稀等，都直接影响到鸡的健康和增重。为了促使鸡多进食维持正常的营养需要，一方面在夏季适当提高日粮的营养浓度是必需的；另一方面要调整饲喂的时间：主要集中在下半夜、清晨、傍晚等天气凉爽的时间饲喂，当气温高于 32℃时，10：00 ~ 15：00 最好不要喂料，以免由于采食和消化吸收导致产热过多加重中暑的发生。

5. 热应激与饮水

在鸡处于热应激的情况下，凉水无疑是解暑的良药，定期清刷饮水器和水盆并经常更换深井凉水，鸡饮用凉水以后可以吸收掉部分体热，有助于降温；同时从而诱发肉鸡采食量加大，鸡饮用凉水以后会刺激胃肠道蠕动加快，导致饮食欲增加，，生长速度加快，从而达到快速育肥的目的。

6. 热应激与通风

夏季养殖通风的目的已经不在是为了简单地进行气体交换，有时即使鸡舍内空气很新鲜，但为了排除舍内多余的热量，可通过全部开启纵向风机进行散热，配合湿帘、喷雾、网架、地面、走廊等洒水降温效果更好。

7. 热应激与垫料

每年的 5 ~ 10 月份，蛋鸡育雏及肉鸡尽量不要选用草类垫料（刨花、稻壳、麦草、碎玉米秸秆等），草类垫料容易发霉、发热、发酵而导致环境恶化；也不要选用土做垫料，干土粉尘多容易诱发呼吸道感染，湿土容易诱发大肠杆菌病和球虫病；最好选用从河里捞上来的水洗沙（山区也可以选用干净的碎石粉），既能满足肉鸡消化吸收对沙砾的需要（不需要再单独喂沙），又是肉鸡休息时热的良好的导体，利于肉鸡散热而减少热应激。

8. 热应激与养殖密度

夏季养殖由于长期处于高温影响之下，降低养殖密度是很有效的控制热应激和中暑的措施，一般要求是每平方不超过 12 只。

9. 热应激的预防

用人为的方法和措施对能照到养殖棚舍的阳光进行有效的拦截和遮挡，从而给肉鸡提供相对舒适的阴凉。遮阴的措施：植树，鸡舍的北面（背阴面）植树遮阴价值不大，主要是为了遮挡风沙和尘埃、吸附病原微生物、制造氧气、改善局部小气候，在植树时要求离开鸡舍至少1m、株距3m，以槐树、柳树为主，成活后要注意修剪和控制顶端优势，树冠的中心在鸡舍檐头部位；鸡舍南面（向阳面）植树就是为了遮阴，离开鸡舍1m，株距2.5m，以高大挺拔的白杨树、梧桐数为主，成活后注意修剪培植顶端优势，树冠越高遮阴效果越好。

10. 防止热辐射

鸡舍的屋顶、墙壁、水泥硬化的场地和道路在烈日曝晒下都会吸收大量的热量导致局部温度升高，并在较长的时间内以辐射的形式散发到环境中，导致白天烫、晚上烤、肉鸡实在受不了。防止热辐射的有效方法是首先解决环境吸热的问题，除了上面讲到的对养殖环境实施有效的遮阴之外，传统的做法是涂白，费用少、维持时间长、效果确实。具体做法是：10%左右的石灰乳直接涂白或喷洒鸡舍的房顶、外墙壁、山墙、散水台等，也可以在石灰乳中适当地加入部分白水泥（2%～5%）、面粉（1%左右）、食盐（0.5%左右）等；涂白最好选择在下过雨以后，或者近期看天气预报又没有雨的情况下进行，一方面容易挂灰；另一方面不至于涂白后被雨水冲下来。对于养殖棚舍周围水泥硬化的道路和场地要注意植树和种植花草、蔬菜等进行适当的遮阴或定期喷洒凉水（蒸发散热），避免大量吸热后导致辐射散热而影响到夏季的养殖效果。

11. 抗热应激的药物

（1）延胡索酸具有镇静的作用，能使中枢神经受到抑制，体肌活动减少；氯化铵具有祛痰和调节血液酸碱平衡的作用。在饲料中添加0.1%的延胡索酸，饮水中添加0.63%的氯化铵，能明显缓解热应激，起到增进食欲提高增重的效果。

（2）碳酸氢钠具有健胃和防止酸中毒的作用，在饮水中添加0.1%～0.2%的碳酸氢钠能明显减少热应激的损失。

（3）处于高温应激状态下的鸡，在散发体热时常常需要消耗掉大量的维生素C，试验表明在每千克饲料中添加1.5～2.0g的维生素C能有效地预防和缓解热应激。

（4）投服复方制剂抗热应激药物如：解热灵、普热清、暑热爽等。

七、鸡维生素 A 缺乏症

（一）病因

主要由于饲料中缺乏合成维生素 A 的原料或饲料中添加维生素 A 不足所引起。如果母鸡本身缺乏维生素 A，用其所产的种蛋孵出的雏鸡，再喂缺乏维生素 A 的饲料，也很容易发生维生素 A 缺乏病。

（二）临床症状

雏鸡症状出现在 1～7 周龄，出现的早晚根据蛋黄中维生素 A 的储量和饲料中维生素 A 的含量而定。首先表现为生长停滞，嗜睡，羽毛松乱，轻微的运动失调，鸡冠和肉髯苍白，喙和脚趾部黄色素消失。病程超过 1 周仍存活的鸡，眼睑发炎或粘连，鼻孔和眼睛流出黏性分泌物。眼睑肿胀，蓄积有干酪样的渗出物。

成鸡缺乏维生素 A 时，大多数为慢性经过。通常在 2～5 个月后出现症状。早期症状为产蛋不断下降，生长发育不良。以后，病鸡眼睛或窦发炎，眼和窦肿胀，眼睑粘连，结膜囊内蓄积黏液性或干酪样渗出物，角膜发生软化和穿孔，最后失明。鼻孔流出大量的鼻液，病鸡呈现呼吸困难。

（三）病理变化

雏鸡眼睑发炎，常为黏性渗出物所粘连而闭合，结膜囊内蓄积有干酪样的渗出物。肾脏苍白，肾小管和输尿管内有白色尿酸盐沉积。严重时，心脏、肝脏和脾脏等均有尿酸盐沉着。产蛋鸡消化道黏膜肿胀，口腔、咽、食道的黏膜有小脓疱样病变，有时蔓延到嗉囊，破溃后形成溃疡。支气管黏膜可能覆盖一层很薄的伪膜。结膜囊或窦肿胀，内有干酪样的渗出物。

（四）诊断

根据症状、剖解变化以及对饲料的分析可诊断此病。

（五）防治措施

维生素 A 的正常需要量：每千克日粮中，雏鸡、育成鸡需 1 500 国际单位，产蛋鸡、种鸡需 4 000 国际单位。维生素 A 缺乏时，可按维生素 A 正常需要量的 3~4 倍混料喂饲，连喂 2 周后，再恢复正常需要量的水平。

八、鸡维生素 D 缺乏症

（一）病因

引起鸡维生素 D 缺乏的常见原因是：

（1）日粮中添加维生素 D 不足，或在饲料中混合不匀，或饲料中维生素 D 被破坏。

（2）鸡缺乏阳光照射，机体中维生素 D3 的合成受阻。

（3）鸡肝功能障碍。

（4）饲料中钙磷含量不足或比例不当等。

流行情况

本病主要危害雏鸡、产蛋鸡和肉种鸡。

（二）症状

（1）患鸡的症状是软喙，软脚，跛行，以跗关节着地蹲伏，或以双翅撑地移行，瘫痪，直至死亡。种鸡产软壳蛋、无壳蛋、软喙。

（2）剖检主要见病鸡肢体软骨部膨大，尤其是肋骨与肋软骨连接处膨大如珠状，严重时肋骨多处形成珠状突起的软骨团块，使该肋骨如"串珠"样。胸骨变形，腿骨弯曲变形。

（三）诊断

调查鸡在饲养过程是否有引起维生素 D 缺乏的原因，结合鸡发生骨骼发育不良的典型症状与病理变化，可以作出较为明确的诊断。

（四）预防方法

使饲料中含有充足的维生素 D3，同时，应使饲料中含有足量的和比例适合的钙与磷，注意防止氟中毒。

（五）治疗方法

（1）发病时，可用鱼肝油粉按说明书指示的使用剂量拌料投喂患病鸡群，连用5～7天，同时，在饲料中混入1%的禽畜生长素，在饮水中添加适量的葡萄糖酸钙，连用3～4天。

（2）对个别重病例可给予滴服浓缩鱼肝油，每天1～3滴/只，并肌注维丁胶性钙，0.5～1ml/只，连用2～3天。

九、鸡维生素 B1 缺乏症

维生素 B1 缺乏症（Vitamin B1 Deficiency）维生素 B1 是由一个嘧啶环和一个噻唑环结合而成的化合物。因分子中含有硫和氨基，故又称硫胺素（Thiamine）。硫胺素是鸡碳水化合物代谢所必需的物质。由于维生素 B1（硫胺素）缺乏而引起鸡碳水化合物代谢障碍及神经系统的病变为主要临诊特征的疾病称为维生素 B1 缺乏症。

（一）发病原因

大多数常用饲料中硫胺素均很丰富，特别是禾谷类籽实的加工副产品糠麸以及饲用酵母中每千克含量可达7～16mg。植物性蛋白质饲料每千克含3～9mg。所以鸡实际应用的日粮中都能含有充足的硫胺素，无须给予高硫胺素的补充。然而，鸡仍有硫胺素缺乏症发生，其主要病因是由于饲粮中硫胺素遭受破坏所致。鸡大量吃进新鲜鱼、虾和软体动物内脏，它们含有硫胺酶，能破坏硫胺素而造成硫胺素缺乏症。饲粮被蒸煮加热、碱化处理也能破坏硫胺素。另外，饲粮中含有硫胺素拮抗物质而使硫胺素缺乏，如饲粮中含有蕨类植物、球虫抑制剂氨丙啉、某些植物、真菌、细菌产生的拮抗物质，均可能使硫胺素缺乏致病。

（二）发病机制

硫胺素为机体许多细胞酶的辅酶，其活性形式为焦磷酸硫胺素，参与糖代谢过程中 α-酮酸（丙酮酸、α-酮戊二酸）的氧化脱羧反应。鸡体内如缺乏硫胺素则丙酮酸氧化分解不易进行，丙酮酸不能进入三羧酸循环中氧化，积累于血液及组织中，能量供给不足，以致影响神经组织、心脏和肌肉的功能。神经组织所需能量主要靠糖氧化供给，因此神经组织受害最为严重。病鸡表现心脏功能不足、运动失调、搐搦、肌力下降、强直痉挛、角弓反张、外周神经的麻痹等明显的神经症状。因而又把这种硫胺素缺乏症称为多发性神经炎。

硫胺素尚能抑制胆碱酯酶，减少乙酰胆碱的水解，加速和增强乙酰胆碱的合成过程。当硫胺素缺乏时，则胆碱酯酶的活性异常增高，乙酰胆碱被水解而不能发挥增强胃肠蠕动、腺体分泌以及消化系统和骨骼肌的正常调节作用。所以，病鸡患多发性神经炎时，常伴有消化不良、食欲缺乏、消瘦、骨骼肌收缩无力等症状。

（三）临床症状

硫胺素属于水溶性维生素 B 组，水溶性维生素很少或几乎不在体内贮备。因此，短时期的缺乏或不足就足以降低体内一些酶的活性，阻抑相应的代谢过程，影响鸡的生产力和抗病力。但临诊症状仅在较长时期的维生素 B 供给不足时才表现出来。

雏鸡对硫胺素缺乏十分敏感，饲喂缺乏硫胺素的饲粮后约经10 天即可出现多发性神经炎症状。病鸡突然发病，呈现"观星"姿势，头向背后极度弯曲呈角弓反张状，由于腿麻痹不能站立和行走，病鸡以跗关节和尾部着地，坐在地面或倒地侧卧，严重的衰竭死亡。

成年鸡硫胺素缺乏约 3 周后才出现临诊症状。病初食欲减退，生长缓慢，羽毛松乱无光泽，腿软无力和步态不稳。鸡冠常呈蓝紫色。以后神经症状逐渐明显，开始是脚趾的屈肌麻痹，接着向上发展，腿、翅膀和颈部的伸肌明显地出现麻痹。有些病鸡出现贫血和拉稀，体温下降至35.5℃，呼吸率呈进行性减少，衰竭死亡。

（四）病理变化

硫胺素缺乏症致死雏鸡的皮肤呈广泛水肿，其水肿的程度决定于肾上腺的肥大程度。肾上腺肥大，母鸡比公鸡的更为明显，肾上腺皮质部的肥大比髓质部更大一些。肥大的肾上腺内的肾上腺素含量也增加。病死雏的生殖器官却呈现萎缩，睾丸比卵巢的萎缩更明显。心脏轻度萎缩，右心可能扩大，心房比心室较易受害。肉眼可观察到胃和肠壁的萎缩，而十二指肠的肠腺却变得扩张。在显微镜下观察，十二指肠肠腺的上皮细胞有丝分裂明显减少，后期黏膜上皮消失，只留下一个结缔组织的框架。在肿大的肠腺内积集坏死细胞和细胞碎片。胰腺的外分泌细胞的胞浆呈现空泡化，并有透明体形成。这些变化被认为是因为细胞缺氧，致使线粒体损害所造成的。

（五）鉴别诊断

主要根据鸡发病日龄、流行病学特点、饲料维生素 B_1 缺乏、临诊上多发性外周神经炎的特征症状和病理变化即可作出诊断。

在生产实际中，应用诊断性的治疗，即给予足够量的维生素 B_1 后，可见到明显的疗效。

根据维生素 B_1（硫胺素）的氧化产物是一种具有蓝色荧光的物质称硫色素。荧光强度与 B_1 含量成正比。因此，可用荧光法定量测定原理，测定病鸡的血、尿、组织以及饲料中硫胺素的含量。以达到确切诊断和本病的监测预报的目的。

（六）防制措施

应用硫胺素给病鸡肌肉或皮下注射，只要诊断正确，数小时后即可见到疗效。也可经口服硫胺素。注意防止病鸡厌食而未吃到拌在料内的药，没有达到治疗目的。

针对病因采取有力的措施是能够制止本病的发生。

（七）治疗措施

对雏鸡一开食时就应喂标准配合日粮，或在每吨饲料中添加 5～10g 硫胺素，就可预防本病发生。应用维生素 B_1 片（4～8 片/kg）或者维生素 B_1 粉剂拌料，连用3～5天。

十、鸡维生素 B_2 缺乏症

维生素 B_2 缺乏症（Vitamin B_2 Deficiency）维生素 B_2 是由核醇与二甲基异咯嗪结合构成的，由于异咯嗪是一种黄色色素，故又称之为核黄素。核黄素缺乏症是以雏鸡的趾爪向内蜷曲，两腿发生瘫痪为主要特征的营养缺乏病。

（一）病因

各种青绿植物和动物蛋白富含核黄素，动物消化道中许多细菌、酵母菌、真菌等微生物都能合成核黄素。可是常用的禾谷类饲料中核黄素特别贫乏，每千克不足 2mg。所以，肠道比较缺乏微生物的鸡，又以禾谷类饲料为食，若不注意添加核黄素易发生缺乏症。核黄素易被紫外线、碱及重金属破坏；另外，也要注意，饲喂高脂肪、低蛋白饲粮时核黄素需要量增加；种鸡比非种用蛋鸡的需要量需提高 1 倍；低温时供给量应增加；患有胃肠病的，影响核黄素转化和吸收。否则，可能引起核黄素缺乏症。

（二）发病机制

核黄素是组成体内 12 种以上酶体系统的活性部分。含核黄素的重要酶有细胞色素还原酶、心肌黄酶、黄质氧化酶、L-氨基酸氧化酶和 D. 氨基酸氧化酶以及组氨酶等。这些酶参与体内的生物氧化过程，核黄素结构上异咯嗪环的第 1 及第 10 两位的氮原子，具有活泼的双键，能接受氢而还原变为无色，也可再失氢而氧化变回黄色。核黄素在体内的生物氧化过程中起着传递氢的作用。若核黄素缺乏则体内的生物氧化过程中酶体系受影响，使机体的整个新陈代谢作用降低，出现各种症状和病理变化。

（三）临床症状

雏鸡喂饲缺乏核黄素日粮后，多在 1～2 周龄发生腹泻，食欲尚良好，但生长缓慢，消瘦衰弱。其特征性的症状是足趾向内蜷曲，不能行走，以跗关节着地，开展翅膀维持身体的平衡，两腿发生瘫痪。腿部肌肉萎缩和松弛，皮肤干而粗糙。病雏吃不到食物而饿死。育成鸡病至后期，腿敞开而卧，瘫痪。母鸡的产蛋量下降，蛋白稀薄，蛋的孵化率降低。母鸡日粮中核黄素的含量低，其所生的蛋和出壳雏鸡的核黄素含量也就低。核黄素是胚胎正常发育和孵化所必需的物质。孵化蛋内的核黄素用完，鸡胚就会死亡。死胚呈现皮肤结节状绒毛，颈部弯曲，躯体短小，关节变形，水肿、贫血和肾脏变性等病理变化。有时也能孵出雏，但多数带有先天性麻痹症状，体小、水肿。

（四）病理变化

病死雏鸡胃肠道黏膜萎缩，肠壁薄，肠内充满泡沫状内容物。有些病例有胸腺充血和成熟前期萎缩。病死成年鸡的坐骨神经和臂神经显著肿大和变软，尤其是坐骨神经的变化更为显著，其直径比正常大 4～5 倍。损害的神经组织学变化是主要的，外周神经干有髓鞘限界性变性。并可能伴有轴索肿胀和断裂，神经鞘细胞增生，髓磷脂（白质）变性，神经胶瘤病，染色质溶解。另外，病死的产蛋鸡皆有肝脏增大和脂肪量增多。

（五）诊断鉴别

通过对发病经过、日粮分析、足趾向内蜷缩、两腿瘫痪等特征症状以及病理变化等情况的综合分析，即可作出诊断。

（六）防制措施

在雏鸡日粮中核黄素不完全缺乏，或暂时短期缺乏又补足之，随雏鸡迅速增长而对核黄素需要量相对减低，病鸡未出现明显症状即可自然恢复正常。然而，对足爪已蜷缩、坐骨神经损伤的病鸡，即使用核黄素治疗也无效，病理变化难于恢复。因此，对此病早期防治是非常必要的。

对雏鸡一开食时就应喂标准配合日粮，或在每吨饲料中添加 2～3g 核黄素，就可预防本病发生。若已发病的鸡，可在每千克饲料中加入核黄素 20mg 治疗 1～2 周，即可见效。

十一、鸡维生素 E-硒缺乏症

维生素 E 和硒是动物体内不可缺少的抗氧化物，两者协同作用，共同抗击氧化物对组织的损伤。所以，一般所说的维生素 E 缺乏症，实际上是维生素 E-硒缺乏症。本病主要见于 20～50 日龄仔鸡。

（一）病因

日粮供应量不足或饲料贮存时间过长是诱发本病的主要原因。

（二）病型及特征

（1）脑软化症：病雏表现运动共济失调，头向下挛缩或向一侧扭转，有的前冲后仰，或腿翅麻痹，最后衰竭死亡。病变主要在小脑，脑膜水肿，有点状出血，严重病例见小脑软化或青绿色坏死。

（2）渗出性素质：主要发生于肉鸡。病鸡生长发育停滞，羽毛生长不全，胸腹部皮肤青绿色水肿。病鸡的特征病变是颈、胸部皮下青绿色，胶冻样水肿，胸肌和腿部肌肉充血、出血。

（3）鸡营养不良（白肌病）：病鸡消瘦、无力，运动失调，剖检可见胸、腿肌肉及心肌有灰白色条纹状变性坏死。

（4）种鸡繁殖障碍：种鸡患维生素 E-硒缺乏症时，表现为种蛋受精率、孵化率明显下降，死胚、弱雏明显增多。

（三）防治方法

饲料贮存时间不可过长，以免受到无机盐和不饱和脂肪酸氧化，或拮抗物质（酵母曲、硫酸铵制剂）的破坏。日粮中要保证供给足量的含硒维生素 E 添加剂。

十二、生物素（维生素 H）缺乏症

生物素系参与二氧化碳固定的羧化反应中的 1 个辅助因子，在脱羧基和脱氨基的生化反应中起着重要作用。

（一）病因

发生缺乏的原因　饲料中生物素含量不足；发生肠道疾病引起吸收不良；饲料的加工、贮存过程中发霉；饲料中存在生物素的拮抗物和结合剂，如抗生物素蛋白（卵蛋白）、抗生物 素蛋白链菌素、某些真菌及其毒素等。

（二）临床症状和病理变化

与泛酸缺乏类似，病鸡脚部及喙与眼周围皮肤发生皮炎。骨短粗病也是本病的 1 个主要症状，雏鸡胫骨很短，骨的密度和灰分含量增高，常引起病鸡腿内翻畸形。种鸡发生缺乏症时，种蛋孵化率降低，严重时孵化率甚至为零。胚胎死亡率增高。胚胎多呈软骨营养不良，特征为体形小、鹦鹉嘴、胫骨严重弯曲。跗跖骨变短或扭曲，翅膀与头变短，肩胛骨变短且弯曲。剖检变化多见脂肪肝，脆弱易碎，有时可出现肾脏因贫血而呈苍白色。

（三）诊断

通过调查病史和出现特征性临床症状，可作出相应的诊断。进一步确诊可采用治疗性诊断方法或测定饲料中生物素的含量。应注意要与泛酸缺乏症做对比试验。

（四）防治

在饲料中添加足量的生物素是最有效的预防办法。另外，特别要注意在日粮中不能含有抗生素蛋白以及真菌毒素等。雏鸡发生生物素缺乏症，首先考虑去掉日粮中未经煮熟的蛋白，在注射数微克生物素后，病鸡症状可迅速消失。

十三、鸡钙和磷缺乏症

钙和磷缺乏症日粮中钙和磷的含量不够，或钙、磷的的比例不当，或维生素 D 含量不足、肠道炎症、都会影响钙和磷的吸收和利用。过量的钙导致钙磷比例失调，骨骼畸变；磷过多可引起骨组织营养不良，所以，由于钙磷缺乏和钙磷比例失调引起的雏鸡佝偻病，在产蛋鸡则引起软骨病或产蛋疲劳症，以上症状都可称为鸡钙和磷缺乏症。

（一）鸡佝偻病

佝偻病是由于钙、磷和维生素 D3 缺乏或不平衡引起的雏鸡营养缺乏症。

1. 病因

（1）佝偻病可因磷缺乏，但大多数是由于维生素 D3 的不足引起的。

（2）即使饲料中的磷和维生素 D3 的含量是足够的，如果强迫喂给过多的钙，也会促使发生磷缺乏而引起佝偻病。

（3）新孵出的雏鸡钙贮备量很低，若得不到足够的钙供应，则很快出现缺钙。

2. 症状

佝偻病常常发生于 6 周龄以下的雏鸡，由于缺乏的营养成分不同，表现不同。病鸡表现腿跛，步态不稳，生长速度变慢，腿部骨骼变软而富于弹性，关节肿大。跗关节尤其明显。病鸡休息时常是蹲坐姿势。病情发展严重时，病鸡可以瘫痪。但磷缺乏时，一般不表现瘫痪症状。

3. 剖检变化

病鸡骨骼软化，似橡皮样，长骨末端增大，骺的生长盘变宽和畸形（维生素 D3 或钙缺乏）或变薄（磷缺乏）。胸骨变形、弯曲与脊柱连接处的肋骨呈明显球状隆起，肋骨增厚、弯曲，致使胸廓两侧变扁。喙变软、橡皮样、易弯曲，甲状旁腺常明显增大。

4. 诊断

（1）根据发病日龄、症状和病理变化可以怀疑本病。喙变软和患珠状肋骨，特别是胫骨变软，易折曲，可以确诊本病。

（2）分析饲料成分，计算饲料中的钙磷和维生素 D3 的含量发现其缺乏或不平衡，证实本病的存在。

（二）笼养蛋鸡产蛋疲劳症

笼养母鸡产蛋疲劳症是笼养母鸡的一种营养代谢疾病。

1. 病因

本病的病因与笼养鸡所处的特定环境有关，目前，尚未取得一致的意见。

（1）日粮中钙、磷比例不当或维生素 C、维生素 D 尤其是维生素 D 的缺乏。由于母鸡高产（产蛋率80%以上），钙的不足或推迟，引起一种暂时的缺钙，为了蛋壳的形成母鸡不能从外界摄取足够的钙，那么，母鸡将利用自身骨骼中的钙，最终发生骨质疏松症。

（2）疾病因素 鸡感染细菌及病毒引起的消化道炎症，如肠毒症、非典型性新城疫、小肠球虫病、腺胃炎等。

（3）鸡饲养在笼内，长期缺乏运动，神经兴奋性降低，软骨变硬，肌肉强力减弱以至运动机能减弱，可能是本病的部分原因。

2. 临床症状

发病初期鸡只外表健康，精神正常，能采食、饮水和产蛋。以后出现产软壳蛋和薄壳蛋，产蛋量明显降低，两腿发软，站立困难，此时如能及时发现，及时采取措施，能很快恢复。否则症状逐渐严重，最后瘫痪，侧卧于笼内。此时病鸡的反应迟钝，最后因不能采食和饮水致极度消瘦衰竭死亡。

3. 剖检变化

瘫痪或死亡的鸡肛门外翻，淤血，骨骼可见腿骨、翼骨和胸骨变形。在胸骨和椎骨结合部位，肋骨向内弯曲。许多鸡卵巢退化、淤血和脱水。

4. 防治措施

（1）佝偻病治疗。

①如果日粮中缺钙，应补充贝壳粉、石粉，缺磷时应补充磷酸氢钙。钙磷比例不平衡要调整。

②如果日粮中已出现维生素 D3 缺乏现象，应给予 3 倍于平时剂量的维生素 D2，2~3 周，然后再恢复到正常剂量。

（2）笼养母鸡产蛋疲劳症防治。提高饲料中钙、磷的供给量，调整磷、钙的比例以及维生素 D 的供给，科学防治原发性疾病，及时发现病鸡，挑出单独饲养，减少损失。

十四、黄曲霉素中毒

主要由黄曲霉和寄生曲霉产生，其基本结构中都含有二呋喃环和双香豆素，根据其细微结构的不同可分为 B_1、B_2、G_1、G_2、M_1、M_2 等多种，B_1、B_2 在紫外光照射下为蓝色，G_1、G_2 为绿色荧光。其中，黄曲霉毒素 B1 毒性最强，且具有强烈致癌性。黄曲霉毒素主要损害肝脏，表现为肝细胞核肿胀、脂肪变性、出血、坏死及胆管上皮、纤维组织增生。同时，肾脏也可受损害，主要表现为肾曲小管上皮细胞变性、坏死，有管型形成。

（一）病因

黄曲霉在自然界中分布很广，特别在玉米、豆饼（粕）、饲料由于堆积时间过长、通风不良、受潮、受热等条件下易生长，并产生真菌的代谢产物真菌毒素。黄曲霉素有 12 种之多，其中，B1 毒性最强，7 日龄以后的雏鸡每只只要吃进 50～60μg 即能引起中毒死亡。

（二）症状

病鸡精神委顿、嗜睡、食欲缺乏、消瘦、贫血、排出血色的稀粪，角弓反张、衰竭，死时脚向后强直。

（三）防治措施

平时加强对饲料的保管工作，一旦发现霉变，立即停喂。目前，尚无解毒剂，可用盐类泻剂清除嗉囊和胃肠道内容物，补给等渗糖水，0.5%碘化钾溶液，用于黄曲霉素中毒治疗。

十五、鸡痛风

为最大限度地提高生产力，人们对肉鸡和蛋鸡进行了过度选育，导致目前商品鸡易患许多疾病，如痛风、尿结石、腹水综合征和猝死症等，这些疾病会使养鸡业遭受巨大损失。

尿结石是指大的结石沉积在输尿管，该病最初发现于青年鸡和笼养蛋鸡，可导致产蛋率下降和死亡率上升。通常，此病会引起内脏表面尿酸盐沉积，即内脏型痛风。有关内脏痛风的最早报道来源于 1 日龄的雏鸡。蛋鸡中发病率高的是一年龄内的青年鸡，易始发于 14 周龄。蛋鸡发病时，死亡率每周可达 1%，而且无法彻底治愈。肉鸡的发病率高于蛋鸡，肉鸡中如果爆发内脏痛风可导致 2%～3% 的死亡率。

氮在鸡体内的代谢终产物是尿酸，占总尿氮的 80%。尿酸通常由肾小管分泌后排泄到尿中。肾小管功能异常会使尿酸中钙和钠盐分泌减少，进一步受损会抑制尿酸的排泄，高尿酸症导致尿酸盐在各种脏器（如心脏、肝脏、肺脏、胃、小肠和腹膜等）表面沉积结晶。

（一）发病原因

痛风病由多种病因引起，在散养条件下此病最常见。一般来说，肾脏病变引起尿结石，进而导致内脏痛风病。

（1）易感品系：某些品系的鸡易患痛风病，可能是由于肾脏中 JM 肾单元所占比例较高，JM 肾单元通过提高肾小管对水的重吸收能力来提高尿浓度，这样虽然有利于保存体内的水，但也容易形成尿结石。品系间痛风病发病率不同的原因还可能有钙代谢水平的差异、对 IBV 的抵抗力不同或体内酸碱平衡的差异。

（2）传染性支气管炎病毒（IBV）：能导致肾脏病变的传染性支气管炎病毒如 Holle，Gray，Italian 和 Australian 等血清型均能引起鸡痛风或尿结石。这些病毒能引发肾炎，如果肾小管损伤严重，就可能导致痛风。在幼年时期因感染 IB 而得痛风病的雏鸡可存活几个月，但最终会死于肾衰竭。

（3）真菌毒素：能导致肾脏病变的真菌毒素如赭曲霉素、卵孢霉素和橘霉素能引发严重的肾损伤和内脏痛风。日粮中卵孢霉素浓度为 200mg/kg 时，即可引起内脏痛风或关节痛风。橘霉素的毒性较小，日粮中浓度达 500mg/kg 时才可见肾病变。真菌毒素使肾小管分泌的尿酸减少，最终导致肾脏和其他内脏器官的尿酸盐沉积。

（4）蛋白质过量：日粮中粗蛋白过量使尿酸产量增加，随着日粮中蛋白质水平从 11% 提高到 40%，血浆中尿酸水平也呈线性增加。摄入的蛋白质过多会导致高钙症，也就是尿中钙水平提高，原因是由于硫酸盐和氢离子（含硫氨基酸的代谢产物）可导致肾小管对钙的重吸收能力降低。健康的肾可以把体内代谢产生的尿酸全部排出，但在饲喂高蛋白日粮的鸡群中，引起肾损伤的几率大大增加。饲喂非蛋白氮如肥料和尿素的鸡群更易得内脏痛风，日粮中粗蛋白水平特别高的鸡群也有患关节痛风的报道。

（5）饲料中长期缺乏维生素 A，雏鸡出现明显的痛风病症；种鸡长期缺乏维生素 A，雏鸡易发生痛风，并在 20 日龄前发生。

（6）矿物质和微量营养物质：生长鸡日粮中钙含量超过 3% 时，即便可利用磷含量（0.4%）在正常范围内，其痛风病的发病率也会提高。日粮中过量的钙在小肠被吸收，在血中浓缩（高血钙症），导致代谢性碱毒症。提高阳离子和阴离子的比例，鸡容易患尿结石。在鸡性成熟前给其饲喂产蛋鸡日粮，会引起高血钙症，最终导致内脏痛风。

长期饲喂缺乏维生素 A 的日粮，会引起肾小管上皮角质化，细胞脱落物和尿酸盐会阻塞肾小管管腔而引起肾脏痛风。另外，日粮中高水平的 VD3 可促进肠道对钙的吸收，进而引起高血钙症和痛风。

如果钠和钾离子的浓度相对于氯离子浓度过高，也容易引发尿结石。在鸡群中，感染 IB 病毒可引起明显的钠和钾离子的损失。日粮中氯化钠过量（>3.8%）即可引起肾脏痛风，原因是肾小球的滤过能力和肾小管的效率下降，血中尿酸浓度增加。日粮中1%的碳酸氢钠即可使尿的 pH 值提高，继而引发尿结石。

（7）药物因素：磺胺类药物使用时间过长、剂量过大、使用磺胺药物未用小苏打造成蓄积中毒、等因素形成的钙磷代谢障碍。

（8）水：脱水会使血浆和肾小管中尿酸和其他矿物质浓度提高。鸡群运输过程中或受到应激（如断喙）以及自动供水系统出现故障而就有可能发生脱水现象。在某些地区，地下水中钙和镁盐含量很高，特别是碳酸氢盐、氯化物和硫酸盐，也就是"硬水区"。鸡饮水硬度最大允许量为 1 500 mg/L。有些地区地下水中还普遍含有可能对肾脏造成损害的氟。

（二）临床症状和病理变化

因感染 IB 病毒而导致肾炎和痛风病的典型症状为食欲缺乏、精神萎靡、脱水和腿病。病理解剖可见显示单侧或双侧输尿管膨大，黏膜增厚，表面有一个或多个结石，肾脏因此而严重萎缩。这种病变可使一叶或两叶，甚至一侧肾脏完全衰竭，从而另一侧肾脏代偿性增生，但有些病例是两侧肾脏。内脏尿酸盐沉积一般发生在心、肺、前胃、胃、小肠、肝、气囊、肌肉、关节以及肾，在这些内脏器官上肉眼明显可见白色粉末状的尿酸钙盐或钠盐的沉积。

（三）治疗和预防

代谢性碱中毒是鸡痛风病重要的诱发因素，因此，日粮中添加一些酸制剂可降低此病的发病率。在未成熟仔鸡日粮中添加高水平的蛋氨酸（0.3%～0.6%）对肾脏有保护作用。日粮中添加一定量的硫酸铵（5.3g/kg）和氯化铵（10g/kg）可降低尿的 pH 值，尿结石可溶解在尿酸中成为尿酸盐而排出体外，减少尿结石的发病率。

日粮中钙、磷和粗蛋白的允许量应该满足需要量但不能超过需要量。建议另外添加少量钾盐，或更少的钠盐。钙应以粗粒而不是粉末的形式添加，因为粉末状钙易使鸡患高血钙症，而大粒钙能缓慢溶解而使血钙浓度保持稳定。在 IB 的多发地区，建议 4 日龄对进行首免，并稍迟给青年鸡饲喂高钙日粮。另外，应充分混合饲料，特别是钙和 VD_3，尿酸剂也可以促进日粮中过量钙的排泄，以维持钙的平衡。同时，保证饲料不会被真菌污染，存放在干燥的地方。对于笼养鸡，要经常检查饮水系统，确保鸡只能喝到水。另外，使用水软化剂可降低水的硬度，从而降低禽痛风病的发病率。

硫胺类药物和离子型抗生素可以作为治疗痛风病的首选药物。另外，嘌呤醇可通过抑制尿酸合成而治愈痛风病，但会进一步加剧对肾脏的损害，所以剂量不得超过 25mg/kg 体重，并要混合均匀。

十六、一氧化碳中毒

（一）病因

煤炭、煤油或木屑炉在供氧不足的状态下进行不完全燃烧，即可产生大量的一氧化碳气体。育雏室烟道不畅、漏气、倒烟或火炉加热通风不良，使一氧化碳积聚在舍内而引起中毒。冬季育雏时多见。

（二）症状

急性中毒的鸡为呆立、呼吸困难、嗜睡、运动失调，病鸡发软不能站立，侧卧并表现角弓反张，最后痉挛和惊厥死亡。

亚急性中毒的病雏羽毛粗乱，无光泽发暗，食欲减退、精神呆滞，生长缓慢，当室内一氧化碳含量达 0.04%～0.05% 时可引起中毒。

（三）防治

检查育雏室中加温取暖设备，防止漏烟、倒烟，保持通风良好，发现中毒则打开门窗，排除一氧化碳，中毒鸡移至空气新鲜舍内，并对症治疗，中毒不深的可很快恢复。

十七、鸡痢菌净中毒

痢菌净属于卡巴氧类化合物，应用时如果不按要求，剂量过大或长期使用则会引起急性和蓄积中毒，将会给养殖户造成极大的经济损失。

（一）发病情况

近年来，临床上痢菌净中毒的病例比较多见，多数是由于使用不当造成，7 日龄前使用，集中使用，用量过大均可造成中毒。

（二）临床表现

（1）全群鸡表现精神沉郁，羽毛松乱，采食和饮水减少或废绝，头部皮肤呈暗紫色，排淡黄、灰白水样稀粪，病鸡被毛潮湿似水洗样。

（2）10 日龄时部分鸡出现瘫痪，两翅下垂，逐渐发展成头颈部后仰，弯曲，角弓反张、抽搐倒地而死。

（3）死亡率多在 5%～15%，但死亡持续的时间较长，可持续到 15～20 天。

（三）剖检病理变化

（1）尸体脱水，肌肉呈暗紫色，腺胃肿胀，乳头暗红出血，肌胃皮质层脱落出血、溃疡。

（2）肝脏肿大，呈暗红色，质脆易碎。肾脏出血，心脏松弛，心内膜及心肌有散在性出血点。

（3）肠道黏膜弥漫性充血，肠腔空虚，小肠前部有黏稠淡灰色稀薄内空物，泄殖腔严重充血。

（4）如果是产蛋鸡中毒，腹腔内有发育不全的卵黄掉入及严重的卵黄性腹膜炎症。

（四）实验室检查

无菌取病死鸡的肝或脾脏病变组织，直接涂片，革兰氏染色镜检无菌。用普通琼脂平板进行细菌培养 24～36 小时，未见菌落生长。

（五）防治方法

（1）立即停止饲喂超量的痢菌净拌料和饮水，将已出现神经症状和瘫痪的病鸡排出予以淘汰。

（2）中毒鸡群使用 5%～8% 葡萄糖和 0.04% 的维生素 C 饮水，连用 3 天。

（3）每 50kg 饲料中加维生素 AD3 粉，含硒维生素 E 粉各 50g拌料，连喂 5～7 天。也可在饮水中加复合维生素制剂，连用 3 天。

（4）引起腹膜炎及并发其他细菌性感染，在拌料中加 0.25% 的大蒜素，连用 4～6 天

十八、鸡磺胺类药物中毒

磺胺类药物是一类抗菌谱较广的药物，可用于防治鸡伤寒、禽霍乱和鸡球虫等多种疾病。但如果用量过大，或连续使用时间过长，就会发生中毒现象。

（一）症状

急性中毒，患鸡表现为兴奋不安、摇头、拒食、腹泻、痉挛、麻痹等症状。慢性中毒常见于超量用药 1 周以上时发生，患鸡表现为精神沉郁，食欲减退或废绝，饮水增加，冠髯苍白或发黄，羽毛蓬乱，头肿大发紫，便秘或下痢，粪便呈酱油色，增重缓慢；产蛋鸡产蛋下降，出现薄壳、软壳蛋，蛋壳粗糙。

（二）剖检变化

以身体的主要器官均有不同程度出血为特征。冠和肉垂苍白，血液稀薄、凝固不良。皮下、冠、眼睑有大小不等的出血斑。胸肌呈弥漫性或涂刷状出血，肌肉苍白或呈透明样淡黄色，大腿肌肉散在有鲜红色出血斑、肌间质水肿。喉头有针尖大小至豆粒大的出血点，气管黏膜出血。肝淤血肿大，呈紫红色或黄褐色，表面可见少

量出血斑点或针头大的坏死灶，坏死灶中央凹陷呈深红色，周围灰色。

胆囊肿大，充满浓稠深绿色胆汁。脾肿大，有出血梗死和灰白色结节或斑点。肾脏肿胀，土黄色，表面可见紫红色出血斑，输尿管变粗，充满白色尿酸盐。腺胃黏膜和肌胃角质层下有出血点，从十二指肠到盲肠都可见点状或斑状出血，盲肠扁桃体肿胀出血，直肠和泄殖腔也可见血斑点。肺淤血，支气管出血。

（三）防治

为预防发生磺胺类药物中毒，应用时须注意其适应症，严格掌握用药剂量及用药时间。一般用药不应超过1周，加入饲料中的药要事先研细，料要搅拌均匀。用药期间应给予充足饮水，补充富含维生素的饲料或多种维生素制剂。对体质软弱和将开产的鸡用量应更慎重。当出现中毒症状时，立即停药，并尽量让其多饮水，重症者可饮用1%~5%碳酸氢钠溶液，同时给予多种复合维生素，若出血严重时，饲料里同时添加维生素K粉剂，每吨料加5g。

第五章　临床常见鸡混合感染型
呼吸道疾病及防治

　　近几年来随着养鸡行业的迅速发展和鸡规模化养殖数量的不断增加，鸡病在临床的就诊比例越来越高，鸡由于生长快，需氧量大，呼出的有害气体多，规模化养殖鸡舍又过于密闭，舍内的氨气、二氧化碳、二氧化硫等严重超标，刺激呼吸道而引发呼吸道黏膜损伤给病原微生物造成可乘之机，极易引起以呼噜、咳嗽、呼吸困难等为特征的呼吸道疾病。根据我们 30 余年的临床经验发现，鸡呼吸道疾病由于其病因多、病原复杂。混合感染或继发感染严重，临床防治比较困难，稍有不慎极易造成防治失败。所以鸡呼吸系统疾病已成为养鸡业的最大杀手。为了有效地防治该病，为养殖户减少经济损失，我们对 30 余年来鸡呼吸道病的临床资料进行整理，按病原、临床症状、解剖病变不同进行分类，近几年我们根据其分类将来自不同区域的病例从病原学方面进行分离研究发现，临床症状和解剖病变稍有不同，其病原就发生较大的变化，这就是临床防治失败主要原因，区域不同病原没有明显的差别，只是耐药性区别。为此我们根据临床症状和解剖病变的差异，并结合病原学研究结果，将鸡呼吸道病构建成不同的临床模型，并按构建的临床模型进行分类防治，并研制了不同的药物组合，现收录如下，供参考。

一、鸡支原体病并发大肠杆菌混合感染气囊炎

　　1. 临床症状

　　病鸡精神委顿，羽毛粗乱，采食量明显减少。拉白色的稀粪，肛门污染，接近鸡群，可听到明显的咳嗽、甩鼻、气喘，部分鸡流

鼻涕，鼻孔周围被分泌物和饲料沾污，张口呼吸。喉头、气管内有透明或浑浊的黏液。个别鸡眼结膜发炎，流泪，眼睑肿胀。特别是有少部分鸡脸发青，部分鸡食欲下降，饮水减少，眼窝下陷，逐渐消瘦死亡。临床发病率较高，死亡率较高。

2. 解剖病变

剖检死鸡和病重鸡，可见鼻腔、眶下窦充血，渗出物增多，气管黏膜增厚，有浑浊的黏液，解剖后发现颈部血管扩张充血。胸腔气囊、腹腔气囊增厚、浑浊、肉变，腹腔内有多量黄白色奶油样渗出物。部分鸡心包膜肥厚、浑浊，心包膜上有纤维性蛋白附着与胸腔粘连；呈白色，同时，可见心包膜与心外膜粘连。肝脏肿大，表面有一层黄白色的纤维蛋白附着，严重病例，肝脏渗出的纤维蛋白与胸腔、心脏、胃肠道粘连在一起。气囊上有黄白色的粟米状物；肠黏膜出血、溃疡，严重的可见到密集的小出血点。内容物糜烂。脸发青的鸡还可见颈部血管充血后明显扩张，肺充血、有炎症性水肿。

3. 病原学诊断

（1）大肠杆菌的分离鉴定：用病鸡的肝、脾涂片，革兰氏染色，镜检有单个中等大小两端钝圆的阴性杆菌。无菌操作，取病鸡肝脏接种于肉汤、普通琼脂和麦康凯琼脂培养基，经37℃培养24小时，肉汤呈均匀混浊，试管底部有灰白色沉淀；普通琼脂培养基上出现灰白色、微隆起的湿润菌落；麦康凯培养基上出现砖红色菌落。

生化试验：该菌能发酵葡萄糖、乳糖、甘露醇，产酸产气，不产生硫化氢，不分解尿素，靛基质阳性，V-P试验阴性，M-R试验阳性。

（2）支原体的分离鉴定：

A. 病料的采取：无菌采取病、死鸡的气管或气囊渗出物、鼻甲骨、鼻窦的渗出物或肺组织等作为病料。

B. 病原体的分离和鉴定：将病料制备成混悬液，加入青霉素、链霉素各1 000～2 000国际单位处理后，直接接种于液体培养基中，PPLO 培养基 5~7 天，若在培养基中加有酚红指示剂，待培养基由红变黄后，然后移植到固体培养基上，在 37℃ 非常潮湿的环境中培养 3~5 天，即可得到典型的支原体菌落。亦可用 7 日龄鸡胚接种分离病原，而后可做鸡红细胞吸附试验进行鉴定。

（A）镜检。取培养物制备涂片，姬姆萨染色，镜检，可见到卵圆形或小球状的病原体，常呈丝状。

（B）全血凝集试验。具体操作如下：于玻板上先滴 2 滴鸡支原体病全血平板凝集试验的染色抗原，再加 1 滴被检鸡的新鲜血液，充分搅拌，混合后轻轻摇动玻板，经 1~2 分钟即可判定结果（操作需在 15~20℃ 进行）。2 分钟以内出现大凝块的判定为 "＋＋" 或 "＋＋＋＋"；凝块小的为 "＋＋"；在血滴边缘呈颗粒状凝集带的为 "－"。反应程度 "＋＋" 以上的判为阳性。试验时应设阳性和阴性血清对照。

（C）血凝抑制试验本法用于检测血清中的抗体效价或诊断本病病原。测定抗体效价的具体操作与新城疫血凝抑制试验方法基本相同。反应使用的抗原是将幼龄的培养物离心，将沉淀细胞用少量磷酸盐缓冲盐水悬浮并与等体积的甘油混合，分装后于 －20℃ 保存。使用时首先测定其对红细胞的凝集价，然后在血凝抑制试验中使用 4 个血凝单位，一般血凝抑制价在 1：80 以上判为阳性。诊断本病病原时可先测其血凝结，然后用已知效价的抗体对其做凝集抑制试验，如果两者相附或相差 1~2 个滴度即可判定该病原体为本支原体。

4. 诊断要点

（1）临床发病率较高，死亡率较高。发病鸡呼吸道症状明显，面部肿胀，眼下部突起明显。

（2）剖检死鸡和病重鸡，心包炎、肝周炎明显，肝脏渗出的纤维蛋白与胸腔、心脏、胃肠道粘连在一起，肠黏膜出血、溃疡，严重的可见到密集的小出血点，内容物糜烂等是区别于单纯性支原体病特征。

（3）病原学诊断能分离到大肠杆菌，鸡支原体全血凝集试验、血凝集抑制试验阳性。

5. 临床防治

首先要加强鸡舍内的通风换气，以排出积聚在棚内的氨气、硫化氢等有害气体，在通风前要适当提高温度，以免鸡群感受风寒。发病期间坚持用百毒杀、二氯制剂带鸡消毒，每天 1 次，连用 7 天。淘汰病重鸡。用主要成分含有硫酸黏杆菌素、左旋氧氟沙星、头孢噻肤钠、磷霉素钙等治疗大肠杆菌的药物配合治疗＋抗支原体的药物同时或分别饮水均有明显效果。我们根据其发病特征研制了肠呼宁、混感特治药物，临床治疗一般饮水用药 3 天后鸡群就能见到明显好转，采食量回升，呼吸道症状基本消失。5～6 天鸡群可恢复正常。

二、鸡新城疫与气囊炎混合感染

1. 临床症状

患新城疫与气囊炎的鸡群，病鸡精神委顿，不愿走动，远离鸡群，采食量下降，羽毛散乱、无光泽，翅膀下垂，鸡冠发紫，肚皮发红，咳嗽、气喘、呼吸困难，有时张口呼吸、下痢，病鸡粪便呈堆型一元硬币大小。粪便内黄色稀便加带草绿色的像乳猪料样的疙瘩粪，或加带草绿的黏液糊状物。非典型性新城疫虽然不呈现典型的粪便变化，但解剖变化是同典型的类似的。个别鸡出现头颈歪斜、倾视、腿麻痹、转圈、站立不稳等症状。病鸡冠发紫、喉头胶冻样黏液。倒提病鸡从嗉囊内可流出大量酸臭液体。

2. 解剖病变

表现为，内脏浆膜和黏膜出血，心冠脂肪和腹部脂肪有出血点。口咽部蓄积黏液，嗉囊内充满酸臭、混浊液体。腺胃乳头稍肿或出血，肠道淋巴滤泡肿胀、出血等，盲肠扁桃体肿大出血，从盲肠扁桃体往盲肠末端4cm 内，有枣核样的突起，肠道突起的数量1～3 个不等，十二指肠 U 状弯曲后中部有岛屿状突起，并且突起的大小和出血的程度取决于病情严重程度和鸡的大小，强毒株会在突起上形成一层绿色或黄绿色的伪膜性渗出物。非典型新城疫只是像一个黄豆大小，很少出血，有的只是轻细无几个出血点。直肠黏膜呈条纹状出血；心包炎，心包内积有淡黄色含纤维素性液体，心包膜混浊增厚；脾脏有针尖样灰白色坏死点，肝大、边缘钝圆，中间有小的白色结节，整个肝脏被一层纤维素性薄膜包裹；肾肿大多有充血和淤血、有少量的尿酸盐沉积。

3. 病原学诊断

（1）涂片镜检：取病鸡肝、脾组织涂片，革兰氏染色、镜检，可见到大量两端钝圆、革兰氏阴性的短小杆菌。

（2）细菌培养：以无菌操作取病鸡的肝、脾组织接种于麦康凯琼脂平板上，经37℃24 小时培养后长出半透明的红色菌落，挑取菌落做涂片。染色后镜检，可见到革兰氏阴性两端钝圆的小杆菌。必要时可做药敏试验。

（3）生化试验：菌株分解葡萄糖、乳糖、麦芽糖、蔗糖，产酸产气。

（4）支原体的鉴定：取支原体抗原2 滴于载玻片上，然后用针刺破病鸡翅膀下静脉，吸一滴鲜血滴入抗原中，轻轻搅拌后，轻轻左右摇动载玻片，2 分钟出现蓝紫色的凝块。

（5）血凝抑制试验：随机抽取鸡心血30 份，分离血清，用4 单位抗原测定 HI 效价。若发病鸡群 HI 效价参差不齐低于4log2 的占 10% 以上，且高于10log2 的占 10% 以上即可初步诊断为新城疫感染。

（6）病毒分离培养：取发病初期的鸡肝、脾组织研磨成乳剂作5 倍稀释，静置后取上清液，加入青霉素、链霉素，置37℃作用30 分钟，取 0.2 ml 接种于 10 日龄鸡胚尿囊腔内，接种后3 ~ 6 天鸡胚死亡。

（7）血凝试验和血凝抑制试验：收获的鸡胚尿囊液进行 HA 试验和血凝抑制试验，能凝集鸡红细胞，也能被标准的 ND 血清所抑制为新城疫。

4. 诊断要点

（1）有明显的呼吸道症状，喉头胶冻样黏液。倒提病鸡从嗉囊内可流出大量酸臭液体，粪便呈草绿色，头颈歪斜、倾视、腿麻痹、转圈、站立不稳等神经症状。

（2）内脏浆膜和黏膜出血，心冠脂肪和腹部脂肪有出血点。腺胃乳头稍肿或出血，肠道淋巴滤泡肿胀、出血等。

（3）细菌分离培养能分离到大肠杆菌；发病鸡群血清抗体参差不齐，支原体血凝试验阳性、病毒分离 HA、HI 均为阳性

5. 临床防治

（1）加强鸡舍通风换气，保持适宜的温度和湿度，尽量减小昼夜温差，减少饲养密度及应激因素。

（2）做好鸡舍环境消毒工作，鸡舍用 10% 的菌毒清（稀戊二醛）按 1∶200 倍稀释，带鸡消毒，每天 1 次；料槽、水槽用季铵盐类、氯制剂消毒。

（3）紧急接种新城疫疫苗：若大群鸡采食正常，可用新城疫 C30 苗 3~5 倍量紧急接种。对强毒型新城疫感染造成大群鸡采食量下降，严禁用新城疫疫苗紧急接种，否则将造成更大的损失。

（4）药物治疗：用干扰素、核酸制剂、中药饮水剂饮水或肌肉注射。用清瘟败毒散、荆防败毒散拌料每天用 1%~2% 中药量、饮水中加入治疗大肠杆菌和治疗呼吸道病的药物效果很好。我们临床用新城壹百＋治疗大肠杆菌＋治疗呼吸道病的药物＋免疫增强剂取得理想效果。

三、鸡新城疫和传染性支气管炎（腺胃型、肾型）混合感染

1. 临床症状

病鸡精神沉郁，羽毛松散，采食量减少，排白色水样稀便加带草绿色便，群体饮水量增加，部分病鸡呼吸困难，张口伸颈，有的病鸡咳嗽、打喷嚏，呼吸时气管有啰音，采用抗菌药物治疗措施，无任何效果，仍继续发病死亡。

2. 病理变化

病死鸡腺胃乳头有明显的出血点。小肠黏膜轻度充血、出血，盲肠扁桃体肿胀、出血，肠淋巴集结肿大、出血，直肠黏膜条纹状

出血。腺胃型：腺胃肿大呈球状，腺胃黏膜出血溃疡。脾脏均肿大
2～3倍。肾型：双肾肿大、苍白，肾小管和输尿管扩张，内充满
白色尿酸盐。整个肾脏外表有许多花纹，呈槟榔样花斑，即所谓
"花斑肾"。输尿管变粗，切开有白色尿酸盐结晶。泄殖腔内积白
色石灰样物，法氏囊不肿大，但有轻微出血，黏液增多。个别鸡肝
表面有一层白色包膜。

3. 实验室诊断

（1）取肝、脾、心组织直接涂片，经革兰氏和瑞氏染色镜检，
未见细菌。

（2）将肝、脾、心组织接种于琼脂培养基上，37℃培养24小
时，应无菌落生成。

（3）取病鸡法氏囊分别制成检测抗原，与传染性法氏囊标准
血清作琼扩试验，结果均呈阴性反应。

（4）取病死鸡的喉气管、肾、脑、脾混合磨碎，用灭菌生理
盐水制成1：5乳剂，加入青链霉素，经4℃作用6小时，3 000转/
分钟，离心10分钟，上清液经无菌检验后，接种于10日龄鸡胚尿
囊腔，0.3ml/胚，48小时收取尿囊液，在鸡胚中传3代，第一代
48小时发现死亡，第二代起接种胚出现水肿、矮化、侏儒等症。
HA试验阳性，滴度5log2，用新城疫抗血清作HI试验，能被其抑
制，即ND、HI阳性。琼扩试验结果，传染性支气管炎在标准抗体
和鸡胚液两孔间出现模糊的沉淀线。

4. 诊断要点

（1）病鸡呼吸困难，张口伸颈，有的病鸡咳嗽、打喷嚏，呼
吸时气管有啰音排白色水样稀便加带草绿色便，群体饮水量增加，
采用抗菌药物治疗无效。

（2）病死鸡腺胃乳头有明显的出血点，盲肠扁桃体肿胀、出
血，肠淋巴集结肿大、出血，直肠黏膜条纹状出血。腺胃型：腺胃
肿大呈球状，腺胃黏膜出血溃疡。脾脏均肿大2～3倍。肾型：双
肾肿大、苍白，肾小管和输尿管扩张，内充满白色尿酸盐。整个肾
脏外表有许多花纹，呈槟榔样花斑，即所谓"花斑肾"。

（3）细菌分离阴性，鸡胚接种，第二代起接种胚出现水肿、矮化、侏儒等，新城疫 HA 试验阳性，滴度 5log2，做 HI 试验，能被其抑制，即 ND、HI 阳性。琼扩试验结果，传染性支气管炎在标准抗体和鸡胚液两孔间出现模糊的沉淀线。

5. 防治措施

（1）加强饲养管理。

（2）对鸡群及养鸡环境用消毒灵（二氯异氰尿酸）进行消毒。

（3）治疗：A. 新城壹百＋肾型用干扰素＋中药通肾药饮水（治疗肾型传染性支气管炎）；B. 禽毒克＋腺胃型用干扰素＋粘康素饮水（治疗腺胃型传染性支气管炎）；C. 饲料内增加多种维生素，提高机体的抗病力；D. 饲料内加入清热解毒、消炎散结、平喘止咳、利尿消肿的中草药。方剂：板蓝根、车前草、黄芩、金银花、陈皮、甘草各等份，共研细末，混匀拌料，按 1% 添加，连续用药 3 天。采用以上综合性的防治措施，3 天就能基本上控制病情，5 天后病鸡基本痊愈，可取得了满意的治疗效果。

四、鸡新城疫与传染性鼻炎混合感染

1. 临床症状

病鸡精神不振，缩头、呆立、羽毛松乱，食欲明显降低，排绿色稀便，有的表现为甩头、咳嗽、打喷嚏、呼噜、呼吸困难。嗉囊内充满气体和液体，倒提病鸡时，从口中流出液体。初期鼻孔流出水样分泌物，继而转为黏液性分泌物；眼结膜发炎，眼睑肿胀，有的流泪，一侧或两侧颜面肿胀。

2. 病理变化

病死鸡腺胃乳头有明显的出血点，小肠黏膜轻度充血、出血，盲肠扁桃体肿胀、出血，直肠出血，肠道淋巴集结肿胀、出血等；鼻腔、眶下窦和气管黏膜为急性卡他性炎症，黏膜充血、肿胀，表面覆有黏液性分泌物；鼻腔和眶下窦充满水样乃至灰白色黏稠性液体，黏膜发红，呈水肿样水肿；部分鸡可见下颌肉髯皮下水肿，窦内积有渗出物凝块，后成为干酪样坏死物；眼结膜充血、肿胀，眼内可挤出黄色干酪样物。

3. 实验室检验

（1）涂片镜检：以无菌操作取病死鸡鼻腔深部黏液涂片，革兰氏染色，在油镜下观察，发现有革兰氏阴性短杆菌或球杆菌，两极着色，且呈多形性存在，偶尔呈纤丝状。

（2）细菌分离培养：A. 以无菌操作取病鸡鼻腔、眶下窦分泌物直接接种于巧克力琼脂平皿培养基上，经 37℃、5% 二氧化碳环境中培养 48 小时，形成光滑、突起、淡灰、半透明的菌落，有的菌落周围带有彩虹。挑取单个菌落，涂片镜检，发现仍为革兰氏阴性、两极着色的短杆菌或球杆菌，呈多形性存在，有的呈丝状。B. 挑取巧克力琼脂培养基上面的单个菌落接种于血平皿培养基上，再将金黄色葡萄球菌间隔一定距离点种其上 3 处，于 37℃、5% 二氧化碳条件下培养 24 小时，发现葡萄球菌菌落近处的被检菌菌落较大，而其他部位有小菌落，甚至不长菌，呈明显卫星现象。

（3）生化特性：该菌可分解葡萄糖、果糖、蔗糖、甘露醇，产酸；能还原硝酸盐，不液化明胶，吲哚试验、尿素酶试验均为阴性。

（4）病毒分离与血清学检查：A. 病毒分离：取病死鸡的气管、脑、脾混合磨碎，用灭菌生理盐水制成 1∶5 乳剂，加入青霉素、链霉素，经 4℃作用 6 小时，3 000 转/分钟离心 10 分钟。上清液经灭菌检验后，接种于 10 日龄鸡胚尿囊腔内，0.3ml/胚。经 37℃恒温孵育，鸡胚在 48 小时左右死亡，死胚生长发育受阻，全身充血、出血。B. 血凝试验（HA）和血凝抑制试验（H1）：取鸡胚尿囊液作红细胞凝集试验，结果为阳性，再用新城疫标准血清作血凝抑制试验，结果出现血凝抑制。C. 琼扩试验：禽流感、传染性支气管炎、传染性喉气管炎均为阴性。

4. 临床诊断

根据临床症状、病理变化和实验室检验，可诊断为新城疫并发传染性鼻炎。

5. 临床防治

（1）预防：加强饲养管理，在鸡舍内安装保暖设备，尽量减小昼夜温差，使鸡群处在一个温暖舒适的环境中；对鸡舍内外环境用二氯异氰尿酸消毒剂进行彻底消毒，每天 1 次，连用 7 天。

（2）治疗：A. 全群鸡用干扰素 + 罗红霉素饮水。B. 用磺胺六甲基嘧啶 + TMP 或用复方新诺明拌料，用新城壹百饮水，连用 3 天。C. 重症肌注链霉素 10 万 ~ 20 万国际单位/只，每天 1 次，连用 2 ~ 3 天。强力霉素、庆大霉素、恩诺沙星等也可选。另用 2% 硼酸水冲洗眼眶，滴入青霉素油剂 1 ~ 2 滴，每天 2 次，连续 3 ~ 4 天。D. 饲料内增加多种维生素，提高机体的抗病力。E. 配合一些清热解毒、清肺通窍、疏风消肿、止咳消炎的中草药治疗效果更加理想，方剂：金银花 100g，连翘 100g，桔梗 100g，辛夷 100g，知母 80g，黄柏 80g，细辛 80g，共研细末，混匀，按 1.5% 添加到饲料内，连用 3 ~ 5 天。通过采取以上综合性的防治措施，3 天后，疫情就能基本上得到控制，5 天后病鸡基本痊愈。

五、鸡低致病性禽流感（H9 亚型）与气囊炎菌混合感染

1. 临床症状

临床表现为：鸡群精神沉郁，羽毛蓬松，体温上升，采食量下降，饮欲稍增，肛门周围及腹下羽毛被粪便污染，排出淡黄色、黄绿色胶冻样粪便；出现咳嗽、流涕、流泪等呼吸道症状，头脸肿胀，眼结膜出血；死亡率上升，每天的死亡率均在 5% 以上，高于正常值。

2. 解剖病变

部分患鸡气管红布样出血，气管交叉处有"梭形"米粒样堵塞物。下部胸腺首先出现充血、出血点。心肝周围包含大量干酪样纤维素性物质、胸气囊混浊、增厚、有黄色或黄白色块状干酪样物附着，腹膜炎；肾脏肿大、出血、有的花斑；脾脏肿胀发紫，表面出现出血或点状坏死；胰脏边缘出血，背面胰腺边缘最明显、萎缩

呈 S 型；从十二指肠到直肠出现斑点状出血称为"病毒斑"，严重时肠道黏膜充血、出血呈深红色；肺脏呈褐红色，大部分病死鸡肺脏出血、水肿明显，挤压可见有血样液体流出。腺胃和肌胃外面浆膜条状弥漫性点状出血。头部肿胀者见皮下有白色或淡黄色胶冻样物浸润。

3. 病原学诊断

（1）大肠杆菌、支原体分离鉴定同上。

（2）病毒分离培养：取发病初期的鸡肺脏、病变腺胃、脾组织研磨成乳剂作 1∶5 稀释，加入氨苄西林、阿米卡星，置 37℃ 作用 30 分钟，每分 4 000 转离心后取上清液，取 0.2 ml 接种于 9~10 日龄鸡胚尿囊腔内，接种后取 24~72 小时鸡胚死亡。

（3）血凝试验和血凝抑制试验：收获的鸡胚尿囊液进行 HA 试验和血凝抑制试验，能凝集鸡红细胞，也能被标准的 H9 血清所抑制为 H9 亚型禽流感。

4. 诊断要点

（1）下部胸腺出现充血、出血点。心肝周围包含大量干酪样纤维素性物质，胸气囊混浊、增厚、有黄色或黄白色块状干酪样物附着，胰脏边缘出血，背面胰腺边缘最明显、萎缩呈 S 型，肺脏呈褐红色，大部分病死鸡肺脏出血、水肿明显，挤压可见有血样液体流出。腺胃和肌胃外面浆膜条状弥漫性点状出血。头部肿胀者见皮下有白色或淡黄色胶冻样物浸润。

（2）细菌分离培养能分离到大肠杆菌。

（3）病毒分离培养的鸡胚尿囊液进行 HA 试验和血凝抑制试验，能凝集鸡红细胞，也能被标准的 H9 血清所抑制为 H9 型禽流感。

5. 临床防治

（1）10~15 日龄商品肉鸡要进行 H9 亚型禽流感灭活疫苗免疫，35 日龄进行强化免疫。

（2）对患病鸡群采用肠呼宁+虎黄合剂，提高机体免疫力的中西药饮水，同时，饮水中加入大肠杆菌敏感药物和解热镇痛药，连用 3～5 天，晚上用通肾药物调节肾脏功能。

（3）笔者应用金刚烷胺＋氨基比林＋阿米卡星＋维生素 C 效果理想。

（4）中药治疗：桂枝散、麻黄汤、荆黄败毒散、严重时用四逆汤。

六、低致病性流感（H9 亚型）、新城疫和气囊炎菌混合感染

1. 临床症状

患病鸡群采食量突然下降，病鸡羽毛松乱，精神萎靡，排黄白色稀粪，呼吸困难，咳嗽，缩颈闭目或闭目张口伸颈呼吸，该病传播快，药物治疗收效甚微，发病率高，死亡率高。

2. 剖检变化

剖检病死鸡，可见全身的黏膜广泛性出血。喉头、气管有环状出血，气管内有黄色干酪样物质，气囊内散布黄色干酪样物质；心包炎、肝周炎。肺脏出血水肿，胸腺肿胀出血；心脏冠状脂肪有出血点，心外膜炎明显，外观可见浆膜呈现黄色；肝肿胀、质脆；腺胃与肌胃交接处黏膜及腺胃乳头出血和溃疡，消化道肠黏膜充血、出血，呈广泛性出血性肠炎，泄殖腔出血，盲肠扁桃体、肠道集合淋巴结肿胀出血；肾脏肿大出血、曲回明显。

3. 血清学检测

采集发病鸡群 30 份血液并分离血清，用新城疫、禽流感 H9 亚型阳性抗原做血凝抑制试验，检测发病鸡群中血清抗体情况。ND 抗体水平应该离散度较大，对未进行禽流感 H9 亚型疫苗免疫的病鸡群能检测 H9 平均抗体水平较高，且离散度较大的结果，可能已被新城疫、禽流感 H9 亚型感染。

4. 细菌分离与鉴定

无菌采取病死鸡的肝脏、脾脏等病料，画线接种于普通琼脂平板和麦康凯平板，37℃ 培养 24 小时，挑取典型菌落，进行涂片、染色镜检，同时做肉汤纯培养。在普通琼脂平 板上，有表面光滑、边缘整齐、直径为 1～3mm、透明或半透明的微隆起的菌落。在麦

康凯琼脂平板上，有呈中央凹陷的粉红色菌落。挑选部分菌落进行革兰氏染色、镜检，为 G-性杆菌，经生化鉴定为大肠杆菌。

5. 病毒分离与鉴定

无菌采取病死鸡气管、肺脏、肝脏、脾脏、肾脏等组织，剪碎后按 1：5（W/ V）比例加入灭菌 PBS 液，研磨后制成乳悬液，反复冻融 3 次后，以 5 000转/分钟离心 10 分钟，取上清加入青霉素、链霉素双抗（终浓度为 5 000单位青霉素 + 5 000μg 链霉素/ml）37℃水浴作用 1.5 小时。然后经尿囊腔接种 5 枚 10 日龄 SPF 鸡胚，每胚 0.2ml，收集鸡胚尿囊液进行 HA 试验能凝集鸡红细胞的，进行鸡红细胞凝集试验，按常规微量法，用新城疫、禽流感 H9 亚型阳性血清做血凝抑制试验，并以相应的阳性抗原作对照试验。新城疫、禽流感 H9 亚型应均为阳性。

6. 诊断要点

根据以上临床症状，病理变化，病原学鉴定可确诊为低致病性流感（H9 亚型）、新城疫和大肠杆菌混合感染

7. 防治措施

（1）建立良好的生物安全体系，严格执行生物安全措施，加强饲养管理，防止"多重应激"（免疫接种、换料、转群、天气变化等赶在一起引起多重应激）特别是"温度应激"（忽冷忽热）。

（2）严格认真地做好禽流感、新城疫疫苗的免疫，特别是在禽流感的高发季节（冬春、秋冬交替季节）要加强流感疫苗的免疫接种。10～15 日龄商品肉鸡要进行新城疫、H9 亚型禽流感二联灭活疫苗免疫，35 日龄进行强化免疫，可有效地防治鸡群野毒的入侵，减少经济损失。

（3）对患病鸡群采用干扰素饮水，用抗病毒，提高机体免疫力的中西药，例如，新城壹百、虎黄合剂、排疫肽同时饮水中加入大肠杆菌敏感药物金康泰、高效杆菌必治、高效气囊必治等，连用3～5 天，晚上用通肾药物调节肾脏功能，适当添加多维及电解质以增强体质，同时加强鸡场的生物安全措施，疫情能得到一定的控制。

七、传染性支气管炎（包括腺胃型、肾型）并发气囊炎感染

1. 临床症状

病鸡气管湿啰音、咳嗽和打喷嚏、甩鼻子，夜间寂静时较明显。病鸡眼湿润，无鼻液；采食量明显下降。前期饮水量明显增加，腹泻排出白色稀粪、清水便。精神委顿、羽毛蓬乱。发病鸡生长缓慢。

2. 剖检病变

病鸡消瘦，肛门周围有白色或黄白色粪便污染。气管呈现明显出血，内有较多黏液，肺出血或淤血，有的喉头、鼻腔有淡黄色黏液，气囊混浊。肝周炎，腹膜炎，有的呈纤维素性心包炎，心肌水肿，个别心包积液，心尖有出血点。小肠黏膜充血、出血。盲肠扁桃体肿大、出血。

（1）腺胃型：腺胃肿大呈球状，腺胃黏膜出血溃疡。脾脏均肿大 2~3 倍。

（2）肾型：肾肿呈灰白色斑驳的花肾，肾小管和输尿管扩张，内充满白色尿酸盐。

3. 病原学检验

（1）无菌取心血、肝、脾等病料抹片，经革兰氏染色镜检，见两端钝圆的革兰氏阴性小杆菌，多数单个散在，也有成对连接。

（2）取病死鸡的肝、脾、心血、气囊上的干酪样物等病料分别接种于普通琼脂培养基、麦康凯培养基，经 37℃ 24 小时培养。普通琼脂培养基：透明圆形边缘整齐的菌落，钩取菌落涂片，用革兰氏染色镜检，均为两端钝圆的阴性小杆菌。麦康凯培养基：红色菌落，挑取该菌落纯化后作生化鉴定，结果与大肠杆菌生化特性一致，确定为大肠杆菌。

（3）病毒分离：无菌取气管研磨制成 1:5 悬液加双抗后接种 10 日龄 SPF 鸡胚，0.2ml/胚，置 37℃ 孵化。弃 24 小时前死亡胚，36 小时收胚，再取收获的尿囊液盲传 1 代后测血凝结。血凝结测定方法：取尿囊液与等量的 1% 胰酶混匀置 37℃ 作用 3 小时后用微

量法测病毒的血凝结（HA），同时，对不经胰酶处理的尿囊液测其血凝结。结果，不经胰酶处理其血凝结为 0，经胰酶处理的其血凝结为 1：16 以上，由此判定该分离病毒为传染性支气管炎病毒。

（4）取 9 日龄鸡胚 20 枚，10 枚于尿囊腔接种第 5 代胚液分离物，每胚接种 0.1ml；孵育 6 小时后再接种 B_1 系新城疫病毒，每胚接种 0.1ml，10 枚对照胚仅接种 B_1 系新城疫病毒。均置 37℃ 孵化 48 小时，经冷处理后逐个收获鸡胚尿囊液，并分别测定其血凝效结。结果试验组 80% 的鸡胚尿囊液血凝结在 1：20 以下，而对照组全部鸡胚尿囊液血凝结均在 1：40 以上。这种干扰是特异的。根据病毒干扰试验的结果，证明病料分离物中有传染性肾型支气管炎病毒的存在。

4. 诊断要点

根据以上临床症状，病理变化，病原学鉴定可确诊该鸡群为传染性支气管炎合并大肠杆菌感染。

5. 防治措施

加强传染性支气管炎免疫，特别是对腺胃型、肾型传支的免疫非常重要，我们临床上使用中药桔梗、大青叶、苏子、大黄、连翘等配合治疗大肠杆菌的药预防效果理想。腺胃型传支的用腺胃康＋大肠杆菌药＋治疗呼吸道药；肾型传支的用新肾康（石家庄光华兽药公司生产）＋大肠杆菌药＋治疗呼吸道药效果很好。

八、喉气管炎与气囊炎混合感染

1. 主要症状

这是近几年新发生的肉鸡呼吸道病，该病主要发生于 20 日龄以后的肉鸡群，以强直性呼吸道症状为主，发病后传播速度快，2～3 天后可波及全群，并出现采食量下降，不断出现打蔫、伸颈张口呼吸的鸡只，且死亡率随着病程的延长不断增加，1 000 只鸡每日平均死亡 10～30 只，中后期易继发支原体和大肠杆菌等疾病，从而加重病情，增加临床治疗难度。

2. 主要病理变化

从剖检来看，发病初期症状并不明显，中后期该病剖检病变主要表现在喉头和气管上，喉头、气管严重的充血、出血，像红布一样，用剪刀能刮出血液样的黏液，个别病鸡喉头可见有伪膜，部分鸡支气管处会出现血样的堵塞物。

3. 诊断要点

喉头、气管严重的充血、出血，像红布一样，严重病鸡喉头可见有伪膜。病死鸡支气管处会出现血样的堵塞物。

4. 临床防治

加强传染性喉气管炎免疫，用传染性喉气管炎活疫苗擦肛免疫，强化环境消毒，特别是鸡舍内空气消毒尤为重要。发病前期用喉炎净（主要成分：桔梗、大青叶、苏子、连翘、冰片等）拌料、泰乐菌素或替米考星饮水。发病中后期与气囊炎或大肠杆菌病混合感染时，用喉炎净拌料，用治疗大肠杆菌药＋替米考星饮水有一定效果。

第六章　鸡场环境控制及病死鸡和其他废弃物处理

第一节　鸡场环境控制

一、场区大环境的管理

1. 建筑布置

现代中小型规模肉鸡养殖场成功的保障在于环境控制和先进设备的自动化，如供暖系统、通风降温系统、加湿系统、供料系统、供水系统、供电系统、网上养殖等；附属设施如卫生间、淋浴间、宿舍、餐厅、仓库、办公室、兽医室、化验室、车库、污水处理池、粪便发酵处理池、病死鸡焚烧炉等，都要严格按照区位划分要求进行合理布局。

（1）区位划分。建筑设施按生活与管理区、生产区和粪污处理区3个功能区布置，各功能区界限分明，联系方便。生活区与管理区选择在常年主导风向或侧风方向及地势较高处，粪污处理区建在常年主导风向的下风向或侧风方向及地势较低处。区间保持距离或隔离墙。

生活与管理区包括工作人员的生活设施、办公设施、与外界接触密切的辅助生产设施（饲料库、车库等）；生产区内主要包括鸡舍内及有关生产辅助设施；粪污处理区包括病死鸡焚烧处理、贮粪场和污水池。

生活区设有入场大门，生产区设有生产通道。场区大门口要设有警卫室和消毒池，并配备消毒器具和醒目的警示牌；消毒室内设有紫外线灯、消毒喷雾器和橡胶靴子，消毒池要有合适的深度并且长期盛有消毒水；警示牌要长期悬挂在入场大门上或大门两旁醒目的位置上，一切入场车辆、物品、人员须经允许并严格消毒后方可进入。生产区和生活区要有隔墙或建筑物严格分开，生产区和生活区之间必须设置更衣室、消毒间和消毒池、供人员出入，出入生产区和生活区之间必须穿越消毒间和踩踏消毒池；生产通道供饲料运输车辆通行，设有消毒池，进入车辆必须严格消毒，禁止人员通行。

（2）道路设置。场区间联系的主要干道为5~6m宽的中级路面，拐弯半径不小于8m。小区内与鸡舍或设施连接的支线道路，宽度以运输方便为宜。场内道路分净道和污道，两者严格分开，不得存在交叉现象，生产和排污各行其道、各走其门，不得混用。污道要设有露肩并且做好硬化处理，便于消毒和冲洗。

（3）围墙考虑到投资比较大而且没有什么实际意义，参照国外的做法，现代化肉鸡养殖场建议不设围墙，考虑采用深水沟、铁栏、铁丝网等代替围墙。当然受当地民风的制约，有些地方兴建现代化养殖场时，设置安全的围墙也是必要的。

2. 配套设施

（1）给水排水。场区内应用地下暗管排放产生的污水，设明沟排放雨、雪水。污水通道即下水道，要根据地势设有合理的坡度，保证污水排泄畅通，保证污水不流到下水道和污道以外的地方，防止形成无法消毒或消毒不彻底地方而形成永久性污染源。

管理区给水、排水按工业民用建筑有关规定执行。

（2）供电。电力负荷等级为民用建筑供电等级三级。自备电源的供电容量不低于全场用电负荷的四分之一。

（3）场区绿化。鸡场应对场区空旷地带进行绿化，绿化覆盖率不低于30%。场内空闲地如生活区、鸡舍间、生产路两旁可栽植低矮树木，改善局部小气候，成为天然的氧吧，可栽植冬青、小松柏、月季花等，并修剪整齐。鸡舍两头，有条件的时候在鸡舍近端（净道）设置10m左右的防护林带，特别在夏季既利于空气净化又利于空气降温；在鸡舍远端（污道）有必要预留 15m 左右的防护林带，否则纵向通风抽出的污浊的空气和粉尘会影啊到农民的庄稼、蔬菜和果树等，从而引起不必要的纷争。

生活区的绿化主要是花树、花草、草莓、葡萄等。鸡场内在生活区周围会有面积比较大的空闲地，可以开垦种植一些时令的蔬菜和瓜果，自给自足既改善了员工生活、又减少了鸡场与外界接触和污染的机会。

（4）场区环境保护。新建鸡场必须进行环境评估，确保鸡场不污染周围环境，周围环境也不污染鸡场环境。

采用污染物减量化、无害化、资源化处理的生产工艺和设备。鸡场锅炉应选用高效低阻、节能、消烟、除尘的配套设备。污水处理能力以建场规模计算和设计，污水经处理后的排放标准应符合 GB/T 18596 的要求。污水沉淀池要设在远离生产区、背风、隐蔽的地方、防止对场区内造成不必要的污染。

病死鸡、粪污应在粪污无害化处理区集中处理。

（5）场内消防。应采取经济合理、安全可靠的消防措施，消防道路可利用场内道路，紧急情况时应能与场外公路相通。采用生产、生活和消防合一的给水措施。

二、鸡舍小环境的控制

1. 鸡舍外部小环境的控制

（1）保持鸡舍外周围环境清洁。保证鸡舍外周围环境无垃圾、杂物、杂草，无残留羽毛、粪便，病死鸡只等。

（2）废物不乱丢弃。接种疫苗后的疫苗瓶不能随意乱扔乱放，剩余的疫苗液不能随意倾泻在舍内；每次接种疫苗后，要把全部的瓶子包括瓶内的疫苗液集中用消毒水浸泡 0.5 小时，然后在远离鸡场的地方进行深埋处理，在深埋过程中注意用生石灰粉覆盖。使用药物后剩下的空药袋、空药瓶，可视作生活垃圾进行集中处理，但要注意检查是否尚有剩余的药物残留其中，特别是容易引起中毒的药物，切勿被个别鸡只啄食而引起中毒。

（3）保证道路清洁。雏鸡、饲料与粪便运输的通道要分开，每天消毒一次，鸡舍的四周 5m 内每周要用 3% 火碱 + 0.1% 季铵盐消毒剂喷洒消毒。防止交叉感染。

鸡舍附近要挖积粪池，大小为每两千只鸡 $7m^3$，位置应选在距鸡舍 30m 以外的下风向。每天将所清除的粪便放入池内，池上用塑料布盖好便于发酵以防粪便敞露。

对鸡舍较多，相对集中，且规模较大的地方，要防止农户散养畜禽接近鸡舍和人员窜动，搞好舍户隔离，防止交叉感染。

2. 鸡舍内部小环境的控制

（1）调节空气环境。商品肉鸡的饲养密度较大，每天产生大量的废气（二氧化碳）和有害气体（主要是氨气、硫化氢、甲烷等）。加强鸡舍通风，降低鸡舍异味和有害气体浓度，改善肉鸡生长环境。冬季进行通风换气时，要避免贼风，可根据不同的地理位置、不同的鸡舍结构、不同的鸡龄、不同的体重，采用由上至下的方式，选择不同通风量。

（2）重视防疫消毒。经常性的消毒能直接杀死病原体，减少其在饲养环境中的数量及感染机会，降低鸡群发病率。在鸡群发病后，更要重视消毒用药，治疗只能杀灭鸡体内的病原体，但对鸡体外即饲养环境中的就必须靠消毒来杀灭，使其数量控制在能引起鸡发病的范围以下。

（3）改善鸡舍设施。鸡适宜的生长温度范围为 15.5～24.5℃；相对湿度，除育雏前期要求较高外，其余时期以保持 55%～60% 为好，天气变暖，宜开窗通风，把过多的热量排出；炎夏做好防暑降温，悬挂湿帘，安装电风扇、空调、使鸡舍保持一定的温度、湿度；鸡舍顶部设置天棚，防太阳辐射热，鸡舍周围种植牧草、花草，以减少地面辐射热；冬季注意防寒，恶劣天气严防舍内忽冷忽热。

（4）控制饲养密度。鸡群密度过大，垫料易潮湿，排泄物增多，在舍内温度较暖的环境中，垫料、排泄物容易发酵、变质，产生氨气、硫化氢等有害气体，并导致大量病源微生物繁衍，对鸡危害较大。因此，要根据鸡的品种、不同生长阶段、不同季节，合理调整鸡群密度。

（5）实行隔栏饲养。网上饲养的肉鸡，对网面要进行隔栏。隔栏可用尼龙网或废弃的塑料网，高度与边网等高，一般 30 ~ 40cm，每 500 ~ 600 只鸡设一个隔栏。

实行隔栏饲养，便于观察区域性鸡群的健康状况，利于淘汰病、弱雏；有利于控制鸡群过大的活动量，促进增重，小区域隔栏便于接种疫苗或用药，一旦鸡群状况不好，便于诊断和分群单独用药，减少用药应激；减少人为造成鸡雏扎堆、热死、压死等现象。

三、鸡场环境控制容易出现的主要问题

（1）鸡粪垫料乱堆乱放，不建储粪池发酵处理。

（2）死鸡不深埋，到处乱扔，甚至喂狗，鸡毛到处可见。

（3）空舍消毒污水到处乱排，污染地下水及水井。

（4）农户食用病死鸡。

（5）鸡舍周围不定期消毒。

（6）鸡舍门口不设消毒池或消毒盆、消毒垫等。

（7）养殖小区不同进不同出。

（8）舍内熏蒸药物单纯，剂量不足。

（9）农户之间串舍。

（10）饲养密度过大，影响通风。

第二节　病死鸡的无害化处理

在养鸡生产过程中，由于各种原因使鸡死亡的情况时有发生。若鸡群爆发某种传染病，则死鸡数会成倍增加。传染病致死的鸡往往是疫病传播的主要病源，如果处理不当，不仅会污染环境，还会引起疫病扩散，甚至还可能会威胁到人类的健康安全。因此，养鸡场必须采用科学、规范的方法，及时对病死鸡进行无害化处理。病死鸡的处理可采用以下几种方法。

第六章　鸡场环境控制及病死鸡和其他废弃物处理

一、深埋法

深埋法操作简易、经济，是鸡场处理病死鸡较常用的方法。养殖户应选择在远离居民区、交通要道和水源的地方，根据病死鸡的数量，挖一个上小下大，深度至少 2m 以上的坑。在坑底铺上 2～5cm 厚的生石灰或漂白粉等其他固体消毒剂，然后将病死鸡放入，待所堆积的死鸡距离坑口 1.5m 处时，先用 40cm 厚的土层覆盖鸡尸体，再铺上 2～5cm 厚的生石灰，切记生石灰不能直接覆盖在鸡尸体上，因为在潮湿的条件下生石灰会减缓或阻止鸡尸体的分解。最后填土封平，并在地表喷洒消毒剂。

注意事项：深埋法虽然操作简单，但不适合在地下水位高的地区使用，以防造成地下水污染。

二、焚烧法

焚烧法是处理病死鸡最安全、彻底的方法，尤其是在排水困难或有可能造成污染水源的地方，最好设置焚烧炉，对病死鸡进行焚烧处理。养殖户只需将病死鸡投入焚烧炉中烧毁炭化，此法操作简单，污染小。如果没有焚烧炉也可使用焚尸坑进行焚烧。首先挖掘焚尸坑，在坑里垫上旧轮胎或其他助燃物，再放置死鸡，并在鸡尸体上泼上柴油，然后引燃，保持火焰至鸡尸体烧成黑炭为止，最后把它埋在坑里，表面喷洒消毒药品。对一些危害人畜健康患烈性传染病死亡的鸡应采用焚烧法处理。

注意事项：使用焚烧法处理病死鸡必须注意防火安全，并且要尽量减少燃烧产生的烟气对居民的影响。因此，焚尸坑应远离居民区、鸡场、建筑物、易燃物品，地下不能有自来水管、燃气管道，周围要有足够的防火带，并且要位于主导风向的下方。

三、发酵法

发酵法是将死鸡尸体及其饲料、粪便、垫料等投入指定的发酵池内，利用生物热将鸡尸体发酵分解，以达到无害化处理的目的。

— 323 —

发酵池应选在远离住宅、农牧场、草原、水源及道路的地方。池为圆柱形，深 9～10m，直径 3m，池壁及池底用不透水的材料制作（可用砖砌成后涂层水泥）。池口高出地面约 30cm，并在池口处做一个盖，盖上留一个小的活动门，用以投入病死鸡。为安全起见，活动门平时必须落锁，用时才开启。当池内的鸡尸体堆到距坑口1.5m 处时，封闭发酵。

　　注意事项：使用发酵法处理病死鸡耗时较长，发酵时间在夏季不得少于 2 个月，冬季不得少于 3 个月，待鸡尸体完全腐败分解后，方可挖出做肥料。

　　无论采用哪种病死鸡无害化处理方法，在处理的过程中都要特别注意防止病源扩散。在运输、装卸等环节要避免撒漏，并对运输病死鸡尸体的用具、车辆，死鸡接触过的地方，工作人员的手套、衣物、鞋等均要彻底消毒。

第三节　污水和其他废弃物处理

一、污水处理

　　鸡场的污水主要来源于冲洗圈舍的污水，如果任其流淌会臭味四散，污染环境和地下水。养殖场污水处理的基本方法有物理处理法、化学处理法和生物处理法，实践中常结合起来，做系统处理。物理处理法就是利用物理作用除去污水的漂浮物、悬浮物和油污等，同时从废水中回收有用物质的一种简单水处理法，常用于水处理的物理方法有重力分离、过滤、蒸发结晶和物理调节等方法。化学处理法是利用化学氧化剂将养殖用水中的有机物或有机生物体加以分解或杀灭，使水质净化而能再利用的方法，化学处理常见有氧化还原法及臭氧法。污水生物法处理的类型较多，目前，最常用的有生物膜法、活性污泥法、氧化塘法、厌氧处理法等。污水也可通过沉淀法和生物滤塔过滤来达到排放标准。

二、其他废弃物的处理

鸡场的废弃物主要包括疫苗瓶、空药瓶、空药袋、在地面平养时垫料等。垫料可与鸡粪混合堆肥发酵制作成农家肥，如果鸡场爆发某种传染病，此时的垫料必须消毒燃烧处理。疫苗瓶包括免疫接种后疫苗空瓶和含有剩余疫苗液的瓶，每次免疫接种后，要把全部的瓶子包括瓶内的疫苗液集中用消毒药水浸泡，然后在远离鸡场的地方进行深埋处理，在深埋的过程中要用生石灰覆盖。空药瓶、空药袋可视作生活垃圾进行集中处理。

附　鸡病防治规范

一、《一、二、三类动物疫病病种名录》

中华人民共和国农业部公告 第 1125 号

为贯彻执行《中华人民共和国动物防疫法》，我部对原《一、二、三类动物疫病病种名录》进行了修订，现予发布，自发布之日起施行。1999 年发布的农业部第 96 号公告同时废止。特此公告。

附件：一、二、三类动物疫病病种名录

一类动物疫病（17 种）

口蹄疫、猪水泡病、猪瘟、非洲猪瘟、高致病性猪蓝耳病、非洲马瘟、牛瘟、牛传染性胸膜肺炎、牛海绵状脑病、痒病、蓝舌病、小反刍兽疫、绵羊痘和山羊痘、高致病性禽流感、新城疫、鲤春病毒血症、白斑综合征。

二类动物疫病（77 种）

多种动物共患病（9 种）：狂犬病、布鲁氏菌病、炭疽、伪狂犬病、魏氏梭菌病、副结核病、弓形虫病、棘球蚴病、钩端螺旋体病，牛病（8 种）：牛结核病、牛传染性鼻气管炎、牛恶性卡他热、牛白血病、牛出血性败血病、牛梨形虫病（牛焦虫病）、牛锥虫病、日本血吸虫病，绵羊和山羊病（2 种）：山羊关节炎脑炎、梅迪－维斯纳病，猪病（12 种）猪繁殖与呼吸综合征：（经典猪蓝耳病）猪乙型脑炎、猪细小病毒病、猪丹毒、猪肺疫、猪链球菌病、猪传染性萎缩性鼻炎、猪支原体肺炎、旋毛虫病、猪囊尾蚴病、猪圆环病毒病、副猪嗜血杆菌病，马病（5种）：马传染性贫血、马流行性淋巴管炎、马鼻疽、马巴贝斯虫病、伊氏锥虫病，禽病（18种）：鸡传染性喉气管炎、鸡传染性支气管炎、传染性法氏囊病、马立克氏病、产蛋下降综合征、禽白血病、禽痘、鸭瘟、鸭病毒性肝炎、鸭浆膜炎、小鹅瘟、禽霍乱、鸡白痢、禽伤寒、鸡败血支原体感染、鸡球虫病、低致病性禽流感、禽网状内皮组织增殖症，兔病（4种）：兔病毒性出血病、兔黏液瘤病、野兔热、兔球虫病，蜜蜂病（2种）：美洲幼虫腐臭病、欧洲幼虫腐臭病，鱼类病（11种）：草鱼出血病、传染性脾肾坏死病、锦鲤疱疹病毒病、刺激隐核虫病、淡水鱼细菌性败血症、病毒性神经坏死病、流行性造血器官坏死病、斑点叉尾鮰病毒病、传染性造血器官坏死病、病毒性出血性败血症、流行性溃疡综合征，甲壳类病（6种）：桃拉综合征、黄头病、罗氏沼虾白尾病、对虾杆状病毒病、传染性皮下和造血器官坏死病、传染性肌肉坏死病。

三类动物疫病（63种）

多种动物共患病（8种）：大肠杆菌病、李氏杆菌病、类鼻疽、放线菌病、肝片吸虫病、丝虫病、附红细胞体病、Q热，牛病（5种）：牛流行热、牛病毒性腹泻/黏膜病、牛生殖器弯曲杆菌病、毛滴虫病、牛皮蝇蛆病，绵羊和山羊病（6种）：肺腺瘤病、传染性脓疱、羊肠毒血症、干酪性淋巴结炎、绵羊疥癣、绵羊地方性流产，马病（5种）：马流行性感冒、马腺疫、马鼻腔肺炎、溃疡性淋巴管炎、马媾疫，猪病（4种）：猪传染性胃肠炎、猪流行性感冒、猪副伤寒、猪密螺旋体痢疾，禽病（4种）：鸡病毒性关节炎、禽传染性脑脊髓炎、传染性鼻炎、禽结核病，蚕蜂病（7种）：蚕型多角体病、蚕白僵病、蜂螨病、瓦螨病、亮 热厉螨病、蜜蜂孢子虫病、白垩病，犬猫等动物病（7种）：水貂阿留申病、水貂病毒性肠炎、犬瘟热、犬细小病毒病、犬传染性肝炎、猫泛白细胞减少症、利什曼病，鱼类病（7种）：鮰类肠败血症、迟缓爱德华氏菌病、小瓜虫病、黏孢子虫病、三代虫病、指环虫病、链球菌病，甲壳类病（2 种）：河蟹颤抖病、斑节对虾杆状病毒病，贝类病（6 种）：鲍脓疱病、鲍立克次体病、鲍病毒性死亡病、包纳米虫病、折光马尔太虫病、奥尔森派琴虫病，两栖与爬行类病（2 种）：鳖腮腺炎病、蛙脑膜炎败血金黄杆菌病。

二、高致病性禽流感防治技术规范

高致病性禽流感（Highly Pathogenic Avian Influenza，HPAI）是由正粘病毒科流感病毒属 A 型流感病毒引起的以禽类为主的烈性传染病。世界动物卫生组织（OIE）将其列为必须报告的动物传染病，我国将其列为一类动物疫病。

为预防、控制和扑灭高致病性禽流感，依据《中华人民共和国动物防疫法》《重大动物疫情应急条例》《国家突发重大动物疫情应急预案》及有关的法律法规制定本规范。

1 适用范围

本规范规定了高致病性禽流感的疫情确认、疫情处置、疫情监测、免疫、检疫监督的操作程序、技术标准及保障措施。

本规范适用于中华人民共和国境内一切与高致病性禽流感防治活动有关的单位和个人。

2 诊断

2.1 流行病学特点

2.1.1 鸡、火鸡、鸭、鹅、鹌鹑、雉鸡、鹧鸪、鸵鸟、孔雀等多种禽类易感，多种野鸟也可感染发病。

2.1.2 传染源主要为病禽（野鸟）和带毒禽（野鸟）。病毒可长期在污染的粪便、水等环境中存活。

2.1.3 病毒传播主要通过接触感染禽（野鸟）及其分泌物和排泄物、污染的饲料、水、蛋托（箱）、垫草、种蛋、鸡胚和精液等媒介，经呼吸道、消化道感染，也可通过气源性媒介传播。

2.2　临床症状

2.2.1　急性发病死亡或不明原因死亡，潜伏期从几小时到数天，最长可达 21 天；

2.2.2　脚鳞出血；

2.2.3　鸡冠出血或发绀、头部和面部水肿；

2.2.4　鸭、鹅等水禽可见神经和腹泻症状，有时可见角膜炎症，甚至失明；

2.2.5　产蛋突然下降。

2.3　病理变化

2.3.1　消化道、呼吸道黏膜广泛充血、出血；腺胃黏液增多，可见腺胃乳头出血，腺胃和肌胃之间交界处黏膜可见带状出血；

2.3.2　心冠及腹部脂肪出血；

2.3.3　输卵管的中部可见乳白色分泌物或凝块；卵泡充血、出血、萎缩、破裂，有的可见"卵黄性腹膜炎"；

2.3.4　脑部出现坏死灶、血管周围淋巴细胞管套、神经胶质灶、血管增生等病变；胰腺和心肌组织局灶性坏死。

2.4　血清学指标

2.4.1　未免疫禽 H5 或 H7 的血凝抑制（HI）效价达到 2^4 及以上（附件 1）；

2.4.2　禽流感琼脂免疫扩散试验（AGID）阳性（附件 2）。

2.5　病原学指标

2.5.1　反转录-聚合酶链反应（RT-PCR）检测，结果 H5 或 H7 亚型禽流感阳性（附件 4）；

2.5.2　通用荧光反转录-聚合酶链反应（荧光 RT-PCR）检测阳性（附件 6）；

2.5.3　神经氨酸酶抑制（NI）试验阳性（附件 3）；

2.5.4　静脉内接种致病指数（IVPI）大于 1.2 或用 0.2ml 1：10 稀释的无菌感染流感病毒的鸡胚尿囊液，经静脉注射接种 8 只 4~8 周龄的易感鸡，在接种后 10 天内，能致 6~7 只或 8 只鸡死亡，即死亡率≥75%；

2.5.5　对血凝素基因裂解位点的氨基酸序列测定结果与高致病性禽流感分离株基因序列相符（由国家参考实验室提供方法）。

2.6　结果判定

2.6.1　临床怀疑病例

符合流行病学特点和临床指标 2.2.1，且至少符合其他临床指标或病理指标之一的；

非免疫禽符合流行病学特点和临床指标 2.2.1 且符合血清学指标之一的。

2.6.2　疑似病例

临床怀疑病例且符合病原学指标 2.5.1、2.5.2、2.5.3 之一。

2.6.3　确诊病例

疑似病例且符合病原学指标 2.5.4 或 2.5.5。

3　疫情报告

3.1　任何单位和个人发现禽类发病急、传播迅速、死亡率高等异常情况，应及时向当地动物防疫监督机构报告。

3.2　当地动物防疫监督机构在接到疫情报告或了解可疑疫情情况后，应立即派员到现场进行初步调查核实并采集样品，符合 2.6.1 规定的，确认为临床怀疑疫情；

3.3　确认为临床怀疑疫情的，应在 2 个小时内将情况逐级报到省级动物防疫监督机构和同级兽医行政管理部门，并立即将样品送省级动物防疫监督机构进行疑似诊断；

3.4　省级动物防疫监督机构确认为疑似疫情的，必须派专人将病料送国家禽流感参考实验室做病毒分离与鉴定，进行最终确诊；经确认后，应立即上报同级人民政府和国务院兽医行政管理部门，国务院兽医行政管理部门应当在 4 个小时内向国务院报告；

3.5　国务院兽医行政管理部门根据最终确诊结果，确认高致病性禽流感疫情。

4　疫情处置

4.1　临床怀疑疫情的处置

对发病场（户）实施隔离、监控，禁止禽类、禽类产品及有关物品移动，并对其内、外环境实施严格的消毒措施（附件8）。

4.2　疑似疫情的处置

当确认为疑似疫情时，扑杀疑似禽群，对扑杀禽、病死禽及其产品进行无害化处理，对其内、外环境实施严格的消毒措施，对污染物或可疑污染物进行无害化处理，对污染的场所和设施进行彻底消毒，限制发病场（户）周边3km的家禽及其产品移动（见附件9、10）。

4.3　确诊疫情的处置

疫情确诊后立即启动相应级别的应急预案。

4.3.1　划定疫点、疫区、受威胁区

由所在地县级以上兽医行政管理部门划定疫点、疫区、受威胁区。

疫点：指患病动物所在的地点。一般是指患病禽类所在的禽场（户）或其他有关屠宰、经营单位；如为农村散养，应将自然村划为疫点。

疫区：由疫点边缘向外延伸3km的区域划为疫区。疫区划分时，应注意考虑当地的饲养环境和天然屏障（如河流、山脉等）。

受威胁区：由疫区边缘向外延伸5km的区域划为受威胁区。

4.3.2　封锁

由县级以上兽医主管部门报请同级人民政府决定对疫区实行封锁；人民政府在接到封锁报告后，应在24小时内发布封锁令，对疫区进行封锁：在疫区周围设置警示标志，在出入疫区的交通路口设置动物检疫消毒站，对出入的车辆和有关物品进行消毒。必要时，经省级人民政府批准，可设立临时监督检查站，执行对禽类的监督检查任务。

跨行政区域发生疫情的，由共同上一级兽医主管部门报请同级人民政府对疫区发布封锁令，对疫区进行封锁。

4.3.3　疫点内应采取的措施

4.3.3.1　扑杀所有的禽只，销毁所有病死禽、被扑杀禽及其禽类产品；

4.3.3.2 对禽类排泄物、被污染饲料、垫料、污水等进行无害化处理;

4.3.3.3 对被污染的物品、交通工具、用具、禽舍、场地进行彻底消毒。

4.3.4 疫区内应采取的措施

4.3.4.1 扑杀疫区内所有家禽,并进行无害化处理,同时,销毁相应的禽类产品;

4.3.4.2 禁止禽类进出疫区及禽类产品运出疫区;

4.3.4.3 对禽类排泄物、被污染饲料、垫料、污水等按国家规定标准进行无害化处理;

4.3.4.4 对所有与禽类接触过的物品、交通工具、用具、禽舍、场地进行彻底消毒。

4.3.5 受威胁区内应采取的措施

4.3.5.1 对所有易感禽类进行紧急强制免疫,建立完整的免疫档案;

4.3.5.2 对所有禽类实行疫情监测,掌握疫情动态。

4.3.6 关闭疫点及周边 13 千米内所有家禽及其产品交易市场。

4.3.7 流行病学调查、疫源分析与追踪调查

追踪疫点内在发病期间及发病前 21 天内售出的所有家禽及其产品,并销毁处理。按照高致病性禽流感流行病学调查规范,对疫情进行溯源和扩散风险分析(附件11)。

4.3.8 解除封锁

4.3.8.1 解除封锁的条件

疫点、疫区内所有禽类及其产品按规定处理完毕 21 天以上,监测未出现新的传染源;在当地动物防疫监督机构的监督指导下,完成相关场所和物品终末消毒;受威胁区按规定完成免疫。

4.3.8.2 解除封锁的程序

经上一级动物防疫监督机构审验合格,由当地兽医主管部门向原发布封锁令的人民政府申请发布解除封锁令,取消所采取的疫情

处置措施。

4.3.8.3　疫区解除封锁后，要继续对该区域进行疫情监测，6个月后如未发现新病例，即可宣布该次疫情被扑灭。疫情宣布扑灭后方可重新养禽。

4.3.9　对处理疫情的全过程必须做好完整翔实的记录，并归档。

5　疫情监测

5.1　监测方法包括临床观察、实验室检测及流行病学调查。

5.2　监测对象以易感禽类为主，必要时监测其他动物。

5.3　监测的范围

5.3.1　对养禽场户每年要进行两次病原学抽样检测，散养禽不定期抽检，对于未经免疫的禽类以血清学检测为主；

5.3.2　对交易市场、禽类屠宰厂（场）、异地调入的活禽和禽产品进行不定期的病原学和血清学监测。

5.3.3　对疫区和受威胁区的监测

5.3.3.1　对疫区、受威胁区的易感动物每天进行临床观察，连续1个月，病死禽送省级动物防疫监督机构实验室进行诊断，疑似样品送国家禽流感参考实验室进行病毒分离和鉴定。

解除封锁前采样检测1次，解除封锁后纳入正常监测范围；

5.3.3.2　对疫区养猪场采集鼻腔拭子，疫区和受威胁区所有禽群采集气管拭子和泄殖腔拭子，在野生禽类活动或栖息地采集新鲜粪便或水样，每个采样点采集20份样品，用RT-PCR方法进行病原检测，发现疑似感染样品，送国家禽流感参考实验室确诊。

5.4　在监测过程中，国家规定的实验室要对分离到的毒株进行生物学和分子生物学特性分析与评价，密切注意病毒的变异动态，及时向国务院兽医行政管理部门报告。

5.5　各级动物防疫监督机构对监测结果及相关信息进行风险分析，做好预警预报。

5.6　监测结果处理

监测结果逐级汇总上报至中国动物疫病预防控制中心。发现病原学和非免疫血清学阳性禽，要按照《国家动物疫情报告管理办法》的有关规定立即报告，并将样品送国家禽流感参考实验室进行确诊，确诊阳性的，按有关规定处理。

6 免疫

6.1 国家对高致病性禽流感实行强制免疫制度，免疫密度必须达到100%，抗体合格率达到70%以上。

6.2 预防性免疫，按农业部制定的免疫方案中规定的程序进行。

6.3 突发疫情时的紧急免疫，按本规范有关条款进行。

6.4 所用疫苗必须采用农业部批准使用的产品，并由动物防疫监督机构统一组织、逐级供应。

6.5 所有易感禽类饲养者必须按国家制定的免疫程序做好免疫接种，当地动物防疫监督机构负责监督指导。

6.6 定期对免疫禽群进行免疫水平监测，根据群体抗体水平及时加强免疫。

7 检疫监督

7.1 产地检疫

饲养者在禽群及禽类产品离开产地前，必须向当地动物防疫监督机构报检，接到报检后，必须及时到户、到场实施检疫。检疫合格的，出具检疫合格证明，并对运载工具进行消毒，出具消毒证明，对检疫不合格的按有关规定处理。

7.2 屠宰检疫

动物防疫监督机构的检疫人员对屠宰的禽只进行验证查物，合格后方可入厂（场）屠宰。宰后检疫合格的方可出厂，不合格的按有关规定处理。

7.3 引种检疫

国内异地引入种禽、种蛋时，应当先到当地动物防疫监督机构办理检疫审批手续且检疫合格。引入的种禽必须隔离饲养21天以上，并由动物防疫监督机构进行检测，合格后方可混群饲养。

7.4 监督管理

7.4.1 禽类和禽类产品凭检疫合格证运输、上市销售。动物防疫监督机构应加强流通环节的监督检查，严防疫情传播扩散。

7.4.2 生产、经营禽类及其产品的场所必须符合动物防疫条件，并取得动物防疫合格证。

7.4.3 各地根据防控高致病性禽流感的需要设立公路动物防疫监督检查站，对禽类及其产品进行监督检查，对运输工具进行消毒。

8 保障措施

8.1 各级政府应加强机构队伍建设，确保各项防治技术落实到位。

8.2 各级财政和发改部门应加强基础设施建设，确保免疫、监测、诊断、扑杀、无害化处理、消毒等防治工作经费落实。

8.3 各级兽医行政部门动物防疫监督机构应按本技术规范，加强应急物资储备，及时演练和培训应急队伍。

8.4 在高致病禽流感防控中，人员的防护按《高致病性禽流感人员防护技术规范》执行（附件12）。

附件1 血凝抑制（HI）试验

流感病毒颗粒表面的血凝素（HA）蛋白，具有识别并吸附于红细胞表面受体的结构，HA 试验由此得名。HA 蛋白的抗体与受体的特异性结合能够干扰 HA 蛋白与红细胞受体的结合从而出现抑制现象。

该试验是目前 WHO 进行全球流感监测所普遍采用的试验方法。可用于流感病毒分离株 HA 亚型的鉴定，也可用来检测禽血清中是否有与抗原亚型一致的感染或免疫抗体。

HA-HI 试验的优点是目前 WHO 进行全球流感监测所普遍采用的试验方法，可用来鉴定所有的流感病毒分离株，可用来检测禽血清中的感染或免疫抗体。它的缺点是只有当抗原和抗体 HA 亚型相一致时才能出现 HI 象，各亚型间无明显交叉反应；除鸡血清以外，用鸡红细胞检测哺乳动物和水禽的血清时需要除去存在于血清中的非特异凝集素，对于其他禽种，也可以考虑选用在调查研究中的禽种红细胞；需要在每次试验时进行抗原标准化；需要正确判读的技能。

1 阿氏（Alsevers）液配制

称量葡萄糖 2.05g、柠檬酸钠 0.8g、柠檬酸 0.055g、氯化钠 0.42g，加蒸馏水至 100mL，散热溶解后调 pH 值至 6.1，69kPa 15 分钟高压灭菌，4℃保存备用。

2 10% 和 1% 鸡红细胞液的制备

2.1 采血

用注射器吸取阿氏液约 1ml，取至少 2 只 SPF 鸡（如果没有 SPF 鸡，可用常规试验证明体内无禽流感和新城疫抗体的鸡），采血 2~4ml，与阿氏液混合，放入装 10ml 阿氏液的离心管中混匀。

2.2 洗涤鸡红细胞

将离心管中的血液经 1 500 ~ 1 800r/分钟离心 8 分钟，弃上清液，沉淀物加入阿氏液，轻轻混合，再经 1 500 ~ 1 800r/分钟离心 8 分钟，用吸管移去上清液及沉淀红细胞上层的白细胞薄膜，再重复 2 次以上过程后，加入阿氏液 20ml，轻轻混合成红细胞悬液，4℃保存备用，不超过 5 天。

2.3 10% 鸡红细胞悬液

取阿氏液保存不超过 5 天的红细胞，在锥形刻度离心管中经 1 500 ~ 1 800r/分钟离心 8 分钟，弃去上清液，准确观察刻度离心管中红细胞体积（ml），加入 9 倍体积（ml）的生理盐水，用吸管反复吹吸使生理盐水与红细胞混合均匀。

2.4 1% 鸡红细胞液

取混合均匀的 10% 鸡红细胞悬液 1ml，加入 9ml 生理盐水，混合均匀即可。

3 抗原血凝效价测定（HA 试验，微量法）

3.1 在微量反应板的 1 ~ 12 孔均加入 0.025ml PBS，换滴头。

3.2 吸取 0.025ml 病毒悬液（如感染性鸡胚尿囊液）加入第 1 孔，混匀。

3.3 从第 1 孔吸取 0.025ml 病毒液加入第 2 孔，混匀后吸取 0.025ml 加入第 3 孔，如此进行对倍稀释至第 11 孔，从第 11 孔吸取 0.025ml 弃之，换滴头。

3.4 每孔再加入 0.025ml PBS。

3.5 每孔均加入 0.025ml 体积分数为 1% 鸡红细胞悬液（将鸡红细胞悬液充分摇匀后加入）见附录 B。

3.6 振荡混匀，在室温（20 ~ 25℃）下静置 40 分钟后观察结果（如果环境温度太高，可置 4℃环境下反应 1 小时）。对照孔红细胞将呈明显的纽扣状沉到孔底。

3.7 结果判定 将板倾斜，观察血凝板，判读结果（见血凝试验结果判读标准）。

血凝试验结果判读标准

类别	孔底所见	结果
1	红细胞全部凝集，均匀铺于孔底，即100%红细胞凝集	+ + + +
2	红细胞凝集基本同上，但孔底有大圈	+ + +
3	红细胞于孔底形成中等大的圈，四周有小凝块	+ +
4	红细胞于孔底形成小圆点，四周有少许凝集块	+
5	红细胞于孔底呈小圆点，边缘光滑整齐，即红细胞完全不凝集	−

能使红细胞完全凝集（100%凝集，＋＋＋＋）的抗原最高稀释度为该抗原的血凝效价，此效价为1个血凝单位（HAU）。注意对照孔应呈现完全不凝集（−），否则此次检验无效。

4　血凝抑制（HI）试验（微量法）

4.1　根据3的试验结果配制4HAU的病毒抗原。以完全血凝的病毒最高稀释倍数作为终点，终点稀释倍数除以4即为含4HAU的抗原的稀释倍数。例如，如果血凝的终点滴度为1∶256，则4HAU抗原的稀释倍数应是1∶64（256除以4）。

4.2　在微量反应板的1~11孔加入0.025ml PBS，第12孔加入0.05ml PBS。

4.3　吸取0.025ml血清加入第1孔内，充分混匀后吸0.025ml于第2孔，依次对倍稀释至第10孔，从第10孔吸取0.025ml弃去。

4.4　1~11孔均加入含4HAU混匀的病毒抗原液0.025ml，室温（约20℃）静置至少30分钟。

4.5　每孔加入0.025ml体积分数为1%的鸡红细胞悬液混匀，轻轻混匀，静置约40分钟（室温约20℃，若环境温度太高可置4℃条件下进行），对照红细胞将呈现纽扣状沉于孔底。

4.6　结果判定

以完全抑制4个HAU抗原的血清最高稀释倍数作为HI滴度。

只有阴性对照孔血清滴度不大于 2log2，阳性对照孔血清误差不超过 1 个滴度，试验结果才有效。HI 价小于或等于 2log2 判定 HI 试验阴性；HI 价等于 3log2 为可疑，需重复试验；HI 价大于或等于 4log2 为阳性。

附件2　琼脂凝胶免疫扩散（AGID）试验

　　A 型流感病毒都有抗原性相似的核衣壳和基质抗原。用已知禽流感 AGID 标准血清可以检测是否有 A 型流感病毒的存在，一般在鉴定所分禽的病毒是否是 A 型禽流感病毒时常用，此时的抗原需要试验者自己用分离的病毒制备；利用 AGID 标准抗原，可以检测所有 A 型流感病毒产生的各个亚型的禽流感抗体，通常在禽流感监测时使用（水禽不适用），可作为非免疫鸡和火鸡感染的证据，其标准抗原和阳性血清均可由国家指定单位提供。流感病毒感染后不是所有的禽种都能产生沉淀抗体。

　　1　抗原制备

　　1.1　用含丰富病毒核衣壳的尿囊膜制备。从尿囊液呈 HA 阳性的感染鸡胚中提取绒毛尿囊膜，将其匀浆或研碎，然后反复冻融 3 次，经 1 000r/分钟离心 10 分钟，弃沉淀，取上清液用 0.1% 甲醛或 1% β-丙内酯灭活后可作为抗原。

　　1.2　用感染的尿囊液将病毒浓缩或者用已感染的绒毛尿囊膜的提取物，这些抗原用标准血清进行标定。将含毒尿囊液以超速离心或者在酸性条件下进行沉淀以浓缩病毒。

　　酸性沉淀法是将 1.0mol/LHCl 加入到含毒尿囊液中，调 pH 值到 4.0，将混合物置于冰浴中作用 1 小时，经 1 000r/分钟，4℃离心 10 分钟，弃去上清液。病毒沉淀物悬于甘氨-肌氨酸缓冲液中（含 1% 十二烷酰肌氨酸缓冲液，用 0.5 mol/L 甘氨酸调 pH 值至 9.0）。沉淀物中含有核衣壳和基质多肽。

　　2　琼脂板制备

　　该试验常用 1g 优质琼脂粉或 0.8 ~ 1g 琼脂糖加入 100ml 0.01mol/L、pH 值 7.2 的 8% 氯化钠-磷酸缓冲液中，水浴加热融化，稍凉（60～65℃），倒入琼脂板内（厚度为3mm），待琼脂凝固后，4℃冰箱保存备用。用打孔器在琼脂板上按7孔梅花图案打孔，孔径约3～4mm，孔距为3mm。

3　加样

用移液器滴加抗原于中间孔，周围1孔、4孔加阳性血清，其余孔加被检血清，每孔均以加满不溢出为度，每加一个样品应换一个滴头，并设阴性对照血清。

4　感作

将琼脂板加盖保湿，置于37℃温箱。24～48小时后，判定结果。

5　结果判定

5.1　阳性。阳性血清与抗原孔之间有明显沉淀线时，被检血清与抗原孔之间也形成沉淀线，并与阳性血清的沉淀线末端吻合，则被检血清判为阳性。

5.2　弱阳性。被检血清与抗原孔之间没有沉淀线，但阳性血清的沉淀线末端向被检血清孔偏弯，此被检血清判为弱阳性（需重复试验）。

5.3　阴性。被检血清与抗原孔之间不形成沉淀线，且阳性血清沉淀线直向被检血清孔，则被检血清判为阴性。

附件3 神经氨酸酶抑制（NI）试验

　　神经氨酸酶是流感病毒的两种表面糖蛋白之一，它具有酶的活性。NA 与底物（胎球蛋白）混合，37℃温育过夜，可使胎球蛋白释放出唾液酸，唾液酸经碘酸盐氧化，经硫代巴比妥酸作用形成生色团，该生色团用有机溶剂提取后便可用分光光度计测定。反应中出现的粉红色深浅与释放的唾液酸的数量成比例，即与存在的流感病毒的数量成比例。

　　在进行病毒 NA 亚型鉴定时，当已知的标准 NA 分型抗血清与病毒 NA 亚型一致时，抗血清就会将 NA 中和，从而减少或避免了胎球蛋白释放唾液酸，最后不出现化学反应，即看不到粉红色出现，则表明血清对 NA 抑制阳性。

　　该试验可用于分离株 NA 亚型的鉴定，也可用于血清中 NI 抗体的定性测定。

1 溶液配置

1.1 胎球蛋白：48～50mg/ml；

1.2 过碘酸盐：4.28g 过碘酸钠 + 38ml 无离子水 + 62ml 浓正磷酸，充分混合，棕色瓶存放；

1.3 砷试剂：10g 亚砷酸钠 + 7.1g 无水硫酸钠 + 100ml 无离子水 + 0.3ml 浓硫酸；

1.4 硫代巴比妥酸：1.2g 硫代巴比妥酸 + 14.2g 无水硫酸钠 + 200ml 无离子水，煮沸溶解，使用期一周。

2 操作方法

2.1 按下图所示标记试管

〇　　　　　〇　　　　　〇　　　　　　〇

N1 原液　　N1 10 倍　　N1 100 倍　　N1 1 000 倍

○　　　　　○　　　　　○　　　　　　　○

N2 原液　　N2 10 倍　　N2 100 倍　　　N2 1 000 倍

○　　　　　○　　　　　○　　　　　　　○

阴性血清原液　阴性血清 10 倍　阴性血清 100 倍　阴性血清
1 000倍

2.2　将 N1、N2 标准阳性血清和阴性血清分别按原液、10 倍、100 倍稀释，并分别加入标记好的相应试管中。

2.3　将已经确定 HA 亚型的待检鸡胚尿囊液稀释至 HA 价为 16 倍，每管均加入 0.05ml，混匀 37℃水浴 1 小时。

2.4　每管加入的胎球蛋白溶液（50mg/ml）0.1ml，混匀，拧上盖后 37℃水浴 16～18 小时。

2.5　室温冷却后，每管加入 0.1ml 过碘酸盐混匀，室温静置 20 分钟。

2.6　每管加入 1ml 砷试剂，振荡至棕色消失乳白色出现。

2.7　每管加入 2.5ml 硫代巴比妥酸试剂，将试管置煮沸的水浴中 15 分钟，不出现粉红色的为神经氨酸酶抑制阳性，即待检病毒的神经氨酸酶亚型与加入管中的标准神经氨酸酶分型血清亚型一致。

附件4　反转录-聚合酶链反应（RT-PCR）

　　反转录-聚合酶链反应（RT-PCR）适用于检测禽组织、分泌物、排泄物和鸡胚尿囊液中禽流感病毒核酸。鉴于RT-PCR方法的敏感性和特异性，引物的选择是最为重要的，通常引物是以已知序列为基础设计的，大量掌握国内分离株的序列是设计特异引物的前提和基础。利用RT-PCR的通用引物可以检测是否有A型流感病毒的存在，亚型特异性引物则可进行禽流感的分型诊断和禽流感病毒的亚型鉴定。

　　1　试剂/引物

　　1.1　变性液：见附录A.1

　　1.2　2M醋酸钠溶液（pH值4.0）：见附录A.2

　　1.3　水饱和酚（pH值4.0）

　　1.4　氯仿/异戊醇混合液：见附录A.3

　　1.5　M-MLV反转录酶（200μg/μl）

　　1.6　RNA酶抑制剂（40μg/μl）

　　1.7　Taq DNA聚合酶（5μg/μl）

　　1.8　1.0%琼脂糖凝胶：见附录A.4

　　1.9　50×TAE缓冲液：见附录A.5

　　1.10　溴化乙啶（10μg/μl）：见附录A.6

　　1.11　加样缓冲液：见附录A.7

　　1.12　焦碳酸二乙酯（DEPC）处理的灭菌双蒸水：见附录A.8

　　1.13　5×反转录反应缓冲液（附录A.9）

　　1.14　2.5mmol dNTPs（附录A.10）

　　1.15　10×PCR Buffer（附录A.11）

1.16 DNA 分子量标准

1.17 引物：见附录 B

2 操作程序

2.1 样品的采集和处理：按照 GB/T 18936 中提供方法进行

2.2 RNA 的提取

2.2.1 设立阳性、阴性样品对照。

2.2.2 异硫氰酸胍一步法。

2.2.2.1 向组织或细胞中加入适量的变性液，匀浆。

2.2.2.2 将混合物移至一管中，按每 ml 变性液中立即加入 0.1ml 乙酸钠，1ml 酚，0.2ml 氯仿-异戊醇。加入每种组分后，盖上管盖，倒置混匀。

2.2.2.3 将匀浆剧烈振荡 10s。冰浴 15 分钟使核蛋白质复合体彻底裂解。

2.2.2.4 12 000r/分钟，4℃离心 20 分钟，将上层含 RNA 的水相移入一新管中。为了降低被处于水相和有机相分界处的 DNA 污染的可能性，不要吸取水相的最下层。

2.2.2.5 加入等体积的异丙醇，充分混匀液体，并在 -20℃沉淀 RNA 1h 或更长时间。

2.2.2.6 4℃ 12 000r/分钟离心 10 分钟，弃上清，用 75% 的乙醇洗涤沉淀，离心，用吸头彻底吸弃上清，自然条件下干燥沉淀，溶于适量 DEPC 处理的水中。-20℃贮存，备用。

2.2.3 也可选择市售商品化 RNA 提取试剂盒，完成 RNA 的提取

2.3 反转录

2.3.1 取 5μl RNA，加 1μl 反转录引物，70℃作用 5 分钟。

2.3.2 冰浴 2 分钟。

2.3.3 继续加入：

5×反转录反应缓冲液	4μl
0.1M DTT	2μl
2.5mmol dNTPs	2μl

M-MLV 反转录酶	0.5μl
RNA 酶抑制剂	0.5μl
DEPC 水	11μl

37℃水浴 1h，合成 cDNA 链。取出后可直接进行 PCR，或者放于 -20℃保存备用。试验中同时设立阳性和阴性对照。

2.4　PCR

根据扩增目的不同，选择不同的上/下游引物，M-229U/M-229L 是型特异性引物，用于扩增禽流感病毒的 M 基因片段；H5-380U/H5-380L、H7-501U/H7-501L、H9-732U/H9-732L 分别特异性扩增 H5、H7、H9 亚型血凝素基因片段；N1-358U/N1-358L、N2-377U/N2-377L 分别特异性扩增 N1、N2 亚型神经氨酸酶基因片段。

PCR 为 50μl 体系，包括：

双蒸灭菌水	37.5μl
反转录产物	4μl
上游引物	0.5μl
下游引物	0.5μl
10 × PCR Buffer	5μl
2.5mmol dNTPs	2μl
Taq 酶	0.5μl

首先加入双蒸灭菌水，然后按顺序逐一加入上述成分，每次要加入到液面下。全部加完后，混悬，瞬时离心，使液体都沉降到 PCR 管底。在每个 PCR 管中加入 1 滴液状石蜡（约20μl）。循环参数为 95℃5 分钟，94℃ 45 秒，52℃ 45 秒，72℃ 45 秒，循环 30 次，72℃延伸 6 分钟结束。设立阳性对照和阴性对照。

2.5　电泳

2.5.1　制备 1.0%琼脂糖凝胶板，见附录 A.4。

2.5.2　取 5μl PCR 产物与 0.5μl 加样缓冲液混合，加入琼脂糖凝胶板的加样孔中。

2.5.3　加入分子量标准。

2.5.4　盖好电泳仪，插好电极，5V/cm 电压电泳，30～40分钟。

2.5.5　用紫外凝胶成像仪观察、扫描图片存档，打印。

2.5.6　用分子量标准比较判断 PCR 片段大小。

3　结果判定

3.1　在阳性对照出现相应扩增带、阴性对照无此扩增带时判定结果。

3.2　用 M-229U/M-229L 检测，出现大小为 229bp 扩增片段时，判定为禽流感病毒阳性，否则判定为阴性。

3.3　用 H5-380U/H5-380L 检测，出现大小为 380bp 扩增片段时，判定为 H5 血凝素亚型禽流感病毒阳性，否则判定为阴性。

3.4　用 H7-501U/H7-501L 检测，出现大小为 501bp 扩增片段时，判定为 H7 血凝素亚型禽流感病毒阳性，否则判定为阴性。

3.5　用 H9-732U/H9-732L 检测，出现大小为 732bp 扩增片段时，判定为 H9 血凝素亚型禽流感病毒阳性，否则判定为阴性。

3.6　用 N1-358U/N1-358L 检测，出现大小为 358bp 扩增片段时，判定为 N1 神经氨酸酶亚型禽流感病毒阳性，否则判定为阴性。

3.7　用 N2-377U/N2-377L 检测，出现大小为 377bp 扩增片段时，判定为 N2 神经氨酸酶亚型禽流感病毒阳性，否则判定为阴性。

附录 A　相关试剂的配制

A.1　变性液

4M 异硫氰酸胍

25mM 柠檬酸钠·$2H_2O$

0.5%（m/V）十二烷基肌酸钠

0.1M β-巯基乙醇

　　具体配制：将 250g 异硫氰酸胍、0.75M（pH 值 7.0）柠檬酸钠 17.6ml 和 26.4ml 10%（m/V）十二烷基肌酸钠溶于 293ml 水中。65℃条件下搅拌、混匀，直至完全溶解。室温条件下保存，每次临用前按每 50ml 变性液加 14.4 mol/L 的 β-巯基乙醇 0.36ml 的剂量加入。变性液可在室温下避光保存数月。

　　A.2　2mol/L 醋酸钠溶液（pH 值 4.0）

乙酸钠　　　　　　　　　　　　　　　　　16.4 g

冰乙酸　　　　　　　　　　　　　　调 pH 值至 4.0

灭菌双蒸水　　　　　　　　　　　　　　加至 100ml

　　A.3　氯仿/异戊醇混合液

氯仿　　　　　　　　　　　　　　　　　　49ml

异戊醇　　　　　　　　　　　　　　　　　1ml

　　A.4　1.0% 琼脂糖凝胶的配制

琼脂糖　　　　　　　　　　　　　　　　　1.0 g

0.5×TAE 电泳缓冲液　　　　　　　　　加至 100ml

　　微波炉中完全融化，待冷至 50~60℃时，加溴化乙啶（EB）溶液 5μl，摇匀，倒入电泳板上，凝固后取下梳子，备用。

　　A.5　50×TAE 电泳缓冲液

　　A.5.1　0.5mol/L 乙二铵四乙酸二钠（EDTA）溶液（pH 值

8. 0）

二水乙二铵四乙酸二钠	18. 61 g
灭菌双蒸水	80ml
氢氧化钠	调 pH 值至 8. 0
灭菌双蒸水	加至 100ml

A. 5. 2　TAE 电泳缓冲液（50×）配制

羟基甲基氨基甲烷（Tris）	242 g
冰乙酸	57. 1ml
0. 5mol/L 乙二铵四乙酸二钠溶液（pH 值 8. 0）	100ml
灭菌双蒸水	加至 1 000ml

用时用灭菌双蒸水稀释使用

A. 6　溴化乙啶（EB）溶液

溴化乙啶	20mg
灭菌双蒸水	加至 20ml

A. 7　10×加样缓冲液

聚蔗糖	25g
灭菌双蒸水	100ml
溴酚蓝	0. 1g
二甲苯青	0. 1g

A. 8　DEPC 水

超纯水	100ml
焦碳酸二乙酯（DEPC）	50μl

室温过夜，121℃高压 15 分钟，分装到 1. 5ml DEPC 处理过的微量管中。

A. 9　M-MLV 反转录酶 5×反应缓冲液

1moL Tris-HCl（pH 值 8. 3）	5ml
KCl	0. 559g
$MgCl_2$	0. 029g
DTT	0. 154g
灭菌双蒸水	加至 100ml

A. 10　2. 5mmol/LdNTP

dATP （10mmol/L）	20μl
dTTP （10mmol/L）	20 μl
dGTP （10mmol/L）	20 μl
dCTP （10mmol/L）	20 μl

A. 11　10 × PCR 缓冲液

1M Tris-HCl （pH 值 8. 8）	10ml
1M KCl	50ml
Nonidet P40	0. 8ml
1. 5moL MgCl$_2$	1ml
灭菌双蒸水	加至 100ml

附录 B 禽流感病毒 RT-PCR 试验用引物

B.1 反转录引物

Uni 12：5′-AGCAAAAGCAGG-3′，引物浓度为 20pmol。

B.2 PCR 引物

见 PCR 过程中选择的引物，引物浓度均为 20pmol。

PCR 过程中选择的引物

引物名称	引物序列	长度（bp）	扩增目的
M-229U	5′-TTCTAACCGAGGTCGAAAC-3′	229	通用引物
M-229L	5′-AAGCGTCTACGCTGCAGTCC-3′		
H5-380U	5′-AGTGAATTGGAATATGGTAACTG-3′	380	H5
H5-380L	5′-AACTGAGTGTTCATTTTGTCAAT-3′		
H7-501U	5′-AATGCACARGGAGGAGGAACT-3′	501	H7
H7-501L	5′-TGAYGCCCCGAAGCTAAACCA-3′		
H9-732U	5′-TCAACAAACTCCACCGAAACTGT-3′	732	H9
H9-732L	5′-TCCCGTAAGAACATGTCCATACCA-3′		
N1-358U	5′-ATTRAAATACAAYGGYATAATAAC-3′	358	N1
N1-358L	5′-GTCWCCGAAAACYCCACTGCA-3′		
N2-377U	5′-GTGTGYATAGCATGGTCCAGCTCAAG-3′	377	N2
N2-377L	5′-GAGCCYTTCCARTTGTCTCTGCA-3′		

W =（AT）；Y =（CT）；R =（AG）。

附件 5　禽流感病毒致病性测定

高致病性禽流感是指由强毒引起的感染，感染禽有时可见典型的高致病性禽流感特征，有时则未见任何临床症状而突然死亡。所有分离到的高致病性病毒株均为 H5 或 H7 亚型，但大多数 H5 或 H7 亚型仍为弱毒株。评价分离株是否为高致病性或者是潜在的高致病性毒株具有重要意义。

1　欧盟国家对高致病性禽流感病毒判定标准

接种 6 周龄的 SPF 鸡，其 IVPI 大于 1.2 的或者核苷酸序列在血凝素裂解位点处有一系列的连续碱性氨基酸存在的 H5 或 H7 亚型流感病毒均判定为高致病性病毒。

静脉接种指数（IVPI）测定方法：

收获接种病毒的 SPF 鸡胚的感染性尿囊液，测定其血凝结 > 1/16（2^4 或 $\lg 2^4$）将含毒尿囊液用灭菌生理盐水稀释 10 倍（切忌使用抗生素），将此稀释病毒液以 0.1ml/羽静脉接种 10 只 6 周龄 SPF 鸡，2 只同样鸡只接种 0.1ml 稀释液作对照（对照鸡不应发病，也不计入试验鸡）。每隔 24 小时检查鸡群一次，共观察 10 天。根据每只鸡的症状用数字方法每天进行记录：正常鸡记为 0，病鸡记为 1，重病鸡记为 2，死鸡记为 3（病鸡和重病鸡的判断主要依据临床症状表现。一般而言，"病鸡" 表现有下述一种症状，而 "重病鸡" 则表现下述多个症状，如呼吸症状、沉郁、腹泻、鸡冠和/或肉髯发绀、脸和/或头部肿胀、神经症状。死亡鸡在其死后的每次观察都记为 3）。

IVPI 值 = 每只鸡在 10 天内所有数字之和/（10 只鸡 × 10 天），如指数为 3.00，说明所有鸡 24 小时内死亡；指数为 0.00，说明 10 天观察期内没有鸡表现临床症状。

当 IVPI 值大于 1.2 时，判定分离株为高致病性禽流感病毒（HPAIV）。

IVPI 测定举例：

（数字表示在特定日期表现出临床症状的鸡只数量）

临床症状	1	D2	D3	D4	D5	D6	D7	D8	D9	D10	总计	数值
正常	10	10	0	0	0	0	0	0	0	0	20 x 0	= 0
发病	0	0	3	0	0	0	0	0	0	0	3 x 1	= 3
麻痹	0	0	4	5	1	0	0	0	0	0	10 x 2	= 20
死亡	0	0	3	5	9	10	10	10	10	10	67 x 3	= 201
											总计	= 224

上述例子中的 IVPI 为：224/100 = 2.24 > 1.2

2 OIE 对高致病性禽流感病毒的分类标准

2.1 取 HA 滴度 >1/16 的无菌感染流感病毒的鸡胚尿囊液用等渗生理盐水 1：10 稀释，以 0.2ml/羽的剂量翅静脉接种 8 只 4～8 周龄 SPF 鸡，在接种 10 天内，能导致 6 只或 6 只以上鸡死亡，判定该毒株为高致病性禽流感病毒株。

2.2 如分离物能使 1～5 只鸡致死，但病毒不是 H5 或 H7 亚型，则应进行下列试验：将病毒接种于细胞培养物上，观察其在胰蛋白酶缺乏时是否引起细胞病变或形成蚀斑。如果病毒不能在细胞上生长，则分离物应被考虑为非高致病性禽流感病毒。

2.3 所有低致病性的 H5 和 H7 毒株和其他病毒，在缺乏胰蛋白酶的细胞上能够生长时，则应进行与血凝素有关的肽链的氨基酸序列分析，如果分析结果同其他高致病性流感病毒相似，这种被检验的分离物应被考虑为高致病性禽流感病毒。

附件6　禽流感病毒通用荧光 RT-PCR 检测

1　材料与试剂

1.1　仪器与器材

荧光 RT-PCR 检测仪

高速台式冷冻离心机（离心速度 12 000r/分钟以上）

台式离心机（离心速度 3 000r/分钟）

混匀器

冰箱（2～8℃和 −20℃两种）

微量可调移液器（10μl、100μl、1 000μl）及配套带滤芯吸头

Eppendorf 管（1.5ml）

1.2　试剂

除特别说明以外，本标准所用试剂均为分析纯，所有试剂均用无 RNA 酶污染的容器（用 DEPC 水处理后高压灭菌）分装。

氯仿；

异丙醇：−20℃预冷；

PBS：（121±2）℃，15 分钟高压灭菌冷却后，无菌条件下加入青霉素、链霉素各 10 000U/ml；

75%乙醇：用新开启的无水乙醇和 DEPC 水（符合 GB 6682 要求）配制，−20℃预冷。

禽流感病毒通用型荧光 RT-PCR 检测试剂盒：组成、功能及使用注意事项见附录。

2　抽样

2.1　采样工具

下列采样工具必须经（121±2）℃，15 分钟高压灭菌并烘干：

棉拭子、剪刀、镊子、注射器、1.5ml Eppendorf 管、研钵。

2.2 样品采集

①活禽

取咽喉拭子和泄殖腔拭子，采集方法如下：

取咽喉拭子时将拭子深入喉头口及上颚裂来回刮 3～5 次取咽喉分泌液；

取泄殖腔拭子时将拭子深入泄殖腔转一圈并蘸取少量粪便；

将拭子一并放入盛有 1.0ml PBS 的 1.5ml Eppendorf 管中，加盖、编号。

②肌肉或组织脏器

待检样品装入一次性塑料袋或其他灭菌容器，编号，送实验室。

③血清、血浆

用无菌注射器直接吸取至无菌 Eppendorf 管中，编号备用。

2.3 样品贮运

样品采集后，放入密闭的塑料袋内（一个采样点的样品，放一个塑料袋），于保温箱中加冰、密封，送实验室。

2.4 样品制备

①咽喉、泄殖腔拭子

样品在混合器上充分混合后，用高压灭菌镊子将拭子中的液体挤出，室温放置 30 分钟，取上清液转入无菌的 1.5ml Eppendorf 管中，编号备用。

②肌肉或组织脏器

取待检样品 2.0g 于洁净、灭菌并烘干的研钵中充分研磨，加 10ml PBS 混匀，4℃，3 000r/分钟离心 15 分钟，取上清液转入无菌的 1.5ml Eppendorf 管中，编号备用。

2.5 样本存放

制备的样本在 2～8℃条件下保存应不超过 24 小时，若需长期保存应置 -70℃以下，但应避免反复冻融（冻融不超过 3 次）。

3 操作方法

3.1 实验室标准化设置与管理

禽流感病毒通用荧光 RT – PCR 检测的实验室规范。

3.2 样本的处理

在样本制备区进行。

（1）取 n 个灭菌的 1.5ml Eppendorf 管，其中，n 为被检样品、阳性对照与阴性对照的和（阳性对照、阴性对照在试剂盒中已标出），编号。

（2）每管加入 600μl 裂解液，分别加入被检样本、阴性对照、阳性对照各 200μl，一份样本换用一个吸头，再加入 200μl 氯仿，混匀器上振荡混匀 5 秒（不能过于强烈，以免产生乳化层，也可以用手颠倒混匀）。于 4℃、12 000r/分钟离心 15 分钟。

（3）取与（1）相同数量灭菌的 1.5ml Eppendorf 管，加入 500μl 异丙醇（－20℃预冷），做标记。吸取本标准（2）各管中的上清液转移至相应的管中，上清液应至少吸取 500μl，不能吸出中间层，颠倒混匀。

（4）于 4℃、12 000r/分钟离心 15 分钟（Eppendorf 管开口保持朝离心机转轴方向放置），小心倒去上清，倒置于吸水纸上，沾干液体（不同样品须在吸水纸不同地方沾干）；加入 600μl 75% 乙醇，颠倒洗涤。

（5）于 4 ℃、12 000 r/分钟离心 10 分钟（Eppendorf 管开口保持朝离心机转轴方向放置），小心倒去上清，倒置于吸水纸上，尽量沾干液体（不同样品须在吸水纸不同地方沾干）。

（6）4 000r/分钟 离心 10 秒（Eppendorf 管开口保持朝离心机转轴方向放置），将管壁上的残余液体甩到管底部，小心倒去上清，用微量加样器将其吸干，一份样本换用一个吸头，吸头不要碰到有沉淀一面，室温干燥 3 分钟，不能过于干燥，以免 RNA 不溶。

（7）加入 11μl DEPC 水，轻轻混匀，溶解管壁上的 RNA，2 000r/分钟离心 5 秒，冰上保存备用。提取的 RNA 须在 2 小时内进行 PCR 扩增；若需长期保存须放置 －70℃冰箱。

3.3　检测

（1）扩增试剂准备

在反应混合物配制区进行。从试剂盒中取出相应的荧光 RT-PCR 反应液、Taq 酶，在室温下融化后，2 000r/分钟离心 5 秒。设所需荧光 RT-PCR 检测总数为 n，其中，n 为被检样品、阳性对照与阴性对照的和，每个样品测试反应体系配制如下：RT-PCR 反应液 15μl，Taq 酶 0.25μl。根据测试样品的数量计算好各试剂的使用量，加入到适当体积中，向其中加入 0.25×n 颗 RT-PCR 反转录酶颗粒，充分混合均匀，向每个荧光 RT-PCR 管中各分装 15μl，转移至样本处理区。

（2）加样

在样本处理区进行。在各设定的荧光 RT-PCR 管中分别加入上述样本处理中制备的 RNA 溶液各 10μl，盖紧管盖，500r/分钟离心 30 秒。

（3）荧光 RT-PCR 检测

在检测区进行。将本标准中离心后的 PCR 管放入荧光 RT-PCR 检测仪内，记录样本摆放顺序。

循环条件设置：第一阶段，反转录 42℃/30 分钟；第二阶段，预变性 92℃/3 分钟；第三阶段，92℃/10 秒，45℃/30 秒，72℃/1 分钟，5 个循环；第四阶段，92℃/10 秒，60℃/30 秒，40 个循环，在第四阶段每个循环的退火延伸时收集荧光。

试验检测结束后，根据收集的荧光曲线和 Ct 值判定结果。

4　结果判定

4.1　结果分析条件设定

直接读取检测结果。阈值设定原则根据仪器噪声情况进行调整，以阈值线刚好超过正常阴性样品扩增曲线的最高点为准。

4.2　质控标准

（1）阴性对照无 Ct 值并且无扩增曲线。

（2）阳性对照的 Ct 值应 <28.0，并出现典型的扩增曲线。否则，此次实验视为无效。

4.3 结果描述及判定

（1）阴性

无 Ct 值并且无扩增曲线，表示样品中无禽流感病毒。

（2）阳性

Ct 值≤30，且出现典型的扩增曲线，表示样品中存在禽流感病毒。

（3）有效原则

Ct＞30 的样本建议重做。重做结果无 Ct 值者为阴性，否则为阳性。

附录　试剂盒的组成

1　试剂盒组成

每个试剂盒可做 48 个检测，包括以下成分：

裂解液 30ml×1 盒

DEPC 水 1ml×1 管

RT-PCR 反应液（内含禽流感病毒的引物、探针）750 μl×1 管

RT-PCR 酶 1 颗/管×12 管

Taq 酶 12 μl×1 管

阴性对照 1ml×1 管

阳性对照（非感染性体外转录 RNA）1ml×1 管

2　说明

2.1　裂解液的主要成分为异硫氰酸胍和酚，为 RNA 提取试剂，外观为红色液体，于 4℃保存。

2.2　DEPC 水，用 1% DEPC 处理后的去离子水，用于溶解 RNA。

2.3　RT-PCR 反应液中含有特异性引物、探针及各种离子。

3　功能

试剂盒可用于禽类相关样品（包括肌肉组织、脏器、咽喉拭子、泄殖腔拭子、血清或血浆等）中禽流感病毒的检测。

4　使用时的注意事项

4.1　在检测过程中，必须严防不同样品间的交叉污染。

4.2　反应液分装时应避免产生气泡，上机前检查各反应管是否盖紧，以免荧光物质泄露污染仪器。

RT-PCR 酶颗粒极易吸潮失活，必须在室温条件下置于干燥器内保存，使用时取出所需数量，剩余部分立即放回干燥器中。

附件7 样品采集、保存和运输

活禽病料应包括气管和泄殖腔拭子，最好是采集气管拭子。小珍禽用拭子取样易造成损伤，可采集新鲜粪便。死禽采集气管、脾、肺、肝、肾和脑等组织样品。

将每群采集的 10 份棉拭子，放在同一容器内，混合为一个样品；容器中放有含有抗生素的 pH 值为 7.0～7.4 的 PBS 液。抗生素的选择视当地情况而定，组织和气管拭子悬液中应含有青霉素（2 000IU/ml）、链霉素（2mg/ml），庆大霉素（50μg/ml），制霉菌素（1 000IU/ml）。但粪便和泄殖腔拭子所有的抗生素浓度应提高 5 倍。加入抗生素后 pH 值应调至 7.0～7.4。

样品应密封于塑料袋或瓶中，置于有制冷剂的容器中运输，容器必须密封，防止渗漏。

样品若能在 24 小时内送到实验室，冷藏运输。否则，应冷冻运输。

若样品暂时不用，则应冷冻（最好 –70℃或以下）保存。

附件7 样品采集、保存和运输

采 样 单

样品名称			
样品编号			
采样基数		采样数量	
采样日期		保存情况	冷冻（藏）
被采样单位			
通讯地址			
联系电话		邮 编	

被采样单位盖章或签名	采样单位盖章 采样人签名
年 月 日	年 月 日

备注：（如禽流感的免疫情况以及 20 天内是否进行过其他免疫注射或异常刺激）

此单一式三份，第一联存根，第二联随样品，第三联由被采样单位保存

附件8 消毒技术规范

1 设备和必需品

1.1 清洗工具：扫帚、叉子、铲子、锹和冲洗用水管。

1.2 消毒工具：喷雾器、火焰喷射枪、消毒车辆、消毒容器等。

1.3 消毒剂：清洁剂、醛类、强碱、氯制剂类等合适的消毒剂。

1.4 防护装备：防护服、口罩、胶靴、手套、护目镜等。

2 圈舍、场地和各种用具的消毒

2.1 对圈舍及场地内外采用喷洒消毒液的方式进行消毒，消毒后对污物、粪便、饲料等进行清理；清理完毕再用消毒液以喷洒方式进行彻底消毒，消毒完毕后再进行清洗；不易冲洗的圈舍清除废弃物和表土，进行堆积发酵处理。

2.2 对金属设施设备，可采取火焰、熏蒸等方式消毒；木质工具及塑料用具采取用消毒液浸泡消毒；工作服等采取浸泡或高温高压消毒。

3 疫区内可能被污染的场所应进行喷洒消毒。

4 污水沟、水塘可投放生石灰或漂白粉。

5 运载工具清洗消毒

5.1 在出入疫点、疫区的交通路口设立消毒站点，对所有可能被污染的运载工具应当严格消毒。

5.2 从车辆上清理下来的废弃物按无害化处理。

6 疫点每天消毒1次连续1周，1周以后每两天消毒1次。疫区内疫点以外的区域每两天消毒1次。

附件9　扑杀方法

1　窒息

先将待扑杀禽装入袋中，置入密封车或其他密封容器，通入二氧化碳窒息致死；或将禽装入密封袋中，通入二氧化碳窒息致死。

2　扭颈

扑杀量较小时采用。根据禽只大小，一手握住头部，另一手握住体部，朝相反方向扭转拉伸。

3　其他

可根据本地情况，采用其他能避免病原扩散的致死方法。

扑杀人员的防护符合 NY/T 768《高致病性禽流感人员防护技术规范》的要求。

附件10　无害化处理

所有病死禽、被扑杀禽及其产品、排泄物以及被污染或可能被污染的垫料、饲料和其他物品应当进行无害化处理。清洗所产生的污水、污物进行无害化处理。

无害化处理可以选择深埋、焚烧或高温高压等方法，饲料、粪便可以发酵处理。

1　深埋

1.1　选址

应当避开公共视线，选择地表水位低、远离学校、公共场所、居民住宅区、动物饲养场、屠宰场及交易市场、村庄、饮用水源地、河流等的地域。位置和类型应当有利于防洪。

1.2　坑的覆盖土层厚度应大于1.5m，坑底铺垫生石灰，覆盖土以前再撒一层生石灰。

1.3　禽类尸体置于坑中后，浇油焚烧，然后用土覆盖，与周围持平。填土不要太实，以免尸腐产气造成气泡冒出和液体渗漏。

1.4　饲料、污染物等置于坑中，喷洒消毒剂后掩埋。

2　工厂化处理

将所有病死牲畜、扑杀牲畜及其产品密封运输至无害化处理厂，统一实施无害化处理。

3　发酵

饲料、粪便可在指定地点堆积，密封彻底发酵，表面应进行消毒。

4　无害化处理应符合环保要求，所涉及的运输、装卸等环节应避免洒漏，运输装卸工具要彻底消毒。

附件 11　高致病性禽流感流行病学调查规范

1　范围

本标准规定了发生高致病性禽流感疫情后开展的流行病学调查技术要求。

本标准适用于高致病性禽流感暴发后的最初调查、现地调查和追踪调查。

2　规范性引用文件

下列文件中的条款通过本标准的引用而成为本标准的条款。凡是注日期的引用文件，其随后所有的修改单位（不包括勘误的内容）或修订版均不适用于本标准。鼓励根据本标准达成协议的各方研究可以使用这些文件的最新版本。凡是不注日期的引用文件，其最新版本适用于本标准。

NY 764　高致病性禽流感疫情判定及扑灭技术规范

NY/T 768　高致病性禽流感人员防护技术规范

3　术语和定义

3.1　最初调查

兽医技术人员在接到养禽场/户怀疑发生高致病性禽流感的报告后，对所报告的养禽场/户进行的实地考察以及对其发病情况的初步核实。

3.2　现地调查

兽医技术人员或省级、国家级动物流行病学专家对所报告的高致病性禽流感发病场/户的场区状况、传染来源、发病禽品种与日龄、发病时间与病程、发病率与病死率以及发病禽舍分布等所作的现场调查。

3.3　跟踪调查

在高致病性禽流感暴发及扑灭前后，对疫点的可疑带毒人员、病死禽及其产品和传播媒介的扩散趋势、自然宿主发病和带毒情况的调查。

4　最初调查

4.1　目的

核实疫情、提出对疫点的初步控制措施，为后续疫情确诊和现地调查提供依据。

4.2　组织与要求

4.2.1　动物防疫监督机构接到养禽场/户怀疑发病的报告后，应立即指派2名以上兽医技术人员，携必要的器械、用品和采样用容器，在24小时以内尽快赶赴现场，核实发病情况。

4.2.2　被派兽医技术人员至少3天内没有接触过高致病性禽流感病禽及其污染物，按NY/T 768要求做好个人防护。

4.3　内容

4.3.1　调查发病禽场的基本状况、病史、症状以及环境状况4个方面，完成最初调查表（见附录A）。

4.3.2　认真检查发病禽群状况，根据NY 764做出是否发生高致病性禽流感的初步判断。

4.3.3　若不能排除高致病性禽流感，调查人员应立即报告当地动物防疫监督机构并建议提请省级/国家级动物流行病学专家作进一步诊断，并应配合做好后续采样、诊断和疫情扑灭工作；

4.3.4　实施对疫点的初步控制措施，禁止家禽、家禽产品和可疑污染物品从养禽场/户运出，并限制人员流动；

4.3.5　画图标出疑病禽场/户周围10km以内分布的养禽场、道路、河流、山岭、树林、人工屏障等，连同最初调查表一同报告当地动物防疫监督机构。

5　现地调查

5.1　目的

在最初调查无法排除高致病性禽流感的情况下，对报告养禽场/户作进一步的诊断和调查，分析可能的传染来源、传播方式、传播途径以及影响疫情控制和扑灭的环境和生态因素，为控制和扑灭疫情提供技术依据。

5.2　组织与要求

5.2.1　省级动物防疫监督机构接到怀疑发病报告后，应立即派遣流行病学专家配备必要的器械和用品于 24h 内赴现场，作进一步诊断和调查。

5.2.2　被派兽医技术人员应遵照 4.2.2 的要求。

5.3　内容

5.3.1　在地方动物防疫监督机构技术人员初步调查的基础上，对发病养禽场/户的发病情况、周边地理地貌、野生动物分布、近期家禽、产品、人员流动情况等开展进一步的调查，分析传染来源、传播途径以及影响疫情控制和消灭的环境和生态因素。

5.3.2　尽快完成流行病学现地调查表（见附录 B）并提交省和地方动物防疫监督机构。

5.3.3　与地方动物防疫监督机构密切配合，完成病料样品的采集、包装及运输等诊断事宜。

5.3.4　对所发疫病作出高致病性禽流感诊断后，协助地方政府和地方动物防疫监督机构扑灭疫情。

6　跟踪调查

6.1　目的

追踪疫点传染源和传播媒介的扩散趋势、自然宿主的发病和带毒情况，为可能出现的公共卫生危害提供预警预报。

6.2　组织

当地流行病学调查人员在省级或国家级动物流行病学专家指导下对有关人员、可疑感染家禽、可疑污染物品和带毒宿主进行追踪调查。

6.3　内容

6.3.1　追踪出入发病养禽场/户的有关工作人员和所有家禽、禽产品及有关物品的流动情况，并对其作适当的隔离观察和控制措施，严防疫情扩散。

6.3.2 对疫点、疫区的家禽、水禽、猪、留鸟、候鸟等重要疫源宿主进行发病情况调查，追踪病毒变异情况。

6.3.3 完成跟踪调查表（见附录 C）并提交本次暴发疫情的流行病学调查报告。

附录 A　高致病性禽流感流行病学最初调查表

任　务　编　号：		国标码：	
调查者姓名：		电　话：	
场/户主姓名：		电　话：	
场/户　名称		邮　编：	
场/户地址			
饲养品种			
饲养数量			
场址地形 环境描述			
发病时 天气状况	温度		
	干旱/下雨		
	主风向		
场区条件	□进场要洗澡更衣　□进生产区要换胶靴　□场舍门口有消毒池　□供料道与出粪道分开		
污水排向	□附近河流　□农田沟渠　□附近村庄　□野外湖区 □野外水塘　□野外荒郊　□其他		
过去一年曾 发生的疫病	□低致病性禽流感　□鸡新城疫　□马立克氏病　□禽白血病　□鸡传染性喉气管炎　□鸡传染性贫血　□鸡传染性支气管炎　□鸡传染性发氏囊病		
本次典型 发病情况	□急性发病死亡　□脚鳞出血　□鸡冠出血或发绀、头部水肿　□肌肉和其他组织器官广泛性严重出血　□神经症状　□绿色稀便　□其他（请填写）：		
疫情核实结论	□不能排除高致病性禽流感　□排除高致病性禽流感		
调查人员签字：		时间：	

附录 B　高致病性禽流感现场调查表

疫情类型　（1）确诊　（2）疑似　（3）可疑

B1　疫点易感禽与发病禽现场调查

B1.1　最早出现发病时间：　　　年　　月　　　日时，

发病数：　只，死亡数：　　只，圈舍（户）编号：。

B1.2　禽群发病情况：

圈舍（户）编号	家禽品种	日龄	发病日期	发病数	开始死亡日期	死亡数

B1.3　袭击率：

计算公式：袭击率 =（疫情暴发以来发病禽数÷疫情暴发开始时易感禽数）×100%

B2　可能的传染来源调查

B2.1　发病前30天内，发病禽舍是否新引进了家禽？

（1）是　　　　　　（2）否

引进禽品种	引进数量	混群情况＊	最初混群时间	健康状况	引进时间	来源

＊ 混群情况为：（1）同舍（户）饲养（2）邻舍（户）饲养（3）饲养于本场（村）隔离场，隔离场（舍）人员应单独隔离

B2.2　发病前30天内发病禽场/户是否有野鸟栖息或捕获鸟？
（1）是　　　　　　　（2）否

鸟名	数量	来源	鸟停留地点＊	鸟病死数量	与禽畜接触频率＊＊

＊ 停留地点：包括禽场（户）内建筑场上、树上、存料处及料槽等；

＊＊ 接触频率：指鸟与停留地点的接触情况，分为每天、数次、仅一次。

B2.3　发病前30天内是否运入可疑的被污染物品（药品）？
（1）是　　　　　　　（2）否

物品名称	数　量	经过或存放地	运入后使用情况

B2.4　最近30天内是否有场外有关业务人员来场？

（1）无　　（2）有，请写出访问者姓名、单位、访问日期，并注明是否来自疫区。

来访人	来访日期	来访人职业/电话	是否来自疫区

B2.5　发病场（户）是否靠近其他养禽场及动物集散地？

（1）是　　　　　　　　　（2）否

B2.5.1　与发病场的相对地理位置＿＿＿＿＿＿＿＿＿。

B2.5.2　与发病场的距离＿＿＿＿＿＿＿＿＿。

B2.5.3　其大致情况＿＿＿＿＿＿＿＿＿。

B2.6　发病场周围 10km 以内是否有下列动物群？

B2.6.1　猪，＿＿＿＿＿＿＿＿＿。

B2.6.2　野禽，具体禽种：＿＿＿＿＿＿＿＿＿。

B2.6.3　野水禽，具体禽种：＿＿＿＿＿＿＿＿＿。

B2.6.4　田鼠、家鼠：＿＿＿＿＿＿＿＿＿。

B2.6.5　其他：＿＿＿＿＿＿＿＿＿。

B2.7　在最近 25～30 天内本场周围 10km 有无禽发病？（1）无；（2）有。请回答：

B2.7.1　发病日期：＿＿＿＿＿＿＿＿＿。

B2.7.2　病禽数量和品种：＿＿＿＿＿＿＿＿＿。

B2.7.3　确诊/疑似诊断疾病：＿＿＿＿＿＿＿＿＿。

B2.7.4　场主姓名：＿＿＿＿＿＿＿＿＿。

B2.7.5　发病地点与本场相对位置、距离：＿＿＿＿＿＿＿＿＿。

B2.7.6 投药情况：_____。

B2.7.7 疫苗接种情况：_____。

B2.8 场内是否有职员住在其他养殖场/养禽村？

（1）无；（2）有。

B2.8.1 该农场所处的位置：_____。

B2.8.2 该场养禽的数量和品种：_____。

B2.8.3 该场禽的来源及去向：_____。

B2.8.4 职员拜访和接触他人地点：_____。

B3 在发病前 30 天是否有饲养方式/管理的改变？

（1）无；（2）有。

B4 发病场（户）周围环境情况，_____。

B4.1 静止水源——沼泽、池塘或湖泊：（1）是；（2）否。

B4.2 流动水源——灌溉用水、运河水、河水：（1）是；（2）否。

B4.3 断续灌溉区——方圆 3km 内无水面：（1）是；（2）否。

B4.4 最近发生过洪水：（1）是；（2）否。

B4.5 靠近公路干线：（1）是；（2）否。

B4.6 靠近山溪或森（树）林：（1）是；（2）否。

B5 该养禽场/户地势类型属于：

（1）盆地；（2）山谷；（3）高原；（4）丘陵；（5）平原；（6）山区。

（7）其他（请注明）_____。

B6 饮用水及冲洗用水情况

B6.1 饮水类型：

（1）自来水；（2）浅井水；（3）深井水；（4）河塘水；（5）其他。

B6.2 冲洗水类型：

（1）自来水；（2）浅井水；（3）深井水；（4）河塘水；（5）其他。

B7　发病养禽场/户高致病性禽流感疫苗免疫情况：

（1）免疫；（2）不免疫。

B7.1　疫苗生产厂家＿＿＿＿＿＿＿＿＿＿。

B7.2　疫苗品种、批号＿＿＿＿＿＿＿＿＿＿。

B7.3　被免疫鸡数量＿＿＿＿＿＿＿＿＿＿。

B8　受威胁区免疫禽群情况

B8.1　免疫接种一个月内禽只发病情况：

（1）未见发病；（2）发病，发病率＿＿＿＿＿＿＿＿＿＿。

B8.2　异源亚型血清学检测和病原学检测

标本类型	采样时间	检测项目	检测方法	结果

注：标本类型包括鼻咽、脾淋内脏、血清及粪便等。

B9　解除封锁后是否使用岗哨动物

（1）否；（2）是。简述结果＿＿＿＿＿＿＿＿＿＿。

B10　最后诊断情况：

B10.1　确诊 HPAI，确诊单位＿＿＿＿＿＿＿＿＿＿。

B10.2　排除，其他疫病名称＿＿＿＿＿＿＿＿＿＿。

B11　疫情处理情况

B11.1　发病禽群及其周围 3km 以内所有家禽全部扑杀：

（1）是；（2）否。扑杀范围：＿＿＿＿＿＿＿＿＿＿。

B11.2　疫点周围 3～5km 内所有家禽全部接种疫苗

（1）是；（2）否。

所用疫苗的病毒亚型：＿＿＿＿＿＿＿＿＿厂家＿＿＿＿＿＿＿＿＿。

附录 C 高致病性禽流感跟踪调查表

C1 在发病养禽场/户出现第 1 个病例前 21 天至该场被控制期间出场的（A）有关人员，（B）动物/产品/排泄废弃物，（C）运输工具/物品/饲料/原料，（D）其他（请标出）＿＿＿＿＿＿，养禽场被隔离控制日期＿＿＿＿＿＿。

出场日期	出场人/物（A/B/C/D）	运输工具	人/承运人姓名/电话	目的地/电话

C2 在发病养禽场/户出现第 1 个病例前 21 天至该场被隔离控制期间，是否有家禽、车辆和人员进出家禽集散地？（家禽集散地包括展览场所、农贸市场、动物产品仓库、拍卖市场、动物园等。）（1）无；（2）有。

请填写下表，追踪可能污染物，做限制或消毒处理。

出入日期	出场人/物	运输工具	人/承运人姓名/电话	相对方位/距离

注：家禽集散地包括展览场所、农贸市场、动物产品仓库、拍卖市场、动物园等

C3　列举在发病养禽场/户出现第 1 个病例前 21 天至该场被隔离控制期间出场的工作人员（如送料员、雌雄鉴别人员、销售人员、兽医等）3 天内接触过的所有养禽场/户，通知被访场家进行防范。

姓名	出场人员	出场日期	访问日期	目的地/电话

C4　疫点或疫区水禽

C4.1　在发病后一个月发病情况

（1）未见发病；（2）发病，发病率_____。

C4.2　异源亚型血清学检测和病原学检测

标本类型	采样时间	检测项目	检测方法	结果

C5　疫点或疫区留鸟

C5.1　在发病后一个月发病情况

（1）未见发病；（2）发病，发病率_____。

C5.2　血清学检测和病原学检测

标本类型	采样时间	检测项目	检测方法	结果

C6　受威胁区猪密切接触的猪只

C6.1　在发病后一个月发病情况

（1）未见发病；（2）发病，发病率_____。

C6.2　血清学和病原学检测、异源亚型血清学检测和病原学检测

标本类型	采样时间	检测项目	检测方法	结果

C7　疫点或疫区候鸟

C7.1　在发病后一个月发病情况

（1）未见发病；（2）发病，发病率＿＿＿＿＿＿＿。

C7.2　血清学检测和病原学检测

标本类型	采样时间	检测项目	检测方法	结果

C8　在该疫点疫病传染期内密切接触人员的发病情况＿＿＿＿＿＿＿。

（1）未见发病

（2）发病，简述情况：

附录 C　高致病性禽流感跟踪调查表

接触人员 姓名	性别	年龄	接触 方式 *	住址或 工作单位	电话 号码	是否发病 及死亡

　　*接触方式：（1）本舍（户）饲养员；（2）非本舍饲养员；（3）本场兽医；（4）收购与运输；（5）屠宰加工；（6）处理疫情的场外兽医；（7）其他接触

附件 12   高致病性禽流感人员防护技术规范

1   范围

本标准规定了对密切接触高致病性禽流感病毒感染或可能感染禽和场的人员的生物安全防护要求。

本标准适用于密切接触高致病性禽流感病毒感染或可能感染禽和场的人员进行生物安全防护。此类人员包括：诊断、采样、扑杀禽鸟、无害化处理禽鸟及其污染物和清洗消毒的工作人员，饲养人员，赴感染或可能感染场进行调查的人员。

2   诊断、采样、扑杀禽鸟、无害化处理禽鸟及其污染物和清洗消毒的人员

2.1   进入感染或可能感染场和无害化处理地点

2.1.1   穿防护服。

2.1.2   戴可消毒的橡胶手套。

2.1.3   戴 N95 口罩或标准手术用口罩。

2.1.4   戴护目镜。

2.1.5   穿胶靴。

2.2   离开感染或可能感染场和无害化处理地点

2.2.1   工作完毕后，对场地及其设施进行彻底消毒。

2.2.2   在场内或处理地的出口处脱掉防护装备。

2.2.3   将脱掉的防护装备置于容器内进行消毒处理。

2.2.4   对换衣区域进行消毒，人员用消毒水洗手。

2.2.5   工作完毕要洗浴。

3   饲养人员

3.1   饲养人员与感染或可能感染的禽鸟及其粪便等污染物品接触前，必须戴口罩、手套和护目镜，穿防护服和胶靴。

3.2　扑杀处理禽鸟和进行清洗消毒工作前，应穿戴好防护物品。

3.3　场地清洗消毒后，脱掉防护物品。

3.4　衣服须用 70℃ 以上的热水浸泡 5 分钟或用消毒剂浸泡，然后再用肥皂水洗涤，于太阳下晾晒。

3.5　胶靴和护目镜等要清洗消毒。

3.6　处理完上述物品后要洗浴。

4　赴感染或可能感染场的人员

4.1　需备物品

口罩、手套、防护服、一次性帽子或头套、胶靴等。

4.2　进入感染或可能感染场

4.2.1　穿防护服。

4.2.2　戴口罩，用过的口罩不得随意丢弃。

4.2.3　穿胶靴，用后要清洗消毒。

4.2.4　戴一次性手套或可消毒橡胶手套。

4.2.5　戴好一次性帽子或头套。

4.3　离开感染或可能感染场

4.3.1　脱个人防护装备时，污染物要装入塑料袋内，置于指定地点。

4.3.2　最后脱掉手套后，手要洗涤消毒。

4.3.3　工作完毕要洗浴，尤其是出入过有禽粪灰尘的场所。

5　健康监测

5.1　所有暴露于感染或可能感染禽和场的人员均应接受卫生部门监测。

5.2　出现呼吸道感染症状的人员应尽快接受卫生部门检查。

5.3　出现呼吸道感染症状人员的家人也应接受健康监测。

5.4　免疫功能低下、60 岁以上和有慢性心脏和肺脏疾病的人员要避免从事与禽接触的工作。

5.5　应密切关注采样、扑杀处理禽鸟和清洗消毒的工作人员和饲养人员的健康状况。

三、新城疫防治技术规范

新城疫（Newcastle Disease，ND），是由副粘病毒科副粘病毒亚科腮腺炎病毒属的禽副粘病毒Ⅰ型引起的高度接触性禽类烈性传染病。世界动物卫生组织（OIE）将其列为必须报告的动物疫病，我国将其列为一类动物疫病。

为预防、控制和扑灭新城疫，依据《中华人民共和国动物防疫法》《重大动物疫情应急条例》《国家突发重大动物疫情应急预案》及有关的法律法规，制定本规范。

1 适用范围

本规范规定了新城疫的诊断、疫情报告、疫情处理、预防措施、控制和消灭标准。

本规范适用于中华人民共和国境内的一切从事禽类饲养、经营和禽类产品生产、经营，以及从事动物防疫活动的单位和个人。

2 诊断

依据本病流行病学特点、临床症状、病理变化、实验室检验等可作出诊断，必要时由国家指定实验室进行毒力鉴定。

2.1 流行特点

鸡、火鸡、鹌鹑、鸽子、鸭、鹅等多种家禽及野禽均易感，各种日龄的禽类均可感染。非免疫易感禽群感染时，发病率、死亡率可高达90%以上；免疫效果不好的禽群感染时症状不典型，发病率、死亡率较低。

本病传播途径主要是消化道和呼吸道。传染源主要为感染禽及其粪便和口、鼻、眼的分泌物。被污染的水、饲料、器械、器具和带毒的野生飞禽、昆虫及有关人员等均可成为主要的传播媒介。

2.2 临床症状

2.2.1 本规范规定本病的潜伏期为21天。

临床症状差异较大，严重程度主要取决于感染毒株的毒力、免疫状态、感染途径、品种、日龄、其他病原混合感染情况及环境因素等。根据病毒感染禽所表现临床症状的不同，可将新城疫病毒分为 5 种致病型：

嗜内脏速发型（Viscerotropic velogenic）：以消化道出血性病变为主要特征，死亡率高；

嗜神经速发型（Neurogenic Velogenic）：以呼吸道和神经症状为主要特征，死亡率高；

中发型（Mesogenic）：以呼吸道和神经症状为主要特征，死亡率低；

缓发型（Lentogenic or respiratory）：以轻度或亚临床性呼吸道感染为主要特征；

无症状肠道型（Asymptomatic enteric）：以亚临床性肠道感染为主要特征。

2.2.2　典型症状

2.2.2.1　发病急、死亡率高；

2.2.2.2　体温升高、极度精神沉郁、呼吸困难、食欲下降；

2.2.2.3　粪便稀薄，呈黄绿色或黄白色；

2.2.2.4　发病后期可出现各种神经症状，多表现为扭颈、翅膀麻痹等。

2.2.2.5　在免疫禽群表现为产蛋下降。

2.3　病理学诊断

2.3.1　剖检病变

2.3.1.1　全身黏膜和浆膜出血，以呼吸道和消化道最为严重；

2.3.1.2　腺胃黏膜水肿，乳头和乳头间有出血点；

2.3.1.3　盲肠扁桃体肿大、出血、坏死；

2.3.1.4　十二指肠和直肠黏膜出血，有的可见纤维素性坏死病变；

2.3.1.5　脑膜充血和出血；鼻道、喉、气管黏膜充血，偶有出血，肺可见淤血和水肿。

2.3.2　组织学病变

2.3.2.1　多种脏器的血管充血、出血，消化道黏膜血管充血、出血，喉气管、支气管黏膜纤毛脱落，血管充血、出血，有大量淋巴细胞浸润；

2.3.2.2　中枢神经系统可见非化脓性脑炎，神经元变性，血管周围有淋巴细胞和胶质细胞浸润形成的血管套。

2.4　实验室诊断

实验室病原学诊断必须在相应级别的生物安全实验室进行。

2.4.1　病原学诊断

病毒分离与鉴定（见 GB 16550、附件 1）

2.4.1.1　鸡胚死亡时间（MDT）低于 90h；

2.4.1.2　采用脑内接种致病指数测定（ICPI），ICPI 达到 0.7 以上者；

2.4.1.3　F 蛋白裂解位点序列测定试验，分离毒株 F1 蛋白 N 末端 117 位为苯丙酸氨酸（F），F2 蛋白 C 末端有多个碱性氨基酸的；

2.4.1.4　静脉接种致病指数测定（IVPI）试验，IVPI 值为 2.0 以上的。

2.4.2　血清学诊断

微量红细胞凝集抑制试验（HI）（参见 GB 16550）。

2.5　结果判定

2.5.1　疑似新城疫

符合 2.1 和临床症状 2.2.2.1，且至少有临床症状 2.2.2.2、2.2.2.3、2.2.2.4、2.2.2.5 或/和剖检病变 2.3.1.1、2.3.1.2、2.3.1.3、2.3.1.4、2.3.1.5 或/和组织学病变 2.3.2.1、2.3.2.2 之一的，且能排除高致病性禽流感和中毒性疾病的。

2.5.2　确诊

非免疫禽符合结果判定 2.5.1，且符合血清学诊断 2.4.2 的；或符合病原学诊断 2.4.1.1、2.4.1.2、2.4.1.3、2.4.1.4 之一的；

免疫禽符合结果 2.5.1，且符合病原学诊断 2.4.1.1、2.4.1.2、2.4.1.3、2.4.1.4 之一的。

3 疫情报告

3.1 任何单位和个人发现患有本病或疑似本病的禽类，都应当立即向当地动物防疫监督机构报告。

3.2 当地动物防疫监督机构接到疫情报告后，按国家动物疫情报告管理的有关规定执行。

4 疫情处理

根据流行病学、临床症状、剖检病变，结合血清学检测做出的临床诊断结果可作为疫情处理的依据。

4.1 发现可疑新城疫疫情时，畜主应立即将病禽（场）隔离，并限制其移动。动物防疫监督机构要及时派员到现场进行调查核实，诊断为疑似新城疫时，立即采取隔离、消毒、限制移动等临时性措施。同时要及时将病料送省级动物防疫监督机构实验室确诊。

4.2 当确诊新城疫疫情后，当地县级以上人民政府兽医主管部门应当立即划定疫点、疫区、受威胁区，并采取相应措施；同时，及时报请同级人民政府对疫区实行封锁，逐级上报至国务院兽医主管部门，并通报毗邻地区。国务院兽医行政管理部门根据确诊结果，确认新城疫疫情。

4.2.1 划定疫点、疫区、受威胁区

由所在地县级以上（含县级）兽医主管部门划定疫点、疫区、受威胁区。

疫点：指患病禽类所在的地点。一般是指患病禽类所在的禽场（户）或其他有关屠宰、经营单位；如为农村散养，应将自然村划为疫点。

疫区：指以疫点边缘外延3km范围内区域。疫区划分时，应注意考虑当地的饲养环境和天然屏障（如河流、山脉等）。

受威胁区：指疫区边缘外延5km范围内的区域。

4.2.2 封锁

由县级以上兽医主管部门报请同级人民政府决定对疫区实行封锁；人民政府在接到封锁报告后，应立即做出决定，发布封锁令。

4.2.3　疫点、疫区、受威胁区采取的措施

疫点：扑杀所有的病禽和同群禽只，并对所有病死禽、被扑杀禽及其禽类产品按照 GB 16548 规定进行无害化处理；对禽类排泄物、被污染或可能污染饲料和垫料、污水等均需进行无害化处理；对被污染的物品、交通工具、用具、禽舍、场地进行严格彻底消毒；限制人员出入，严禁禽、车辆进出，严禁禽类产品及可能污染的物品运出。

疫区：对疫区进行封锁，在疫区周围设置警示标志，在出入疫区的交通路口设置动物检疫消毒站（临时动物防疫监督检查站），对出入的人员和车辆进行消毒；对易感禽只实施紧急强制免疫，确保达到免疫保护水平；关闭活禽及禽类产品交易市场，禁止易感活禽进出和易感禽类产品运出；对禽类排泄物、被污染饲料、垫料、污水等按国家规定标准进行无害化处理；对被污染的物品、交通工具、用具、禽舍、场地进行严格彻底消毒。

受威胁区：对易感禽只（未免禽只或免疫未达到免疫保护水平的禽只）实施紧急强制免疫，确保达到免疫保护水平；对禽类实行疫情监测和免疫效果监测。

4.2.4　紧急监测

对疫区、受威胁区内的禽群必须进行临床检查和血清学监测。

4.2.5　疫源分析与追踪调查

根据流行病学调查结果，分析疫源及其可能扩散、流行的情况。对可能存在的传染源，以及在疫情潜伏期和发病期间售（运）出的禽类及其产品、可疑污染物（包括粪便、垫料、饲料等）等应当立即开展追踪调查，一经查明立即按照 GB 16548 规定进行无害化处理。

4.2.6　封锁令的解除

疫区内没有新的病例发生，疫点内所有病死禽、被扑杀的同群禽及其禽类产品按规定处理 21 天后，对有关场所和物品进行彻底消毒，经动物防疫监督机构审验合格后，由当地兽医主管部门提出申请，由原发布封锁令的人民政府发布解除封锁令。

4.2.7　处理记录

对处理疫情的全过程必须做好详细的记录（包括文字、图片和影像等），并完整建档。

5　预防

以免疫为主，采取"扑杀与免疫相结合"的综合性防治措施。

5.1　饲养管理与环境控制

饲养、生产、经营等场所必须符合《动物防疫条件审核管理办法》（农业部〔2002〕15 号令）规定的动物防疫条件，并加强种禽调运检疫管理。饲养场实行全进全出饲养方式，控制人员、车辆和相关物品出入，严格执行清洁和消毒程序。

养禽场要设有防止外来禽鸟进入的设施，并有健全的灭鼠设施和措施。

5.2　消毒

各饲养场、屠宰厂（场）、动物防疫监督检查站等要建立严格的卫生（消毒）管理制度。禽舍、禽场环境、用具、饮水等应进行定期严格消毒；养禽场出入口处应设置消毒池，内置有效消毒剂。

5.3　免疫

国家对新城疫实施全面免疫政策。免疫按农业部制定的免疫方案规定的程序进行。

所用疫苗必须是经国务院兽医主管部门批准使用的新城疫疫苗。

5.4　监测

5.4.1　由县级以上动物防疫监督机构组织实施。

5.4.2　监测方法

未免疫区域：流行病学调查、血清学监测，结合病原学监测。

已免疫区域：以病原学监测为主，结合血清学监测。

5.4.3　监测对象：鸡、火鸡、鹅、鹌鹑、鸽、鸭等易感禽类。

5.4.4　监测范围和比例

5.4.4.1　对所有原种、曾祖代、祖代和父母代养禽场，及商品代养禽场每年要进行两次监测；散养禽不定期抽检。

5.4.4.2 血清学监测：原种、曾祖代、祖代和父母代种禽场的监测，每批次按照 0.1% 的比例采样；有出口任务的规模养殖场，每批次按照 0.5% 比例进行监测；商品代养禽场，每批次（群）按照 0.05% 的比例进行监测。每批次（群）监测数量不得少于 20 份。

饲养场（户）可参照上述比例进行检测。

5.4.4.3 病原学监测：每群采 10 只以上禽的气管和泄殖腔棉拭子，放在同一容器内，混合为一个样品进行检测。

5.4.4.4 监测预警

各级动物防疫监督机构对监测结果及相关信息进行风险分析，做好预警预报。

5.4.4.5 监测结果处理

监测结果要及时汇总，由省级动物防疫监督机构定期上报中国动物疫病预防控制中心。

5.5 检疫

5.5.1 按照 GB 16550 执行。

5.5.2 国内异地引入种禽及精液、种蛋时，应取得原产地动物防疫监督机构的检疫合格证明。到达引入地后，种禽必须隔离饲养 21 天以上，并由当地动物防疫监督机构进行检测，合格后方可混群饲养。

从国外引入种禽及精液、种蛋时，按国家有关规定执行。

6 控制和消灭标准

6.1 免疫无新城疫区

6.1.1 该区域首先要达到国家无规定疫病区基本条件。

6.1.2 有定期和快速（翔实）的动物疫情报告记录。

6.1.3 该区域在过去 3 年内未发生过新城疫。

6.1.4 该区域和缓冲带实施强制免疫，免疫密度 100%，所用疫苗必须符合国家兽医主管部门规定的弱毒疫苗（ICPI 小于或等于 0.4）或灭活疫苗。

6.1.5　该区域和缓冲带须具有运行有效的监测体系,过去 3 年内实施疫病和免疫效果监测,未检出 ICPI 大于 0.4 的病原,免疫效果确实。

6.1.6　若免疫无疫区内发生新城疫时,在具备有效的疫情监测条件下,对最后一例病禽扑杀后 6 个月,方可重新申请免疫无新城疫区。

6.1.7　所有的报告、记录等材料翔实、准确和齐全。

6.2　非免疫无新城疫区

6.2.1　该区域首先要达到国家无规定疫病区基本条件。

6.2.2　有定期和快速(翔实)的动物疫情报告记录。

6.2.3　在过去 3 年内没有发生过新城疫,并且在过去 6 个月内,没有进行过免疫接种;另外,该地区在停止免疫接种后,没有引进免疫接种过的禽类。

6.2.4　在该区具有有效的监测体系和监测带,过去 3 年内实施疫病监测,未检出 ICPI 大于 0.4 的病原或新城疫 HI 试验滴度小于 2^3。

6.2.5　当发生疫情后,重新达到无疫区须做到:采取扑杀措施及血清学监测情况下最后一例病例被扑杀 3 个月后,或采取扑杀措施、血清学监测及紧急免疫情况下最后一只免疫禽被屠宰 后 6 个月后重新执行(认定),并达到 6.2.3、6.2.4 的规定。

6.2.6　所有的报告、记录等材料翔实、准确和齐全。

附件1 新城疫病原分离与鉴定

当临床诊断有新城疫发生时，应从发病禽或死亡禽采集病料，进行病原分离、鉴定和毒力测定。

1　样品的采集、保存及运输

1.1　样品采集

1.1.1　采集原则。采集样品时，必须严格按照无菌程序操作。采自于不同发病禽或死亡禽的病料应分别保存和标记。每群至少采集5只发病禽或死亡禽的样品。

1.1.2　样品内容

发病禽：采集气管拭子和泄殖腔拭子（或粪便）；

死亡禽：以脑为主；也可采集脾、肺、气囊等组织。

1.2　样品保存

1.2.1　样品置于样品保存液（0.01M PBS溶液，含抗生素且pH值为7.0～7.4）中，抗生素视样品种类和情况而定。对组织和气管拭子保存液应含青霉素（1 000IU/ml）、链霉素（1mg/ml），或卡那霉素（50μg/ml）、制霉菌素（1 000IU/ml）；对泄殖腔拭子（或粪便）保存液的抗生素浓度应提高5倍。

1.2.2　采集的样品应尽快处理，如果没有处理条件，样品可在4℃保存4天；若超过4天，需置-20℃保存。

1.3　样品运输

所有样品必须置于密闭容器，并贴有详细标签，以最快捷的方式送检（如：航空快递等）。如果在24小时内无法送达，则应用干冰制冷送检。

1.4　样品采集、保存及运输按照《高致病性动物病原微生物菌（毒）种或者样本运输包装规范》（农业部公告第503号）

执行。

2 病毒分离与鉴定

2.1 病毒分离与鉴定：按照 GB 16550 附录 A3.3、A4.1、A4.2 进行。

2.2 病原毒力测定

2.2.1 最小病毒致死量引起鸡胚死亡平均时间（MDT）测定试验

按照 GB 16550 附录 A4.3 进行；

依据 MDT 可将 NDV 分离株分为强毒力型（死亡时间≤60 小时）；中等毒力型（60 小时＜死亡时间≤90 小时；温和型（死亡时间＞90 小时）。

2.2.2 脑内致病指数（ICPI）测定试验

收获接种过病毒的 SPF 鸡胚的尿囊液，测定其血凝结＞2^4，将含毒尿囊液用等渗灭菌生理盐水作 10 倍稀释（切忌使用抗生素），将此稀释病毒液以 0.05ml/羽脑内接种出壳 24～40 小时的 SPF 雏鸡 10 只，2 只同样雏鸡 0.05ml/羽接种稀释液作对照（对照鸡不应发病，也不计入试验鸡）。每 24 小时观察一次，共观察 8 天。每次观察应给鸡打分，正常鸡记作 0，病鸡记作 1，死鸡记为 2（死亡鸡在其死后的每日观察结果都记为 2）。

ICPI 值 = 每只鸡在 8 天内所有分值之和/（10 只鸡×8 天），如指数为 2.0，说明所有鸡 24 小时内死亡；指数为 0.0，说明 8 天观察期内没有鸡表现临床症状。

当 ICPI 达到 0.7 或 0.7 以上者可判为新城疫中强毒感染。

2.2.3 F 蛋白裂解位点序列测定试验

NDV 糖蛋白的裂解活性是决定 NDV 病原性的基本条件，F 基因裂解位点的核苷酸序列分析，发现在 112～117 位点处，强毒株为 112Arg-Arg-Gln-Lys（或 Arg）-Arg-PHe117；弱毒株为 112Gly-Arg（或 Lys）-Gln- Gly-Arg-Leu117 这是 NDV 致病的分子基础。个别鸽源变异株（PPMV-1）112Gly-Arg-Gln-Lys-Arg-PHe117，但 ICPI 值却较高。因此，在 115、116 位为一对碱性氨基酸和 117 位为苯丙氨酸（PHe）和 113 位为碱性氨基酸是强毒株特有结构。根据对 NDV F 基因 112～117 位的核苷酸序列即可判定其是否为强毒株。（Arg-精氨酸；Gly-甘氨酸；Gln-谷氨酰胺；Leu-亮氨酸；Lys-赖氨酸）。

分离毒株 F1 蛋白 N 末端 117 位为苯丙氨酸（F），F2 蛋白 C 末端有多个碱性氨基酸的可判为新城疫感染。"多个碱性氨基酸"是指 113～116 位至少有 3 个精氨酸或赖氨酸（氨基酸残基是从后 F0 蛋白基因的 N 末端开始计数的，113～116 对应于裂解位点的 -4～-1 位）。

2.2.4　静脉致病指数（IVPI）测定试验

收获接种病毒的 SPF 鸡胚的感染性尿囊液，测定其血凝结 $> 2^4$，将含毒尿囊液用等渗灭菌生理盐水作 10 倍稀释（切忌使用抗生素），将此稀释病毒液以 0.1ml/羽静脉接种 10 只 6 周龄的 SPF 鸡，2 只同样鸡只接种 0.1ml 稀释液作对照（对照鸡不应发病，也不计入试验鸡）。每 24 小时观察一次，共观察 10 天。每次观察后给试验鸡打分，正常鸡记作 0，病鸡记作 1，瘫痪鸡或出现其他神经症状记作 2，死亡鸡记 3（每只死亡鸡在其死后的每日观察中仍记 3）。

IVPI 值＝每只鸡在 10 天内所有数字之和／（10 只鸡×10 天），如指数为 3.00，说明所有鸡 24 小时内死亡；指数为 0.00，说明 10 天观察期内没有鸡表现临床症状。

IVPI 达到 2.0 或 2.0 以上者可判为新城疫中强毒感染。

附件2 消 毒

1 消毒前的准备

1.1 消毒前必须清除有机物、污物、粪便、饲料、垫料等;

1.2 消毒药品必须选用对新城疫病毒有效的,如烧碱、醛类、氧化剂类、氯制剂类、双季铵盐类等;

1.3 备有喷雾器、火焰喷射枪、消毒车辆、消毒防护用具(如口罩、手套、防护靴等)、消毒容器等;

1.4 注意消毒剂不可混用(配伍禁忌)。

2 消毒范围

禽舍地面及内外墙壁,舍外环境;饲养、饮水等用具,运输等设施设备以及其他一切可能被污染的场所和设施设备。

3 消毒方法

3.1 金属设施设备的消毒,可采取火焰、熏蒸等方法消毒;

3.2 棚舍、场地、车辆等,可采用消毒液清洗、喷洒等方法消毒;

3.3 养禽场的饲料、垫料等,可采取深埋发酵处理或焚烧等方法消毒;

3.4 粪便等可采取堆积密封发酵或焚烧等方法消毒;

3.5 饲养、管理人员可采取淋浴等方法消毒;

3.6 衣、帽、鞋等可能被污染的物品,可采取浸泡、高压灭菌等方法消毒;

3.7 疫区范围内办公室、饲养人员的宿舍、公共食堂等场所,可采用喷洒的方法消毒;

3.8 屠宰加工、贮藏等场所以及区域内池塘等水域的消毒可采取相应的方法进行,并避免造成有害物质的污染。

四、传染性法氏囊病防治技术规范

传染性法氏囊病（Infectious Bursal Disease，IBD），又称甘布罗病（Gumboro Disease）、传染性腔上囊炎，是由双 RNA 病毒科禽双 RNA 病毒属病毒引起的一种急性、高度接触性和免疫抑制性的禽类传染病。我国将其列为二类动物疫病。

为预防、控制和消灭传染性法氏囊病，依据《中华人民共和国动物防疫法》和其他相关法律法规，制定本规范。

1 适用范围

本规范规定了传染性法氏囊病的诊断技术、疫情报告、疫情处理、预防措施、控制和消灭标准。

本规范适用于中华人民共和国境内的一切从事禽类饲养、经营和禽类产品生产、经营，以及从事动物防疫活动的单位和个人。

2 诊断

依据流行病学、临床症状和病理变化等作出初步诊断，确诊需要进行病毒分离或免疫学试验。

2.1 流行特点

主要感染鸡和火鸡，鸭、珍珠鸡、鸵鸟等也可感染。火鸡多呈隐性感染。在自然条件下，3~6 周龄鸡最易感。本病在易感鸡群中发病率在 90% 以上，甚至可达 100%，死亡率一般为 20%~30%。与其他病原混合感染时或超强毒株流行时，死亡率可达 60%~80%。

本病流行特点是无明显季节性、突然发病、发病率高、死亡曲线呈尖峰式；如不死亡，发病鸡多在 1 周左右康复。

本病主要经消化道、眼结膜及呼吸道感染。在感染后 3~11 天之间排毒达到高峰。由于该病毒耐酸、耐碱，对紫外线有抵抗力，在鸡舍中可存活 122 天，在受污染饲料、饮水和粪便中 52 天仍有感染性。

2.2　临床症状

本规范规定本病的潜伏期一般为 7 天。

临床表现为昏睡、呆立、翅膀下垂等症状；病禽以排白色水样稀便为主，泄殖腔周围羽毛常被粪便污染。

2.3　病理变化

2.3.1　剖检病变：感染发生死亡的鸡通常呈现脱水，胸部、腹部和腿部肌肉常有条状、斑点状出血，死亡及病程后期的鸡肾肿大，尿酸盐沉积。

法氏囊先肿胀、后萎缩。在感染后 2～3 天，法氏囊呈胶冻样水肿，体积和重量会增大至正常的 1.5～4 倍；偶尔可见整个法氏囊广泛出血，如紫色葡萄；感染 5～7 天后，法氏囊会逐渐萎缩，重量为正常的 1/5～1/3，颜色由淡粉红色变为蜡黄色；但法氏囊病毒变异株可在 72 小时内引起法氏囊的严重萎缩。感染 3～5 天的法氏囊切开后，可见有多量黄色黏液或奶油样物，黏膜充血、出血，并常见有坏死灶。

感染鸡的胸腺可见出血点；脾脏可能轻度肿大，表面有弥漫性的灰白色的病灶。

2.3.2　组织学病变：主要是法氏囊、脾脏、哈德逊氏腺和盲肠扁桃体内的淋巴组织的变性和坏死。

2.4　实验室诊断

2.4.1　病原分离鉴定（见 GB 19167）

2.4.2　免疫学诊断

琼脂凝胶免疫扩散试验、病毒血清微量中和试验、酶联免疫吸附试验（见 GB 19167）

3　疫情报告

3.1　任何单位和个人发现患有本病或疑似本病的禽类，都应当立即向当地动物防疫监督机构报告。

3.2　当地动物防疫监督机构接到疫情报告后，按国家动物疫情报告管理的有关规定执行。

4　疫情处理

根据流行病学特点、临床症状、剖检病变，结合血清学检测做出的诊断结果可作为疫情处理的依据。

4.1　发现疑似传染性法氏囊病疫情时，养殖户应立即将病禽（场）隔离，并限制其移动。当地动物防疫监督机构要及时派员到现场进行调查核实，包括流行病学调查、临床症状检查、病理解剖、采集病料、实验室诊断等，根据诊断结果采取相应措施。

4.2　当疫情呈散发时，须对发病禽群进行扑杀和无害化处理（按照 GB 16548 进行）。同时，对禽舍和周围环境进行消毒（附件1），对受威胁禽群进行隔离监测。

4.3　当疫情呈暴发时按照以下要求处理

4.3.1　划定疫点、疫区、受威胁区

由所在地县级以上（含县级）兽医主管部门划定疫点、疫区、受威胁区。

疫点：指患病禽类所在的地点。一般是指患病禽类所在的禽场（户）或其他有关屠宰、经营单位；如为农村散养，应将自然村划为疫点。

疫区：指疫点外延 3km 范围内区域。疫区划分时，应注意考虑当地的饲养环境和天然屏障（如河流、山脉等）。

受威胁区：指疫区外延 5km 范围内的区域。

4.3.2　封锁

由县级以上（含县级）畜牧兽医行政主管部门报请同级人民政府决定对疫区实行封锁；人民政府在接到封锁申请报告后，应在24 小时内发布封锁令，对疫区进行封锁，并采取下列处理措施：

疫点：出入口必须有消毒设施。严禁人、禽、车辆的进出和禽类产品及可能受污染的物品运出，在特殊情况下必须出入时，须经所在地动物防疫监督机构批准，经严格消毒后，方可出入。

疫区：交通要道建立临时动物防疫监督检查站，派专人监视动物和动物产品的流动，对进出人员、车辆须进行消毒。停止疫区内禽类及其产品的交易、移动。

4.3.3　扑杀

在动物防疫监督机构的监督指导下，扑杀发病禽群。

4.3.4　无害化处理

对所有病死禽、被扑杀禽及其禽类产品（包括禽肉、蛋、精液、羽、绒、内脏、骨、血等）按照 GB 16548 进行无害化处理；对于禽类排泄物和可能被污染的垫料、饲料等物品均需进行无害化处理。

禽类尸体需要运送时，应使用防漏容器，须有明显标志，并在动物防疫监督机构的监督下实施。

4.3.5　紧急免疫

对疫区和受威胁区内的所有易感禽类进行紧急免疫接种。

4.3.6　消毒

对疫点内禽舍、场地以及所有运载工具、饮水用具等必须进行严格彻底地消毒（见附件1）。

4.3.7　紧急监测

对疫区、受威胁区内禽类实施紧急疫情监测，掌握疫情动态。

4.3.8　疫源分析与追踪调查

根据流行病学调查结果，分析疫源及其可能扩散、流行的情况。

对仍可能存在的传染源以及在疫情潜伏期和发病期间售出的禽类及其产品、可疑污染物（包括粪便、垫料、饲料等）等应立即开展追踪调查，一经查明立即按照 GB 16548 采取就地销毁等无害化处理措施。

4.3.9　封锁令的解除

疫点内所有禽类及其产品按规定处理后，在当地动物防疫监督机构的监督指导下，对有关场所和物品进行彻底消毒。最后一只病禽扑杀 21 天后，经动物防疫监督机构审验合格后，由当地兽医主管部门向原发布封锁令的当地人民政府申请发布解除封锁令。

疫区解除封锁后，要继续对该区域进行疫情监测，6 个月内如未发现新的病例，即可宣布该次疫情被扑灭。

4.3.10　处理记录

对处理疫情的全过程必须做好完整的详细记录，以备检查。

5　预防与控制

实行"以免疫为主"的综合性防治措施。

5.1　加强饲养管理，提高环境控制水平

饲养、生产、经营等场所必须符合《动物防疫条件审核管理办法》（农业部 15 号令）的要求，并须取得动物防疫合格证。

饲养场实行全进全出饲养方式，控制人员出入，严格执行清洁和消毒程序。

5.2　加强消毒管理，做好基础防疫工作

各饲养场、屠宰厂（场）、动物防疫监督检查站等要建立严格的卫生（消毒）管理制度。

5.3　免疫

根据当地流行病史、母源抗体水平、禽群的免疫抗体水平监测结果等合理制定免疫程序、确定免疫时间及使用疫苗的种类，按疫苗说明书要求进行免疫。

必须使用经国家兽医主管部门批准的疫苗。

5.4　监测

由县级以上动物防疫监督机构组织实施。

5.4.1　监测方法

以监测抗体为主。可采取琼脂扩散试验、病毒中和试验方法进行监测。

5.4.2　监测对象

鸡、鸭、火鸡等易感禽类。

5.4.3　监测比例

规模养禽场至少每半年监测一次。父母代以上种禽场、有出口任务养禽场的监测，每批次（群）按照 0.5% 的比例进行监测；商品代养禽场，每批次（群）按照 0.1% 的比例进行监测。每批次（群）监测数量不得少于 20 份。

散养禽以及对流通环节中的交易市场、禽类屠宰厂（场）、异地调入的批量活禽进行不定期的监测。

5.4.4　监测样品

血清或卵黄。

5.4.5　监测结果及处理

监测结果要及时汇总，由省级动物防疫监督机构定期上报至中国动物疫病预防控制中心。监测中发现因使用未经农业部批准的疫苗而造成的阳性结果的禽群，一律按传染性法氏囊病阳性的有关规定处理。

5.5　引种检疫

国内异地引入种禽及其精液、种蛋时，应取得原产地动物防疫监督机构的检疫合格证明。到达引入地后，种禽必须隔离饲养 7 天以上，并由引入地动物防疫监督机构进行检测，合格后方可混群饲养。

附件 消 毒

1 消毒前的准备

1.1 消毒前必须清除污物、粪便、饲料、垫料等有机物物；

1.2 消毒药品必须选用对传染性法氏囊病病毒有效的，如烧碱、醛类、氧化剂类、酚制剂类、氯制剂类、双季铵盐类等。

1.3 备有喷雾器、火焰喷射枪、消毒车辆、消毒防护用具（如口罩、手套、防护靴、防护眼罩、防护服等）、消毒容器等。

1.4 注意消毒剂不可混用。

2 消毒范围

禽舍地面及内外墙壁，舍外环境；饲养、饮水等用具，运输等设施设备以及其他一切可能被污染的场所和设施设备。

3 消毒方法

3.1 金属设施设备的消毒，可采取火焰、熏蒸等方法消毒；

3.2 圈舍、场地、车辆等，可采用消毒液清洗、喷洒等方法消毒；

3.3 养禽场的饲料、粪便、垫料等，可采取深埋发酵处理或焚烧处理等方法消毒；

3.4 饲养、管理等人员可采取淋浴等方法消毒；

3.5 衣帽鞋等可能被污染的物品，可采取浸泡、高压灭菌等方法消毒；

3.6 疫区范围内办公、饲养人员的宿舍、公共食堂等场所，可采用喷洒的方法消毒；

3.7 屠宰加工、贮藏等场所以及区域内池塘等水域的消毒可采取相应的方法进行，并避免造成有害物质的污染。

五、马立克氏病防治技术规范

马立克氏病（Marek's Disease，简称 MD），是由疱疹病毒科 α 亚群马立克氏病病毒引起的，以危害淋巴系统和神经系统，引起外周神经、性腺、虹膜、各种内脏器官、肌肉和皮肤的单个或多个组织器官发生肿瘤为特征的禽类传染病。我国将其列为二类动物疫病。

为预防、控制和消灭马立克氏病，依据《中华人民共和国动物防疫法》和其他相关法律法规，制定本规范。

1 适用范围

本规范规定了马立克氏病的诊断技术、疫情报告、疫情处理和预防措施。

本规范适用于中华人民共和国境内的一切从事禽类饲养、经营和禽类产品生产、经营，以及从事动物防疫活动的单位和个人。

2 诊断

根据流行病学特点、临床症状、病理变化等可作出初步诊断，确诊须进行病原分离鉴定或血清学诊断。

2.1 流行病学

鸡是主要的自然宿主。鹌鹑、火鸡、雉鸡、乌鸡等也可发生自然感染。2 周龄以内的雏鸡最易感。6 周龄以上的鸡可出现临床症状，12～24 周龄最为严重。

病鸡和带毒鸡是最主要的传染源。呼吸道是主要的感染途径，羽毛囊上皮细胞中成熟型病毒可随着羽毛和脱落皮屑散毒。病毒对外界抵抗力很强，在室温下传染性可保持 4～8 个月。

2.2 临床症状

本规范规定本病的潜伏期为 4 个月。

根据临床症状分为 4 个型，即神经型、内脏型、眼型和皮肤型。

神经型：最早症状为运动障碍。常见腿和翅膀完全或不完全麻痹，表现为"劈叉"式、翅膀下垂；嗉囊因麻痹而扩大。

内脏型：常表现极度沉郁，有时不表现任何症状而突然死亡。有的病鸡表现厌食、消瘦和昏迷，最后衰竭而死。

眼　型：视力减退或消失。虹膜失去正常色素，呈同心环状或斑点状。瞳孔边缘不整，严重阶段瞳孔只剩下一个针尖大小的孔。

皮肤型：全身皮肤毛囊肿大，以大腿外侧、翅膀、腹部尤为明显。

本病的病程一般为数周至数月。因感染的毒株、易感鸡品种（系）和日龄不同，死亡率表现为2%～70%。

2.3　病理剖检变化

神经型：常在翅神经丛、坐骨神经丛、坐骨神经、腰间神经和颈部迷走神经等处发生病变，病变神经可比正常神经粗2～3倍，横纹消失，呈灰白色或淡黄色。有时可见神经淋巴瘤。

内脏型：在肝、脾、胰、睾丸、卵巢、肾、肺、腺胃和心脏等脏器出现广泛的结节性或弥漫性肿瘤。

眼　型：虹膜失去正常色素，呈同心环状或斑点状。瞳孔边缘不整，严重阶段瞳孔只剩下一个针尖大小的孔。

皮肤型：常见毛囊肿大，大小不等，融合在一起，形成淡白色结节，在拔除羽毛后尸体尤为明显。

2.4　实验室诊断

2.4.1　病原分离鉴定（见附件1）

2.4.2　病理组织学诊断

主要以淋巴母细胞、大、中、小淋巴细胞及巨噬细胞的增生浸润为主，同时，可见小淋巴细胞和浆细胞的浸润和雪旺氏细胞增生。

2.4.3　免疫学诊断

免疫琼脂扩散试验（见GB/T 18643）。

2.5　鉴别诊断

内脏型马立克氏病的病理变化易与禽白血病（LL）和网状内皮增生症（RE）相混淆，一般需要通过流行病学和病理组织学进行鉴别诊断。

2.5.1 与禽白血病（LL）的鉴别诊断

2.5.1.1 流行病学比较

禽白血病（LL）一般发生于16周龄以上的鸡，并多发生于24~40周龄；且发病率较低，一般不超过5%。MD的死亡高峰一般发生在10~20周龄，发病率较高。

2.5.1.2 病理组织学变化

禽白血病（LL）肿瘤病理组织学变化主要表现为大小一致的淋巴母细胞增生浸润。MD肿瘤细胞主要表现为大小不一的淋巴细胞。

2.5.2 与网状内皮增生症（RE）的鉴别诊断

网状内皮增生症（RE）在不同鸡群感染率差异较大，一般发病率较低。其病理组织学特点是：肿瘤细胞多以未分化的大型细胞为主，肿瘤细胞细胞质较多、核淡染。有些病例也表现为大小不一的淋巴细胞。

现场常见MDV和REV共感染形成的混合型肿瘤，需做病原分离鉴定。

2.6 结果判定

2.6.1 临床诊断为疑似马立克氏病

符合流行病学2.1、临床症状2.2和剖检病变2.3的。

2.6.2 确诊

符合结果判定2.6.1，且符合实验室诊断2.4.1；或符合2.4.2和2.4.3的。

3 疫情报告

3.1 任何单位和个人发现患有本病或疑似本病的禽类，应立即向当地动物防疫监督机构报告。

3.2 当地动物防疫监督机构接到疫情报告后，按国家动物疫情报告管理的有关规定执行。

4 疫情处理

根据流行病学特点、临床症状、剖检病变，结合病原分离鉴定、组织病理学和免疫学检测做出的诊断结果可作为疫情处理的依据。

4.1 发现疑似马立克病疫情时，养殖户应立即将发病禽群隔离，并限制其移动。当地动物防疫监督机构要及时派员到现场进行调查核实，包括流行病学调查、临床症状检查、病理解剖、采集病料、实验室诊断等，根据诊断结果采取相应措施。

4.2 当疫情呈散发时，须对病禽及同群禽进行扑杀和无害化处理（按照 GB 16548 进行）。同时，对禽舍和周围环境进行消毒，对受威胁禽群进行观察。

4.3 当疫情呈暴发流行时按照以下要求处理

4.3.1 划定疫点、疫区、受威胁区

由所在地县级以上（含县级）兽医主管部门划定疫点、疫区、受威胁区。

疫点：指患病禽类所在的地点。一般是指患病禽类所在的禽场（户）或其他有关屠宰、经营单位；如为农村散养，应将自然村划为疫点。

疫区：指疫点外延 3km 范围内区域。疫区划分时，应注意考虑当地的饲养环境和天然屏障（如河流、山脉等）。

受威胁区：指疫区外延 5km 范围内的区域。

4.3.2 处置要求

在动物防疫监督机构的监督指导下，扑杀发病禽及同群禽，并对被扑杀禽和病死禽只进行无害化处理；对环境和设施进行消毒；对粪便及其他可能被污染的物品，按照 GB 16548 进行无害化处理；禁止疫区内易感动物移动、交易。

禽类尸体需要运送时，应使用防漏容器，并在动物防疫监督机构的监督下实施。

4.3.3 进行疫源分析和流行病学调查

4.3.4 处理记录

对处理疫情的全过程必须做好完整的详细记录，以备检查。

5　预防与控制

实行"以免疫为主"的综合性防治措施。

5.1　加强饲养管理，提高环境控制水平

饲养、生产、经营等场所必须符合《动物防疫条件审核管理办法》（农业部 15 号令）的要求，并须取得动物防疫合格证。

饲养场实行全进全出饲养方式，控制人员出入，严格执行清洁和消毒程序。

5.2　加强消毒管理，做好基础防疫工作

各饲养场、屠宰厂（场）、动物防疫监督检查站等要建立严格的卫生（消毒）管理制度。

5.3　免疫

应于雏鸡出壳 24 小时内进行免疫。所用疫苗必须是经国务院兽医主管部门批准使用的疫苗。

5.4　监测

养禽场应做好死亡鸡肿瘤发生情况的记录，并接受动物防疫监督机构监督。

5.5　引种检疫

国内异地引入种禽时，应经引入地动物防疫监督机构审核批准，并取得原产地动物防疫监督机构的免疫接种证明和检疫合格证明。

附件1　马立克氏病病原分离

1　用细胞作为 MDV 分离和诊断的材料

1.1　细胞来源

应来自病鸡全血（抗凝血）的白细胞层或刚死亡鸡脾脏细胞。

1.2　方法

1.2.1　将白细胞或脾脏细胞制成含有 106～107 个活细胞/ml 的细胞悬液。

1.2.2　将 0.5ml 样品，分别接种 2 瓶（大小 25cm²）用 SPF 鸡胚制备的成纤维细胞。另取 1 瓶做空白对照。

1.2.3　将接种病料的和未接种病料的对照细胞培养瓶均置于含有 5% CO_2 的 37.5℃ 的二氧化碳培养箱内。

1.2.4　每隔 3 天，换一次培养液。

1.2.5　观察有无细胞病变（CPE），即蚀斑，一般可在 3～4 天内出现。若没有，可按上述方法育传 1～2 代。

2　用羽髓作为 MDV 分离和诊断的材料

这种方法所分离的病毒为非细胞性的，但不常用。

2.1　取长约 5mm 的羽髓或含有皮肤组织的羽髓，放入 SPGA - EDTA 缓冲液〔0.2180ml 蔗糖（7.462g）；0.0038ml 磷酸二氢钾（0.052g）；0.0072ml 磷酸二氢钠（0.125g）；0.0049ml 谷氨酰胺（0.083g）、1.0% 血清白蛋白（1 g）和 0.2% 乙二胺四乙酸钠（0.2g），蒸馏水 100ml，过滤除菌，调节 pH 值到 6.3〕中。

2.2　病毒的分离与滴定方法

上述悬浮液经超声波处理，通过 0.45μm 微孔滤膜过滤后，接种于培养 24 小时的鸡肾细胞上，吸附 40 分钟后加入培养液，并按上述方法培养 7 天。

3　上述方法可以用于 1 型和 2 型 MDV 的分离

所分离的病毒如果是免疫禽群，也可以分离到疫苗毒。

有经验的工作人员可根据蚀斑出现的时间、发展速度和形态，即可对各型病毒引起的蚀斑作出准确鉴别。HVT 蚀斑出现较早，而且比 1 型的要大，而 2 型的蚀斑出现晚，比 1 型的小。

附件2 消 毒

1 消毒前的准备

1.1 消毒前必须清除有机物、污物、粪便、饲料、垫料等；

1.2 必须选用对马立克氏病病毒有效的消毒药品，如烧碱、醛类、氧化剂类、酚制剂类、氯制剂类、双季铵盐类等。

1.3 备有喷雾器、火焰喷射枪、消毒车辆、消毒防护用具（如口罩、手套、防护靴等）、消毒容器等。

1.4 注意消毒剂不可混用。

2 消毒范围

禽舍地面及内外墙壁，舍外环境；饲养、饮水等用具，运输等设施设备以及其他一切可能被污染的场所和设施设备。

3 消毒方法

3.1 金属设施设备的消毒，可采取火焰、熏蒸等方法消毒；

3.2 圈舍、场地、车辆等，可采用消毒液清洗、喷洒等方法消毒；

3.3 养禽场的饲料、垫料等，可采取深埋发酵处理或焚烧处理等方法消毒；

3.4 粪便等可采取堆积密封发酵或焚烧处理等方法消毒；

3.5 饲养、管理等人员可采取淋浴等方法消毒；

3.6 衣帽鞋等可能被污染的物品，可采取浸泡、高压灭菌等方法消毒；

3.7 疫区范围内办公、饲养人员的宿舍、公共食堂等场所，可采用喷洒的方法消毒；

3.8 屠宰加工、贮藏等场所以及区域内池塘等水域的消毒可采取相应的方法进行，并避免造成有害物质的污染。

六、J-亚群禽白血病防治技术规范

J-亚群禽白血病（Avian Leukosis Virus-J Subgroup，简称 ALV-J），是由反转录病毒 ALV-J 引起的主要侵害骨髓细胞，导致骨髓细胞瘤（ML）和其他不同细胞类型恶性肿瘤为特征的禽的肿瘤性传染性疾病。我国将其列为二类动物疫病。

为了预防、控制和消灭 J-亚群禽白血病，依据《中华人民共和国动物防疫法》及有关的法律法规，特制定本规范。

1　适用范围

本规范规定了 J-亚群禽白血病的诊断、疫情报告、疫情处理和预防措施。

本规范适用于中华人民共和国境内一切从事家禽饲养、经营及其产品的生产、经营以及从事动物防疫活动的单位和个人。

2　诊断

根据本病流行病学特点、剖检病变和组织病理学变化可以做出初步诊断；确诊须进行病毒分离鉴定。

2.1　流行病学

所有品系的肉用型鸡都易感。蛋用型鸡较少发病。

病鸡或病毒携带鸡为主要传染源，特别是病毒血症期的鸡。与经典的 ALV 相似，ALV-J 主要通过种蛋（存在于蛋清及胚体中）垂直传播，也可通过与感染鸡或污染的环境接触而水平传播。垂直传播而导致的先天性感染的鸡常可产生对病毒的免疫耐受，雏鸡表现为持续性病毒血症，体内无抗体并向外排毒。

2.2　临床症状

潜伏期较长，因病毒株不同、鸡群的遗传背景差异等而不同。

最早可见 5 周龄鸡发病，但主要发生于 18~25 周龄的性成熟前后鸡群。总死亡率一般为 2%~8%，但有时可超过 10%。

2.3　剖检病变

特征性病变是肝脏、脾脏肿大，表面有弥漫性的灰白色增生性结节。在肾脏、卵巢和睾丸也可见广泛的肿瘤组织。有时在胸骨、肋骨表面出现肿瘤结节，也可见于盆骨、髋关节、膝关节周围以及头骨和椎骨表面。在骨膜下可见白色石灰样增生的肿瘤组织。

2.4 实验室诊断

2.4.1 病原分离鉴定（附件1）

2.4.2 组织病理学诊断

在 HE 染色切片中，可见增生的髓细胞样肿瘤细胞，散在或形成肿瘤结节。髓细胞样瘤细胞形体较大，细胞核呈空泡状，细胞质较多，可见嗜酸性颗粒。

2.4.3 血清学诊断

采用 J-亚群禽白血病酶联免疫吸附试验（ELISA）检测 J-亚群禽白血病病毒抗体（附件2）。

2.5 结果判定

2.5.1 符合2.1、2.2和2.3的，临床诊断为疑似 J-亚群禽白血病。

2.5.2 确诊

符合结果判定2.5.1，且符合实验室诊断2.4.1或2.4.2的。

采用2.4.3，检测为阳性，表明被检鸡群感染了 J-亚群禽白血病病毒；检测为阴性，表明被检鸡群未感染 J-亚群禽白血病病毒。

3 疫情报告

3.1 任何单位和个人发现患有本病或疑似本病的禽类，应及时向当地动物防疫监督机构报告。

3.2 当地动物防疫监督机构接到疫情报告后，按国家动物疫情报告管理的有关规定执行。

4 疫情处理

根据流行病学特点、临床症状、剖检病变，结合病原分离鉴定、组织病理学和血清学检测做出的诊断结果可作为疫情处理的依据。

4.1 发现疑似疫情时，养殖户应立即将病禽及其同群禽隔离，并限制其移动。当地动物防疫监督机构要及时派员到现场进行调查核实，包括流行病学调查、临床症状检查、病理解剖、采集病料、实验室诊断等，根据诊断结果采取相应措施。

4.2 当疫情呈散发时，须对发病禽群进行扑杀和无害化处理（按照 GB 16548 进行）。同时，对禽舍和周围环境进行消毒（附件3），对受威胁禽群进行观察。

4.3 当疫情呈暴发时按照以下要求处理

4.3.1 划定疫点、疫区、受威胁区

由所在地县级以上（含县级）兽医主管部门划定疫点、疫区、受威胁区。

疫点：指患病禽类所在的地点。一般是指患病禽类所在的禽场（户）或其他有关屠宰、经营单位；如为农村散养，应将自然村划为疫点。

疫区：指疫点外延 3km 范围内区域。疫区划分时，应注意考虑当地的饲养环境和天然屏障（如河流、山脉等）。

受威胁区：指疫区外延 5km 范围内的区域。

4.3.2 处置要求

在动物防疫监督机构的监督指导下，扑杀发病禽群，并对扑杀禽和病死禽只进行无害化处理；对环境和设施进行消毒；对粪便及其他可能被污染的物品，按照 GB 16548 进行无害化处理；禁止疫区内易感动物移动、交易。

禽类尸体需要运送时，应使用防漏容器，并在动物防疫监督机构的监督下实施。

4.3.3 进行疫源分析和流行病学调查

4.3.4 处理记录

对处理疫情的全过程必须做好完整的详细记录，以备检查。

5 预防与控制

实行净化种群为主的综合性防治措施。

5.1 加强饲养管理，提高环境控制水平

饲养、生产、经营等场所必须符合《动物防疫条件审核管理办法》（农业部 15 号令）的要求，并须取得动物防疫合格证。

饲养场实行全进全出饲养方式，控制人员出入，严格执行清洁和消毒程序。

5.2　加强消毒管理，做好基础防疫工作

各饲养场、屠宰厂（场）、动物防疫监督检查站等要建立严格的卫生（消毒）管理制度。

5.3　监测

养禽场应做好死亡鸡肿瘤发生情况的记录，并接受动物防疫监督机构监督。

5.4　引种检疫

国内异地引入种禽时，应经引入地动物防疫监督机构审核批准，并取得原产地动物防疫监督机构出具的无J-亚群禽白血病证明和检疫合格证明。

附件1　J-亚群禽白血病病原分离

1　鸡胚成纤维细胞（CEF）的制备

取 10 ~ 12 日龄 SPF 鸡胚按常规方法制备 CEF，置于 35 ~ 60mm 平皿或小方瓶中。待细胞单层形成后，减少维持用培养液中的血清至 1% 左右。

2　病料的处理和接种

2.1　血清或血浆样品：从疑似病鸡无菌采血分离血清或血浆，于 35 ~ 60mm 带 CEF 的平皿或小方瓶中加入 0.2 ~ 0.5ml 血清或血浆样品。

肝、脾、肾组织样品：取一定量（1 ~ 2g）组织研磨成匀浆后，按 1∶1 加入无菌的 PBS，置于 1.5ml 离心管中 10 000g 离心 20 分钟，用无菌吸头取出上清液，移入另一无菌离心管中，再于 10 000g 离心 20 分钟，按 10 000IU/ml 量加入青霉素后，在带有 CEF 的平皿或小方瓶中接种 0.2 ~ 0.5ml。

2.2　接种后浆平皿或小方瓶置于 37℃ 中培养 3 小时后，重新更换培养液，继续培养 7 天，其间应更换 1 次培养液。

2.3　以常规方法，用胰酶溶液将感染的 CEF 单层消化后，再作为第 2 代细胞接种于另一块带有 3 ~ 4 片载玻片的 35 ~ 60mm 平皿中，继续培养 7 天。

3　病毒的检测

用以下方法之一检测病毒。

3.1　IFA：将带有感染的 CEF 的载玻片取出，用丙酮 – 乙醇（7∶3）混合液固定后，用 ALV – J 单克隆抗体或单因子血清及 FITC 标记的抗小鼠或抗鸡 Ig 标记抗体按通常的方法做间接荧光试验。在荧光显微镜下观察有关呈病毒特异性荧光的细胞。

3.2　PCR：从 CEF 悬液提取基因组 DNA 作为模板，以已发表的 ALV-J 特异性引物为引物，直接测序；或克隆后提取原核测序，将测序结果与已发表的 ALV-J 原型株比较，基因序列同源性应在 85% 以上。

　　注意：由于内源性 ALV 的干扰作用，按严格要求，病毒应接种在对内源性 ALV 有抵抗作用的 CEF/E 品系鸡来源的细胞或细胞系（如 DF1）。但我国多数实验室无法做到这点，在结果判定时会有一点风险。如果 3.1、3.2 都做了，相互验证，可以大大减少风险。

附件 2　J-亚群禽白血病酶联免疫吸附试验（ELISA）

本方法可检测鸡血清中 J-亚群禽白血病病毒抗体。适用于 J-亚群禽白血病病毒水平感染的群体普查。

1　样品准备

检测之前要用样品稀释液将被检样品进行 500 倍稀释（例如，1μl 的样品可以用样品稀释液稀释到 500μl）。注意不要稀释对照。不同的样品要注意换吸头。在将样品加入检测板前要将样品充分混匀。

2　洗涤液制备

（10X）浓缩的洗涤液在使用前必须用蒸馏水或去离子水进行 10 倍稀释。如果浓缩液中含有结晶，在使用前必须将它融化。（例如，30ml 的浓缩洗涤液和 270ml 的蒸馏水或去离子水充分混合配成）。

3　操作步骤

将试剂恢复至室温，并将其振摇混匀后进行使用。

3.1　抗原包被板并在记录表上标记好被检样品的位置。

3.2　取 100μl 不需稀释的阴性对照液加入 A1 孔和 A2 孔中。

3.3　取 100μl 不需稀释的阳性对照液加入 A3 孔和 A4 孔中。

3.4　取 100μl 稀释的被检样品液加入相应的孔中。所有被检样品都应进行双孔测定。

3.5　室温下孵育 30 分钟。

3.6　每孔加约 350μl 的蒸馏水或去离子水进行洗板，洗 3 ～ 5 次。

3.7　每孔加 100μl 的酶标羊抗鸡抗体（HRPO）。

3.8　室温下孵育 30 分钟。

3.9 重复第 6 步。

3.10 每孔加 100μl 的 TMB 底物液。

3.11 室温下孵育 15 分钟。

3.12 每孔加 100μl 的终止液。

3.13 酶标仪空气调零。

3.14 测定并记录各孔于 650nm 波长的吸光值（A650）。

4 结果判定

4.1 阳性对照平均值和阴性对照平均值的差值大于 0.10，阴性对照平均值小于或等于 0.150，该检测结果才能有效。

4.2 被检样品的抗体水平由其测定值与阳性对照测定值的比值（S/P）确定。抗体滴度按下列方程式进行计算。

阴性对照平均值 NC = ［A1（A650）＋A2（A650）］/2

阳性对照平均值 PC = ［A3（A650）＋A4（A650）］/2

S/P 比值 =（样品平均值-NC）/（PC -NC）

4.3 S/P 比值小于或等于 0.6，判为阴性。

4.4 S/P 值大于 0.6，判为阳性，表明被检血清中存在 J-亚群禽白血病病毒抗体。

附件3　消　毒

1　消毒前的准备

1.1　消毒前必须清除有机物、污物、粪便、饲料、垫料等；

1.2　消毒药品必须选用对 J-亚群禽白血病病毒有效的，如烧碱、醛类、氧化剂类、酚制剂类、氯制剂类、双季铵盐类等。

1.3　备有喷雾器、火焰喷射枪、消毒车辆、消毒防护器械（如口罩、手套、防护靴等）、消毒容器等。

1.4　注意消毒剂不可混用。

2　消毒范围

禽舍地面及内外墙壁，舍外环境；饲养、饮水等用具，运输等设施设备以及其他一切可能被污染的场所和设施设备。

3　消毒方法

3.1　金属设施设备的消毒，可采取火焰、熏蒸等方法消毒；

3.2　圈舍、场地、车辆等，可采用消毒液清洗、喷洒等方法消毒；

3.3　养禽场的饲料、垫料等，可采取深埋发酵处理或焚烧处理等方法消毒；

3.4　粪便等可采取堆积密封发酵或焚烧处理等方法消毒；

3.5　饲养、管理等人员可采取淋浴等方法消毒；

3.6　衣帽鞋等可能被污染的物品，可采取浸泡、高压灭菌等方法消毒；

3.7　疫区范围内办公、饲养人员的宿舍、公共食堂等场所，可采用喷洒的方法消毒；

3.8　屠宰加工、贮藏等场所以及区域内池塘等水域的消毒可采取相应的方法进行，并避免造成有害物质的污染。

七、病害动物和病害动物产品生物安全处理规程
GB 16548—2006

前　言

本标准的全部技术内容为强制性。

本标准是对 GB 16548—1996 的修订。

本标准根据《中华人民共和国动物防疫法》及有关法律法规和规章的规定，参照世界动物卫生组织（OIE）《国际动物卫生法典》标准性文件的有关部分，依据相关科技成果和实践经验修订而成。

本标准与 GB 16548—1996 的主要区别在于：

——将标准名称改为《病害动物和病害动物产品生物安全处理规程》；

——将适用范围改为"适用于国家规定的染疫动物及其产品，病死、毒死或者死因不明的动物尸体，经检验对人畜健康有危害的动物和病害动物产品、国家规定应该进行生物安全处理的动物和动物产品"；

——"术语和定义"中，明确"生物安全处理"的含义；

——在销毁的方法中增加"掩埋"一项，并规定具体的操作程序和方法。

1　范围

本标准规定了病害动物和病害动物产品的销毁、无害化处理的技术要求。

本标准适用于国家规定的染疫动物及其产品，病死、毒死或者死因不明的动物尸体，经检验对人畜健康有危害的动物和病害动物产品、国家规定应该进行生物安全处理的动物和动物产品。

2　术语和定义

下列术语和定义适用于本标准

生物安全处理

通过用焚烧、化制、掩埋或其他物理、化学、生物学等方法将病害动物尸体和病害动物产品或附属物进行处理，以彻底消灭其所携带的病原体，达到消除病害因素，保障人畜健康安全的目的。

3 病害动物和病害动物产品的处理

3.1 运送

运送动物尸体和病害动物产品应采用密闭的、不渗水的容器，装前卸后必须要消毒。

3.2 销毁

3.2.1 适用对象

3.2.1.1 确认为口蹄疫、猪水泡病、猪瘟、非洲猪瘟、非洲马瘟、牛瘟、牛传染性胸膜肺炎、牛海绵状脑病、痒病、绵羊梅迪/维斯那病、蓝舌病、小反刍兽疫、绵羊痘和山羊痘、高致病性禽流感、鸡新城疫、炭疽、鼻疽、狂犬病、羊快疫、羊肠毒血症、肉毒梭菌中毒症、羊猝狙、马传染性贫血病、猪密螺旋体痢疾、猪囊尾蚴、急性猪丹毒、钩端螺旋体病（已黄染肉尸）、布鲁氏菌病、结核病、鸭瘟、兔病毒性出血症、野兔热的染疫动物以及其他严重危害人畜健康的病害动物及其产品。

3.2.1.2 病死、毒死或不明死因动物的尸体

3.2.1.3 经检验对人畜有毒有害的、需销毁的病害动物和病害动物产品。

3.2.1.4 从动物体割除下来的病变部分。

3.2.1.5 人工接种病原生物系或进行药物试验的病害动物和病害动物产品。

3.2.1.6 国家规定的应该销毁的动物和动物产品。

3.2.2 操作方法

3.2.2.1 焚毁

将病害动物尸体或病害动物产品投入焚化炉或用其他方式烧毁炭化。

3.2.2.2 掩埋

本法不适用于患有炭疽等芽孢杆菌类疫病以及牛海绵状脑病、

痒病的染疫动物及产品、组织的处理。具体掩埋要求如下：

a. 掩埋地应远离学校、公共场所、居民住宅区、村庄、动物饲养和屠宰场所、饮用水源地、河流等地区；

b. 掩埋前应对需掩埋的病害动物尸体和病害动物产品实施焚烧处理；

c. 掩埋坑底铺 2cm 厚生石灰；

d. 掩埋后需将掩埋土夯实，病害动物尸体和病害动物产品上层应距地表 1.5m 以上；

e. 焚烧后的病害动物尸体和病害动物产品表面以及掩埋后的地表环境应使用有效消毒药喷、洒消毒。

3.3 无害化处理

3.3.1 化制

3.3.1.1 适用对象

除了 3.2.1 规定的动物疫病以外的其他疫病的染疫动物以及病变严重、肌肉发生退行性变化的动物的整个尸体或胴体、内脏。

3.3.1.2 操作方法

利用干化、湿化机，将原料分类，分别投入化制。

3.3.2 消毒

3.3.2.1 适用对象

除 3.2.1 规定的动物疫病以外的其他疫病的染疫动物的生皮、原毛以及未经加工的蹄、骨、角、绒。

3.3.2.2 操作方法

3.3.2.2.1 高温处理法

适用于染疫动物蹄、骨和角的处理。

将肉尸作高温处理时剔出的蹄、骨和角放入高压锅内蒸煮至脱胶或脱脂时止。

3.3.2.2.2 盐酸食盐溶液消毒法

适用于被病原微生物或可疑被污染和一般染疫动物的皮毛消毒。

用 2.5% 盐酸溶液和 15% 食盐水溶液等量混合，将皮张浸泡在此溶液中，并使溶液温度保持在30℃左右，浸泡40小时，1m²皮张用10L消毒液，浸泡后捞出沥干，放入2%氢氧化钠溶液中，以中和皮张上酸，再用水冲洗后晾干。也可按100ml 25%食盐水溶液中加入盐酸1ml配制消毒液，在室温15℃条件下浸泡48小时，皮张与消毒液之比为1∶4。浸泡后捞出沥干，再放入1%氢氧化钠溶液中浸泡，以中和皮张上的酸，再用水冲洗后晾干。

3.3.2.2.3　过氧乙酸消毒法

适用于任何染疫动物的皮毛消毒

将皮毛放入新鲜配制的2%过氧乙酸溶液中浸泡30分钟，捞出，用水冲洗后晾干。

3.3.2.2.4　碱盐液浸泡消毒

适用于被病原微生物污染的皮毛消毒。

将病皮浸入5%碱盐液（饱和盐水内加5%氢氧化钠）中，室温（18～25℃）浸泡24小时，并随时加以搅拌，然后取出挂起，待碱盐液流净，放入5%盐酸液内浸泡，使皮上的酸碱中和，捞出，用水冲洗后晾干。

3.3.2.2.5　煮沸消毒法

适用于染疫动物鬃毛的处理。

将鬃毛于沸水中煮沸2～2.5小时。